CHINA SCIENCE AND TECHNOLOGY INDICATORS

中国科学技术指标
2018

科学技术黄皮书　第14号

中华人民共和国科学技术部

·北京·

图书在版编目（CIP）数据

中国科学技术指标.2018/中华人民共和国科学技术部著. —北京：科学技术文献出版社，2019.12
　ISBN 978-7-5189-6384-3

　Ⅰ.①中…　Ⅱ.①中…　Ⅲ.①科学技术—指标—中国—2018　Ⅳ.① G322

中国版本图书馆 CIP 数据核字（2019）第 293474 号

内　容　简　介

　　本书是科学技术部两年一度发布的《中国科学技术指标》系列报告第 14 号，即科学技术黄皮书第 14 号。本报告主要依据科技统计数据及相关的经济、社会统计数据，系统地分析了我国科技人力资源，研究与发展经费，科技活动产出，主要执行部门——企业、高等学校和政府研究机构的科技活动，高技术产业，地区科技进步、科技发展的规模和结构分布，公民对科学技术的理解与态度等基本情况，反映了我国科技活动的主要特征。本书为研究我国的科学技术状况、科技实力和科技水平及其发展变化特征提供了翔实的资料和大量数据，为宏观管理和决策提供了可靠依据，可供各级管理部门、科技工作者及高等学校相关专业师生阅读和参考。

中国科学技术指标 2018

策划编辑：李　蕊　责任编辑：赵　斌　责任校对：王瑞瑞　责任出版：张志平

出　版　者	科学技术文献出版社	
地　　　址	北京市复兴路15号　邮编　100038	
编　务　部	（010）58882938，58882087（传真）	
发　行　部	（010）58882868，58882870（传真）	
邮　购　部	（010）58882873	
官 方 网 址	www.stdp.com.cn	
发　行　者	科学技术文献出版社发行　全国各地新华书店经销	
印　刷　者	北京时尚印佳彩色印刷有限公司	
版　　　次	2019 年 12 月第 1 版　2019 年 12 月第 1 次印刷	
开　　　本	787×1092　1/16	
字　　　数	393千	
印　　　张	20.25	
书　　　号	ISBN 978-7-5189-6384-3	
定　　　价	150.00元	

版权所有　违法必究

购买本社图书，凡字迹不清、缺页、倒页、脱页者，本社发行部负责调换

中国科学技术指标 2018

编写指导小组

组　　长　王志刚
副 组 长　许　倞　胡志坚
成　　员（按姓氏笔画排列）
　　　　　王　蓓　车成卫　乔进明　伍　浩　闫　实　关晓静
　　　　　张　礴　张国辉　贾敬敦　郭铁成　韩　健　童爱萍
　　　　　谢鹏云　解　鑫

编辑委员会

主　　编　许　倞　胡志坚
副 主 编　张　旭　张　丽
成　　员（按姓氏笔画排列）
　　　　　马　峥　马玉娟　王　佳　王晓浒　邓永旭　玄兆辉
　　　　　任中保　李　胤　何　薇　何立芳　张　洁　陈　伟
　　　　　赵　理　贺　芳　秦浩源　崔胜先　谢焕瑛

编写组

组　　长　秦浩源　玄兆辉
撰稿人（按姓氏笔画排列）
　　　　　尹志锋　石林芬　玄兆辉　吕永波　吕佳龄　朱迎春
　　　　　任　远　刘建生　刘辉锋　孙　诚　孙云杰　杜云英
　　　　　李　享　吴　达　何　薇　宋卫国　张　洁　张俊芳
　　　　　陈　彦　陈　钰　陈　晴　陈志军　赵晶晶　高　文
　　　　　曹　琴　蒋仁爱　韩佳伟

前 言

科学技术指标是对科学技术活动的定量化测度,旨在准确地反映科学技术活动状况及其对社会、经济的作用和影响,是科技决策的基本依据,也是评价科技政策实施效果的重要基础。世界各国和国际组织越来越重视科学技术指标,使之成为科技决策和政策分析的主要工具。

1993年以来,科学技术部会同国务院有关部门和相关单位,编撰出版《中国科学技术指标》系列报告,并以政府出版物科学技术黄皮书的形式每两年发布一版。《中国科学技术指标2018》是《中国科学技术指标》系列报告的第14卷,即科学技术黄皮书第14号。

本书主要采用了截至2017年年底的科技统计数据及相关的经济、社会统计数据,重点反映《国家中长期科学和技术发展规划纲要(2006—2020年)》和《"十三五"国家科技创新规划》实施以来中国科学技术发展的基本态势,揭示在科技支撑经济社会转型发展过程中我国科技活动的主要特征,反映我国增强自主创新能力、建设创新型国家的历史进程。

作为系列报告,本书在基本框架和指标体系方面具有相对的稳定性。本书系统地分析了近十年来我国科技人力资源,研究与发展经费,科技活动产出,主要执行部门——企业、高等学校和政府研究机构的科技活动,高技术产业,地区科技进步、科技发展的规模和结构分布等基本情况,以及公民对科学技术的理解与态度。同时,本书在结构和内容上力求有所拓展。一是突出科技指标的趋势分析和历史对比。通过科技统计指标的历史纵向比较分析,回顾中国近年来的科技发展历程和创新型国家建设进程,尽可能从较长的时期来分析科技发展的历史趋势和规律。二是突出国际可比性。本期报告采用国际通用的科技指标,与主要发达国家、新兴经济体进行比较研究,以反映中国科学技术发展特征和在国际上所处的地位。三是对部分章节内容进行适度拓展。第二章增加了对国家自然科学基金资助项目的经费分析；第六章以专栏形式介绍了中国科学院的科技活动。由于统计数据获取上的困难，报告中除特别说明外，不包括港澳台地区的有关数据。本书在编写过程中，得到科学技术部、中国科学技术协会、中国科学院、国家自然科学基金委员会、国家外汇管理局、教育部、国家统计局、国家知识产权局、国家发展和改革委员会、财政部、海关总署、国家国防科技工业局等部门的领导、专家学者的指导和帮助，谨致以诚挚的谢意，并恳请广大读者对本书提出批评和建议。

《中国科学技术指标2018》

编辑委员会

2019 年 11 月

目 录

综 述 ··· 1

第一章　科技人力资源 ··· 13
　　第一节　科技人力资源概况 ··· 13
　　第二节　研究与试验发展人员 ··· 16
　　第三节　科技人力资源培养 ··· 23

第二章　研究与试验发展经费 ··· 30
　　第一节　研究与试验发展经费概况 ································· 30
　　第二节　研究与试验发展经费的结构 ····························· 35
　　第三节　研究与试验发展经费的来源与流向 ················· 41
　　第四节　国家财政科学技术支出 ····································· 43

第三章　科技活动产出 ··· 48
　　第一节　科技论文 ··· 48
　　第二节　专利 ··· 61
　　第三节　国内技术贸易 ··· 74

第四章　企业的研究与试验发展活动及创新 ··················· 79
　　第一节　企业的研究与试验发展活动 ····························· 79
　　第二节　工业企业的研究与试验发展活动 ····················· 83
　　第三节　工业企业的产学研合作与技术获取 ················· 92
　　第四节　企业的创新活动 ··· 96

第五章　高等学校的科技活动 ··· 109
　　第一节　高等学校基本概况 ··· 109
　　第二节　高等学校研究与试验发展机构及人员 ··········· 112

第三节　高等学校的研究与试验发展经费·················118
　　第四节　高等学校科技活动产出与成果转化·················125

第六章　政府研究机构的科技活动·················131
　　第一节　研究机构基本概况·················131
　　第二节　研究机构的研究与试验发展人员·················133
　　第三节　研究机构的研究与试验发展经费·················138
　　第四节　科技活动产出与成果转让·················146

第七章　高技术产业发展·················153
　　第一节　高技术产业·················153
　　第二节　高技术产品·················160
　　第三节　国家高新技术产业开发区·················165
　　第四节　创业风险投资·················170

第八章　地区科学技术指标·················176
　　第一节　主要科技指标地区分布·················176
　　第二节　区域科技分布特征·················187

第九章　公民对科学技术的理解与态度·················199
　　第一节　公民的科学素质状况·················199
　　第二节　公民的科技信息来源·················206
　　第三节　公民对科学技术的态度·················212

附　　表·················219

主要指标解释·················313

综　述

党的十八大以来，中国科技创新发生了历史性变革，取得了历史性成就。在以习近平同志为核心的党中央坚强领导下，在全国科技界和社会各界的共同努力下，中国科技创新持续发力，加速赶超跨越，实现了历史性、整体性、格局性重大变化，重大创新成果竞相涌现，科技实力大幅增强，已成为具有全球影响力的科技大国。2017年，全社会研究与试验发展（简称"研发"或"R&D"）支出达到1.76万亿元，比2012年增长70.9%；全社会R&D支出占GDP比重为2.15%，超过欧盟15国2.1%的平均水平。国际科技论文总量比2012年增长70%，居世界第二；国际科技论文被引用量首次超过德国和英国，跃居世界第二。发明专利申请量和授权量居世界首位，有效发明专利拥有量居世界第三。全国技术合同成交额达1.3万亿元。科技进步贡献率从2012年的52.2%升至57.8%，国家创新能力排名从2012年的第20位升至第17位。

一、科技人力资源储备领先全球，研发经费投入强度持续提升

科技人力资源是国家实施创新驱动发展战略的主导力量和战略资源。中国高等教育的健康发展及对科技人才培养工作的高度重视，确保了科技人力资源总量稳定增长。2017年，中国科技人力资源总量达到8705万人，比上年增长4.9%。其中，本科及以上学历的科技人力资源总量为3934万人，比上年增长7.2%。2017年，中国科技人力资源总量是2005年的2.5倍，年均增长率达到7.9%；本科及以上学历的科技人力资源人数年均增长率为8.6%。从每万人口中科技人力资源数量来看，中国人口的总体科技素质持续上升。2005年，中国每万人口中科技人力资源人数为268人，2017年已上升到626人，年均增长率为7.3%。

中国R&D人员总量继续保持高速增长。2017年，中国从事R&D活动的人员总数为621.4万人，比2016年（583.1万人）增长6.6%。其中，博士41.7万人，硕士92.0万人，本科毕业生271.2万人，分别占总数的6.7%、14.8%和43.6%，其中本科毕业生占R&D人员总数的比重比2015年（29.3%）提高了14.3个百分点。按全时当量统计，2017年中国R&D人员总量为403.4万人年，比2005年增加了266.9万人年，年均增长9.5%。

从R&D人员在三大执行部门的分布情况看，企业仍是R&D活动的主体。2017年，企业R&D人员占全部R&D人员的77.3%，研究机构占10.1%，高等学校占9.5%，其他事业单位占3.1%。研究机构和高等学校的R&D人员逐年增加，所占比重与2016年相比，分别持平和增长了0.2个百分点。从R&D人员在3类研发活动的分布看，2017年从事基

础研究的 R&D 人员为 29.0 万人年，占 7.2%；从事应用研究的 R&D 人员为 49.0 万人年，占 12.1%；从事试验发展的 R&D 人员为 325.4 万人年，占 80.7%。

科技人力资源培养主要靠高等教育。高等学校科技领域毕业生是中国科技人力资源的主要来源。2017 年全国（包括普通高校、成人高校、网络教育在内）本科、专科毕业生共计 1160.7 万人，其中本科 559.3 万人，专科 601.4 万人；毕业研究生 57.8 万人，其中博士 5.8 万人，硕士 52 万人。高等教育每年为中国提供 1000 万以上的高素质劳动力。

高等教育自然科学与工程技术领域的毕业生是科学家、工程师的主要来源。2017 年，全国自然科学与工程技术领域的本科毕业生达到 266.9 万人，比上年增长 4.7%，占当年毕业本科生总数的 47.7%；全国自然科学与工程技术领域研究生毕业人数达到 33.9 万人，较上年小幅增长 1.0%，占当年毕业研究生总数的 58.7%。

出国留学生是中国重要的科技人力资源来源。2017 年出国留学人员达到 60.8 万人，比 2005 年增加 49.0 万人，年均增长 14.6%。中国良好的经济发展形势和不断改善的创新创业环境吸引了越来越多的海外留学人员回国创业和工作。2017 年学成回国人员达到 48.1 万人，比上年（43.3 万人）增长 11.2%，是 2005 年学成回国人数的 13.7 倍，年均增长率达到 24.4%。学成回国人员数量与出国留学人员的比例为 79.0%。

R&D 经费是科技创新的前提条件和物质保障。近年来，中国 R&D 经费规模持续扩大，投入强度持续提高。2017 年，中国 R&D 经费总量达到 17 606.1 亿元，较 2016 年增长 12.3%。从历史变化情况来看，2000—2017 年，中国 R&D 经费呈快速增长趋势，按可比价格计算，18 年间中国 R&D 经费年均增长率为 15.0%，是同期 GDP 增长速度的 1.6 倍。2005—2017 年，中国 R&D 经费投入强度持续提高，2013 年后均维持在 2.00% 以上，2017 年达到历史新高 2.12%，比 2005 年提高了 0.81 个百分点。

从活动类型看，2017 年，中国基础研究经费为 975.5 亿元，应用研究经费为 1849.2 亿元，试验发展经费为 14 781.4 亿元，占 R&D 经费的比重分别为 5.5%、10.5% 和 84.0%。从执行部门看，2017 年，中国企业、研究机构和高等学校 R&D 经费内部支出分别为 13 660.2 亿元、2435.7 亿元和 1266.0 亿元，较 2016 年分别增长 12.5%、7.8% 和 18.1%，占 R&D 经费的比重分别为 77.6%、13.8% 和 7.2%。从支出类别看，2017 年 R&D 经费中，人员劳务费占 29.9%，其他日常性支出占 58.1%，仪器设备购置费占 10.5%，其他资产性支出占 1.6%。

从经费来源看，企业是中国 R&D 经费的主要来源。2017 年，中国 R&D 经费为 17 606.1 亿元。其中，来自政府的资金为 3487.4 亿元，占 19.8%；来自企业的资金为 13 464.9 亿元，占 76.5%；来自国外的资金为 113.3 亿元，占 0.6%；其他来源的资金为 540.5 亿元，占 3.1%。中国的 R&D 经费投向了企业、研究机构、高等学校和其他部门。政府资金集中投向了承担国家科技计划的中央属研究机构和一些研究型大学。2017 年，政府R&D资金为3487.4亿元，其中，流向研究机构的R&D资金占58.1%，流向高等学校的R&D资金占23.1%，流向企业的R&D资金占13.5%，流向其他部门的R&D资金占5.4%。

美国、中国、日本和德国是R&D经费投入超过1000亿美元的4个国家，其R&D经费之和占45个国家（地区）的67.5%。美国R&D经费达到5432.5亿美元，占45个国家（地区）的34.2%，位居第一；中国R&D经费为2604.9亿美元，所占比重为16.4%，位列第二；日本和德国分列第三、第四，R&D经费分别为1561.3亿美元和1116.2亿美元，所占比重分别为9.8%和7.0%。

中国财政科学技术支出连年增长，有力支撑了中国科学技术进步。2017年，中国财政科学技术支出为8383.6亿元，占国家公共财政支出的比重达到4.1%，与2016年持平。其中，科学技术支出科目下的支出为7267.0亿元，占全部财政科学技术支出的86.7%；其他支出科目中用于科学技术的支出为1116.6亿元，占财政科学技术支出的13.3%。财政科学技术支出中，中央财政科学技术支出为3421.4亿元，占中央财政支出的11.5%，中央财政科学技术支出占全国财政科学技术支出的40.8%；地方财政科学技术支出为4962.1亿元，占地方财政支出的2.9%，占全国财政科学技术支出的59.2%。

二、论文和专利产出量质齐升，技术成果交易成效显著

科技论文是科技活动产出的一种重要形式，反映了一个国家基础研究、应用研究活动的产出状况。近年来，中国科学研究的国际竞争力日益提升，SCI论文数量稳步快速增长。2017年中国发表论文36.1万篇，比2005年增加29.3万篇，年均增长14.9%。按论文数量排名，中国连续9年排在世界第2位，仅居美国之后。SCI收录的中国论文占世界论文总数的比重，由2005年的5.3%提高到2017年的18.6%。中国SCI论文高度集中于基础学科领域和工业技术领域。2017年，基础学科领域论文为14.4万篇，占论文总数的44.4%；工业技术领域论文数量为10.2万篇，占论文总数的31.4%。2008—2018年（截至2018年10月），SCI收录的中国论文中，化学论文累计量最多，达到42.7万篇，大幅领先于其他学科；此外，有4个学科论文10年累计数量超过20万篇，分别为工程技术27.5万篇、材料科学25.4万篇、临床医学24.0万篇，以及物理学23.7万篇。中国SCI论文累计数占世界总数的比重有15个学科超过10%。

经过十几年的科研积累，近年来中国SCI论文被引用数明显上升。2008—2018年（截至2018年10月）中国科技人员共发表SCI论文227.2万篇，比2017年统计时增加了10.4%，继续排在世界第2位；论文共被引用2272.4万次，同比增加了17.4%，排在世界第2位，位次与上年持平。中国平均每篇论文被引用10次，比上年度统计时提高了6.4%，与世界平均值12.6次相比还有较大差距，但差距进一步缩小。若按发表论文在20

万篇以上的国家（地区）排序，中国的篇均被引用数排名居世界第 16 位。从学科分布看，2008—2018 年，中国有 19 个学科论文被引用次数进入世界前 10 位，有 13 个学科论文被引用次数跻身世界前 3 位行列。

2017 年收录的中国论文中，国际合作产生的论文数为 9.7 万篇，比 2016 年增加了 1.4 万篇，涨幅达 16.6%，占到中国发表论文总数的 27.0%。中国作者为第一作者的国际合著论文共计 67 902 篇，占中国全部国际合著论文的 69.7%，合作伙伴涉及 155 个国家（地区）。合作伙伴排在前 6 位的分别是美国、澳大利亚、英国、加拿大、日本和德国。中国作者参与工作、其他国家作者为第一作者的合著论文共 23 259 篇，涉及 177 个国家（地区），合作伙伴排在前 6 位的分别是美国、英国、澳大利亚、加拿大、日本和德国。

作为技术活动的主要产出形式，中国的专利规模和产出效率稳步提升，正在从专利大国向专利强国迈进。2017 年中国专利申请量达 369.8 万件，较上年增长 6.7%。其中，发明专利申请量为 138.2 万件，较上年增长 3.2%，占专利申请总量的比重接近四成，达到 37.4%；实用新型专利申请量为 168.8 万件，较上年增长 14.3%；外观设计专利申请量为 62.9 万件，较上年减少 3.3%。2017 年中国专利授权总量达 183.6 万件，较上年增长 4.7%。其中，发明专利授权量为 42.0 万件，较上年增长 3.9%；实用新型专利授权量为 97.3 万件，较上年增长 7.7%；外观设计专利授权量为 44.3 万件，较上年下降 0.7%。

2017 年，国内专利申请量达到 353.6 万件，比上年增长 7.0%。其中，发明专利申请 124.6 万件，比上年增长了 3.4%，占专利申请总量的 35.2%；实用新型专利申请 168.0 万件，比上年增长了 14.4%；外观设计专利申请 61.1 万件，比上年减少了 3.3%。2017 年，国内专利授权量达到 172.1 万件，较上年增长了 5.6%。其中，发明专利授权量为 32.7 万件，较上年增长 8.2%，占国内专利总授权量的 19.0%；实用新型专利授权量为 96.7 万件，较上年增长 7.8%；外观设计专利授权量为 42.6 万件，较上年减少 0.8%。

在中国的专利构成中，职务发明专利申请和授权已稳定占据主导地位。2017 年，国内的职务专利申请达到 273.2 万件，较上年增长了 11.8%，占全部国内专利申请的 77.3%。其中，职务发明专利申请达到 104.4 万件，较上年增长了 6.2%，占全部国内发明专利申请的 83.8%。2017 年，国内职务专利申请的授权量为 136.4 万件，较上年增长 10.7%，占全部国内专利授权量的 79.3%。其中，国内职务发明专利授权量为 30.4 万件，较上年增长 10.0%，占全部国内发明专利授权量的 92.8%。

在国家实施创新驱动发展战略的总体部署下，企业在国内职务发明专利的机构分布中占据主导地位。2017 年，企业申请国内发明专利 78.8 万件，较上年增长 7.2%，占国内发明专利职务申请总量的比重达到 75.5%。职务发明中其他机构的专利申请增速有所放缓，甚至出现负增长。大专院校申请 18.0 万件，机关团体申请 2.2 万件，较上年分别增长了 3.9%

和15.9%；科研单位申请5.3万件，较上年减少3.2%。2017年，在国内获得授权的职务发明专利中，企业获得20.1万件，较上年增长5.9%，占国内职务发明专利授权量的66.1%。职务发明中其他机构的专利授权则有显著增长。大专院校获得7.6万件，科研单位获得2.2万件，机关团体获得4711件，分别较上年增长了21.5%、11.2%和17.1%。

截至2017年年底，中国的有效专利总量为714.8万件，其中发明专利、实用新型专利和外观设计专利所占比重分别为29.2%、50.4%和20.4%。国内有效发明专利为141.4万件，同比增长22.1%，占有效发明专利总量的比重为67.8%。国内有效发明专利在国内有效专利中所占比重持续上升，2017年达到了22.4%，较上年提高1.4个百分点。中国每万人口发明专利拥有量（不含港澳台）继续保持良好增长态势，达到9.8件，较上年提高了1.8件。

2017年，中国的PCT申请量继续高速增长，达到4.9万件，较上年增长13.5%。PCT申请量排名超过日本，居世界第2位。2016年，中国的三方专利数为3890件，较上年增长了19.5%，占全部三方专利的7.0%，国际排名继续居第4位。

技术市场发挥着促进国内科技资源优化配置、加速知识流动和技术转移的作用。2017年，中国技术市场共签订各类技术合同36.8万项，成交金额13 424.2亿元，比上年分别增长14.7%和17.7%；平均每项技术合同成交金额365.2万元，同比增长2.6%。技术合同成交金额占国内生产总值的1.62%，比上年提高了0.1个百分点。

4类技术交易合同中，技术服务和技术开发合同是技术交易的主要类型。2017年，技术服务合同成交额达到6826.2亿元，比上年增长16.7%，连续5年占据首位，占全国技术合同成交额的50.8%。技术开发合同成交额达4748.5亿元，比上年增长36.5%，占全国总数的35.4%。技术转让合同与技术咨询合同成交额均有所下降。技术转让合同成交额为1400.3亿元，降幅为12.9%；技术咨询合同成交额为449.2亿元，小幅下降4.1%。

三、创新主体研发能力不断增强，国家创新体系高效运转

在国家创新体系中，企业是技术创新活动的主体，是彰显中国创新水平的中坚力量。企业既是科技创新的投入主体和创新项目的承担者，又是科技创新成果的产业化主体。2017年，中国企业R&D人员全时当量为312.0万人年，是2004年的4.5倍，企业R&D人员全时当量占全国的比重从2004年的60.5%上升到2017年的77.4%。2017年，企业R&D经费达到13 660.2亿元，为2004年的10.4倍；企业R&D经费占全国的比重从2004年的66.8%上升到2017年的77.6%。企业R&D经费中试验发展经费占主体，用于基础研究和应用研究的比例很低。2017年，企业的基础研究和应用研究经费分别为28.9亿元和438.3亿元，分别占企业R&D经费的0.2%及3.2%。

工业企业是中国企业技术创新的主体，规模以上工业企业是工业企业的主力军，承

担了工业企业大部分研发活动。2017年，中国规模以上工业企业中有R&D活动的企业共10.2万家，是2004年的6.0倍。有R&D活动的企业占工业企业的比重为27.4%，比2004年增加了21.2个百分点。工业企业中设立研发机构的企业共7.1万家，占全部工业企业的19.0%，较2004年增加了14个百分点。

2017年，中国规模以上工业企业R&D人员达到404.5万人，是2004年的5.0倍。规模以上工业企业R&D人员全时当量达到273.6万人年，是2004年的5.0倍。2017年，规模以上工业企业的R&D经费内部支出额为12 013.0亿元，是2004年的10.9倍。

2004年以来，中国规模以上工业企业发明专利申请数量呈快速增长趋势。2004年规模以上工业企业的发明专利申请量仅2.0万件，2017年增长到32.1万件，增长了15.7倍。专利申请结构也有一定程度的改善，发明专利申请占全部专利申请的比重在2004年为31.7%，2017年上升到39.2%。中国规模以上工业企业新产品销售收入增长趋势明显，从2004年的2.3万亿元增长到2017年的19.2万亿元，增长了7.4倍。

2017年，规模以上工业企业的R&D项目达到44.5万项。其中，由企业独立完成的R&D项目有38.5万项，占全部项目的86.6%；合作研究方面，与境内高等学校合作的项目占比达到4.9%，占比最高；与境内独立研究机构合作、与境内注册其他企业合作的项目占比分别达2.8%和3.4%。

全国企业创新调查结果显示，2017年近40%的企业开展了创新活动，近8%的企业实现了全面创新；工业企业创新成功率较高，自主研发是最主要的创新形式；规模以上高技术产业创新能力突出，在制造业中具有引领作用；合作创新助力企业提升市场竞争力；员工对企业的认同感、高素质的人才和企业内部的激励措施等是影响创新成功的主要因素；创新政策实施效果基本得到企业家群体的认可。

高等学校作为国家创新体系的重要组成部分，是源头创新的主力军之一，是开展科技创新研究的主要机构和创新型科技人才培养的重要基地。2005—2017年，中国高等学校数量逐年稳定增加。2017年，中国普通高等学校数量达2631所，比2005年增加839所。按学校层次分，2017年普通本科高等学校为1243所，普通专科高职院校为1388所；按学校隶属关系分，中央所属高等学校为119所，地方所属高等学校为2512所，其中，民办高等学校为746所。

高等学校专任教师担负着开展科研活动、培养创新人才、服务社会发展、传播创新文化等重任。2017年，中国普通高等学校专任教师数达163.3万人，比2005年增加66.7万人，增长69.1%。随着高等学校招生规模趋于稳定，专任教师数量虽持续增长，但增速呈现下降趋势。2005年专任教师比上年增长12.6%，此后增速不断下降，2017年比上年增长2.0%。2017年，中国普通高等学校在校研究生数量为260.8万人，比2005年增加162.9万人，增长 1.7 倍。

高等学校 R&D 机构作为高等学校科技创新体系的重要组成部分，是知识创新及创新人才培养的重要载体。2005—2017 年，中国高等学校 R&D 机构数量不断增长，2017 年达到 14 791 个，比 2005 年增长 2.8 倍。

近年来，中国高等学校 R&D 人员数量稳步增长，2017 年达到 91.4 万人，比 2010 年增加 32.0 万人，年均增长 6.4%。2005—2017 年，高等学校 R&D 人员全时当量稳步增长，2017 年达到 38.2 万人年，比 2005 年增加 15.5 万人年，年均增长 4.4%。然而，高等学校 R&D 人员全时当量占全国总量的比例总体呈现下降趋势，由 2005 年的 16.6% 降至 2017 年的 9.5%。

R&D 经费是高等学校开展科技创新活动的重要保障。2017 年，高等学校 R&D 经费为 1266.0 亿元，比上年增长 193.8 亿元。2005—2017 年，中国高等学校 R&D 经费持续增长，年均增速为 14.8%。2005—2017 年，高等学校 R&D 经费占全国 R&D 经费总量的比重呈现下降趋势，由 2005 年的 9.9% 降至 2017 年的 7.2%。

2017 年高等学校 R&D 经费中，基础研究经费为 531.1 亿元，应用研究经费占最大份额，为 623.1 亿元，试验发展经费为 111.8 亿元。2005—2017 年，高等学校基础研究经费占 R&D 经费比例明显提高，由 2005 年的 23.4% 上升为 2017 年的 42.0%；应用研究经费所占比例比较稳定，基本保持在 50%～55%；试验发展经费所占比例呈逐年减少态势，由 2005 年的 25.0% 下降为 2017 年的 8.8%。

政府资金是高等学校 R&D 经费的主要来源。2017 年高等学校 R&D 经费中，政府资金为 804.5 亿元，比上年增长 17.0%；企业资金为 360.4 亿元，比上年增长 16.1%；其他资金和国外资金为 101.1 亿元，比上年增长 36.6%。2005—2017 年，高等学校 R&D 经费中政府资金的比例始终在 50% 以上，并总体呈增长态势，从 2005 年的 54.9% 上升到 2017 年的 63.6%；企业资金的比例呈下降趋势，从 2005 年的 36.7% 下降到 2017 年的 28.5%；其他资金和国外资金占比相对稳定，基本保持在 5%～7.5%。

从各国投入的 R&D 经费总量看，2017 年，中国高等学校 R&D 经费为 187.3 亿美元，其投入规模远远落后于美国的 708.3 亿美元，与日本、德国等国家比较接近。高等学校 R&D 经费占本国 R&D 总经费的比重反映了各国对高等学校 R&D 活动的重视程度。2017 年，中国高等学校 R&D 经费占本国 R&D 总经费的 7.2%，在国际上处于较低水平。发达国家高等学校 R&D 经费占本国 R&D 总经费的比重普遍在 10% 以上，荷兰、瑞典、意大利、英国和法国的比例保持在 20%～30%，加拿大甚至在 40% 以上。韩国和俄罗斯的比例相对偏低，分别为 8.5% 和 9.0%。

近年来，中国高等学校科技论文、专利等科技活动产出稳步增长，科技成果转移转化进程不断加快，为中国产业结构转型升级提供了有力支撑。近几年，高等学校国内科技论文数量相对保持稳定。2017年，中国高等学校国内科技论文总数达到31.2万篇，约为2005年的1.3倍。2005年以来，高等学校国内科技论文数占全国总数的比重始终保持在60%以上。高等学校专利申请量实现大幅增长，从2005年的2.0万件增加到2017年的33.6万件，年均增长26.5%。其中，发明专利申请量由1.5万件增加到18.0万件，年均增长23.0%。2005年以来，高等学校专利申请量占全国专利申请总数的比重增长缓慢，2017年达到9.5%，仍处于10%以下。2005—2017年，高等学校发明专利申请占高等学校专利申请总数的比重处于下降趋势，2005年为73.5%，到2017年降至53.5%。2006—2017年，高等学校作为卖方签订的技术市场成交合同数量稳步增长，2017年达到7.0万项，比2006年增长2.2倍。同期，高等学校技术市场成交合同数量占全国总数的比重持续攀升，由10.7%提高到19.0%。2017年，高等学校专利所有权转让及许可数为5942项，比2009年增长2.7倍；高等学校专利出售实际收入为19.6亿元，比2009年增长2.4倍。

研究机构是国家创新体系的重要组成部分，也是中国基础性、战略性和公益性研究的主要执行部门。2017年，中国研究机构共有3547个，其中，中央属研究机构728个，地方属研究机构2819个。2005—2017年，研究机构数量总体呈逐年减少态势，累计减少354个，其中，地方属研究机构数量减少较多，从2005年的3222个减少到2017年的2819个，减少403个；中央属研究机构数量略有增加，从2005年的679个增加到2017年的728个，增加49个。

2017年，中国研究机构R&D人员46.2万人，其中，女性15.4万人；博士毕业8.2万人，硕士毕业16.5万人。研究机构中拥有博士学位R&D人员的数量为8.2万人，拥有硕士学位R&D人员的数量为16.5万人，分别占R&D人员总数的17.7%和35.7%。2005年以来，研究机构的R&D人员规模不断扩大，2005—2017年年均增长5.6%。研究机构R&D人员占科技活动人员的比重持续上升，由2005年的52.9%提高到2017年的76.5%。从R&D人员全时当量看，2017年，研究机构R&D人员为40.6万人年，占全国R&D人员全时当量的比重为10.1%，与上年持平。近年来，这一比重基本保持在10%左右。

2017年，研究机构R&D经费为2435.7亿元，其中，中央属研究机构占87.7%，远高于地方属研究机构。按现价计算，2005—2017年，研究机构R&D经费年均增长13.9%。尽管研究机构R&D经费投入持续增长，但是，由于企业研发经费的迅速增长，使研究机构R&D经费占全国的比重持续下降，从2005年的20.9%下降至2017年的13.8%。

2005年以来，随着全国R&D经费快速增长，研究机构用于基础研究、应用研究和试验发展活动的经费规模也呈高速增长态势，年均增速分别达到17.1%、12.2%和14.1%。从3类活动经费所占比重看，2017年，试验发展活动仍占主导地位，为55.5%，而基础研究和应用研究分别为15.8%和28.7%。从研究机构R&D经费的学科分布看，工程与技术科学领域占据主导地位，其R&D经费占研究机构的比重为70.1%；其次为自然科学领域，占15.4%；农业科学、医药科学和人文与社会科学领域的经费相对较少，分别占7.9%、4.4%和2.3%。

政府资金一直是中国研究机构R&D经费的主要来源。2005年以来，研究机构的R&D经费中，来源于政府资金的规模从424.7亿元增加到2017年的2025.9亿元。政府资金占研究机构R&D经费的比重虽然存在波动，但始终保持在80%以上。

随着中国科技投入不断加大，研究机构的科技论文、专利申请、专利授权、技术合同成交额均出现了不同程度的增长。2017年，中国研究机构发表国内科技论文5.7万余篇，较2016年略有增加；占国内科技论文发表总量的12.09%，比2016年提高0.66个百分点；发表SCI论文3.2万余篇，较2016年增加1400余篇。2017年，中国研究机构的专利申请量为7.7万件，其中申请发明专利5.3万件，占研究机构专利申请量的69.6%。研究机构专利授权量也实现较快增长，2017年获得专利授权3.8万件，其中发明专利授权为2.2万件，占研究机构专利授权量的59.2%。2017年，研究机构专利所有权转让及许可共2090件，获得收入8.9亿元。从中国技术市场成交合同数量来看，2017年，研究机构作为卖方的技术市场成交合同数为3.5万件，占全国总成交合同数量的比重为9.5%。从中国技术市场成交合同金额看，2017年，研究机构作为卖方的技术市场成交合同金额为866.8亿元，比上年增长22.9%；成交金额占全国总成交额的比重基本稳定在5%～7%，2017年为6.5%。

四、高技术产业引领经济发展，创新密集区和创新高地方兴未艾

高技术产业作为国民经济的战略性先导产业，对推进产业结构调整和经济发展方式转变具有重要作用。近年来，中国高技术产业规模持续增长。2017年，中国高技术产业主营业务收入达到159 376亿元，比上年增长3.6%。近5年来，高技术产业主营业务收入平均年增长率为9.3%。从高技术产业6个子行业看，各行业的发展速度存在较大差异。航空、航天器及设备制造业主营业务收入增速最快，平均年增长率高达13.2%；电子及通信设备制造业主营业务收入的增速位列第二，为12.1%；医疗制造业和医疗仪器设备及仪器仪表制造业增速相当，分别为9.6%和9.3%；计算机及办公设备制造业主营业务收入出现负增长，降幅为0.9%。2009年以来，中国高技术产业主营业务收入占制造业的比重呈现先下降再上升的趋势，2011年这一比例降至近9年的最低点，为12.0%，随后有所回升，2017年高技术产业主营业务收入占制造业的比重为15.6%。

近年来，中国高技术产业的R&D经费规模和投入强度保持持续增长。2017年，高技术产业企业R&D经费规模达到3182.6亿元，占制造业R&D经费的27.5%，比上年提高9.2

个百分点。同时，高技术产业 R&D 经费投入强度达到 2.00%。其中，医疗仪器设备及仪器仪表制造业的 R&D 经费投入强度最高，为 2.28%；R&D 经费规模最大的电子及通信设备制造业的 R&D 经费投入强度第二，为 2.10%。总体来看，中国高技术产业 R&D 经费投入强度高于全国制造业的平均水平，行业间 R&D 经费投入强度相差较大。

中国高技术产业的新产品销售收入多年来一直保持快速增长的趋势。2009 年，中国高技术产业的新产品销售收入 1.4 万亿元，2011 年突破 2 万亿元，2017 年达到 5.4 万亿元，平均增速达到 18.8%。2017 年，高技术产业的新产品销售收入占主营业务收入总额的比重为 33.6%，比 2005 年提高了 10.5 个百分点，反映了中国高技术产业创新能力在不断提升。

多年以来，中国高技术产品贸易总体呈上升趋势，贸易顺差呈波动式上升态势。2017 年中国高技术产品贸易进出口总额达到 12 575 亿美元。其中，出口额为 6708 亿美元，较上年增长 11.0%；进口额为 5867 亿美元，较上年增长 12.0%。2005—2017 年高技术产品贸易顺差呈现波动式上升趋势，2017 年为 841 亿美元，较 2016 年增长 4.6%。从贸易特化系数看，2005—2007 年是中国高技术产品国际竞争力提升较快的阶段，2007—2015 年中国高技术产品国际竞争力基本保持稳定，维持在 0.09 左右。

从技术领域分布来看，2017 年高技术产品出口基本延续了以往计算机与通信技术、电子技术为主的趋势。在中国高技术产品出口的各类技术领域中，计算机与通信技术仍居绝对主导地位，出口额达到 4607 亿美元，占高技术产品出口总额的 68.7%；电子技术出口额居第 2 位，为 1200.1 亿美元，占高技术产品出口总额的 17.9%。2017 年，在高技术产品进口的技术领域分布中，电子技术仍居首位，进口额达 3093.3 亿美元，占高技术产品进口总额的 52.7%。位居第二的是计算机与通信技术，进口额为 1140 亿美元，占进口总额的 19.4%。

一直以来，进料加工贸易占中国高技术产品贸易比重都在 70% 以上，但是自 2010 年以来，该比重呈总体下降趋势，2017 年下降到 57.5%。来料加工贸易比重虽在个别年份有所上涨，但整体仍呈下降趋势，从 2002 年的 15.1% 下降到 2017 年的 4.3%。与之相对应的是一般贸易方式贸易额大幅上升，一般贸易方式贸易额占比从 2002 年的 7.6% 上升到 2017 年的 25.7%。

建立国家高新技术产业开发区（以下简称"国家高新区"）是中国"发展高科技、实现产业化"的重大战略举措。2017 年，国家高新区共实现营业收入 307 057.5 亿元、工业总产值 202 826.6 亿元、净利润 21 420.4 亿元、上缴税额 17 251.2 亿元、出口总额 32 292.0 亿元，同比分别增长 9.9%、1.4%、14.7%、9.8% 和 10.8%。

2017 年，国家高新区中属于高技术制造业、高技术服务业的企业达 49 855 家，占高新区企业总数的 48.1%，比上年提高 2.2 个百分点，从业人员达 778.4 万人，占高新区从业人员总数的 40.1%。以高技术制造业和高技术服务业共同构成的高技术产业已经成为国家高新区产业的主体构成。高技术制造业和高技术服务业创造的营业收入、净利润、上缴税额和出口总额分别为 94 131.9 亿元、7942.2 亿元、4779.2 亿元和 18 919.8 亿元，同比增长 7.8%、15.2%、10.2%、5.5%，占高新区总体各项经济指标的比重均在 30% 左右，其中出口总额占高新区企业比重达 58.6%。

2017 年，国家高新区企业中科技活动人员 378.4 万人，占全部从业人员总数的 19.5%，较 2016 年提高 0.8 个百分点；R&D 人员全时当量为 159.0 万人年，每万名从业人员中 R&D 人员为 819.3 人年。国家高新区从业人员中具有本科以上学历的从业人员为 680.5 万人，较 2016 年增长 12.0%，占从业人员总数的比例为 35.1%。2017 年，国家高新区财政科技支出总额达 773.8 亿元，占高新区财政支出比例达到 15.9%，较上年增长 1.1 个百分点。企业 R&D 经费内部支出 6163.9 亿元，同比增长 14.6%，R&D 经费投入强度达到 6.5%。

高新技术企业是发展高新技术产业的重要基础。截至 2017 年年底，全国共有高新技术企业 13.6 万家，较上年增长 30.8%。2017 年高新技术企业实现营业收入 318 374.1 亿元、工业总产值 243 898.0 亿元、净利润 23 217.0 亿元、实际上缴税费 15 578.3 亿元、出口总额 37 831.0 亿元，分别比上年增长 21.9%、14.9%、23.1%、18.4% 和 21.9%。高新技术企业的科技活动经费内部支出为 15 481.2 亿元，其中 R&D 经费内部支出为 9279.5 亿元，较上年增长 18.9%。

截至 2017 年年底，全国纳入火炬统计的众创空间共计 5739 家，其中民营企业建立的众创空间 3925 家，占 68.4%；国有企业建立的众创空间 757 家，占 13.2%；事业性质的占 10%，其他为社团、民办非企业、外资及合资等性质。2017 年，众创空间提供创业工位 105.5 万个，当年服务的创业团队和创业企业 42.0 万个，通过创业带动就业人数达 173 万人，其中应届大学生 46.7 万人。

科技企业孵化器是培育和扶持科技型中小企业的服务机构。截至 2017 年年底，全国科技企业孵化器总数已达 4069 家，较上年增长 25%。其中国家级孵化器总数达 988 家，占全国孵化器数量的 24.28%。孵化器共有孵化场地面积 1.2 亿平方米，比上年增长 11.8%。服务和管理人员队伍 6.3 万人，当年在孵企业数 17.75 万家。2017 年，孵化器内在孵企业达到 17.75 万家，其中留学生创办企业首次突破 1 万家。在孵企业总收入达 6335.7 亿元，R&D 投入 589.4 亿元，累计获得风险投资共 1940.2 亿元。截至 2017 年年底，从科技企业孵化器毕业的企业累计已达 11.1 万家，其中 2017 年毕业企业达到 2.0 万家。

创业风险投资主要为高新技术企业，尤其是中小高新技术企业的创立和发展提供资金支持。中国创业风险投资总体上呈现出良好的发展态势。2017 年，中国各类创业风险投资机构数持续增长，活跃的创投机构数达到 2296 家，较上年增长 12.3%。其中，创业风险投资企业（基金）1589家，增幅11.8%；创业风险投资管理机构707家，增幅13.3%。从资金规模来看，2017年，全国创业风险投资管理资本总量达到8872.5亿元，较2016年增加595.4亿元，增幅为7.2%，较前两年明显放缓。管理资本规模达到503.7亿元，占比5.7%。

截至2017年年底，全国创投机构累计投资项目数达到20 674项，累计投资金额4110.2亿元。2017年当年披露投资项目2687项，投资金额845.3亿元，平均投资额为3145万元/项，较2016年大幅增加。按投资项目的发展阶段进行划分，2017年中国创投的投资金额主要集中在成长（扩张）期和成熟（过渡）期，占比分别为44.7%、29.9%，相比往年有所增加。相应地，对起步期项目的投资下降较大，资金占比由2016年的30.3%下滑到2017年的20.8%；种子期项目投资变化较小。

创业风险投资为高新技术企业成长提供有力支持。截至2017年年底，创投机构投资的高新技术企业（项目）达到8851项，投资金额1627.3亿元，分别占42.8%和39.6%。其中，2017年投资的高新技术企业（项目）825家，较2016年增加30.1%；投资金额153.8亿元，增长67.0%。投资于科技型中小企业（项目）858家，投资金额97.5亿元。

第一章 科技人力资源

科技人力资源是指实际从事或有潜力从事系统性科学和技术知识的产生、传播和应用活动的人力资源,既包含实际从事科技活动的劳动力,也包含有资格从事科技活动的劳动力。科技人力资源是中国建设创新型国家、实施创新驱动发展战略的主导力量和战略资源。本章主要从科技人力资源概况、研究与试验发展人员及科技人力资源培养3个方面描述中国科技人力资源的使用现状与发展潜力,并通过国际比较反映中国科技人力资源的国际地位与差距。

第一节 科技人力资源概况

中国高等教育的健康发展及对科技人才培养工作的高度重视,确保了科技人力资源总量稳定增长。公有经济企事业单位科技领域专业技术人员规模出现下降,每万名职工中科技领域专业技术人员数继续增长。

一、科技人力资源总量

中国科技人力资源总量是指大专及以上学历(或学位)科技领域毕业生存量,与虽然没有高等教育科技领域学历(或学位)但实际从事科技活动的劳动力存量之和。科技人力资源总量反映了中国科技人力资源的存量现状和未来科技人力投入的增长潜力。

2017年中国科技人力资源总量达到8705万人,比上年增长4.9%。其中,本科及以上学历的科技人力资源总量为3934万人,比上年增长7.2%。2017年中国科技人力资源总量是2005年的2.5倍,年均增长率达到7.9%;本科及以上学历的科技人力资源人数年均增长率为8.6%(图1-1)。从每万人口中科技人力资源数量来看,中国人口的总体科技素质持续上升。2005年中国每万人口中科技人力资源数为268人,2017年已上升到626人,年均增长率为7.3%。

中国本科及以上学历科技人力资源总量相当于美国的科学家工程师(即拥有大学学位的科学与工程领域的毕业生)数量。根据美国《科学与工程指标2018》,2015年美国科学家工程师总量为2320万人,每万人口中科学家工程师数为667人。中国的本科及以上科技人力资源数量自2009年以来一直高于美国,但每万人口中本科及以上科技人力资源数则低于美国。

图 1-1 中国科技人力资源总量（2005—2017 年）

详见附表 1-1

中国科学技术指标 2018

二、公有经济企事业单位科技领域专业技术人员

专业技术人员是指事业单位和企业单位中，具有中专及以上学历或取得初级及以上专业技术职称的就业人员，共有 17 个类别[①]。科技领域专业技术人员是指工程技术人员、农业技术人员、科学研究人员、卫生技术人员和教学人员这 5 类专业技术人员。公有经济企事业单位科技领域专业技术人员的数量反映了公有经济企事业单位开发利用科技人力资源的规模。

2016 年中国公有经济企事业单位科技领域专业技术人员达到 2492.6 万人[②]，比 2015 年增加了 0.2%（图 1-2）。每万名职工中科技领域专业技术人员规模反映了公有经济企事业单位开发利用科技人力资源的状况。由于公有经济企事业单位在岗职工总数近年来呈现持续下降态势，因此每万名职工中科技领域专业技术人员数保持稳定增长。2016 年，中国每万名职工中科技领域专业技术人员数为 6366 人，自 2011 年以来的年增长率达到 4.5%。

---

① 17 个类别专业技术人员包括工程技术人员、农业技术人员、科学研究人员、卫生技术人员、教学人员、经济人员、会计人员、统计人员、翻译人员、图书档案文博人员、新闻出版人员、律师公证人员、播音人员、工艺美术人员、体育人员、艺术人员和政工人员。
② 2008 年及以前的统计口径为"国有企事业单位"，不包含集体企事业单位。

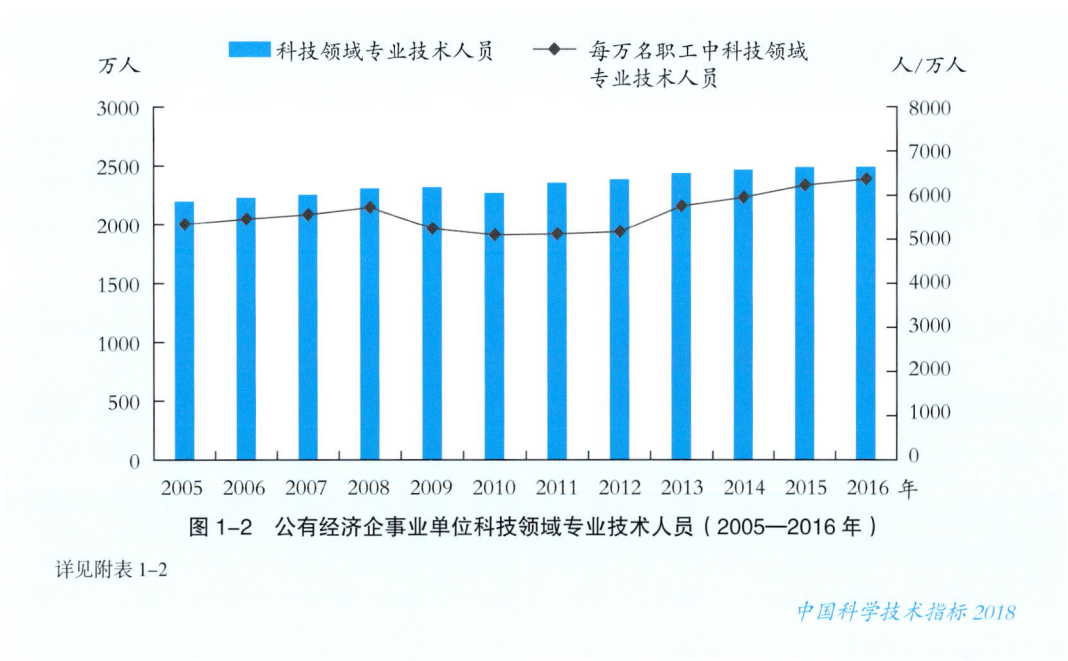

图1-2 公有经济企事业单位科技领域专业技术人员（2005—2016年）

详见附表1-2

中国科学技术指标2018

2016年，公有经济企事业单位5类专业技术人员中，教学人员1287.7万人，占51.7%；工程技术人员649.4万人，占26.1%；卫生技术人员437.2万人，占17.5%；农业技术人员72.0万人，占2.9%；科学研究人员46.2万人，占1.9%。与上一年度相比，除农业技术人员略微下降外，其他4类专业技术人员均小幅增长（图1-3）。

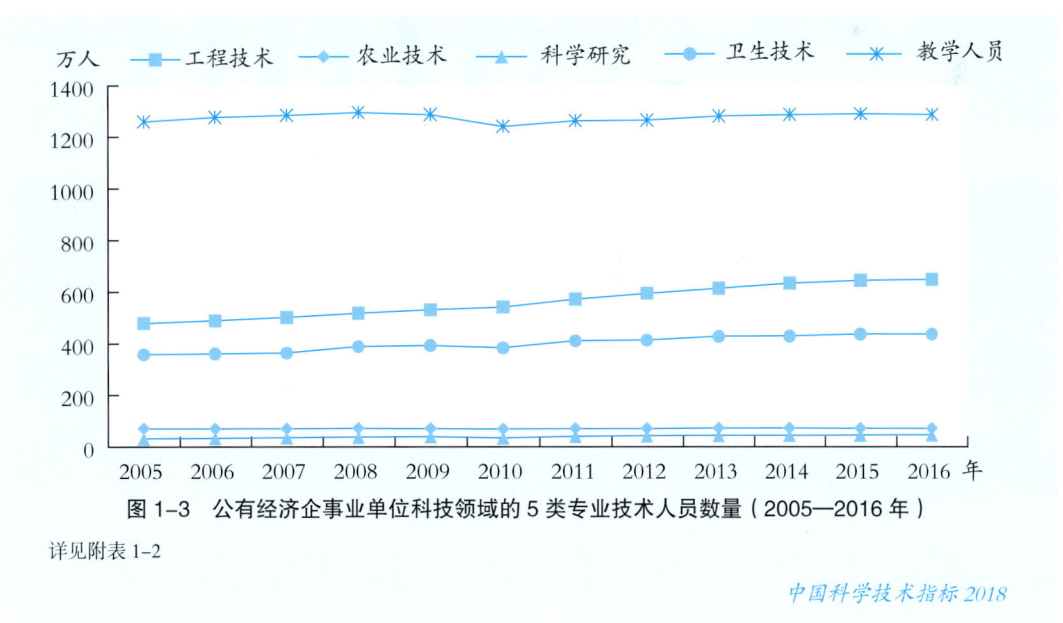

图1-3 公有经济企事业单位科技领域的5类专业技术人员数量（2005—2016年）

详见附表1-2

中国科学技术指标2018

第二节　研究与试验发展人员

研究与试验发展（简称"研发"或"R&D"）是指在科学技术领域为增加知识总量及运用这些知识去创造新的应用所进行的系统的、创造性的工作。R&D人员是指直接从事R&D活动的人员及直接为R&D活动提供服务的管理人员、行政人员和办事人员。R&D人员的数量和质量是衡量国家创新能力的重要指标。

一、研究与试验发展人员总量

中国R&D人员总量继续保持高速增长。2017年，中国从事R&D活动的人员总数为621.4万人，比2016年（583.1万人）增长6.6%。其中，博士41.7万人，硕士92.0万人，本科毕业生271.2万人，分别占总数的6.7%、14.8%和43.6%，其中本科毕业生占R&D人员总数的比重比2015年（29.3%）提高了14.3个百分点。

按全时当量统计[①]，2017年中国R&D人员总量为403.4万人年，比2005年增加了266.9万人年（图1-4），年均增长9.5%。

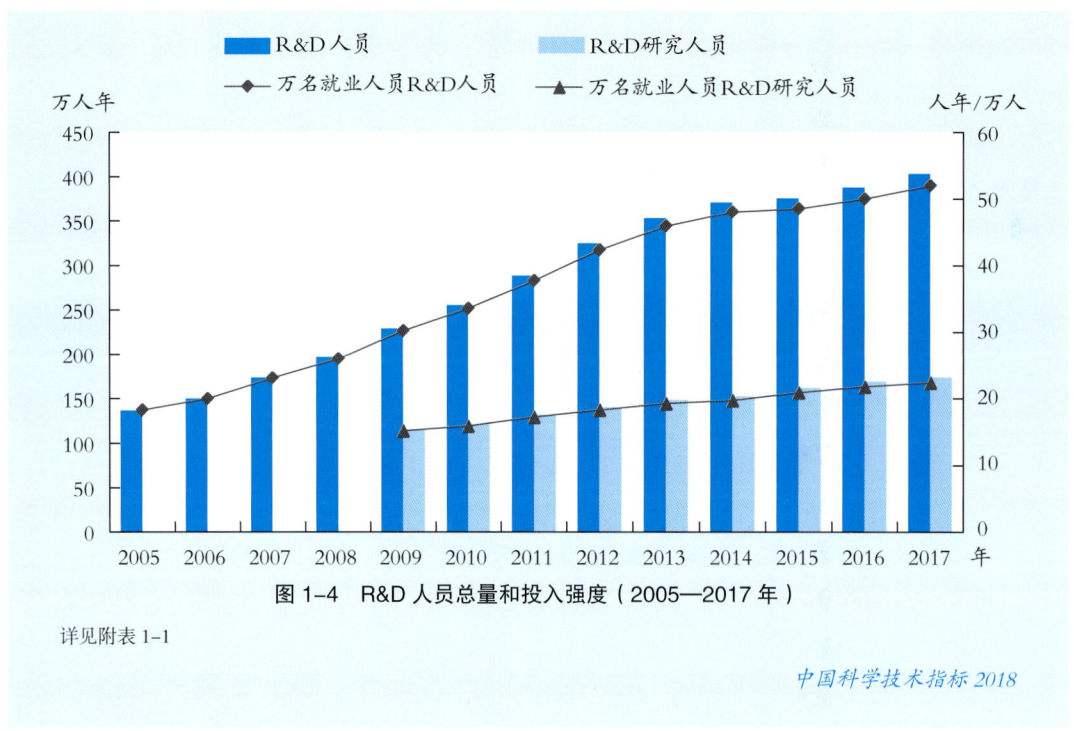

图1-4　R&D人员总量和投入强度（2005—2017年）

详见附表1-1

中国科学技术指标2018

---

① 全时当量是全时人员数加非全时人员数按工作量折算为全时人员数的总和。全时人员是指报告年内从事R&D活动的时间占全年工作时间90%及以上的人员；非全时人员是指报告年内从事R&D活动的时间占全年工作时间10%（含10%）～90%（不含90%）的人员。

R&D 研究人员指 R&D 人员中从事新知识、新产品、新工艺、新方法、新系统的构想或创造的专业人员及 R&D 课题的高级管理人员，在实际科技统计中是指 R&D 人员中具备中级以上职称或博士学历（学位）的人员。R&D 人员中研究人员所占比重反映了研发人员队伍的素质和研发活动的质量。2017 年中国 R&D 研究人员总量为 174.0 万人年，比 2016 年增长 2.8%。R&D 研究人员占 R&D 人员的比重为 43.1%。

万名就业人员 R&D 人员（或 R&D 研究人员）数量是测度一国 R&D 人力资源投入强度的重要指标，反映了一国科技人力资源的总体水平。2017 年，中国万名就业人员 R&D 人员数量达到 52.0 人年/万人，与 2010 年水平（33.6 人年/万人）相比，年均增长 6.4%。万名就业人员 R&D 研究人员数从 2010 年的 15.9 人年/万人上升到 2017 年的 22.4 人年/万人，年均增速 5.0%，比同期万名就业人员 R&D 人员数量低 1.4 个百分点。

二、研究与试验发展人员按执行部门分布

企业、研究机构和高等学校是中国 R&D 活动的 3 个主要执行部门。从 R&D 人员在三大执行部门的分布情况看，企业仍是 R&D 活动的主体。2017 年，企业 R&D 人员占全部 R&D 人员的 77.3%，研究机构占 10.1%，高等学校占 9.5%，其他事业单位占 3.1%（表 1–1）。研究机构和高等学校的 R&D 人员逐年增加，所占比重与 2016 年相比，分别持平和增长了 0.2 个百分点。

表 1–1　R&D 人员按执行部门分布（2005—2017 年）

年份	合计		研究机构		高等学校		企业		其他 *	
	人员（万人年）	占比（%）	人员（万人年）	占比（%）	人员（万人年）	占比（%）	人员（万人年）	占比（%）	人员（万人年）	占比（%）
2005	136.5	100	21.5	15.8	22.7	16.6	88.3	64.7	3.9	2.9
2006	150.2	100	23.2	15.4	24.3	16.2	98.8	65.8	4.0	2.7
2007	173.6	100	25.6	14.7	25.4	14.6	118.7	68.4	4.0	2.3
2008	196.5	100	26.0	13.2	26.7	13.6	139.6	71.0	4.3	2.2
2009	229.1	100	27.7	12.1	27.5	12.0	164.8	71.9	9.1	4.0
2010	255.4	100	29.3	11.5	29.0	11.4	187.4	73.4	9.7	3.8
2011	288.3	100	31.6	11.0	29.9	10.4	216.9	75.2	9.9	3.4
2012	324.7	100	34.4	10.6	31.4	9.7	248.6	76.6	10.3	3.2
2013	353.3	100	36.4	10.3	32.5	9.2	274.1	77.6	10.4	2.9
2014	371.1	100	37.4	10.1	33.5	9.0	289.6	78.0	10.6	2.8
2015	375.9	100	38.4	10.2	35.5	9.4	291.1	77.4	11.0	2.9

续表

年份	合计		研究机构		高等学校		企业		其他*	
	人员（万人年）	占比（%）	人员（万人年）	占比（%）	人员（万人年）	占比（%）	人员（万人年）	占比（%）	人员（万人年）	占比（%）
2016	387.8	100	39.0	10.1	36.0	9.3	301.2	77.7	11.6	3.0
2017	403.4	100	40.6	10.1	38.2	9.5	312.0	77.3	12.6	3.1

* 其他是指政府部门所属的从事科技活动但难以归入研究机构的事业单位。

详见附表1-1

中国科学技术指标2018

三、研究与试验发展人员按活动类型分布

R&D活动按其活动性质划分为基础研究、应用研究和试验发展。基础研究是指为了获得关于现象和可观察事实的基本原理的新知识（揭示客观事物的本质、运动规律，获得新发现，建立新学说）而进行的实验性或理论性研究，它不以任何专门或特定的应用或使用为目的。应用研究是指为获得新知识而进行的创造性研究，主要针对某一特定的目的或目标。试验发展是指利用从基础研究、应用研究和实际经验所获得的现有知识，为产生新的产品、材料和装置，建立新的工艺、系统和服务，以及对已产生和建立的上述各项做实质性的改进而进行的系统性工作。

2017年中国R&D人员中，从事基础研究的人员为29.0万人年，占7.2%；从事应用研究的人员为49.0万人年，占12.1%；从事试验发展的人员为325.4万人年，占80.7%（图1-5）。

自2005年以来，科学研究（包括基础研究和应用研究）人员从41.2万人年增加到2017年的78.0万人年，年均增长5.5%；试验发展人员共增加了230.2万人年，年均增长10.8%。基础研究人员和应用研究人员所占比重比2016年略有上升。其中，基础研究人员占全部研发人员比重为7.2%，应用研究人员占比为12.1%，分别比上年度提升了0.1个和0.8个百分点，试验发展人员占比则从81.6%下降到80.7%，为近5年来的最低水平。

从执行部门R&D人员按活动类型的分布看，研究机构、高等学校和企业对3类R&D活动的人力投入各有特点（表1-2）。高等学校偏重于科学研究，2005以来高等学校投入科学研究活动的人力数量和比重一直在平稳增长。2017年高等学校投入科学研究活动的人力比重达到95.1%，为历史最高水平。企业重视试验发展活动，投入的人力最多，2017年所占比重达到96.5%，比上年略有下降。研究机构对科学研究的人力投入多年来相对稳定，2017年达到56.0%。

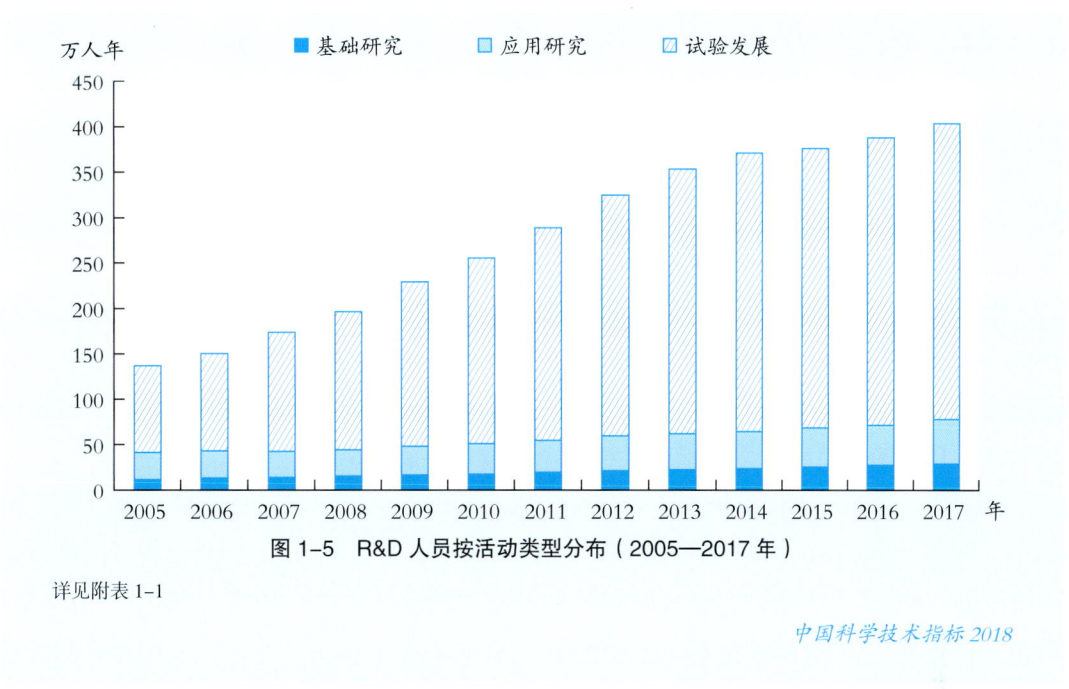

图 1-5 R&D 人员按活动类型分布（2005—2017 年）

详见附表 1-1

中国科学技术指标 2018

从三类 R&D 活动人员在执行部门的分布看，研究机构、高等学校和企业发挥着不同的作用（表 1-2）。中国从事科学研究活动的人群主要集中在高等学校和研究机构。2017 年高等学校科学研究人员占全国的比重最高，基础研究人员占为 62.3%，应用研究人员占 37.3%；其次是研究机构，基础研究人员占 29.1%，应用研究人员占 29.2%；企业基础研究活动人员较少，只占全国的 2.3%。中国从事试验发展活动的 R&D 人员主要集中在企业，2017 年企业试验发展人员占全国的比重为 92.5%。

表 1-2 中国 R&D 人员按活动类型与执行部门分布（2017 年）

年份	合计		研究机构		高等学校		企业		其他	
	人员（万人年）	占比（%）	人员（万人年）	占比（%）	人员（万人年）	占比（%）	人员（万人年）	占比（%）	人员（万人年）	占比（%）
合计	403.4	100	40.6	10.1	38.2	9.5	312.0	77.4	12.6	3.1
基础研究	29.0	100	8.4	29.1	18.1	62.3	0.7	2.3	1.8	6.3
应用研究	49.0	100	14.3	29.2	18.3	37.3	10.3	21.0	6.1	12.5
试验发展	325.4	100	17.8	5.5	1.9	0.6	301.0	92.5	4.6	1.4

资料来源：国家统计局社会科技和文化产业统计司、科学技术部战略规划司《中国科技统计年鉴 2018》。

详见附表 1-1

中国科学技术指标 2018

四、研究与试验发展人员的国际比较

从国际比较看，中国研发人力投入强度指标在国际上仍处于落后水平，但保持着逐年稳定增长态势，不断缩小与发达国家的差距。

1. R&D人员总量与投入强度

2017年中国R&D人员总量达到403.4万人年，R&D研究人员为174.0万人年，这两项指标的国际排名均居首位（表1-3）。

中国研发人力投入强度保持着逐年稳定增长态势，万名就业人员R&D人员数从2010年的33.6人年/万人上升到2017年的52.0人年/万人，年均增长6.4%。万名就业人员R&D研究人员数从2010年的15.9人年/万人上升到2017年的22.4人年/万人，年均增速5.0%，比同期万名就业人员R&D人员年均增速低1.4个百分点。

从国际比较看，中国研发人力投入强度指标在国际上仍处于落后水平。2017年，在R&D人员总量超过10万人年的国家中，中国万名就业人员R&D人员数仅高于巴西等发展中国家。多数发达国家的万名就业人员R&D人员数量仍然是中国的2倍以上。2017年，中国万名就业人员R&D研究人员数在R&D人员总量超过10万人年的国家中排名倒数第二，发达国家这一指标值普遍是中国的4倍以上（表1-3）。

表1-3 R&D人员总量超过10万人年的国家（2017年）

国家	R&D人员 （万人年）	万名就业人员 R&D人员数 （人年/万人）	R&D研究人员 （万人年）	万名就业人员R&D 研究人员数 （人年/万人）
美国*	—	—	137.1	89.3
中国	403.4	52.0	174.0	22.4
日本	89.1	131.9	67.6	100.1
俄罗斯	77.8	107.9	41.1	56.9
德国	68.2	154.0	41.4	93.4
韩国	47.1	177.5	38.3	144.3
法国	43.5	155.8	28.9	103.4
英国	42.5	132.4	29.0	90.4
意大利	29.2	116.2	13.6	54.3
加拿大*	22.3	120.9	15.5	84.1
西班牙	21.6	110.7	13.3	68.4

续表

国家	R&D人员（万人年）	万名就业人员R&D人员数（人年/万人）	R&D研究人员（万人年）	万名就业人员R&D研究人员数（人年/万人）
土耳其	15.4	55.1	11.2	40.1
荷兰	13.8	152.1	8.5	93.8
波兰	12.1	74.6	9.6	59.3

注：标 * 的国家为2016年数据，"—"表示数据缺失。
详见附表1-3

2. R&D人员按执行部门分布的国际比较

R&D人员的执行部门分布特征反映了各国创新系统的特点和差异。根据这些特点和差异，可以把世界主要国家分为3类。

第一类是企业研发力量相对较强的国家。中国和韩国是世界上企业R&D人员占全国的比重最高的国家，分别为77.3%和75.5%。多数经济合作与发展组织（OECD）成员国，如奥地利、瑞典、日本、德国、法国和英国等国，企业R&D人员占全国总量的比重也多在50.0%以上（表1-4）。

第二类是高等学校研发力量相对较强的国家。这类国家有拉脱维亚、葡萄牙、爱沙尼亚、斯洛伐克、立陶宛、希腊、英国和波兰。其中，拉脱维亚和葡萄牙的高等学校R&D人员占比高达50.0%以上；其他国家的高校R&D人员所占比重都在40.0%以上。

第三类是研究机构研发力量相对较强的国家。罗马尼亚和俄罗斯属于这一类型，其研究机构R&D人员占比接近40.0%。

表1-4 R&D人员按执行部门分布的国际比较（2017年） 单位：%

国家	企业	高等学校	研究机构	其他
中国	77.3	9.5	10.1	3.1
韩国	75.5	14.9	8.0	1.7
奥地利	69.4	23.5	6.5	0.7
瑞典	68.5	26.0	5.5	0.0
日本	67.7	23.8	7.0	1.5

续表

国家	企业	高等学校	研究机构	其他
斯洛文尼亚	67.6	16.3	15.8	0.3
荷兰	65.1	24.2	10.7	0.0
德国	63.4	21.3	15.2	0.0
丹麦	62.0	34.8	2.7	0.5
匈牙利	61.1	20.9	18.0	0.0
爱尔兰	60.2	36.2	3.6	0.0
法国	59.5	27.4	11.2	1.8
卢森堡	58.9	20.8	20.3	0.0
比利时	57.8	31.5	9.9	0.7
芬兰	57.4	32.7	8.7	1.2
捷克	57.3	22.7	19.6	0.4
土耳其	57.3	35.4	7.4	0.0
意大利	57.0	27.7	13.2	2.2
波兰	55.2	41.7	2.6	0.4
挪威	50.8	34.6	14.6	0.0
英国	50.8	44.3	3.3	1.6
俄罗斯	50.0	13.1	36.4	0.5
西班牙	44.3	36.8	18.7	0.2
葡萄牙	39.2	55.5	4.0	1.3
罗马尼亚	35.4	25.8	38.4	0.4
爱沙尼亚	34.5	49.9	14.0	1.7
立陶宛	32.2	46.9	21.0	0.0
希腊	30.6	45.7	22.7	1.0
斯洛伐克	29.7	47.6	22.2	0.5
拉脱维亚	17.8	64.1	18.1	0.0

资料来源：国家统计局社会科技和文化产业统计司、科学技术部战略规划司《中国科技统计年鉴2018》，OECD，Main Science and Technology Indicators，2018-2。

第三节　科技人力资源培养

科技人力资源培养主要靠高等教育。高等学校科技领域毕业生是中国科技人力资源的主要来源。高等教育自然科学与工程技术领域的毕业生是科学家工程师的主要来源。

一、高等教育发展趋势

中国高等学校的扩招增速自2004年以后开始减缓，进入平稳发展阶段。2013年以来，博士、硕士、本科和专科招生量逐步回升。2013—2017年，专科生招生人数年均增长2.4%，低于2005—2010年增长水平（4.6%）；硕士招生数量年均增长7.5%，也比2005—2010年的增长水平低1.4个百分点；本科招生年均增长率1.9%，比2005—2010年水平下降明显（6.9%）；博士为4.5%，比2005—2010年提升了1.4个百分点（图1-6）。

2017年全国（包括普通高校、成人高校、网络教育在内）本科、专科毕业生共计1160.7万人，其中本科559.3万人，专科601.4万人；毕业研究生57.8万人，其中博士5.8万人，硕士52万人。高等教育每年为中国提供1000万以上的高素质劳动力。

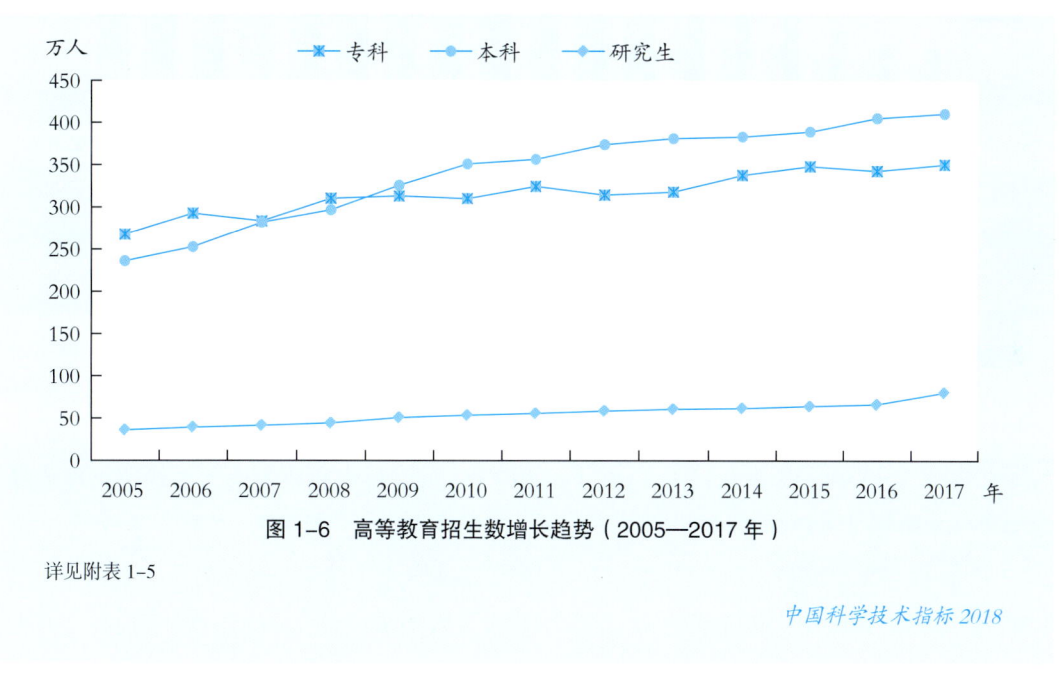

图1-6　高等教育招生数增长趋势（2005—2017年）

详见附表1-5

中国科学技术指标2018

二、自然科学与工程技术领域本科生

中国一直比较重视培养自然科学与工程技术领域的大学生，高等学校自然科学与工程技术领域毕业生为国家经济建设提供了大量科技劳动力。自然科学与工程技术领域的本科毕业生比重通常占50%左右。2000年，自然科学与工程技术领域的本科毕业生比重达到最高，为59.6%，高于西方发达国家。随着市场对大学毕业生专业的需求呈现多样化发展趋势，这一比重开始下降，2007年降至历史最低点（43.6%），之后开始小幅回升，2017年为47.7%（图1-7）。

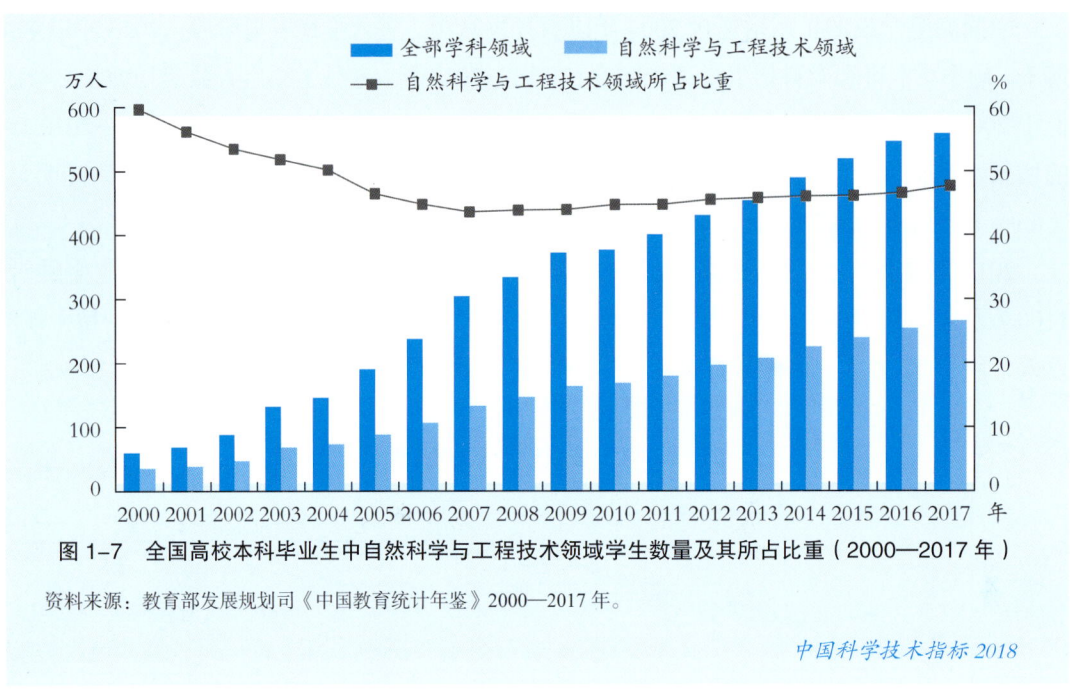

图1-7　全国高校本科毕业生中自然科学与工程技术领域学生数量及其所占比重（2000—2017年）

资料来源：教育部发展规划司《中国教育统计年鉴》2000—2017年。

中国科学技术指标2018

中国高等学校自然科学与工程技术领域本科毕业生数量在1998年高等教育扩招后出现较快增长。2005—2010年，全国高校工学本科毕业生人数年均增速为12.8%，医学为21.4%，理学为11.9%，农学为12.1%。2011—2017年，各学科本科毕业生人数增速出现下降，其中工学本科毕业人数年均增速下降到7.1%，医学为12.7%，理学为-2.0%，农学为6.1%。2017年全国高等学校自然科学与工程技术领域本科毕业生达到266.9万人，比上年增长4.7%。各学科之间增速差距逐渐拉大。工学毕业生人数历来最多，2017年增加到168.2万人，占自然科学与工程技术领域本科毕业生总量的63.0%；医学毕业生数量增长迅速，2017年达到61.2万人，比上年增加16.1%，所占比重为22.9%；理学毕业生数量自2013年以来变化不大，2017年为28.3万人，所占比重为10.6%；农学毕业生稳定增长，达到8.2万人，所占比重最小，为3.4%（图1-8）。

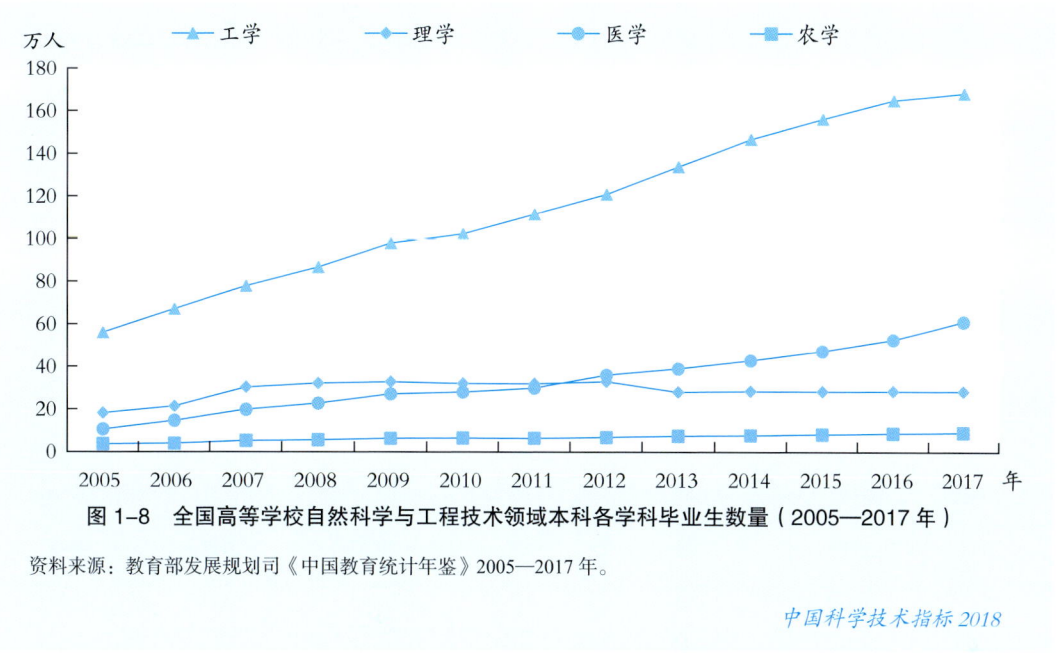

图 1-8 全国高等学校自然科学与工程技术领域本科各学科毕业生数量（2005—2017 年）

资料来源：教育部发展规划司《中国教育统计年鉴》2005—2017 年。

中国科学技术指标 2018

三、自然科学与工程技术领域研究生

中国研究生培养主要是在普通高校和科研机构，其中普通高校研究生数量占 90% 以上。2017 年，全国自然科学与工程技术领域研究生毕业人数达到 33.9 万人，占当年毕业研究生总数的 58.7%。在自然科学与工程技术领域的毕业研究生总数中，理学 5.3 万人，占 15.7%；工学 19.9 万人，占 58.5%，农学和医学分别为 2.1 万人和 6.7 万人，占 6.1% 和 19.7%；博士 5.8 万人，占 10.0%；硕士 52.0 万人，占 90.0%。

2017 年，中国自然科学与工程技术领域研究生招生数达到 47.3 万人，占研究生招生总数的 58.7%。与 2013 年相比，理学研究生招生增长规模最小，为 16.4%；工学增长了 29.8%；农学增长了 46.6%，涨幅最大；医学增长 30.1%。在自然科学与工程技术领域的研究生招生总数中，工学招生占比最大，为 59.6%，比上年增加了 2.2 个百分点；农学占比为 7.3%；理学为 14.8%，医学为 18.3%，分别比去年减少了 1.5 和 1.3 个百分点（表 1-5）。

表 1-5 自然科学与工程技术领域研究生分学科招生数（2005—2017 年）　　　单位：万人

年份	研究生招生总数	自然科学与工程技术领域	理学	工学	农学	医学
2005	36.48	22.87	4.52	13.13	1.39	3.83

续表

年份	研究生招生总数	自然科学与工程技术领域	理学	工学	农学	医学
2006	39.79	24.96	4.77	14.48	1.48	4.22
2007	41.86	25.76	5.14	14.63	1.57	4.42
2008	44.64	27.17	5.55	15.55	1.33	4.74
2009	51.10	27.75	5.93	15.87	1.48	4.47
2010	53.82	26.70	5.84	15.37	1.49	4.01
2011	56.02	33.37	5.77	19.51	2.01	6.08
2012	58.97	35.33	5.81	20.92	2.11	6.49
2013	61.14	36.75	6.02	21.73	2.34	6.65
2014	62.13	37.34	6.20	21.75	2.34	7.05
2015	64.51	39.02	6.36	22.72	2.41	7.53
2016	66.71	40.51	6.62	23.26	2.70	7.93
2017	80.61	47.30	7.01	28.21	3.43	8.65

详见附表 1–5

中国科学技术指标 2018

四、留学生

出国留学生是中国重要的科技人力资源来源。在中国经济高速增长和居民收入持续增加的背景下，2005 年以来中国出国留学人员数量呈现高速增长态势。2017 年出国留学人员达到 60.8 万人，比 2005 年增加 49.0 万人，年均增长 14.6%。

中国良好的经济发展形势和不断改善的创新创业环境吸引了越来越多的海外留学人员回国创业和工作。2017 年学成回国人员达到 48.1 万人，比上年（43.3 万人）增长 11.2%，是 2005 年学成回国人数的 13.7 倍，年均增长率达到 24.4%。学成回国人员数量与出国留学人员的比例为 79.0%（图 1–9）。

中国出国留学人员主要选择西方发达国家作为留学目的国。中国在美国、英国和日本等国大学学习的留学生人数近年来增长很快，已经成为许多西方发达国家大学里人数最多的外国留学生群体。

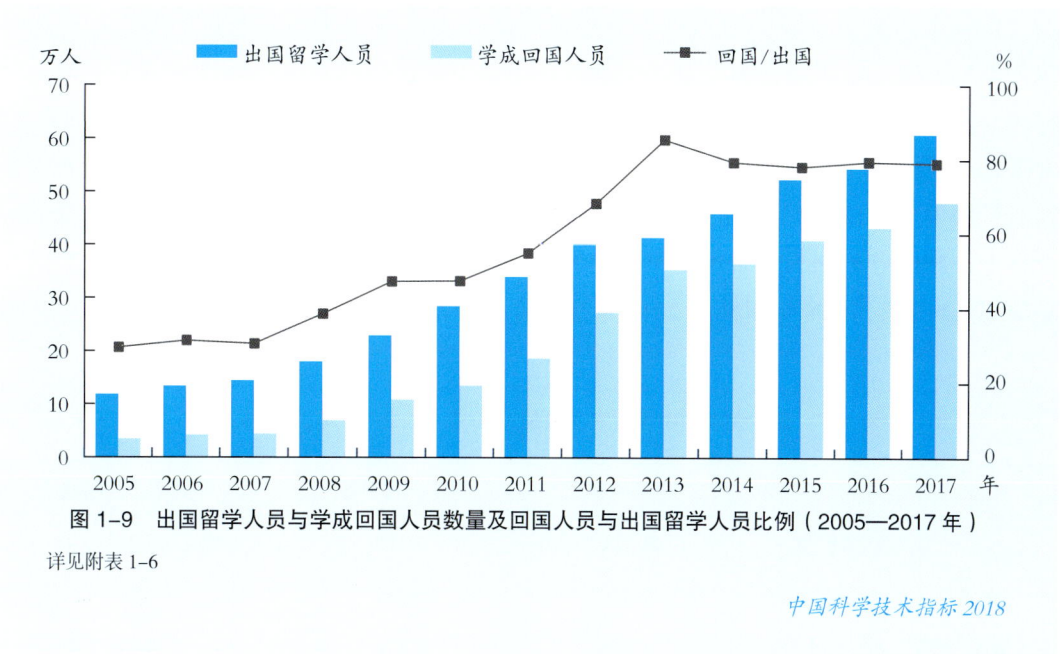

图1-9 出国留学人员与学成回国人员数量及回国人员与出国留学人员比例（2005—2017年）

详见附表1-6

中国科学技术指标2018

中国在美国读本专科的留学生人数大幅增长。截至2017年11月，中国在美国大学学习的留学生总数（包括本科生和研究生）达26.6万人，比上年（26.4万人）增长0.6%。2009年以来中国一直是在美高校留学人数最多的国家，2017年中国留学生占在美外国留学生总数的32.9%，比上年提升了1.4个百分点。中国在美国读本科的人数达到14.1万人，与上年基本持平，占当年全部在美读本科学生总数的32.0%。2017年中国在美读研究生的人数为12.5万人，比上年增长1.4%。从所学专业看，中国留美研究生就读科学工程领域人数占全部中国留美研究生总数的63.7%。在非科学工程领域，中国留美本科生的数量大于留美研究生的数量，占到总数的64.2%（表1-6）。

表1-6 美国的外国留学生数量最多的3个国家（2017年）　　　　　单位：人

国家	全部领域			科学工程领域			非科学工程领域		
	本科生	研究生	合计	本科生	研究生	合计	本科生	研究生	合计
中国	140 950	124 990	265 940	59 420	79 580	139 000	81 540	45 410	126 950
印度	21 020	96 760	117 780	11 810	77 500	89 310	9210	19 260	28 470
韩国	28 850	17 050	45 900	10 000	6650	16 650	18 850	10 410	29 260

资料来源：National Science Board，Science and Engineering Indicators 2018。

中国科学技术指标2018

在日本大学学习的中国留学生数量仅次于美国。2016 年在日本留学的中国学生总数为 6.5 万人，比 2014 年减少了 0.3 万人，占当年在日本大学学习的外国留学生总数的 51.5%，比 2014 年下降了 5.8 个百分点。其中，中国留学生在日本大学读本科专业的有 4.0 万人，2.5 万人攻读研究生学位。中国留学生在日本大学科学工程领域学习的人数占全部留日外国学生（12.6 万人）的 30.0%；而在研究生中，有 52.7% 是在科学工程领域学习。总体上，2012 年以来，在日本留学的中国学生数量呈现下降趋势，其中本科生比 2012 年下降了 1.1 万人，研究生规模与 2012 年基本持平（表 1-7）。

表 1-7　日本大学的中国留学生数量（2012 年、2014 年、2016 年）　　　　　单位：人

年份	类别	全部领域	科学工程领域	非科学工程领域
2012	本科生	50 976	33 189	17 787
	研究生	25 219	13 987	11 232
	合计	76 195	47 176	29 019
2014	本科生	44 257	28 337	15 920
	研究生	23 917	12 901	11 016
	合计	68 174	41 238	26 936
2016	本科生	40 081	24 615	15 466
	研究生	24 820	13 092	11 728
	合计	64 901	37 707	27 194

资料来源：National Science Board，Science and Engineering Indicators 2018。

近年来，在英国大学科学工程领域学习的中国留学生数量稳步增长。中国学生在英国大学本科科学工程领域的人数从 2007 年的 7700 人增加到 2016 年的 12 935 人，年均增长 5.9%；攻读博士、硕士研究生的人数从 2007 年的 9850 人增加到 2016 年的 17 190 人，年均增长率为 6.4%。中国学生在英攻读研究生学位的人数略高于本科生人数（表 1-8）。

表 1-8　在英国大学科学工程领域学习的中国留学生数量（2007—2016 年）　　　　单位：人

年份	合计	本科生	博士、硕士研究生
2007	17 550	7700	9850
2009	16 930	7990	8940
2011	21 620	10 260	11 360
2012	24 545	11 090	13 455
2014	27 520	12 180	15 340
2016	30 125	12 935	17 190

资料来源：National Science Board，Science and Engineering Indicators 2018。

第二章　研究与试验发展经费

研究与试验发展经费是科技创新的前提条件和物质保障，是测度一国R&D活动规模、评价国家科技实力和创新能力的重要指标。随着中国经济由高速增长阶段转向高质量发展阶段，创新在现代化经济体系建设中的地位日益重要，中央和地方出台了一系列政策措施，推动全社会加大研发投入、加快创新发展。近年来，中国R&D经费规模持续扩大，投入强度持续提高，为科技创新提供了坚实的基础，特别是国家财政科学技术支出连年增长，有力支撑了中国的R&D活动和科技进步。从结构分布看，中国R&D经费以试验发展经费为主，基础研究和应用研究经费所占比重较低，企业成为R&D经费的主要来源和R&D活动的执行主体。

第一节　研究与试验发展经费概况

研究与试验发展经费是指一个国家内开展R&D活动实际支出的全部费用，是测度一国研发投入的重要标志。R&D经费总量和投入强度不仅可以衡量中国R&D活动的规模，而且可以体现中国建设创新型国家的进程。近年来，中国R&D经费总量持续增长，已经成为世界第二大R&D经费投入国；R&D经费投入强度也持续提高，已经高于部分发达国家。

一、研究与试验发展经费与投入强度

R&D经费投入规模的持续快速扩大，成为中国科学技术实力不断提升的重要推力和有效保障。2017年，中国R&D经费总量达到17 606.1亿元，较2016年增长12.3%（图2-1）。从历史变化情况来看，2000—2017年，中国R&D经费呈快速增长趋势，与2000年的895.7亿元相比，增长了18.7倍。按可比价格计算，18年间中国R&D经费年均增长速度为15.0%，同期GDP年均增长速度为9.3%，R&D经费增长速度是GDP增长速度的1.6倍。

研究与试验发展经费投入强度是指R&D经费与GDP的比值，是测度一个国家R&D经费投入的重要标志，也是评价一个国家经济增长方式的重要指标。2005—2017年，中国R&D经费投入强度持续提高，2013年后均维持在2.00%以上，2017年达到历史新高2.12%，比2005年提高了0.81个百分点（图2-2）。

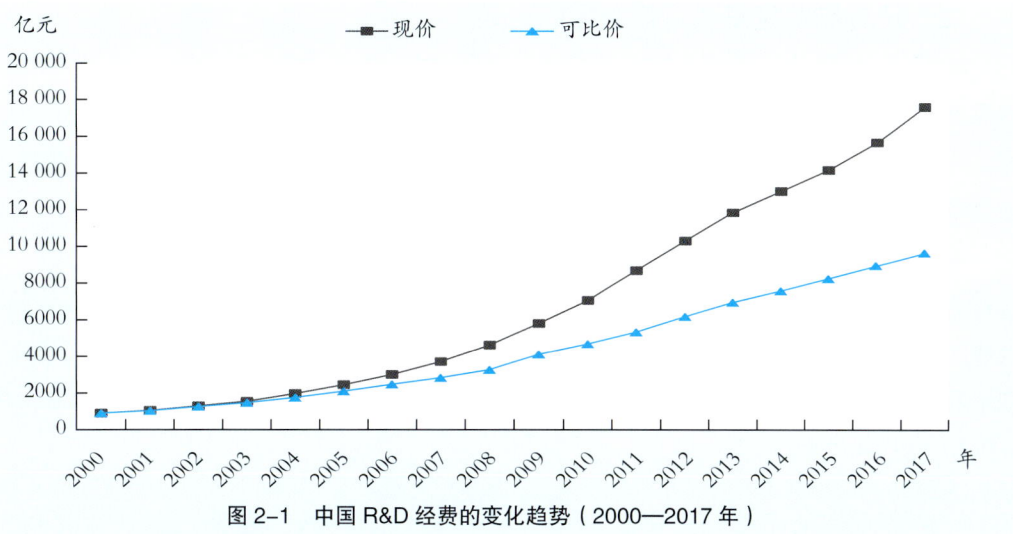

图 2-1 中国 R&D 经费的变化趋势（2000—2017 年）

注：可比价按 GDP 缩减指数计算，以 2000 年为基期。
详见附表 2-1

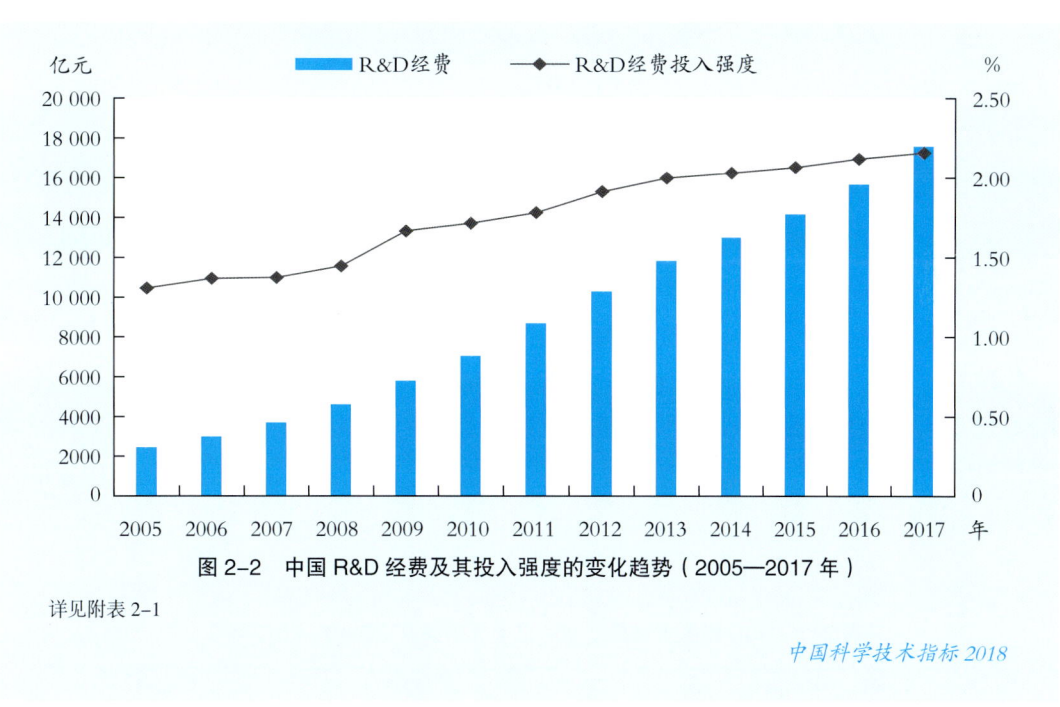

图 2-2 中国 R&D 经费及其投入强度的变化趋势（2005—2017 年）

详见附表 2-1

二、研究与试验发展经费的国际比较

2017年，45个主要R&D经费投入国家和地区（包括36个OECD成员国及含金砖五国在内的其他9个国家和地区）的R&D经费总量为1.59万亿美元，其中，美国、中国、日本、德国、韩国、法国、英国、意大利、加拿大的R&D经费规模均超过200亿美元。

美国、中国、日本和德国是R&D经费投入超过1000亿美元的4个国家，四国R&D经费之和占45个国家和地区的67.5%。美国R&D经费达到5432.5亿美元，占45个国家和地区的34.2%，位居第一；中国R&D经费为2604.9亿美元，所占比重为16.4%，位列第二；日本和德国分列第三、第四，R&D经费分别为1561.3亿美元和1116.2亿美元，所占比重分别为9.8%和7.0%（图2-3）。

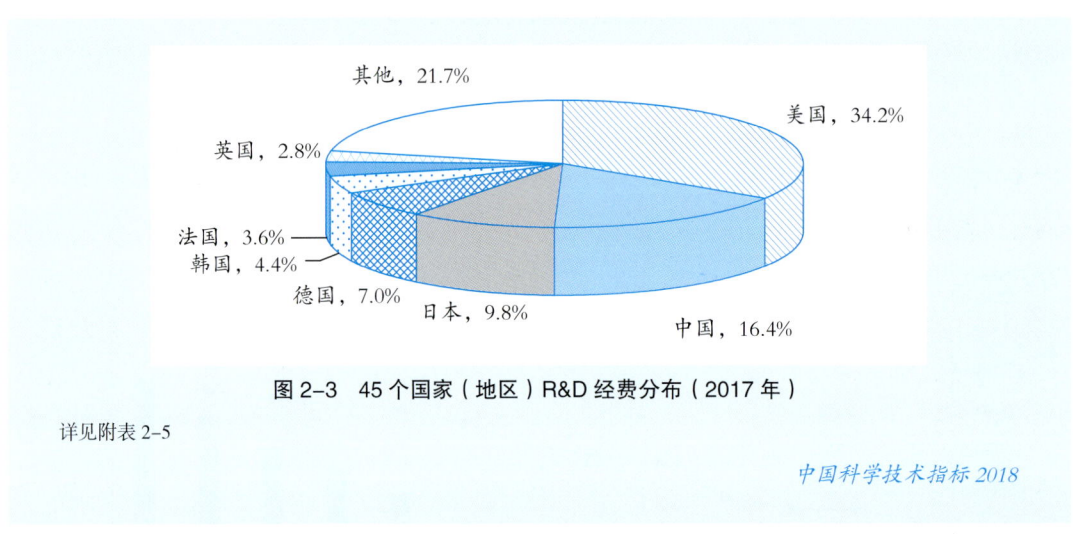

图2-3　45个国家（地区）R&D经费分布（2017年）

详见附表2-5

中国科学技术指标2018

2010—2017年，在R&D经费规模超过200亿美元的国家中，按可比价计算，中国R&D经费的年均增速最快，达到10.9%；其次为韩国，R&D经费的年均增速为7.4%；美国和德国的R&D经费规模也实现了增长，年均增速分别为2.4%和1.1%；其他国家的经费规模则略有下降（表2-1）。

表2-1　R&D经费规模超过200亿美元的国家（2010—2017年）　　　单位：亿美元

年份	2010	2011	2012	2013	2014	2015	2016	2017	年均增长率（%）
中国	1043	1344	1631	1912	2119	2275	2359	2605	10.9
美国	4101	4298	4343	4548	4765	4951	5163	5432	2.4

续表

年份	2010	2011	2012	2013	2014	2015	2016	2017	年均增长率（%）
日本	1788	1998	1991	1709	1649	1440	1554	1561	-2.1
德国	927	1051	1016	1059	1118	985	1020	1116	1.1
韩国	379	450	492	542	605	583	598	697	7.4
法国	576	627	598	629	649	553	554	565	-1.0
英国	407	439	427	451	504	483	447	439	-0.6
意大利	260	275	263	279	289	246	256	263	-0.9
加拿大	295	320	324	315	309	263	259	262	-3.0

注：年均增长率按照 GDP 缩减指数计算，以 2010 年为基期。
详见附表 2-5

国际上创新能力较强的发达国家和新兴工业化国家的 R&D 经费投入强度大多都高于 2.00%。韩国和以色列的 R&D 经费投入强度在 4.50% 以上；瑞典、日本、奥地利、丹麦和德国均超过 3.00%；美国、法国等国家均在 2.00% 以上。2017 年，中国的 R&D 经费投入强度为 2.12%，已经高于英国、加拿大、意大利等部分发达国家和欧盟 28 国的平均水平，但仍低于 OECD 国家 2.37% 的平均水平，与美国、日本、德国等发达国家相比，也存在较大差距（图 2-4）。在金砖国家中，中国的 R&D 经费投入强度最高，巴西和俄罗斯的投入强度分别为 1.27%（2016 年）和 1.11%（2017 年），南非和印度的 R&D 经费投入强度分别为 0.82% 和 0.69%（2016 年）。

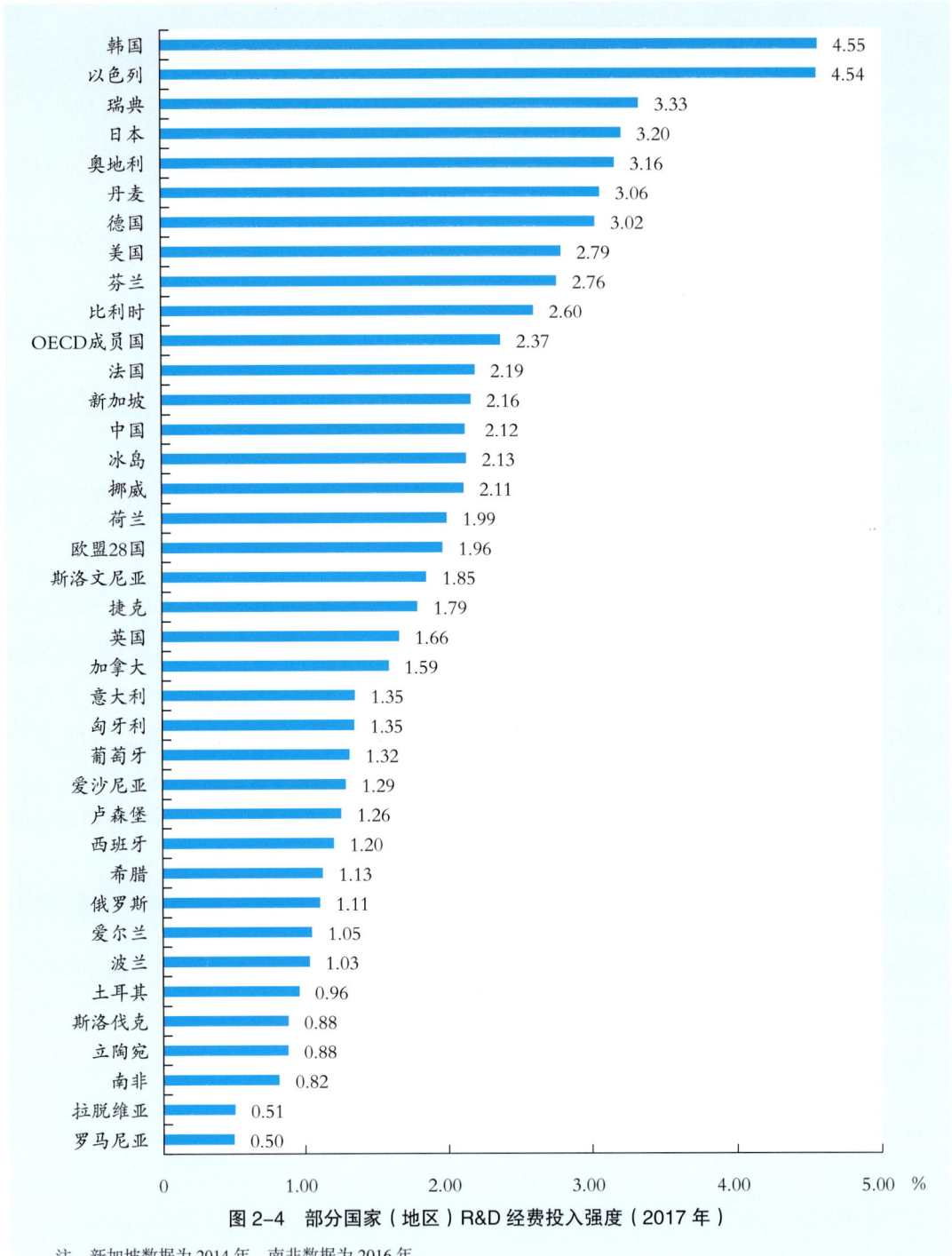

图 2-4　部分国家（地区）R&D 经费投入强度（2017 年）

注：新加坡数据为 2014 年，南非数据为 2016 年。
详见附表 2-7

第二节 研究与试验发展经费的结构

研究与试验发展经费的结构分布反映了一国 R&D 的主要特征和投入方向。从活动类型来看，中国以试验发展经费为主，基础研究和应用研究经费所占比重较低。从执行部门来看，中国企业 R&D 经费所占比重较高，超过多数 OECD 国家，研究机构次之，而高等学校 R&D 经费所占比重偏低。从支出类别来看，中国人员劳务费逐年提高，但与其他国家相比，人员劳务费在 R&D 经费中所占比重仍较低。

一、研究与试验发展经费按活动类型分布

R&D 经费按活动类型分为基础研究经费、应用研究经费和试验发展经费。2017 年，中国基础研究经费为 975.5 亿元，应用研究经费为 1849.2 亿元，试验发展经费为 14 781.4 亿元，占 R&D 经费的比重分别为 5.5%、10.5% 和 84.0%（图 2-5）。

2005—2017 年，中国基础研究经费所占比重在 5.0% 上下波动。2013 年后基础研究经费规模持续扩大，2017 年达到 5.5%，较 2016 年提高 0.3 个百分点。应用研究经费所占比重在 2005—2013 年出现大幅下降，2014 年开始略有回升，2017 年达到 10.5%，较 2016 年提高 0.2 个百分点。试验发展经费所占比重长期高于 80.0%，2017 年为 84.0%。

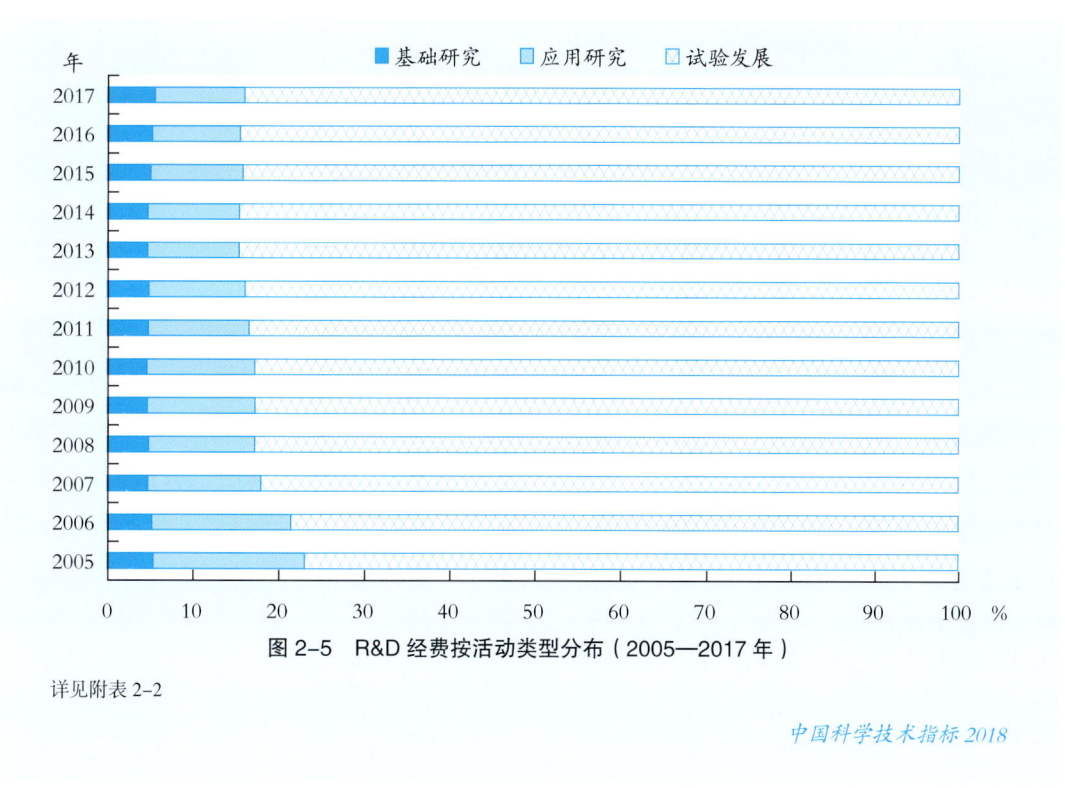

图 2-5 R&D 经费按活动类型分布（2005—2017 年）

详见附表 2-2

与部分国家相比，中国科学研究（包括基础研究和应用研究）经费在 R&D 经费中所占比重明显偏低。2017 年，中国科学研究经费占 R&D 经费的比重为 16.0%。发达国家和新兴工业化国家科学研究经费所占比重多在 30.0% 以上，其中，英国、法国等欧洲国家在 60.0% 以上，荷兰达到 70.2%（图 2-6）。因此，中国要提高科学技术的原始创新能力，不仅要注重提高 R&D 经费的增长速度，还要持续改善和优化 R&D 经费投入结构，注重加大对基础研究和应用研究的经费投入。

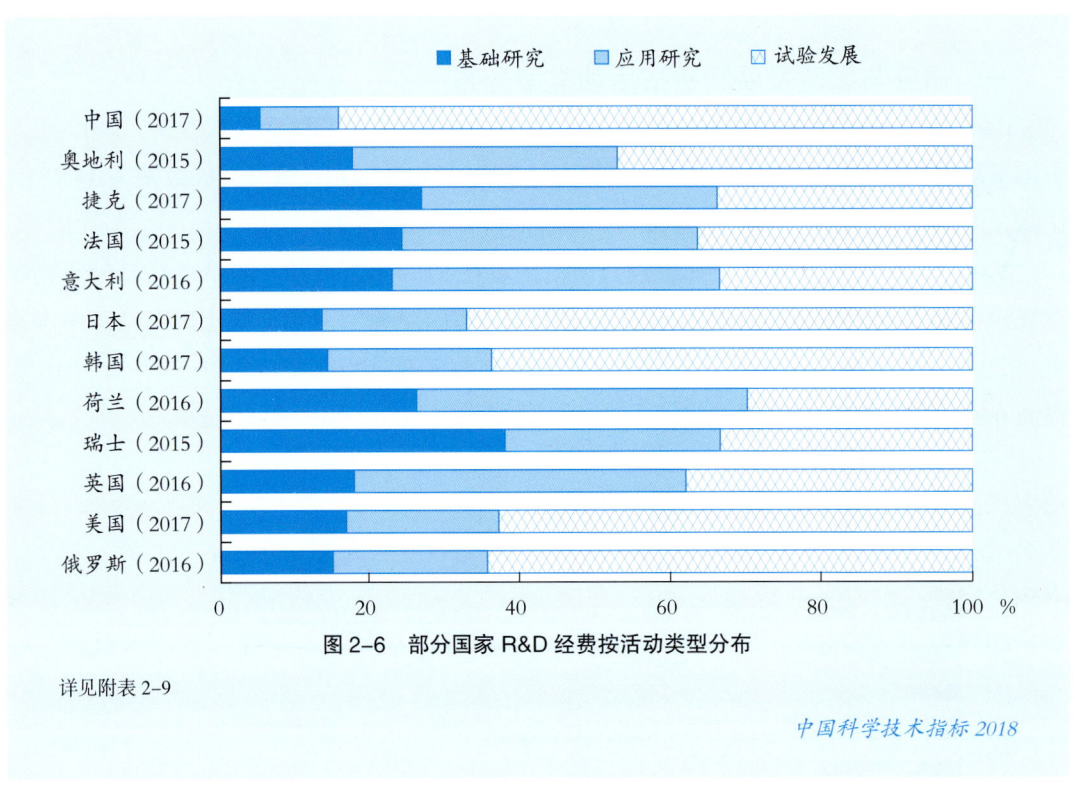

图 2-6　部分国家 R&D 经费按活动类型分布

详见附表 2-9

中国科学技术指标 2018

从各执行部门 R&D 经费的活动类型分布可以看出其 R&D 活动的特点。2017 年，研究机构有 15.8% 的 R&D 经费用于基础研究领域，28.7% 用于应用研究领域，55.5% 用于试验发展领域。高等学校三类 R&D 活动经费之比约为 4∶5∶1，其中，分别有 42.0% 和 49.2% 用于基础研究和应用研究领域，用于试验发展的经费比例为 8.8%。企业的 R&D 活动主要集中于试验发展领域，其经费占企业 R&D 经费的比重为 96.6%，基础研究和应用研究经费占比仅为 0.2% 和 3.2%（图 2-7）。

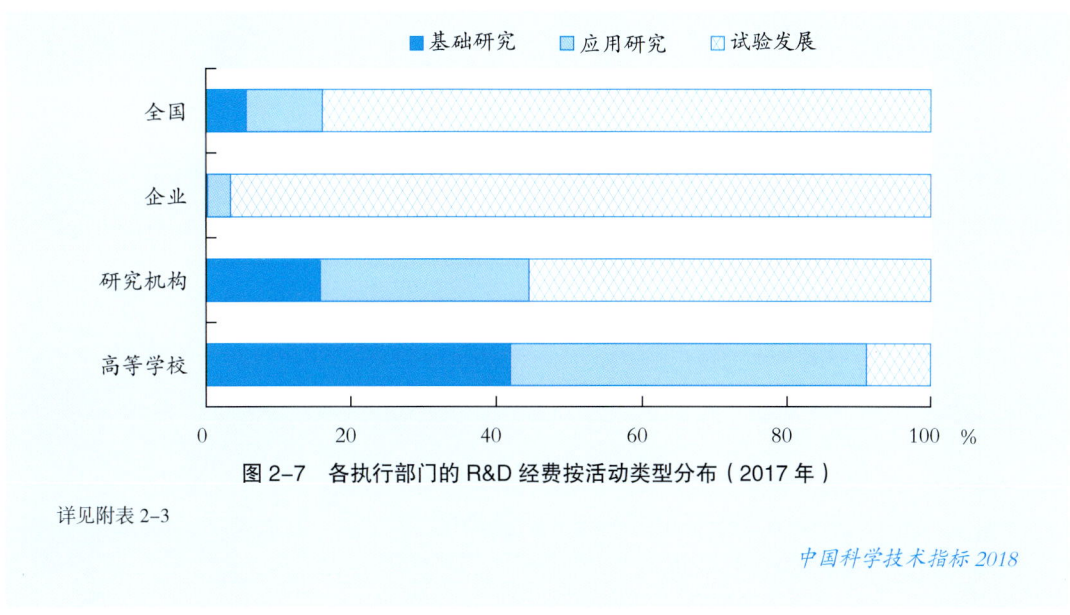

图 2-7 各执行部门的 R&D 经费按活动类型分布（2017 年）

详见附表 2-3

二、研究与试验发展经费按执行部门分布

R&D 经费的执行部门分为企业、研究机构、高等学校和其他机构。2017 年，中国企业、研究机构和高等学校 R&D 经费内部支出分别为 13 660.2 亿元、2435.7 亿元和 1266.0 亿元，较 2016 年分别增长 12.5%、7.8% 和 18.1%，占 R&D 经费的比重分别为 77.6%、13.8% 和 7.2%。从历史变化情况来看，2005—2017 年，中国企业、研究机构和高等学校的 R&D 经费始终保持增长趋势，按可比价格计算，年均增速分别达到 14.8%、9.7% 和 10.6%，但从年度变化来看，近年来增速整体有所下降（图 2-8）。

2005 年以来，中国研究机构 R&D 经费占国内 R&D 经费的比重整体呈下降趋势，2017 年研究机构 R&D 经费所占比重为 13.8%，比 2005 年下降了 7.1 个百分点。企业 R&D 经费所占比重大幅提升，近年来稳定在 77% 左右，2017 年为 77.6%，较 2005 年提高 9.3 个百分点。高等学校 R&D 经费所占比重在波动中下降，2017 年为 7.2%，比 2005 年下降了 2.7 个百分点（图 2-9）。

从国际比较看，2017 年中国企业 R&D 经费所占比重为 77.6%，高于多数 OECD 国家，同时，研究机构所占比重较高，高等学校所占比重相对较低。大多数西方发达国家高等学校的 R&D 经费高于研究机构，如英国高等学校 R&D 经费比重为 23.7%，而研究机构 R&D 经费比重仅为 6.5%。中国和俄罗斯在计划经济时期研究机构的力量较强，虽然经过了多年改革，但研究机构仍然在国家科研系统中占据着重要的地位。2017 年，中国和俄罗斯研究机构 R&D 经费所占比重均显著高于高等学校 R&D 经费所占比重（图 2-10）。

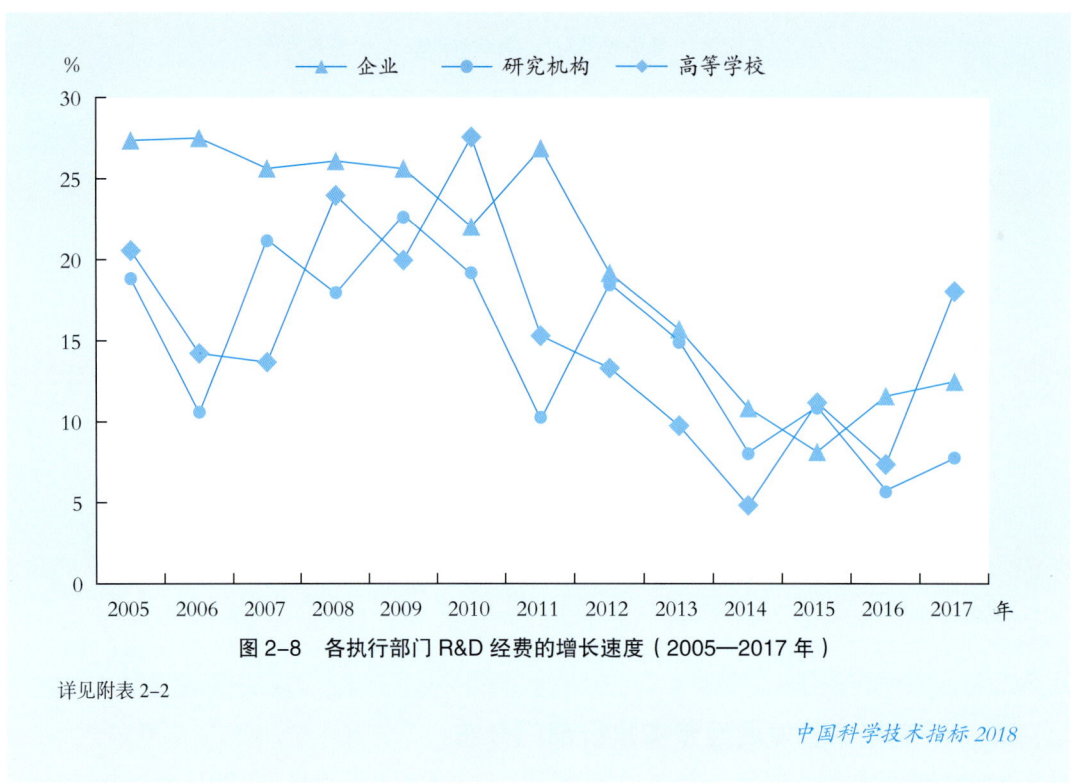

图 2-8　各执行部门 R&D 经费的增长速度（2005—2017 年）

详见附表 2-2

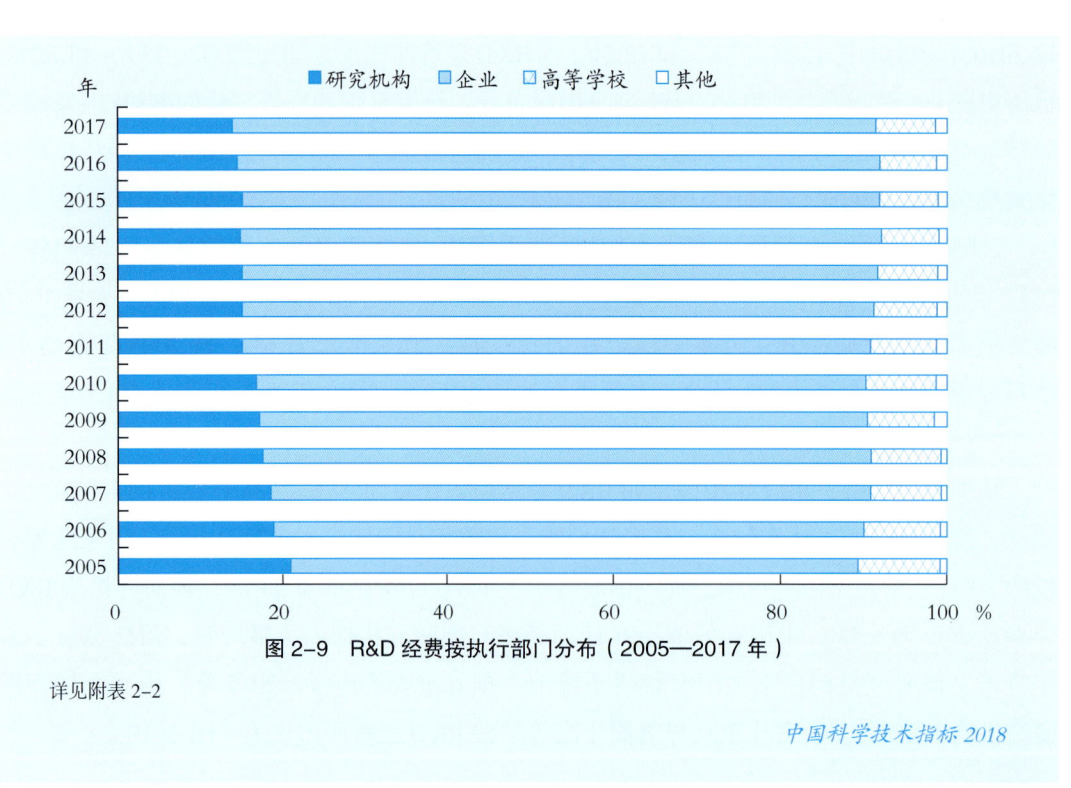

图 2-9　R&D 经费按执行部门分布（2005—2017 年）

详见附表 2-2

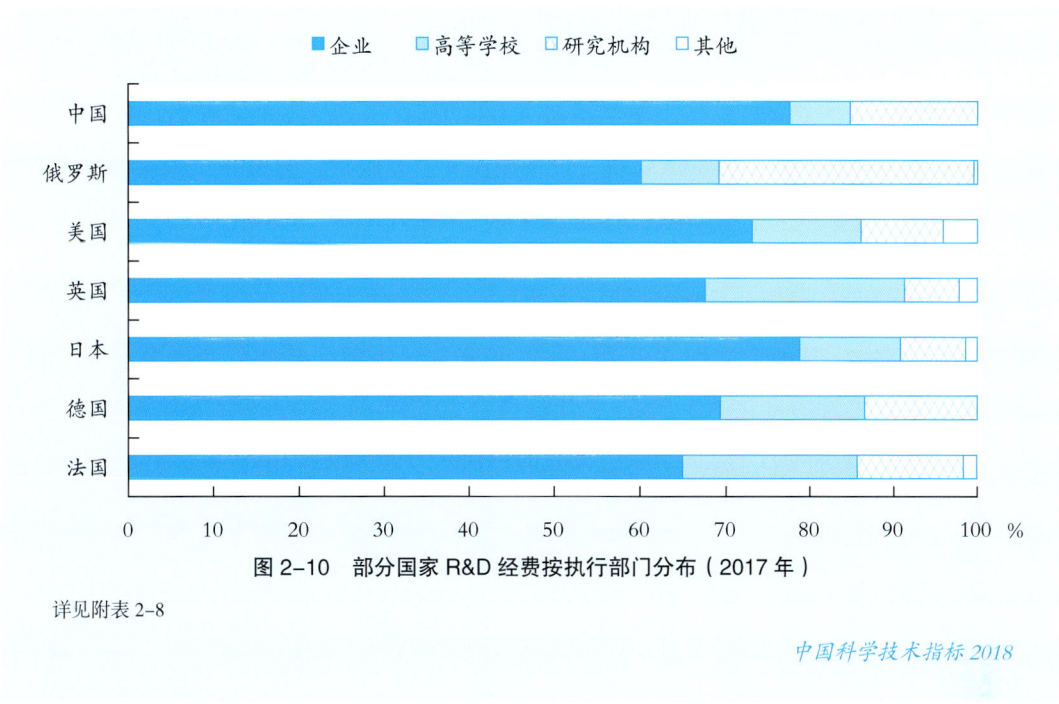

图 2-10　部分国家 R&D 经费按执行部门分布（2017 年）

详见附表 2-8

中国科学技术指标 2018

从各类 R&D 活动按执行部门的分布看，基础研究活动集中在高等学校和研究机构，试验发展活动集中在企业。在基础研究经费中，自 2006 年以来，高等学校占比一直居于首位，2017 年为 54.4%；其次为研究机构，占比为 39.4%；企业仅占 3.0%。在应用研究经费中，研究机构占 37.8%，高等学校占 33.7%，企业占 23.7%。在试验发展经费中，企业占比达 89.3%，研究机构和高等学校占比分别为 9.1% 和 0.8%（图 2-11）。

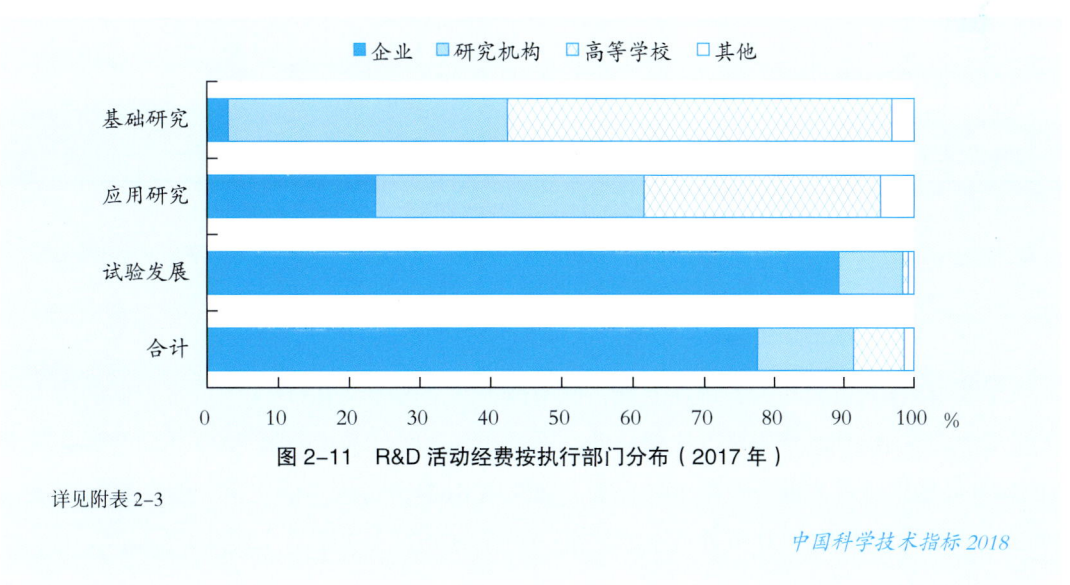

图 2-11　R&D 活动经费按执行部门分布（2017 年）

详见附表 2-3

中国科学技术指标 2018

三、研究与试验发展经费按支出类别分布

R&D 经费按支出类别可分为人员劳务费、其他日常性支出、仪器设备购置费和其他资产性支出。其中，其他日常性支出是指用于开展 R&D 活动的全部实际消耗性支出，包括原材料费、水电能源费、加工试验费、设备使用费、差旅费、房租等。随着中国薪酬制度的改革和各种社会保险制度的建立，中国的劳务费统计不仅包括以货币和实物形式实际支付的劳务报酬，也包括医疗、住房、交通、保险等费用。

2017 年 R&D 经费中，中国人员劳务费占 29.9%，其他日常性支出占 58.1%，仪器设备购置费占 10.5%，其他资产性支出占 1.6%。近年来，中国的劳务成本逐步上升，R&D 人员人均劳务费从 2009 年的 6.2 万元/人年提高到 2017 年的 13.0 万元/人年（表 2-2）。R&D 人员人均劳务费的上升有助于吸引更多的科技人力资源投入 R&D 活动中。

表 2-2　R&D 经费支出按支出类别分布（2009—2017 年）

年份	R&D 经费（%）	人员劳务费（%）	其他日常性支出（%）	仪器设备购置费（%）	其他资产性支出（%）	R&D 人员人均劳务费（万元/人年）
2009	100	24.7	59.2	12.9	3.2	6.2
2010	100	23.6	60.3	13.2	2.9	6.5
2011	100	24.2	60.2	13.2	2.3	7.3
2012	100	25.7	59.8	12.1	2.3	8.1
2013	100	26.7	59.2	11.9	2.2	8.9
2014	100	27.2	58.9	11.7	2.1	9.6
2015	100	28.1	58.7	11.3	1.8	10.6
2016	100	29.6	57.8	11.0	1.6	11.9
2017	100	29.9	58.1	10.5	1.6	13.0

资料来源：国家统计局、科学技术部《中国科技统计年鉴》2010—2018 年。

尽管 R&D 人员人均劳务费在上升，但中国依然是国际上 R&D 人力成本较低的国家，人员劳务费在 R&D 经费中所占比例较低，不足 30%，而日本和韩国 R&D 活动的劳务成本在 R&D 经费中所占比重一般在 40% 左右，俄罗斯 R&D 劳务成本的比重一般在 50% 以上，挪威、西班牙和法国 R&D 劳务成本的比重一般在 60% 以上（图 2-12）。

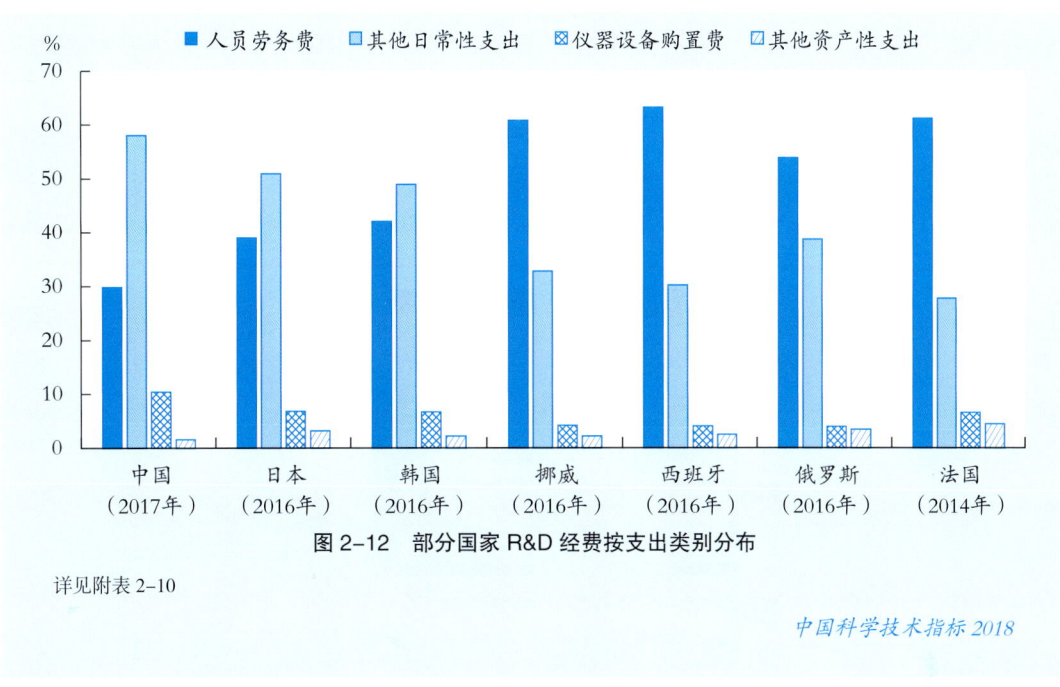

图 2-12 部分国家 R&D 经费按支出类别分布

详见附表 2-10

第三节 研究与试验发展经费的来源与流向

中国 R&D 经费按来源渠道分为政府资金、企业资金、国外资金和其他资金，这些资金流向企业、研究机构、高等学校等执行部门。数据显示，企业是中国 R&D 经费的主要来源，是 R&D 活动的执行主体和投资主体；政府 R&D 经费在绝对量上实现了较快增长，但比重却持续下降。

一、研究与试验发展经费的来源

企业是中国 R&D 经费的主要来源。2017 年，中国 R&D 经费为 17 606.1 亿元。其中，来自政府的资金为 3487.4 亿元，占 19.8%；来自企业的资金为 13 464.9 亿元，占 76.5%；来自国外的资金为 113.3 亿元，占 0.6%；其他来源的资金为 540.5 亿元，占 3.1%（图 2-13）。

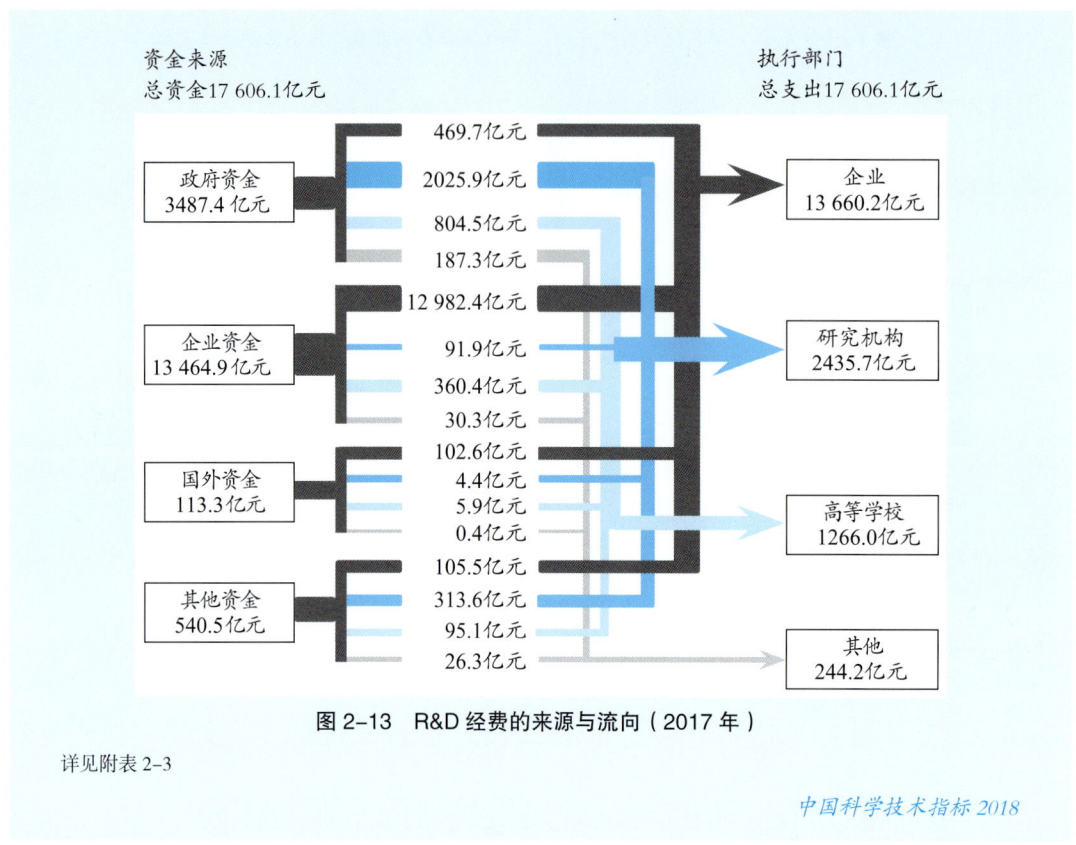

图 2-13　R&D 经费的来源与流向（2017 年）

详见附表 2-3

中国科学技术指标 2018

实施《国家中长期科学和技术发展规划纲要（2006—2020 年）》后，中国政府持续加大对研发活动的支持力度。2017 年，政府 R&D 经费达到 3487.4 亿元，是 2005 年的 5.4 倍。尽管政府 R&D 经费在绝对量上保持了较快增长，但所占比重仍由 2005 年的 26.3% 下降到 2017 年的 19.8%。

从国际比较上看，中国政府 R&D 经费所占比重高于日本的 15.0%，但却低于美国、英国等国家。韩国和美国的政府 R&D 经费所占比重低于 25%，德国和英国的政府 R&D 经费所占比重在 25%～30%，法国在 35% 左右，俄罗斯则高达 66.2%（图 2-14）。

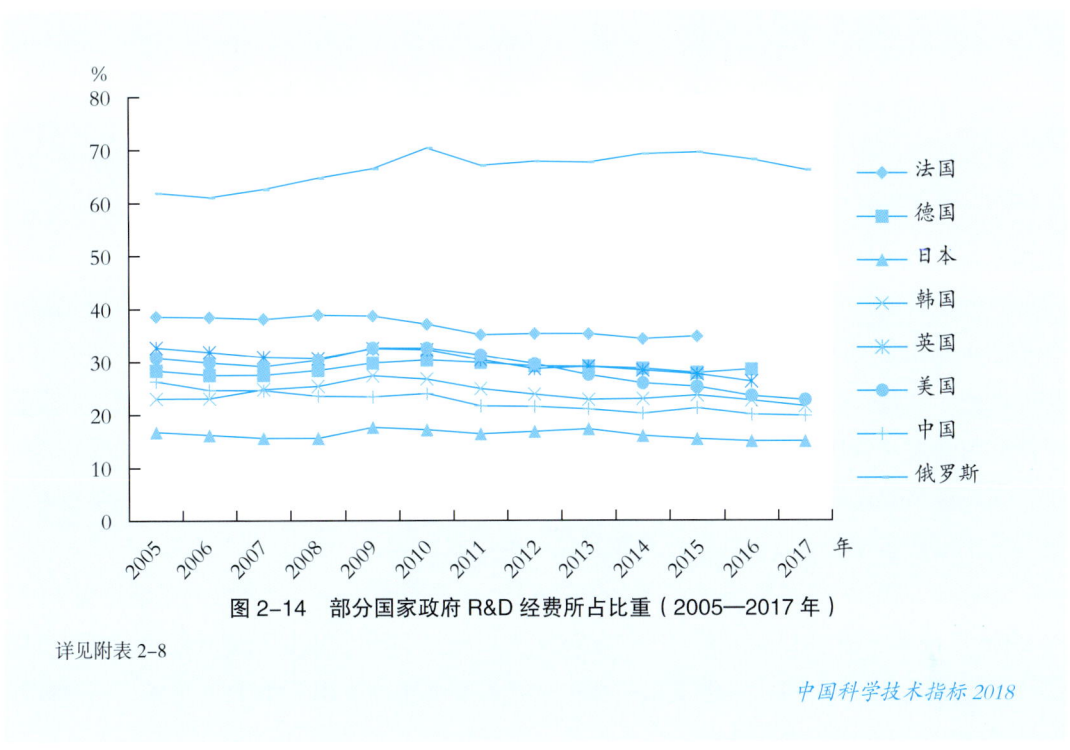

图 2-14 部分国家政府 R&D 经费所占比重（2005—2017 年）

详见附表 2-8

中国科学技术指标 2018

二、研究与试验发展经费的流向

中国的 R&D 经费投向了企业、研究机构、高等学校和其他部门。政府资金集中投向了承担国家科技计划的中央属研究机构和一些研究型大学。2017 年，政府 R&D 资金为 3487.4 亿元，其中，流向研究机构的 R&D 资金占 58.1%，流向高等学校的 R&D 资金占 23.1%，流向企业的 R&D 资金占 13.5%，流向其他部门的 R&D 资金占 5.4%。

企业既是中国 R&D 活动的执行主体，又是中国 R&D 活动的投资主体。2017 年，在源自企业的 13 464.9 亿元 R&D 资金中，企业使用的 R&D 资金为 12 982.4 亿元，占 96.4%；只有不到 4.0% 的 R&D 经费流向了高等学校、研究机构和其他部门。国外 R&D 资金主要流向企业，占比为 90.6%，其余资金流向高等学校、研究机构和其他部门。

第四节 国家财政科学技术支出

国家财政科学技术支出是指中央政府与地方政府对科学技术活动给予的直接资金支持，不仅用于支持 R&D 活动，也用于科普等公益性科技活动、推动科技成果应用及相关科技服务。中国财政科学技术支出连年增长，占国家公共财政支出的比重达到 4.1%，有力支撑了中国科学技术进步；国家自然科学基金主要流向高等学校和研究机构，重视对基础研究、原始创新和青年人才的资助。

一、财政科学技术支出

财政科学技术支出主要包括科学技术支出科目下的科学技术管理事务、基础研究、应用研究、技术研究与开发、科技条件与服务、社会科学、科学技术普及、科技交流与合作、科技重大项目其他科学技术支出，同时还包括其他支出科目中用于科学技术的经费。科技管理事务经费包括各级政府科技管理事务等方面的经费；基础研究和应用研究经费包括从事基础研究和应用研究机构的运行费、重点基础研究规划、自然科学基金、重点实验室及相关设施、社会公益研究经费等；技术研究与开发经费包括应用技术研究与开发、产业技术研究与开发及科技成果转化与扩散等经费。中央财政的"其他支出科目中的科学技术支出"主要包括教育科目中用于科技的经费等；地方财政的"其他支出科目中的科学技术支出"主要包括农林水支出中的农业科技转化与推广服务等。

2017年，中国财政科学技术支出为8383.6亿元，占国家公共财政支出的比重达到4.1%，与2016年持平（图2-15）。其中，科学技术支出科目下的支出为7267.0亿元，占全部财政科学技术支出的86.7%；其他支出科目中用于科学技术的支出为1116.6亿元，占财政科学技术支出的13.3%（表2-3）。

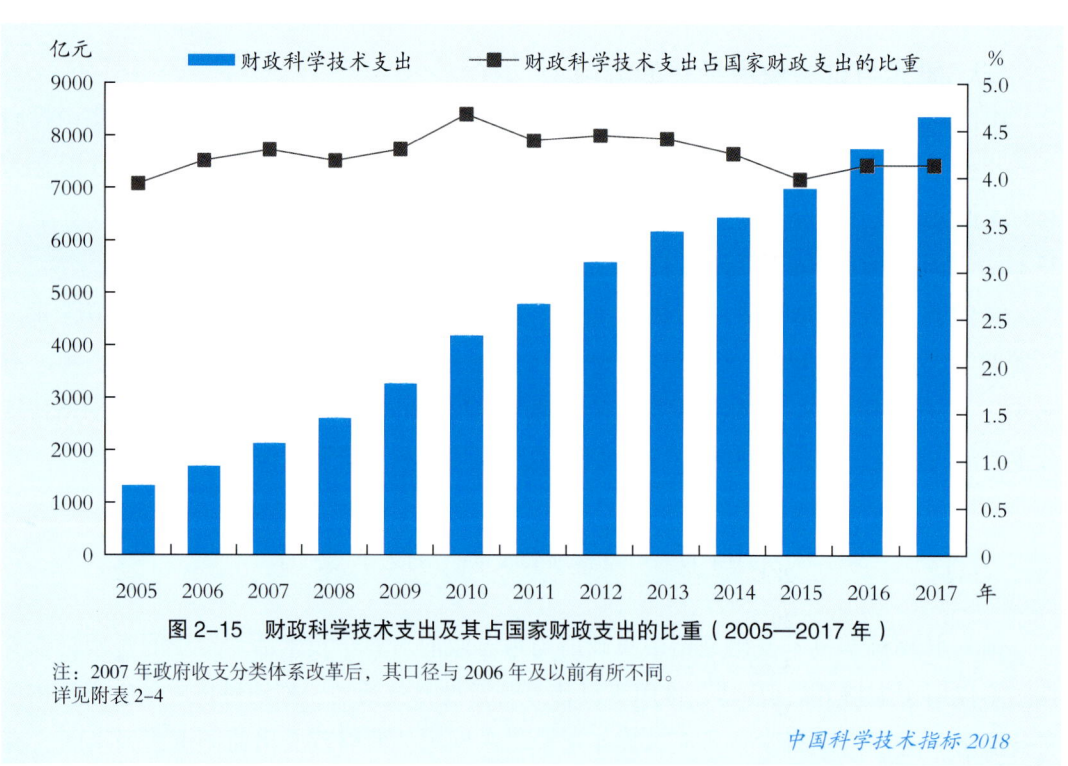

图2-15 财政科学技术支出及其占国家财政支出的比重（2005—2017年）

注：2007年政府收支分类体系改革后，其口径与2006年及以前有所不同。
详见附表2-4

表 2-3　财政科学技术支出按支出功能分类（2016 年、2017 年）　　　　　单位：亿元

类别	2017 年			2016 年		
	全国	中央	地方	全国	中央	地方
财政科学技术支出	8383.6	3421.4	4962.1	7760.7	3269.3	4491.4
#科学技术支出	7267.0	2827.0	4440.0	6564.0	2686.1	3877.9
其他支出科目中的科学技术支出	1116.6	594.5	522.1	1196.7	583.2	613.6

注：由于四舍五入原因，个别汇总数据和分项加总之和略有差异。
资料来源：国家统计局《中国统计年鉴》2017—2018 年，国家统计局、科学技术部《中国科技统计年鉴》2017—2018 年。

中国科学技术指标 2018

财政科学技术支出包括中央政府和地方政府的财政科学技术支出。2017 年，中央财政科学技术支出为 3421.4 亿元，占中央财政支出的比重为 11.5%，比 2011 年的最高水平（14.2%）下降 2.7 个百分点；中央财政科学技术支出占全国财政科学技术支出的比重为 40.8%（表 2-3 和表 2-4）。2017 年，地方财政科学技术支出为 4962.1 亿元，占地方财政支出的比重为 2.9%，占全国财政科学技术支出的比重为 59.2%（表 2-3 和表 2-4）。

表 2-4　中央和地方财政科学技术支出（2005—2017 年）

年份	财政科学技术支出（亿元）		财政科学技术支出占财政支出的比重（%）	
	中央	地方	中央	地方
2005	807.8	527.1	9.2	2.1
2006	1009.7	678.8	10.1	2.2
2007	1044.1	1091.6	9.1	2.8
2008	1287.2	1323.8	9.6	2.7
2009	1653.3	1623.5	10.8	2.7
2010	2052.5	2144.2	12.8	2.9
2011	2343.3	2453.7	14.2	2.6
2012	2613.6	2986.5	13.9	2.8
2013	2728.5	3456.4	13.3	2.9
2014	2899.2	3555.4	12.8	2.8
2015	3012.1	3993.7	11.8	2.7
2016	3269.3	4491.4	11.9	2.8
2017	3421.4	4962.1	11.5	2.9

详见附表 2-4

中国科学技术指标 2018

二、国家自然科学基金资助项目经费

国家自然科学基金是国家支持基础研究、培育源头创新能力的主要渠道，资助项目分为探索项目、人才项目、工具项目和融合项目4个系列。其中，探索项目系列以获得基础研究创新成果为主要目的，激励原始创新；人才项目系列着力支持青年学者独立主持科研项目，培育优秀人才团队；工具项目系列着眼于加强科研条件支撑，特别是加强对原创性科研仪器研制工作的支持；融合项目系列面向科学前沿和国家需求，聚焦重大基础科学问题，推动学科交叉融合。具体而言，国家自然科学基金资助项目包括面上项目、重点项目、国际（地区）合作研究项目、青年科学基金项目、地区科学基金项目、联合基金项目、国家重大科研仪器研制项目等18个类型。

2017年，国家自然科学基金批准资助项目共43 935项，资助项目经费达到298.7亿元，比2016年增长11.4%。2005—2017年，国家自然科学基金从35.2亿元增长到298.7亿元，按可比价计算，年均增长速度达到15.2%。

从项目类型看，面上项目、青年科学基金项目和重点项目的资助经费占国家自然科学基金总资助经费的比重最大，体现了中国对基础研究、原始创新和青年人才的重视。2017年，面上项目的资助经费达127.3亿元，占国家自然科学基金总经费的42.6%；青年科学基金项目的资助经费达47.6亿元，所占比重为15.9%；重点项目的资助经费达23.6亿元，所占比重为7.9%（图2-16）。

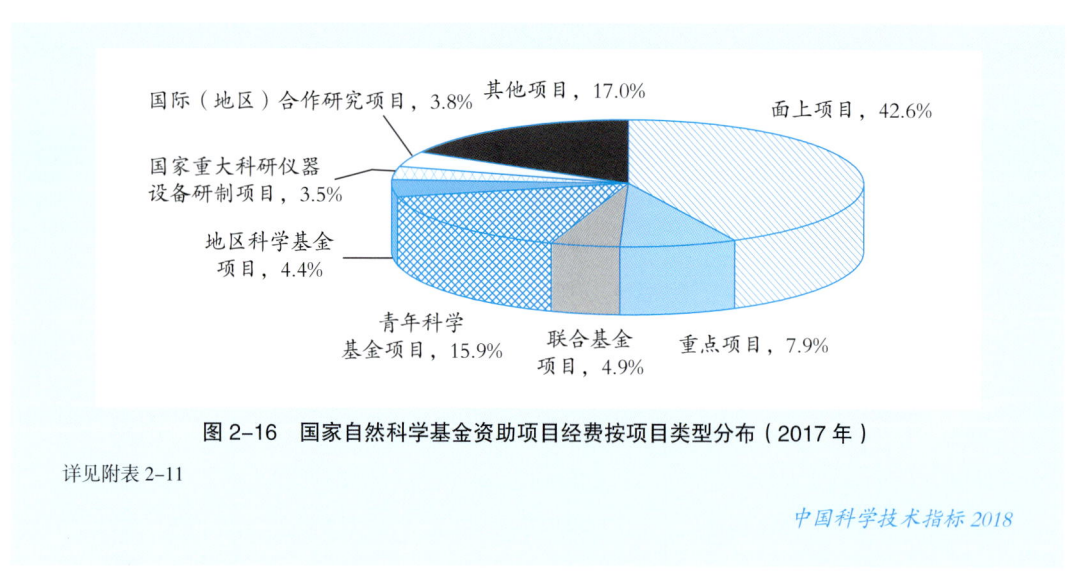

图2-16 国家自然科学基金资助项目经费按项目类型分布（2017年）

详见附表2-11

国家自然科学基金的经费流向以高等学校和研究机构为主。高等学校获得的国家自然科学基金资助项目经费达到 235.8 亿元，占总经费的比重为 78.9%。其中，教育部所属院校得到的经费达 129.2 亿元，超过所有高等学校获得经费的一半。研究机构获得的国家自然科学基金资助项目经费达 59.2 亿元，占总经费的比重为 19.8%，其中，中国科学院获得的经费占所有研究机构获得经费的 68.4%，达到 40.5 亿元。其他部门获得的国家自然科学基金资助项目经费为 3.7 亿元，占总经费的 1.3%（图 2–17）。

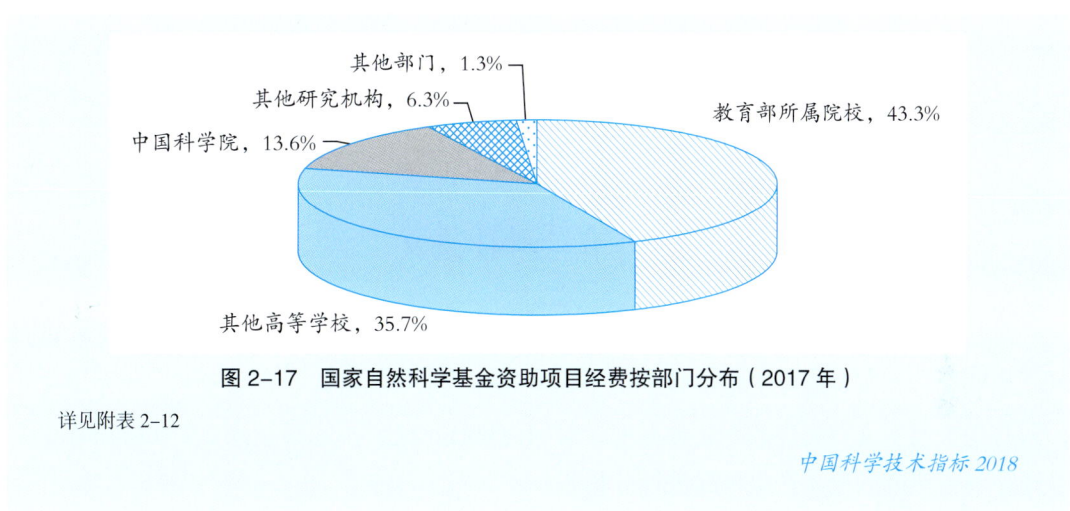

图 2-17 国家自然科学基金资助项目经费按部门分布（2017 年）

详见附表 2-12

中国科学技术指标 2018

第三章 科技活动产出

科技活动产出是指科学研究与技术创新活动所产生的各种形式的成果。科技论文和专利是科技成果的主要表现形式。科技论文作为衡量科学研究产出的指标，体现了知识创造方面的成果；专利通常作为测度技术创新产出的指标，反映了技术发明的成果。技术贸易指技术成果通过市场机制进行转移和扩散，是创新主体快速获取技术知识、提升技术水平的重要途径。

第一节 科技论文

科技论文是科技活动产出的一种重要形式，反映了一个国家基础研究、应用研究活动的产出状况，在某种程度上也反映了一个国家的科技水平和国际竞争力水平。本节基于中国科技论文与引文数据库和SCI数据库，对国内科技论文、国际科技论文、国际合作论文及单位科学研究的论文产出情况进行分析[①]。

一、国内科技论文

国内科技论文是指中国作者在国内重要科技期刊发表的论文，本部分所用的数据来源于中国科学技术信息研究所建立的以中国科技核心期刊为基础的中国科技论文与引文数据库（CSTPCD）。

专栏 3-1　中国科技核心期刊

中国科技论文与引文数据库选择的期刊称为中国科技核心期刊。入选期刊是经过严格的同行评议和定量评价选取出的各学科领域中较重要的、能反映本学科发展水平的科技期刊，每年调整一次。2017年，中国科技论文统计源期刊共收录2029种，其中，基础科学、医药卫生、农林牧渔、工业技术和综合学科的期刊种数分别占总量的16.0%、32.6%、8.5%、37.3%和5.6%。

科技部自1987年开始支持中国科技论文与引文数据库建设，并由中国科学技术信息研究所每年发布基于中国学术期刊的科技论文统计数据。基于国际重要的科技文献检索系统和中国科技论文与引文数据库，可以更加全面、客观地了解中国科研活动产出情况。

---

① 对于SCI论文的国际比较，采用的是全口径数据（包括中国香港和中国澳门）；对于SCI论文按学科、机构和地区分布的分析，采用中国内地作者为第一作者发表的论文数；对于国际合作论文的分析，采用中国内地作者发表的论文数。

1. 国内科技论文的总量及变化趋势

近 10 年来，由于中国作者向国际期刊投稿日益增多，以及中国科技论文统计源期刊数量基本稳定等，国内科技论文增速逐步放缓，论文数量呈"先增后减"的变化趋势。"十一五"期间，论文绝对数量仍保持逐年增长态势，增长率除 2008 年、2010 年出现大幅下降外，其他年份均保持在 10% 以上。"十二五"期间，论文数量持续下降，增长率由正转负。"十三五"以来，延续了"十二五"期间的变化态势，论文数量进一步下降，2017 年为 47.2 万篇，比上年减少 4.5%（图 3-1）。

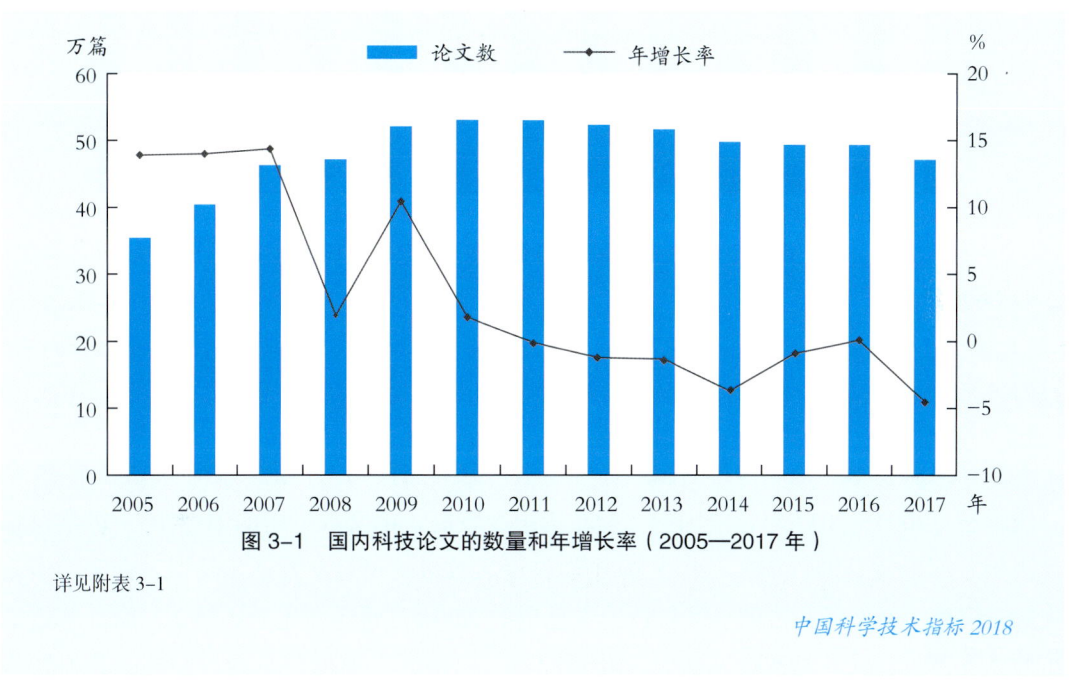

图 3-1　国内科技论文的数量和年增长率（2005—2017 年）

详见附表 3-1

中国科学技术指标 2018

2. 国内科技论文的学科分布

长期以来，国内科技论文集中分布于医药卫生和工业技术领域。2017 年，医药卫生领域和工业技术领域论文数量分别为 19.3 万篇和 17.8 万篇，分别占到国内科技论文总量的 42.1% 和 37.7%；基础学科领域为 4.7 万篇，占国内科技论文总量的 9.9%；农林牧渔领域为 3.3 万篇，占国内科技论文总量的 7.0%。与 2005 年相比，除基础学科领域论文数量出现小幅下降外，其他各学科均有不同程度的增长，由于其他学科领域论文基数较小，增长迅速最快，年均增速高达 12.7%，高于工业技术领域的 2.8%、农林牧渔领域的 2.6% 和医药卫生领域的 2.7%。分阶段来看，"十一五"期间，各学科领域论文数量均有所增长，其中其他学科领域增幅最大（200.7%），农林牧渔领域增幅为 73.9%，医药卫生领域为 66.9%，工业技术领域为 41.3%；"十二五"以来，除其他领域论文数量小幅上涨外，工业技术、基础学科、医药卫生和农林牧渔领域均出现下降，其中基础学科和农林牧渔下降幅度较大，下降幅度分别为 22.3% 和 21.5%（图 3-2）。

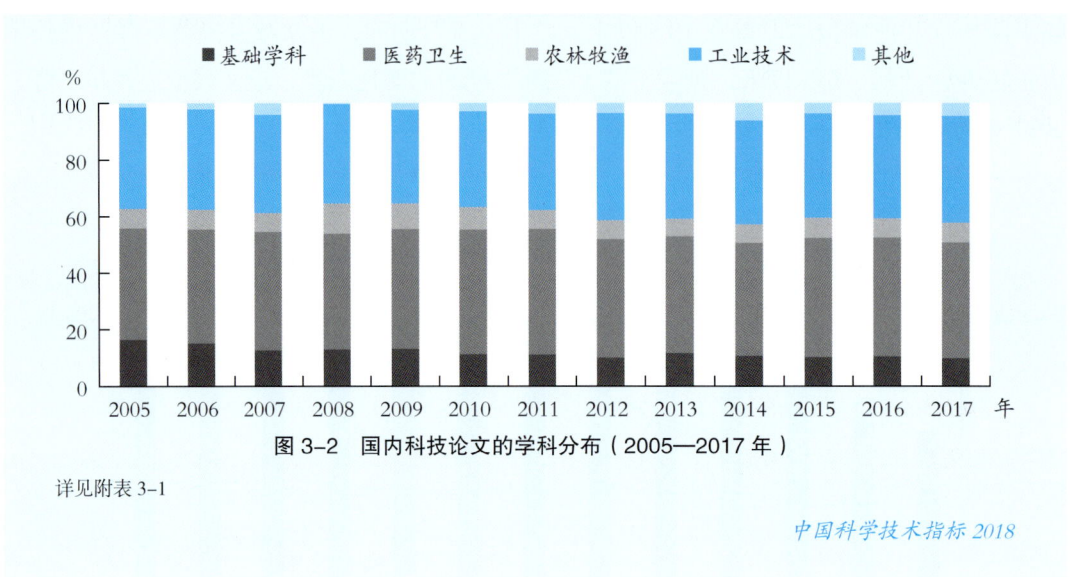

图 3-2　国内科技论文的学科分布（2005—2017 年）

详见附表 3-1

中国科学技术指标 2018

根据国家技术监督局颁布的国际标准《学科分类与代码》，论文统计共划分了 39 个一级学科。2005—2017 年，中国论文发布集中度较高，论文数量居前 10 位的一级学科累计占到全部论文总量的 75%。上述 10 个学科论文数量均超过 9 万篇。其中，临床医学论文数量突破 169 万篇，占到全国科技论文总量的 27.0%，遥遥领先于居第 2 位的计算技术（37.7 万篇）。从各学科论文数量变化情况看，除电子、通信与自动控制外，其他学科"十一五"期间普遍保持稳定增长态势，而从"十二五"开始增速放缓，并出现负增长。具体来看，中医学、药学年均增速下降幅度较大，分别从前一阶段的 28.7%、17.5% 降到后一阶段的 -5.6% 和 -7.3%。尽管临床医学年均增长率从 7.8% 降到 -0.9%，但由于其论文基数较大，后一阶段较前一阶段的增量在所有学科领域中仍然最大。从各学科论文数量所占比重来看，临床医学提升幅度显著，由 26.6% 提高到 35.5%，增长 8.9 个百分点。此外，除农学占比从前期的 6.0% 下降到 5.8% 以外，其他学科都有不同程度的提升（表 3-1）。

表 3-1　国内科技论文累计量排名前 10 位的一级学科论文增长情况（2005—2017 年）

学科	2005—2010 年			2010—2017 年			总数（篇）
	论文数（篇）	占比（%）	年均增长率（%）	论文数（篇）	占比（%）	年均增长率（%）	
临床医学	730 753	26.6	7.8	1 098 430	35.5	-0.9	1 692 232
计算技术	158 494	5.8	15.7	251 089	8.1	-2.0	376 965
电子、通信与自动控制	153 351	5.6	-1.2	198 157	6.4	3.7	331 321
农学	165 492	6.0	12.4	179 714	5.8	-5.2	314 347
中医学	105 476	3.8	28.7	187 700	6.1	-5.6	260 073
基础医学	111 840	4.1	9.6	144 275	4.7	-7.7	233 362
预防医学与卫生学	87 985	3.2	8.9	137 211	4.4	-2.3	208 370
药学	95 347	3.5	17.5	117 258	3.8	-7.3	190 934
生物学	89 460	3.3	-0.7	109 780	3.5	-2.5	185 465
化工	81 914	3.0	6.1	108 401	3.5	-3.8	173 965

详见附表 3-2

中国科学技术指标 2018

3. 国内科技论文的机构

国内科技论文主要分布于高等学校，且各类机构国内科技论文数量占全国总量的比重基本保持稳定。2017 年，高等学校发表论文 31.2 万篇，占到论文总数的 66.1%；研究机构发表论文 5.7 万篇，占到论文总数的 12.1%；医疗机构发表论文 6.3 万篇，占到论文总数的 13.3%；企业发表论文 2.3 万篇，占到论文总数的 4.8%（图 3-3）。

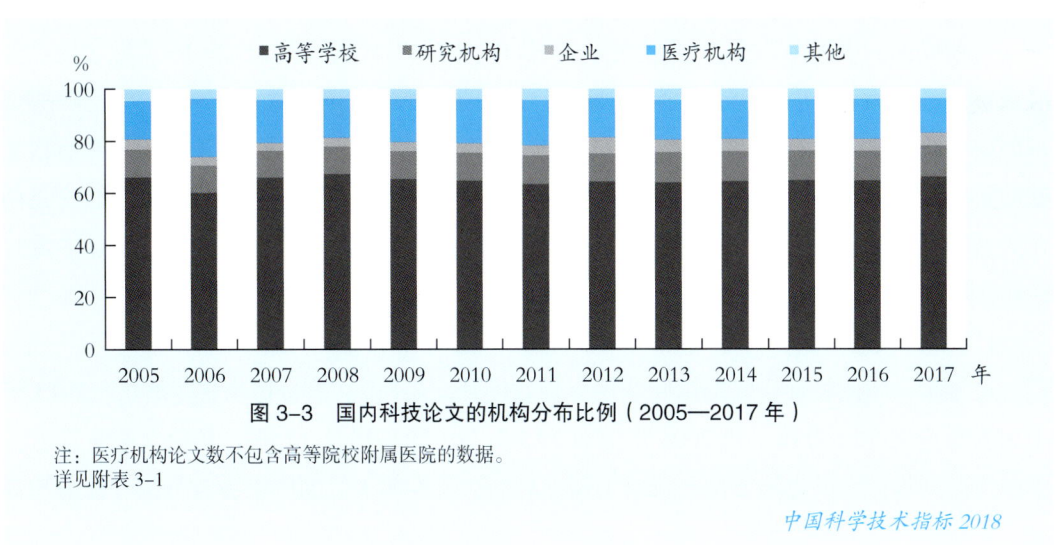

图 3-3　国内科技论文的机构分布比例（2005—2017 年）

注：医疗机构论文数不包含高等院校附属医院的数据。
详见附表 3-1

中国科学技术指标 2018

2005—2017年，4类机构发表的论文数量呈现"先增后减"的变化特征。2010年高等学校论文数量达到峰值34.3万篇，之后缓慢下降，占全国论文总量基本保持在65%左右，2017年为66.1%。2005—2013年研究机构论文数量持续上涨，之后略有下降，占论文总量比重长期保持在10%左右，2013年开始，连续5年突破11%。2011年医疗机构论文数量达到最高值9.2万篇，之后持续下降，占论文总量比重基本保持在15%左右（图3-3、图3-4）。

图3-4 国内科技论文的机构分布情况（2005—2017年）

注：医疗机构论文数不包含高等院校所附属的医院的数据。
详见附表3-1

中国科学技术指标 2018

二、SCI 论文

长期以来，中国采用SCI（科学引文索引）、EI（工程索引）和CPCI-S（科学技术会议录索引，原为ISTP）3个检索系统，统计中国的国外科技论文数量。SCI主要反映的是基础科学研究情况，EI主要反映的是工程技术方面的科学研究状况，CPCI-S是对期刊文献的重要补充，收录了全世界出版的大部分科技会议文献。鉴于SCI与EI收录的论文存在交叉重复，并且在进行国际比较时一般以SCI论文指标作为衡量标准，本部分主要对SCI论文进行分析。

1. SCI 论文总量及其分布

近年来，中国科学研究的国际竞争力日益提升，SCI论文数量稳步快速增长。2017年中国发表论文36.1万篇，比2005年增加29.3万篇，年均增长14.9%。按论文数量排名，中国连续9年排在世界第2位，仅居美国之后。居世界前5位的国家还有英国、德国和日本。SCI收录的中国论文占世界论文总数的比重由2005年的5.3%提高到2017年的18.6%（图3-5）。

图3-5 SCI收录的中国论文数及其占世界论文总数的比重（2005—2017年）

详见附表3-4

中国科学技术指标2018

中国SCI论文高度集中于基础学科领域和工业技术领域。2017年，基础学科领域论文数量为14.4万篇，占论文总数的44.4%；工业技术领域论文数量为10.2万篇，占论文总数的31.4%（图3-6）。从学科分布的历年变化来看，2005—2017年，除个别年份外，各个学科领域论文数量总体呈增长态势。医药卫生领域论文增长最快，年均增长率高达23.6%，占论文总数比重由2005年的8.7%稳步快速上升到2015年的22.8%，近两年略有下降，2017年为21.6%；基础学科领域论文数量增长相对缓慢，年均增长率为11.5%，占论文总数的比重呈逐年下降态势，2007年比2005年下降17.4个百分点；工业技术领域论文数量年均增长率为15.8%，占论文总数的比重长期处于25%左右，2017年超过30%，达到2005年以来的峰值。

2008—2018年（截至2018年10月），SCI收录的中国论文中，化学论文累计量最多，达到42.7万篇，大幅领先于其他学科；此外，有4个学科论文10年累计数量超过20万篇，分别为工程技术27.5万篇、材料科学25.4万篇、临床医学24.0万篇及物理学23.7万篇。中国SCI论文累计数占世界总数的比重有15个学科超过10%。其中，材料科学超过30%，位居各学科之首，化学、工程技术、计算机科学和物理学均超过20%。与上年统计时相比，各学科论文数量都有不同程度的增长。其中，论文数量最多的化学比上年增长8.9%，占世界总量的比重也由上年统计时的24.0%提高到25.3%。工程技术、材料科学、临床医学等优势学科论文数量也保持了快速增长态势，比上年统计时分别增长 19.9%、14.6% 和 17.6%（表 3-2）。

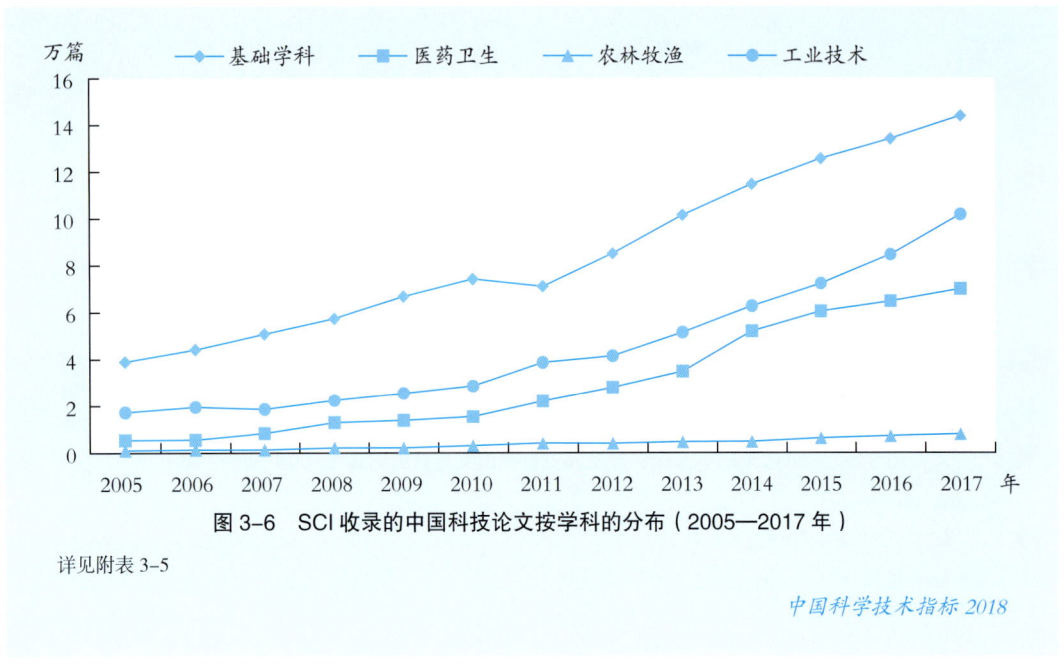

图 3-6　SCI 收录的中国科技论文按学科的分布（2005—2017 年）

详见附表 3-5

表 3-2　中国各主要学科 SCI 论文在世界上的地位（2008 年 1 月至 2018 年 10 月）

学科	论文情况		被引用情况				篇均被引用情况	
	论文数（篇）	占世界比重（%）	次数	占世界比重（%）	世界排名	位次变化	次数	与世界平均值的比值（%）
农业科学	53 894	13.06	466 759	13.01	2	—	8.66	100
生物与生物化学	107 796	14.73	1 165 956	9.58	3	↑1	10.82	65
化学	426 823	25.30	5 831 765	23.56	2	—	13.66	93
临床医学	239 767	8.90	2 081 645	6.06	8	↑2	8.68	68
计算机科学	75 686	21.53	461 116	19.98	2	—	6.09	93
经济贸易	14 391	5.33	86 869	3.91	9		6.04	73
工程技术	275 312	22.21	1 991 762	21.16	2		7.23	95
环境与生态学	72 607	15.46	727 591	12.08	2		10.02	78
地学	80 366	18.07	824 521	15.01	2	↑1	10.26	83
免疫学	21 045	8.28	242 659	5.09	11	—	11.53	61

续表

学科	论文情况		被引用情况				篇均被引用情况	
	论文数（篇）	占世界比重（%）	次数	占世界比重（%）	世界排名	位次变化	次数	与世界平均值的比值（%）
材料科学	254 200	31.41	3 032 862	30.58	1	—	11.93	97
数学	83 165	19.78	356 043	19.50	2	—	4.28	99
微生物学	25 586	12.60	229 289	7.47	5	—	8.96	59
分子生物学与遗传学	76 243	16.52	940 742	8.63	4	↑2	12.34	52
综合类	2960	14.13	40 122	12.86	3	—	13.55	91
神经科学与行为学	41 750	8.23	442 306	4.88	9	↑1	10.59	59
药学与毒物学	61 233	15.50	574 539	11.47	2	—	9.38	74
物理学	237 003	21.47	2 167 390	17.19	2	—	9.17	80
植物学与动物学	75 626	10.43	653 467	9.74	2	↑2	8.64	93
精神病学与心理学	10 659	2.66	80 634	1.66	14	↑1	7.56	62
空间科学	13 457	9.18	169 071	6.45	13	—	12.56	70
社会科学	22 653	2.51	156 887	2.55	9	↑2	6.93	102

资料来源：中国科学技术信息研究所。

2. SCI 论文被引用情况

科学家通过引证来表达对同行相关工作的认可，这些引证信息的汇集则提供了一种衡量论文质量和影响力的有效方式。论文的影响有一个滞后和积累过程，中国正是由于过去十几年 SCI 论文数量的积累，才使得近年来论文被引用数明显上升。

2008—2018 年（截至 2018 年 10 月）中国科技人员共发表 SCI 论文 227.2 万篇，比 2017 年统计时增加了 10.4%，继续排在世界第 2 位；论文共被引用 2272.4 万次，同比增加了 17.4%，排在世界第 2 位，位次与上年持平。中国大陆平均每篇论文被引用 10 次，比上年度统计时提高了 6.4%，与世界平均值 12.6 次相比还有较大差距，但差距进一步缩小。由于论文的篇均被引用次数与已发表论文的基数、发表论文的语种等因素有关，所以应用该指标须有一定的前提，即只有按照论文数量进行分类比较，判断在类似产出规模下论文的影响力才更有现实意义。论文总量很少的国家可能因为少数论文被引用次数较多，而导致篇均被引次数较高，从而使其排名位居世界前列。若按发表论文在20万篇以上的国家（地区）排序，中国大陆的篇均被引用次数排名居世界第 16 位，篇均被引用次数超过世界平均水平的国家有 13 个，其中瑞士、荷兰、英国、比利时、美国、瑞典、德国、加拿大、法国、澳大利亚、意大利的论文篇均被引用次数均超过 15 次（表 3-3）。

表 3-3　主要国家（地区）的 SCI 论文数及其被引用次数（2008—2018 年）

国家（地区）	SCI 论文数		论文被引用数		篇均被引用数	
	篇数	排名	次数	排名	次数	排名
美国	3 922 346	1	70 130 367	1	17.88	5
中国大陆	2 272 222	2	22 723 995	2	10.00	16
英国	1 239 412	3	21 794 333	3	18.39	3
德国	1 042 716	4	17 452 258	4	16.74	7
法国	728 211	6	11 707 974	5	16.08	9
加拿大	649 786	7	10 809 115	6	16.63	8
日本	820 886	5	10 064 483	7	12.26	13
意大利	633 688	8	9 649 571	8	15.23	11
澳大利亚	545 752	11	8 474 129	9	15.53	9
西班牙	549 582	10	7 907 313	10	14.39	12
荷兰	379 242	14	7 566 912	11	19.95	2
瑞士	280 369	16	5 884 932	12	20.99	1
韩国	521 368	12	5 491 701	13	10.53	15
印度	559 822	9	4 925 388	14	8.80	18
瑞典	252 797	20	4 474 392	15	17.70	6
比利时	208 838	22	3 782 846	16	18.11	4
巴西	409 878	13	3 454 699	17	8.43	19
中国台湾	270 174	17	2 898 369	18	10.73	14
波兰	249 385	21	2 198 772	22	8.82	17
俄罗斯	327 019	15	2 128 475	25	6.51	22
伊朗	261 703	19	1 964 969	28	7.51	20
土耳其	267 377	18	1 912 240	29	7.15	21

资料来源：中国科学技术信息研究所。

从表 3-2 可以看出，以论文被引用次数衡量，中国部分学科的 SCI 论文在国际上已产生广泛影响。2008—2018 年，中国有 19 个学科论文被引用次数进入世界前 10 位，有 13 个学科论文被引用数跻身世界前 3 位行列，其中，材料科学 303.3 万次（占到世界总数的 30.6%，跻身世界第 1 位）、化学 583.2 万次（占世界总数的 23.6%）、工程技术 199.2 万次（占世界总数的 21.2%）、物理学 216.7 万次（占世界总数的 17.2%）、地学 82.5 万次（占世界总数的 15.0%）、环境与生态学 72.8 万次（占世界总数的 12.1%）、植物学与动物学 65.3 万次（占世界总数的 9.7%）、药学与毒物学 57.5 万次（占世界总数的 11.5%）、农业科学 46.7 万次（占世界总数的 13.0%）、计算机科学 46.1 万次（占世界总数的 20.0%）、数学 35.6 万次（占世界总数的 19.5%），均排在第 2 位。与去年统计时相比，在上述 19 个学科中，临床医学、分子生物学与遗传学、社会科学、植物学与动物学进步较大，上升 2 位；地学、生物与生物化学、神经科学与行为学、精神病学与心理学上升 1 位，其他学科持平。

虽然中国在化学、材料科学等领域的论文数量和被引用次数居世界前列，但不容忽视的是，如果以论文平均被引用次数计，中国所有学科的篇均被引用次数仅有世界平均水平[①]的 79.4%，而且各学科篇均被引用次数与世界平均水平差距的差异性较大。在篇均被引用次数达到世界平均水平 79.4% 的 11 个学科中，有两个学科达到或已超过世界平均水平，分别为农业科学和社会科学；另有 7 个学科超过世界平均水平的 90%，分别是化学、计算机科学、工程技术、材料科学、数学、综合类、植物学与动物学。分子生物学与遗传学、微生物学、神经科学与行为科学等生物医学领域与世界平均水平的差距最大，其篇均被引用次数均不足世界平均水平的 60%。

三、国际合作论文

发表国际期刊论文或在国际会议上宣讲研究论文，使中国更多的科研人员被世界学术界所认识，有的科研人员进而有机会进入国际学术机构承担重要职责，同时也扩大了中国学者的视野，拓宽了国际合作的范围。

据 SCI 数据库统计，2017 年收录的中国论文中，国际合作产生的论文数为 9.7 万篇，比 2016 年增加了 1.4 万篇，涨幅达 16.6%，占到中国发表论文总数的 27.0%。中国作者为第一作者的国际合著论文共计 67 902 篇，占中国全部国际合著论文的 69.7%，合作伙伴涉及 155 个国家（地区）。合作伙伴排在前 6 位的分别是：美国、英国、澳大利亚、加拿大、日本和德国。中国作者参与工作、其他国家（地区）作者为第一作者的合著论文共 23 259 篇，涉及 177 个国家（地区），合作伙伴排在前 6 位的分别是：美国、澳大利亚、英国、德国、日本和加拿大（图 3-7）。

---

① 世界各国论文篇均被引用次数属于偏态分布，因此，世界平均水平是中等偏高的水平。

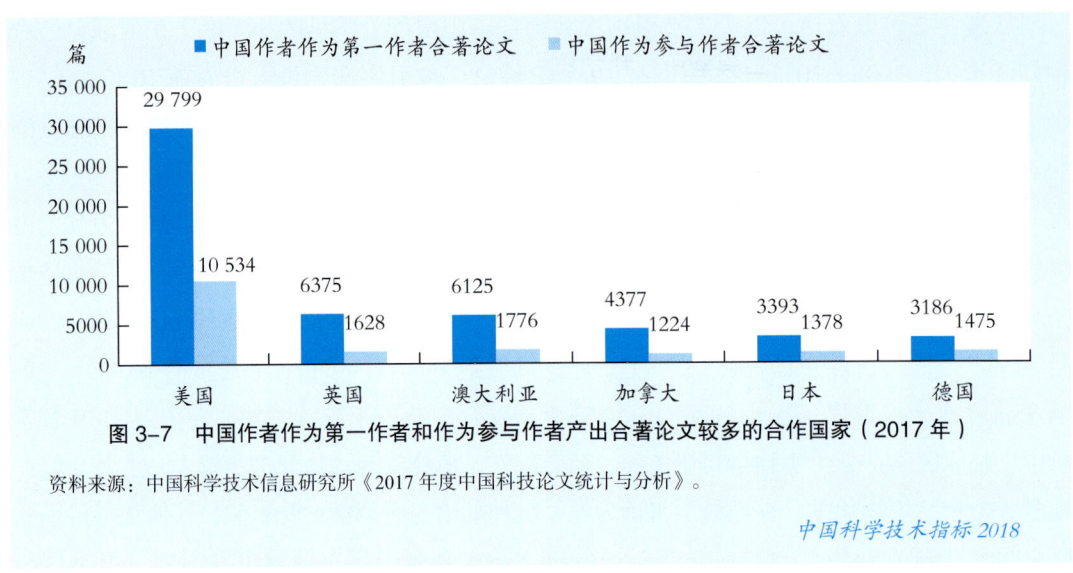

图 3-7　中国作者作为第一作者和作为参与作者产出合著论文较多的合作国家（2017 年）

资料来源：中国科学技术信息研究所《2017 年度中国科技论文统计与分析》。

2017 年中国作者为第一作者发表国际合作论文数较多的 6 个学科是化学，生物学，物理学，临床医学，材料科学和电子、通信与自动控制（表 3-4）。中国作者参与的国际合作论文数较多的 6 个学科是生物学（4258 篇）、临床医学（3933 篇）、化学（3572 篇）、物理学（3021 篇）、基础医学（1659 篇）和材料科学（1618 篇）。

表 3-4　中国作者为第一作者的国际合作论文数最多的 6 个学科（2017 年）

学科	国际合作论文数（篇）	占本学科论文比重（%）
化学	8189	12.07
生物学	8192	12.06
物理学	5725	8.43
临床医学	5253	7.74
材料科学	4734	6.97
电子、通信与自动控制	4490	6.61

资料来源：中国科学技术信息研究所《2017 年度中国科技论文统计与分析》。

> **专栏 3-2　工程索引、科学技术会议录索引与 Scopus 数据库**
>
> 工程索引（EI）创刊于 1884 年，是美国工程信息公司（现为爱思唯尔，Elsevier）出版的著名工程技术类综合性检索工具。目前，EI 收录全世界 5100 余种期刊和 2000 多种会议录报道的有关工程技术领域的文献资料，数据来自 50 多个国家和地区，主要覆盖的学科有：化工、机械、土木工程、电子电工、材料、生物工程等。大约 22% 的数据是有主题词和摘要的会议论文，90% 的文献是英文文献。2017 年，EI 数据库收录期刊论文 66.2 万篇，比 2016 年下降 3.2%，其中，中国论文为 22.8 万篇，比 2016 年增长 5.5%，占 EI 论文总数的 34.5%，居世界第 1 位。
>
> 科学技术会议录索引（CPCI-S）是美国科学情报研究所（ISI）（现为科睿唯安公司）编辑出版的另一大论文检索工具，创刊于 1978 年，主要收集世界上各种重要的会议论文，包括国际上著名的学会会议、一流公司的会议及重要的科学杂志举办的会议等。会议论文是学术论文的重要组成部分，许多创新的想法、概念或实验经常首先出现在会议论文当中，CPCI-S 因而成为学术期刊的重要补充。CPCI-S 每年报道世界重要会议中的 80%~90%，学科范围覆盖自然科学、农业科学、医学和工程技术领域等。2017 年，CPCI-S 共收录论文 52.0 万篇，比 2016 年减少了 7.6%。其中，收录中国论文 7.4 万篇，比 2016 年减少了 14.7%，占全部 CPCI-S 论文总数的 14.2%，排在世界第 2 位。
>
> Scopus 是全球最大的摘要和引文数据库，由 Elsevier 在 2004 年年底正式推出，涵盖了世界上最广泛的科技和医学文献的文摘、参考文献及索引。Scopus 收录了超过 19 500 种文献，来自 5000 多家出版机构，覆盖世界主要的学术出版机构，如 *Elsevier*、*Kluwer*、*Institution of Electrical Engineers*、*John Wiley*、*Springer*、*Nature*、*Science* 等。同时，Scopus 还收录了数百种中国期刊。2017 年，Scopus 收录的世界科技文献总数为 218.2 万篇，其中收录中国科技文献数量为 44.0 万篇，占世界总数的 20.2%，排在世界第 2 位。排在世界前 5 位的国家分别是美国、中国、英国、德国和印度。

四、单位科学研究投入的科技论文产出

科技论文是科学研究活动（包括基础研究和应用研究活动）的主要产出，单位科学研究投入的科技论文产出在一定程度上可以反映科学研究活动的产出效率。鉴于科学研究活动产出具有一定的时间滞后性，根据国际通行做法，当年科学研究活动产出采用滞后两年的科技论文数量来测度[①]。

1. 单位科学研究投入的国内科技论文产出

2015 年中国单位科学研究经费的国内科技论文产出效率为 361.5 篇/亿元（按 2000 年价格计算，下同），比上年下降 14.3%。2000—2015 年，单位科学研究经费的国内科技论文产出总体呈下降趋势，特别是 2007 年开始下降速度明显加快，由 1026.0 篇/亿元下降到 2000 年以来最低水平，下降幅度高达 64.8%。单位科学研究人员的国内科技论文产出

---

① 例如，2015 年单位 R&D 经费的国内科技论文产出为 2017 年国内科技论文数量/2015 年科学研究经费。

呈现"先增后减"的变化态势，从2000年的7982.4篇/万人年上升到2007年的历史最高值12 292.6篇/万人年，2008—2013年持续下降，2015年下降为6906.4篇/万人年，略低于21世纪初期的水平（图3-8）。

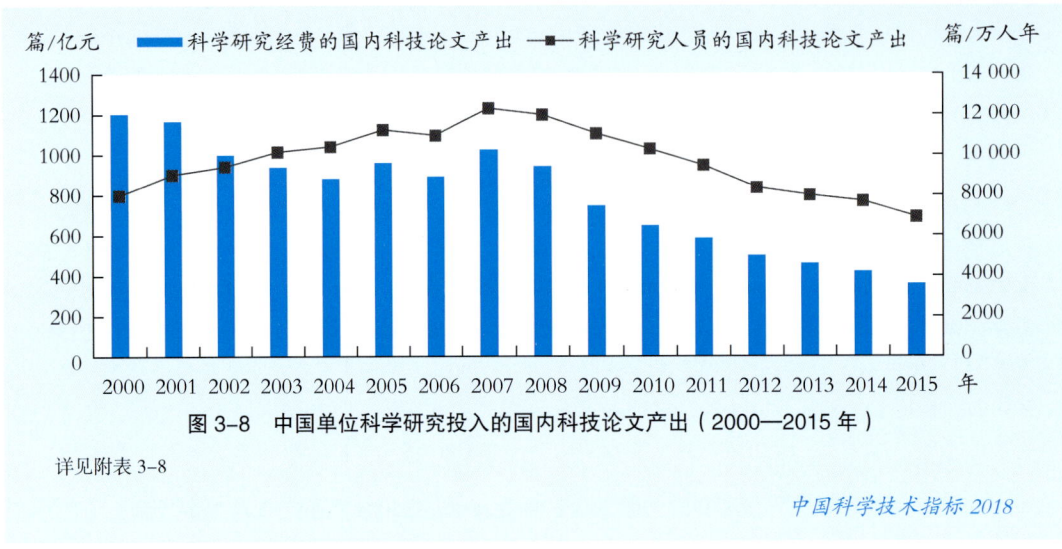

图3-8　中国单位科学研究投入的国内科技论文产出（2000—2015年）

详见附表3-8

中国科学技术指标2018

2. 单位科学研究投入的SCI论文产出

2000年以来，单位科学研究经费的SCI论文产出表现出波动式缓慢增长态势。2015年达到276.6篇/亿元，比2000年提高21.5%。在此期间，科学研究人员的SCI论文产出率呈稳步上升趋势，2015年达到5284.6篇/万人年，比2000年增长了近3倍（图3-9）。

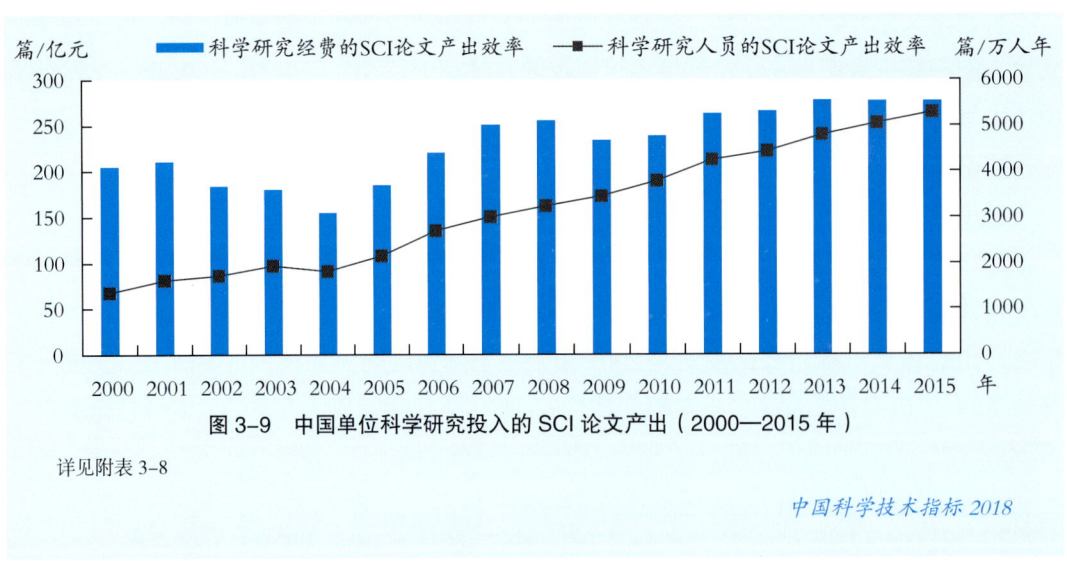

图3-9　中国单位科学研究投入的SCI论文产出（2000—2015年）

详见附表3-8

中国科学技术指标2018

从单位科学研究经费的 SCI 论文产出来看，中国明显高于美国、日本、法国、英国等 R&D 经费投入大国。若按现价计算，2015 年中国每亿美元科学研究经费的 SCI 论文数量为 1002.0 篇。英国是发达国家中 SCI 论文产出效率较高的国家，为 529.8 篇 / 亿美元，是中国的 52.9%。同期，韩国、美国和日本单位科学研究经费的 SCI 论文数量为 296.8 篇 / 亿美元、289.8 篇 / 亿美元和 211.9 篇 / 亿美元，分别相当于中国的 29.6%、28.9% 和 21.1%。

专栏 3-3　国际 TOP 论文情况介绍

1. 高被引论文

各学科论文在 10 年段累计被引用次数进入世界前 1% 的论文称为高被引论文。2008—2018 年，全世界高被引论文数为 145 789 篇。其中，中国高被引论文数为 24 825 篇，比 2017 年增加了 23.3%，排在世界第 3 位，占世界份额的 17.0%。美国高被引论文数为 72 156 篇，排在第 1 位，占世界份额的 49.5%。英国高被引论文数为 26 540 篇，居第 2 位。德国和加拿大分别排在第 4 位和第 5 位，高被引论文数分别为 17 972 篇和 12 156 篇。

2. 热点论文

近两年间发表的论文在最近两个月得到大量引用，且被引用次数进入本学科前 1‰ 的论文称为热点论文。截至 2018 年 9 月，中国热点论文数为 842 篇，占世界热点论文总数的 27.6%，排在世界第 3 位。美国热点论文数最多，为 1629 篇，占世界热点论文总量的 53.3%。其次为英国 909 篇，德国和法国分别排在第 4 位和第 5 位，热点论文数分别是 560 篇和 374 篇。

3. CNS 论文

Nature、*Science*、*Cell* 是国际公认的 3 个享有最高学术声誉的科技期刊。发表在上述期刊的论文，通常都是经过世界知名专家层层审读、反复修改而成的高质量、高水平论文。2017 年上述 3 种期刊共刊登论文 5697 篇，其中中国论文为 309 篇，排在世界第 4 位，比 2016 年上升了 1 位。美国论文数为 2503 篇，占总数的 43.9%，居世界首位。英国和德国分列第 2、第 3 位。若仅统计 Article 和 Review 两种类型的文献，则中国有 242 篇，排在世界第 4 位。

4. 最具影响力期刊上发表的论文

各学科领域影响因子最高的期刊可以被看作世界各学科最具影响力期刊。2017 年共发表论文 55 083 篇，其中中国论文 8259 篇，占总数的 15.0%，排在世界第 2 位。

第二节　专利

专利是指为了保护、鼓励发明创造，推动科学技术进步和经济发展，法律授予发明创造者的一种独占性的知识产权。专利技术转化为生产力后可以为进行发明创造的单位或个人带来一定的经济回报，增强其市场竞争力，并产生激励技术创新的社会效应。专利指标是国际上进行科技实力评价、科技产出比较、市场竞争力评价的重要指标，常常用于衡量国家、产业或企业科技创新程度与自主创新能力，也是分析中国专利工作状况、评价发明创造能力，以及预测科技、经济未来发展的重要依据。

一、专利申请量和授权量

专利申请量是指专利受理机构受理的技术发明申请专利的数量，是发明专利、实用新型专利和外观设计专利三者的申请量之和。它可以反映一个国家、地区、领域和机构的技术创新活动的活跃程度，以及申请人谋求专利保护的积极性。专利授权量是指由专利受理机构对经审查没有发现驳回理由的专利申请，做出授予专利权决定，发给专利证书，并将有关事项予以登记和公告的专利数量。

1. 3类专利的申请和授权

中国专利分为发明专利、实用新型专利和外观设计专利3种。其中，发明专利的科技含量高，能够在较大程度上反映一个国家、地区或企业的技术开发能力和内在竞争力，从而成为衡量科技产出和进行国际比较的重要指标。中国对于来自内地及港澳台地区的专利申请视为国内专利申请；其余来华申请视为国外专利申请。

2017年中国专利申请量达369.8万件，较上年增长6.7%。其中，发明专利申请量为138.2万件，较上年增长3.2%，占专利申请总量的比重接近四成，达到37.4%；实用新型专利申请量为168.8万件，较上年增长14.3%；外观设计专利申请量为62.9万件，较上年减少3.3%。2017年中国专利授权总量达183.6万件，较上年增长4.7%。其中，发明专利授权量为42.0万件，较上年增长3.9%；实用新型专利授权量为97.3万件，较上年增长7.7%；外观设计专利授权量为44.3万件，较上年下降0.7%（图3-10）。

2017年，国内专利申请量达到353.6万件，比上年增长7.0%。其中，发明专利申请124.6万件，比上年增长了3.4%，占专利申请总量的35.2%；实用新型专利申请168.0万件，比上年增长了14.4%；外观设计专利申请61.1万件，比上年减少了3.3%。

2017年国内专利授权量达到172.1万件，较上年增长了5.6%。其中，发明专利授权量为32.7万件，较上年增长8.2%，占国内专利总授权量的19.0%；实用新型专利授权量为96.7万件，较上年增长7.8%；外观设计专利授权量为42.6万件，较上年减少0.8%。

从国内3种专利在总申请量和总授权量中所占比重的变化看，外观设计专利申请量所占比重在逐年减少；发明专利申请量占专利总申请量的比重自2014年首次超过1/3后，近几年基本保持在36%左右；发明专利授权量占专利总授权量的比重近5年在稳步上升，但仍未超过20%（图3-11）。

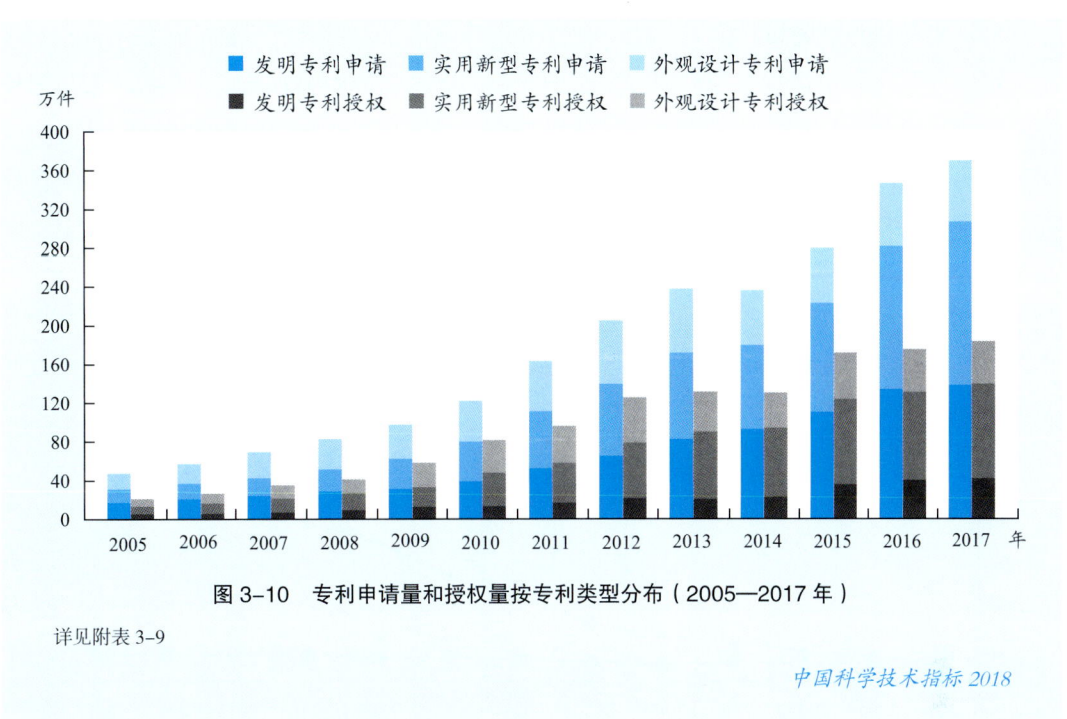

图 3-10 专利申请量和授权量按专利类型分布（2005—2017 年）

详见附表 3-9

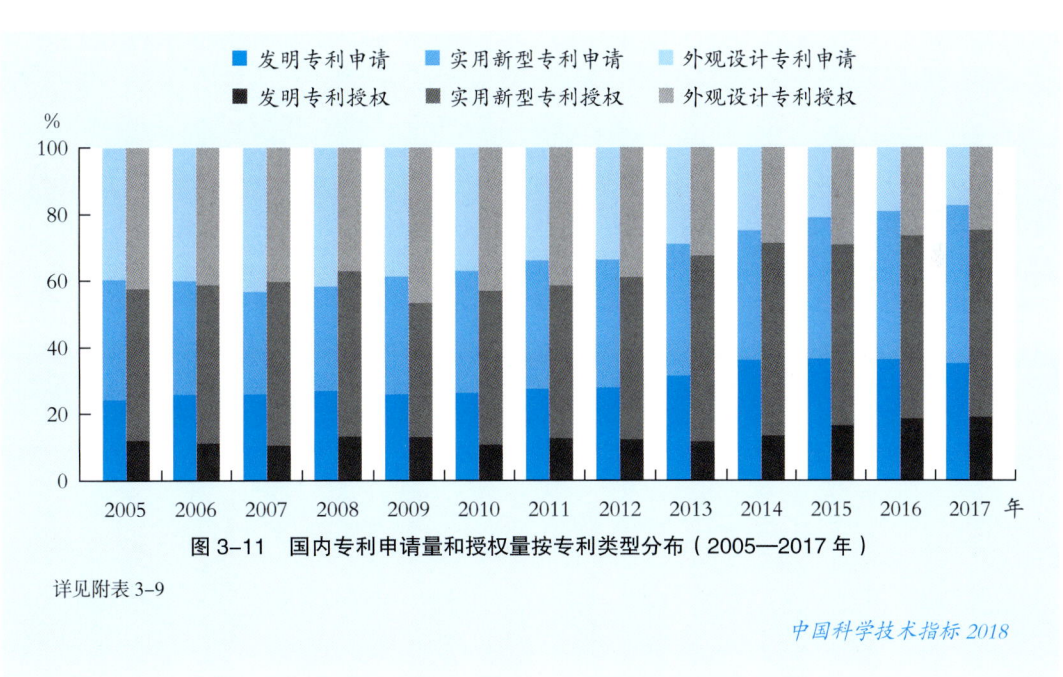

图 3-11 国内专利申请量和授权量按专利类型分布（2005—2017 年）

详见附表 3-9

2. 发明专利的申请和授权

国内发明专利申请量自 2003 年超过国外申请量后，持续高速增长，不断拉大与国外的差距。2017 年，国内发明专利申请占发明专利申请总量的比重已达到 90.2%。这表明中国实施的知识产权强国战略成效显著，自主技术创新能力和技术发展水平正稳定且快速地提高。国外来华发明专利申请仅保持小幅增长，2017 年的申请量为 13.6 万件，较上年增长 1.8%（图 3-12）。

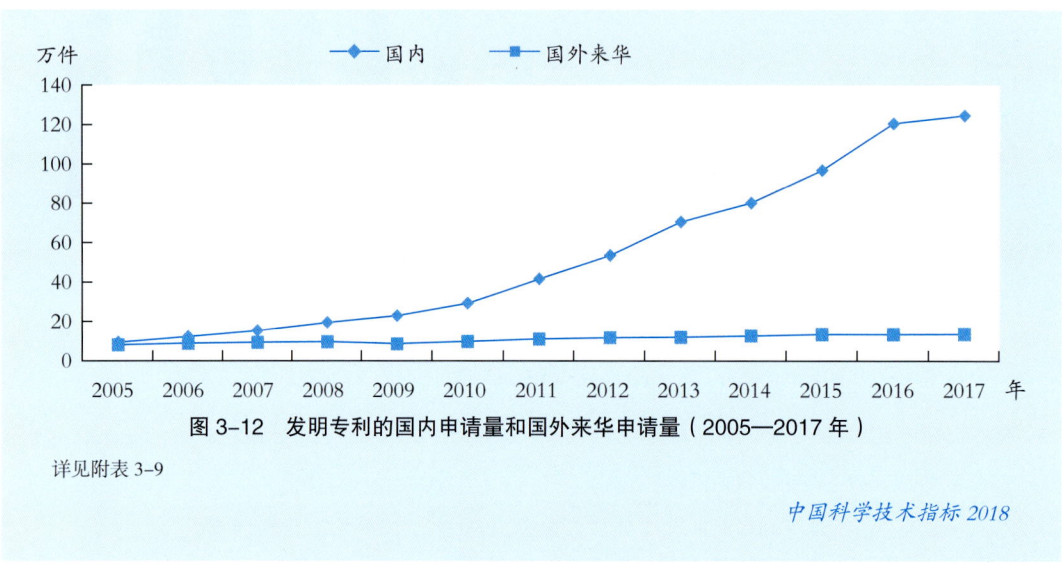

图 3-12　发明专利的国内申请量和国外来华申请量（2005—2017 年）

详见附表 3-9

中国科学技术指标 2018

从历年国内外发明专利的授权量看，除 2013 年外，国内发明专利授权量一直保持高速增长态势，并且自 2009 年国内发明专利授权量超过国外后，不断扩大领先优势。2017 年，国内发明专利授权量占发明专利授权总量的比重达到 77.8%，较上年提高 3.1 个百分点（图 3-13）。

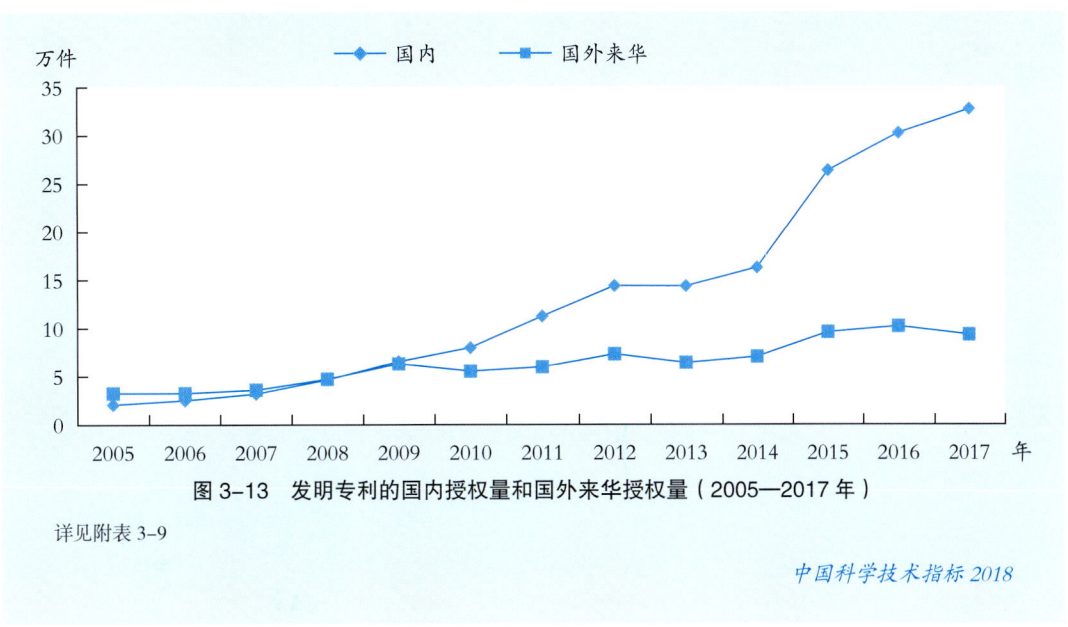

图 3-13　发明专利的国内授权量和国外来华授权量（2005—2017 年）

详见附表 3-9

中国科学技术指标 2018

3. 国外来华发明专利申请和授权的国家分布

国外来华发明专利申请和授权的国家分布具有明显的集中化特点。2001 年至今，日本、美国、德国和韩国一直占据国外来华发明专利申请量的前 4 位，并且这 4 个国家的申请量之和占国外发明专利申请总量的 80% 左右。日本、美国在中国的国外发明专利申请中始终居第 1 位和第 2 位。2017 年，日本和美国在华发明专利申请量分别达到 4.1 万件和 3.7 万件，两国的发明专利申请量占到国外发明专利申请总量的 57.3%（图 3-14）。

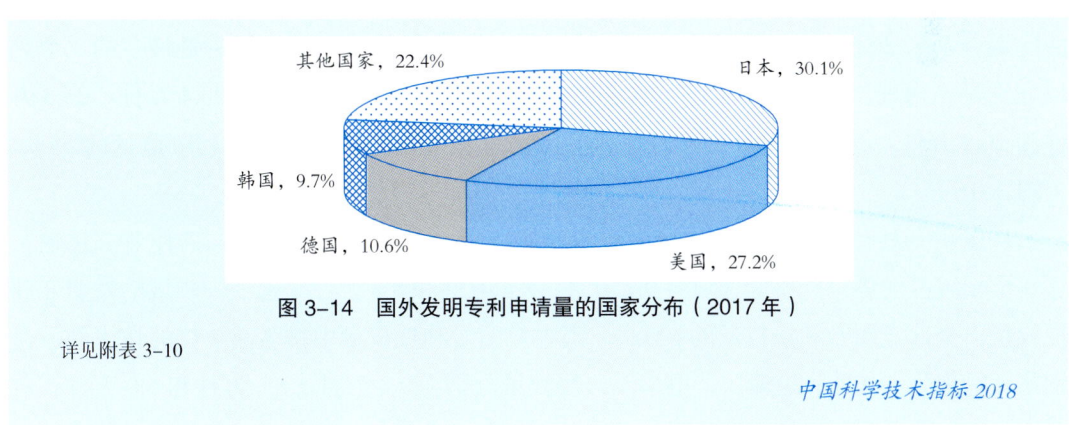

图 3-14　国外发明专利申请量的国家分布（2017 年）

详见附表 3-10

中国科学技术指标 2018

发明专利授权量按申请人国别分布的集中度也非常高。2017 年，授权量居前 4 位的国家分别是日本（31 090 件）、美国（23 673 件）、德国（11 240 件）和韩国（7857 件），这 4 国共拥有国外发明专利授权总量的 79.3%。其中，日、美两国获得的发明专利授权量占到国外发明专利授权总量的 58.8%（图 3-15）。

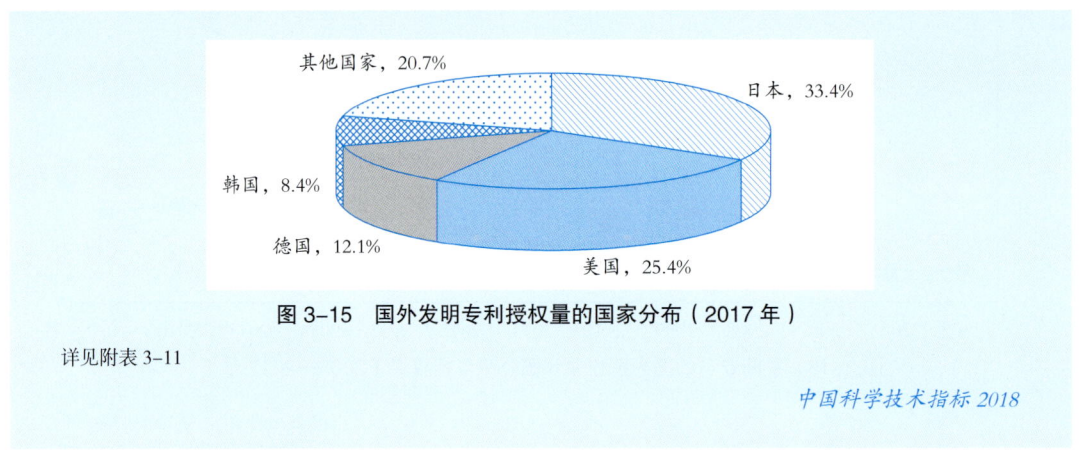

图 3-15　国外发明专利授权量的国家分布（2017 年）

详见附表 3-11

中国科学技术指标 2018

二、发明专利申请和授权的技术领域分布

国家知识产权局对收到的每一件发明专利申请，按照《国际专利分类》（IPC）进行技术领域划分。国际专利分类是一个包含部、大类、小类和组的 4 级分类系统。8 个部分别是：A.人类生活必需；B.作业、运输；C.化学、冶金；D.纺织、造纸；E.固定建筑物；F.机械工程、照明、加热、武器、爆破；G.物理；H.电学。

2017 年，在中国发明专利申请中，"人类生活必需""物理""作业、运输"领域的发明专利申请量最多，分别为 26.3 万件、25.5 万件和 23.0 万件，占发明专利申请量的比重分别为 20.6%、20.0% 和 18.0%。对于国内发明专利，2017 年申请量最多的 3 个领域分别是"物理""作业、运输""人类生活必需"，申请量分别为 23.4 万件、21.3 万件和 20.9 万件。这 3 个技术领域的专利申请量总和占全部国内发明专利申请量的 57.6%（图 3-16）。

从发明专利授权量的技术领域分布看，2017 年，"物理""电学""作业、运输"这 3 个领域占优势，授权量分别为 9.2 万件、8.4 万件和 8.4 万件。这 3 个领域的发明专利授权量占全部发明专利授权量的 62.0%。国内发明专利授权量中排名前 3 位的技术领域分别是"物理""作业、运输""电学"，授权量分别为 7.4 万件、6.6 万件和 6.0 万件，占国内全部发明专利授权量比重分别为 22.6%、20.2% 和 18.4%。

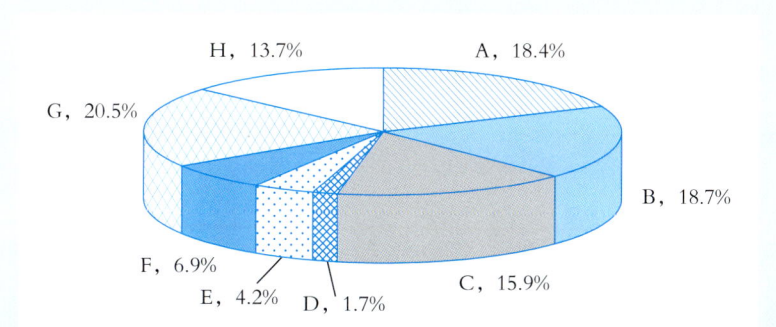

图 3-16　国内发明专利申请量按技术领域分布（2017 年）

A.人类生活必需；B.作业、运输；C.化学、冶金；D.纺织、造纸；E.固定建筑物；F.机械工程、照明、加热、武器、爆破；G.物理；H.电学

详见附表 3-12

中国科学技术指标 2018

世界知识产权组织（WIPO）基于国际专利分类号将所有专利分为五大类 35 个技术领域。2017 年，在中国授权的发明专利中，电机、电气装置、电能领域的授权量最多，为 3.5 万件，占全部技术领域发明专利授权量的 8.4%，其后依次是计算机技术（3.5 万件）和测量（3.0 万件），所占比重分别为 8.2% 和 7.2%。其中，国内发明专利授权量居前 5 位的技术领域分别是计算机技术（2.7 万件），测量（2.6 万件），电机、电气装置、电能（2.5 万件），机器工具（2.0 万件）和土木工程（1.7 万件）；国外来华发明专利授权量居前 5 位的技术领域分别是电机、电气装置、电能（9787 件），计算机技术（7223 件），运输（7072 件），医学技术（4886 件）和半导体（4655 件）。

三、职务与非职务发明专利的申请和授权

在中国的专利构成中，职务发明专利申请和授权已稳定占据主导地位。2017 年，国内的职务专利申请达到 273.2 万件，较上年增长了 11.8%，占全部国内专利申请的 77.3%。其中职务发明专利申请达到 104.4 万件，较上年增长了 6.2%，占全部国内发明专利申请的 83.8%。2017 年，国内职务专利申请的授权量为 136.4 万件，较上年增长 10.7%，占全部国内专利授权量的 79.3%。其中，国内职务发明专利授权量为 30.4 万件，较上年增长 10.0%，占全部国内发明专利授权量的 92.8%。这表明中国为实施国家知识产权战略而制定的一系列政策措施已产生了积极的效果，国内企业、研究机构和高等学校的专利保护意识明显增强，技术产出水平有了显著提高。

从国内职务、非职务发明专利近 10 年的申请和授权情况可以看出，国内职务发明专

利的规模不断增长，占全部发明专利的比重也持续上升。在国内发明专利申请量中，2017年职务申请所占比重比 2005 年上升了 17.2 个百分点；在国内发明专利授权量中，2017年职务授权所占比重比 2005 年上升了 21.6 个百分点（图 3-17）。

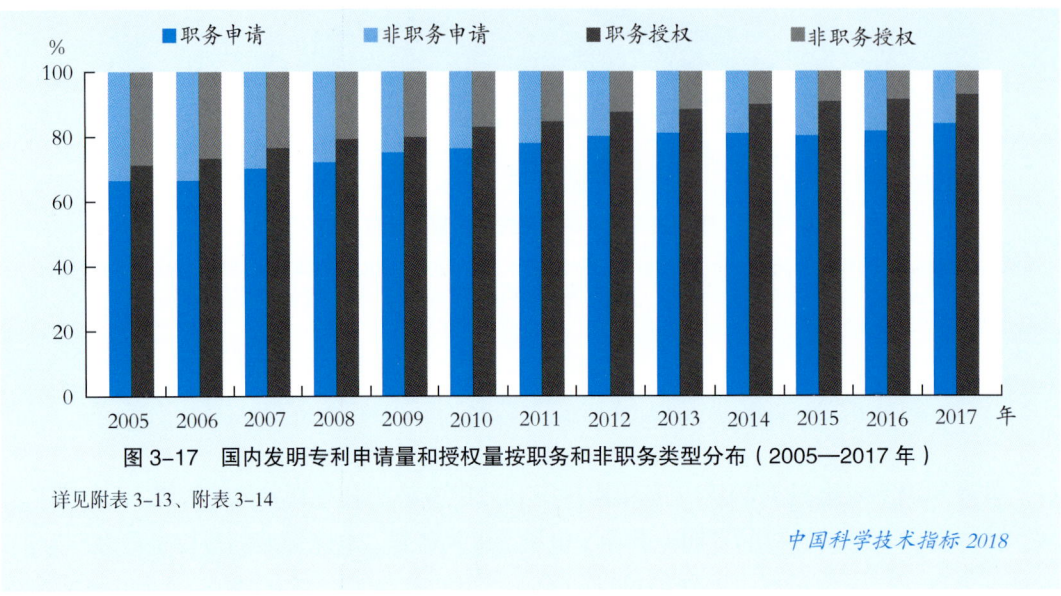

图 3-17 国内发明专利申请量和授权量按职务和非职务类型分布（2005—2017 年）

详见附表 3-13、附表 3-14

中国科学技术指标 2018

四、职务发明专利申请和授权的机构分布

在国家实施创新驱动发展战略的总体部署下，企业积极发挥创新主体作用，创新能力持续增强，在国内职务发明专利的机构分布中占据主导地位。2017 年，企业申请国内发明专利 78.8 万件，较上年增长 7.2%，占国内发明专利职务申请总量的比重达到 75.5%。职务发明中其他机构的专利申请增速有所放缓，甚至出现负增长。大专院校申请 18.0 万件，机关团体申请 2.2 万件，较上年分别增长了 3.9% 和 15.9%；科研单位申请 5.3 万件，较上年减少 3.2%。

2017 年，在国内获得授权的职务发明专利中，企业获得 20.1 万件，较上年增长 5.9%，占国内职务发明专利授权量的 66.1%。职务发明中其他机构的专利授权则有显著增长。大专院校获得 7.6 万件，科研单位获得 2.2 万件，机关团体获得 4711 件，分别较上年增长了 21.5%、11.2% 和 17.1%。

从历年各类机构职务发明专利授权的情况看，2017 年之前，职务发明中企业的专利授权量占总授权量的比重稳步提高，虽然 2017 年有所回落，但自 2008 年以来一直稳定保持在 60% 以上（图 3-18），显示出企业作为中国职务发明专利授权的主体，已成为国家创新体系的中坚力量。

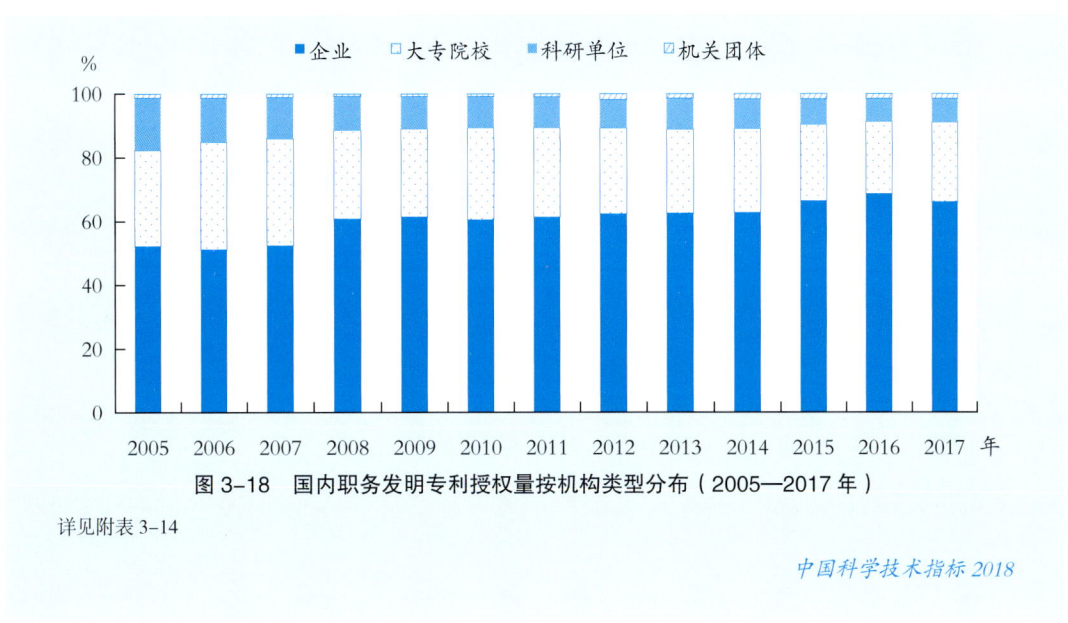

图 3-18 国内职务发明专利授权量按机构类型分布（2005—2017 年）

详见附表 3-14

中国科学技术指标 2018

五、有效专利

有效专利指仍在生效的授权专利。维持时间长的专利，通常是技术价值和经济价值较高的专利或核心专利。因此，有效专利特别是发明专利的有效状况是衡量企业、地区和国家科技创新能力和市场竞争力的重要指标。

截至 2017 年年底，中国的有效专利总量为 714.8 万件，分专利类型看，发明专利、实用新型专利和外观设计专利所占比重分别为 29.2%、50.4% 和 20.4%。按专利国别特征来看，国内有效专利和国外有效专利分别为 632.4 万件和 82.3 万件，较上年分别增长了 14.4% 和 8.6%。

截至 2017 年年底，国内有效发明专利为 141.4 万件，同比增长 22.1%，占有效发明专利总量的比重为 67.8%。国内有效发明专利在国内有效专利中所占比重持续上升，2017 年达到了 22.4%，较上年提高 1.4 个百分点。相比之下，国外的有效发明专利为 67.1 万件，占国外有效专利总量的比重高达 81.5%（图 3-19）。

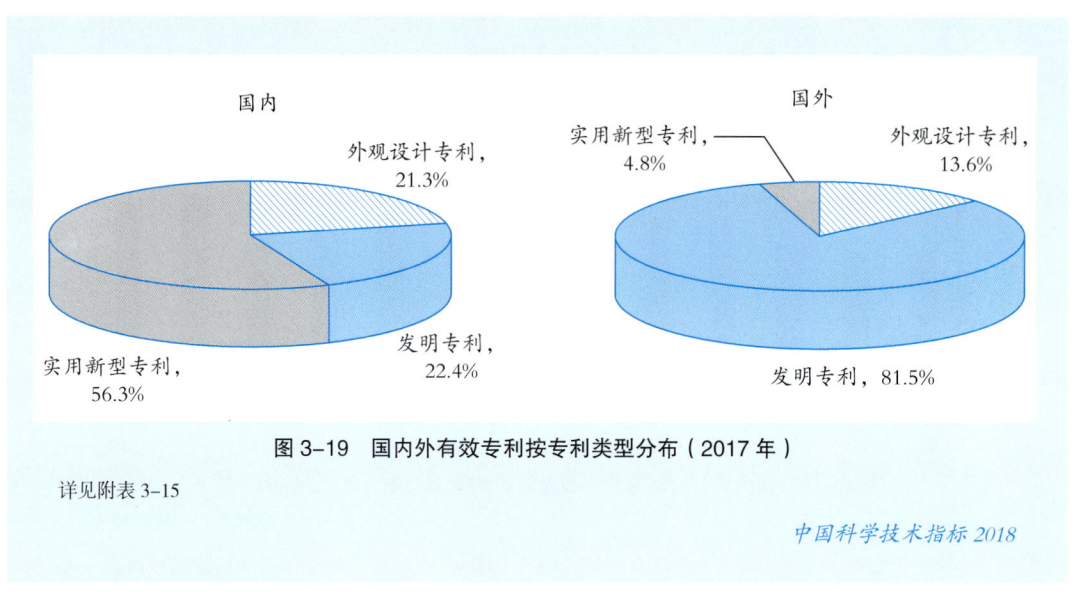

图 3-19　国内外有效专利按专利类型分布（2017 年）

详见附表 3-15

《国民经济和社会发展第十三个五年规划纲要》提出了到 2020 年实现"每万人口发明专利拥有量达到 12 件"的发展目标。截至 2017 年年底，中国每万人口发明专利拥有量（不含港澳台）继续保持良好增长态势，达到 9.8 件，较上年提高了 1.8 件（图 3-20）。

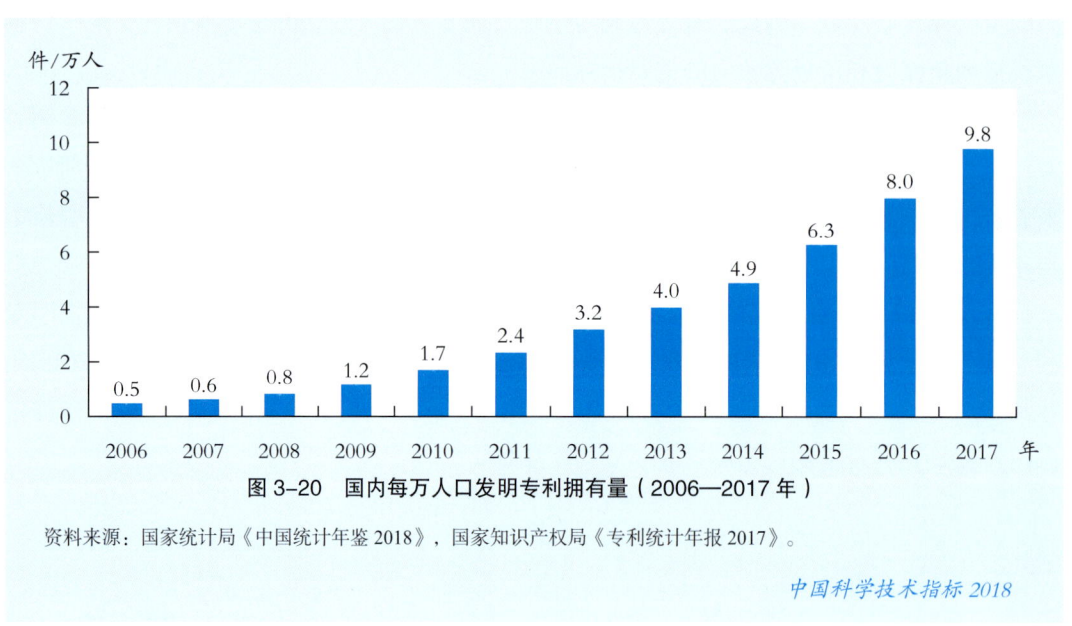

图 3-20　国内每万人口发明专利拥有量（2006—2017 年）

资料来源：国家统计局《中国统计年鉴 2018》，国家知识产权局《专利统计年报 2017》。

截至 2017 年年底，在国内有效发明专利中，企业拥有 93.8 万件，占国内有效发明专利总量的 66.4%；其次是大专院校，拥有 25.8 万件，占 18.3%；个人、科研单位和机关团体的拥有量分别为 10.0 万件、10.0 万件和 1.6 万件，所占比重分别为 7.1%、7.1% 和 1.2%。

截至 2017 年年底，中国有效发明专利数量排名居前 10 位的地区依次为：广东（20.9 万件）、北京（20.5 万件）、江苏（18.0 万件）、浙江（11.0 万件）、上海（10.0 万件）、山东（7.5 万件）、安徽（4.8 万件）、四川（4.5 万件）、湖北（4.0 万件）、湖南（3.5 万件）。

在 35 个技术领域中，截至 2017 年年底，国内有效发明专利排名居前 5 位的技术领域分别是测量（10.0 件），电机、电气装置、电能（9.7 万件），数字通信（8.9 万件），计算机技术（8.8 万件）和材料、冶金（7.5 万件）；国外来华有效发明专利排名居前 5 位的技术领域分别为电机、电气装置、电能（6.0 万件），计算机技术（4.6 万件），光学（3.7 万件），运输（3.6 万件）和数字通信（3.5 万件）。国内有效发明专利数量低于国外来华的技术领域有 5 个，分别是光学，医学技术，运输，发动机、泵、涡轮机，音像技术。

六、发明专利申请和授权的国际比较

专利作为保护发明者的重要工具，是企业积极参与国际竞争、成功拓展海外市场的一种有效手段。通过分析中国对外发明专利申请状况，并与其他国家进行比较，可以在很大程度上反映出中国相对于发达国家的创新能力和技术发展水平。

1. 本国人与非本国人的发明专利申请和授权

发明专利的申请和授权总量主要用来反映一国的综合技术实力，其中本国人发明专利申请量和授权量代表着该国的创新能力和技术水平，非本国人发明专利申请量和授权量则体现了该国市场对外国企业的吸引力和外国企业相对于本国企业的技术优势。

2017 年，全球发明专利申请量为 316.9 万件，较上年增长 1.4%；全球本国人发明专利申请量为 225.2 万件，较上年增长 1.6%。中国的发明专利申请总量和本国人发明专利申请量继续保持世界首位。中国的发明专利申请量超过美、日、韩、德四国总和，占全球申请总量的 43.6%。本国人发明专利申请量占全球比重高达 55.3%。

2017 年，全球发明专利授权量为 140.5 万件，较上年增长 3.8%；全球本国人发明专利申请量为 86.7 万件，较上年增长 4.4%。中国的发明专利授权总量和本国人发明专利授权量连续 3 年居世界首位。

2017 年，中国的有效发明专利总量超过日本，跃居世界第 2 位，本国人有效发明专利数量继续保持世界第 3 位（表 3-5）。

表 3-5　发明专利申请量、授权量和有效发明专利量居前 10 位的国家（2017 年）　　　　单位：件

类别	排名	国家	总量	本国人	非本国人
申请	1	中国	1 381 594	1 245 709	135 885
	2	美国	606 956	293 904	313 052
	3	日本	318 479	260 290	58 189
	4	韩国	204 775	159 084	45 691
	5	德国	67 712	47 785	19 927
	6	印度	46 582	14 961	31 621
	7	俄罗斯	36 883	22 777	14 106
	8	加拿大	35 022	4053	30 969
	9	澳大利亚	28 906	2503	26 403
	10	巴西	25 658	5480	20 178
授权	1	中国	420 144	326 970	93 174
	2	美国	318 829	150 949	167 880
	3	日本	199 577	156 844	42 733
	4	韩国	120 662	90 847	29 815
	5	俄罗斯	34 254	21 037	13 217
	6	加拿大	24 099	2500	21 599
	7	澳大利亚	22 742	1188	21 554
	8	德国	15 653	10 564	5089
	9	印度	12 387	1712	10 675
	10	法国	11 865	10 216	1649
有效发明专利	1	美国	2 984 825	1 480 086	1 504 739
	2	中国	2 085 367	1 413 911	671 456
	3	日本	2 013 685	1 662 839	350 846
	4	英国	1 243 678	—	—
	5	韩国	970 889	727 723	243 166
	6	德国	657 749	—	—
	7	法国	563 695	162 228	401 467
	8	意大利	297 672	—	—
	9	俄罗斯	244 217	159 543	84 674
	10	瑞士	208 022	22 727	185 295

注："—"表示数据缺失。

资料来源：WIPO Statistics Database，December 2018.

2. PCT 国际申请

PCT 指专利合作条约。通过该条约，申请人只要提交一件"国际"专利申请，即可在多个国家中的每一个国家同时要求对发明进行专利保护。中国于 1994 年 1 月 1 日加入 PCT，成为 PCT 的正式成员国。同时中国国家知识产权局也成为 PCT 国际受理局、国际检索单位和国际初审单位。

2017 年，全球 PCT 申请总量为 24.4 万件，较上年增长了 4.6%。在申请量排名前 10 位的国家中，仅中国实现了两位数增长，法国和荷兰则出现了负增长。在申请量超过 1000 件的国家中，俄罗斯、土耳其和比利时也实现了两位数增长，增长速度分别为 18.6%、17.5% 和 11.1%。

2017 年，中国的 PCT 申请量继续高速增长，达到 4.9 万件，较上年增长 13.5%。中国的 PCT 申请量排名超过日本，居世界第 2 位（图 3–21）。

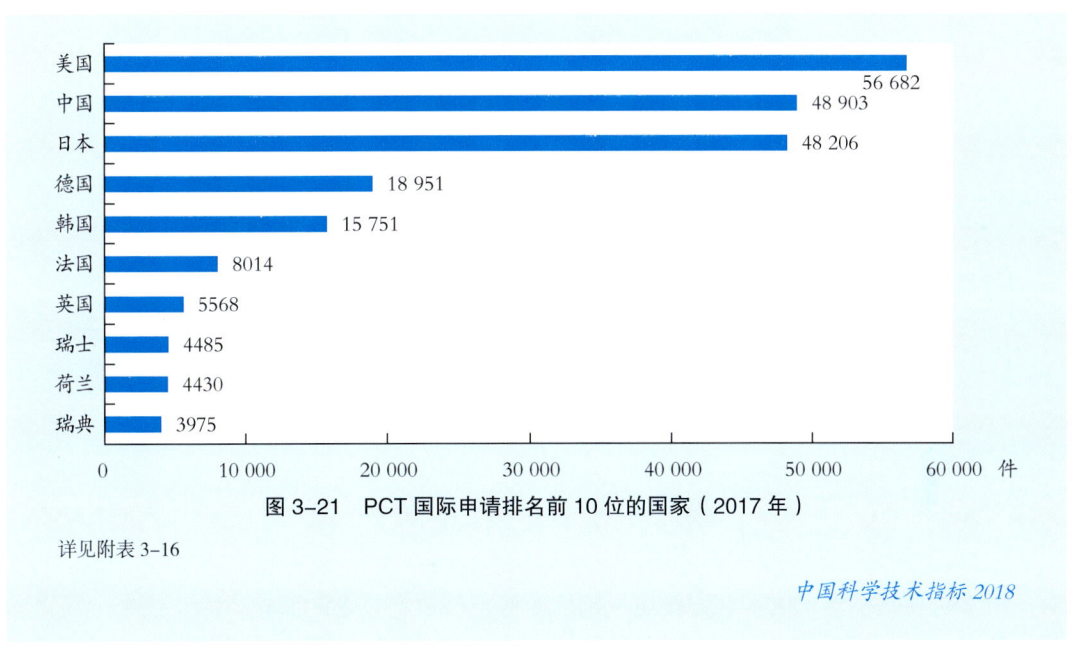

图 3–21　PCT 国际申请排名前 10 位的国家（2017 年）

详见附表 3–16

中国科学技术指标 2018

3. 三方专利

为了建立国际可比的专利统计，经济合作与发展组织（OECD）提出了"三方专利"的概念。三方专利指在欧洲专利局（EPO）、日本特许厅（JPO）和美国专利商标局（USPTO）均提出申请的同一项发明专利。

根据 OECD 对 41 个拥有三方专利国家（地区）的统计，2016 年的三方专利总数为 5.6 万件，其中 35 个 OECD 成员国获得的三方专利为 5.1 万件，占总数的 91.7%；欧盟 28 国拥有三方专利 1.4 万件，占总数的 24.7%。从国家分布来看，日本为 1.7 万件，美国为 1.4

万件，两国拥有的三方专利占总量的57.2%。

2016年，中国的三方专利数为3890件，较上年增长了19.5%，占全部三方专利的7.0%，国际排名继续居第4位（图3-22）。

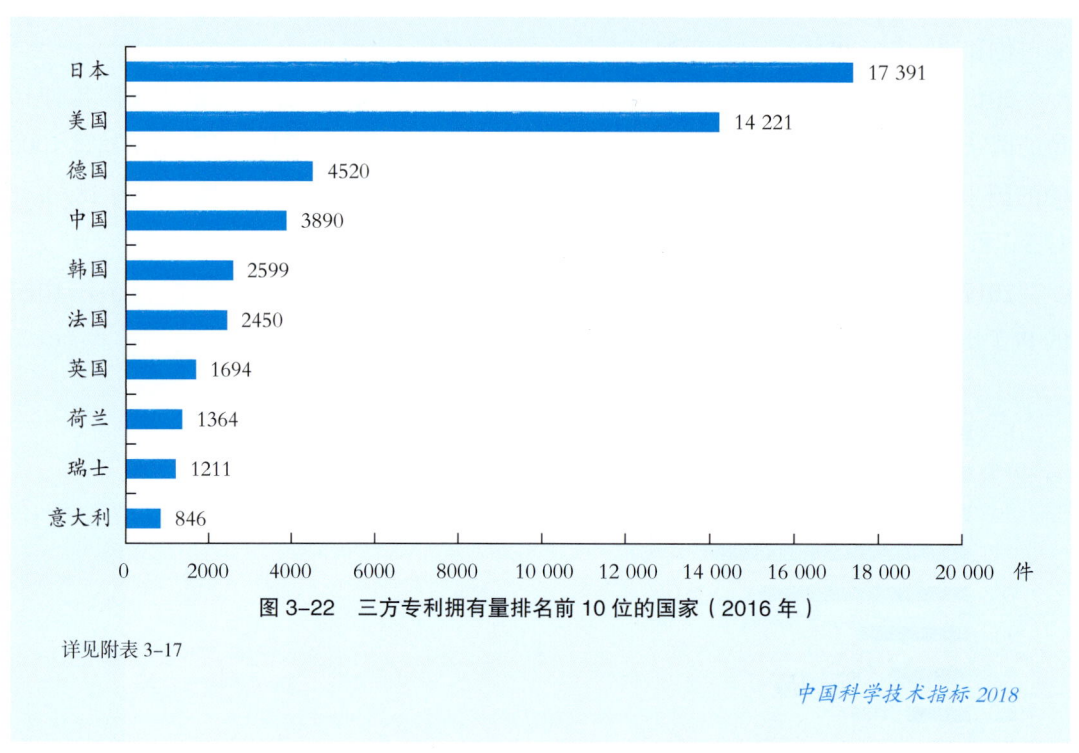

图3-22　三方专利拥有量排名前10位的国家（2016年）

详见附表3-17

中国科学技术指标2018

第三节　国内技术贸易

技术贸易是指技术供求双方按照一定的商业条件买卖技术的商业行为。技术市场是国内技术贸易的重要载体。国内技术贸易主要通过技术合同的形式进行交易。因此，技术市场起到了促进国内科技资源优化配置、加速知识流动和技术转移的作用。2017年，中国技术市场共签订各类技术合同36.8万项，成交金额13 424.2亿元，比上年分别增长14.7%和17.7%；平均每项技术合同成交金额365.2万元，同比增长2.6%。技术合同成交金额占国内生产总值的1.62%，比上年提高了0.1个百分点（图3-23）。

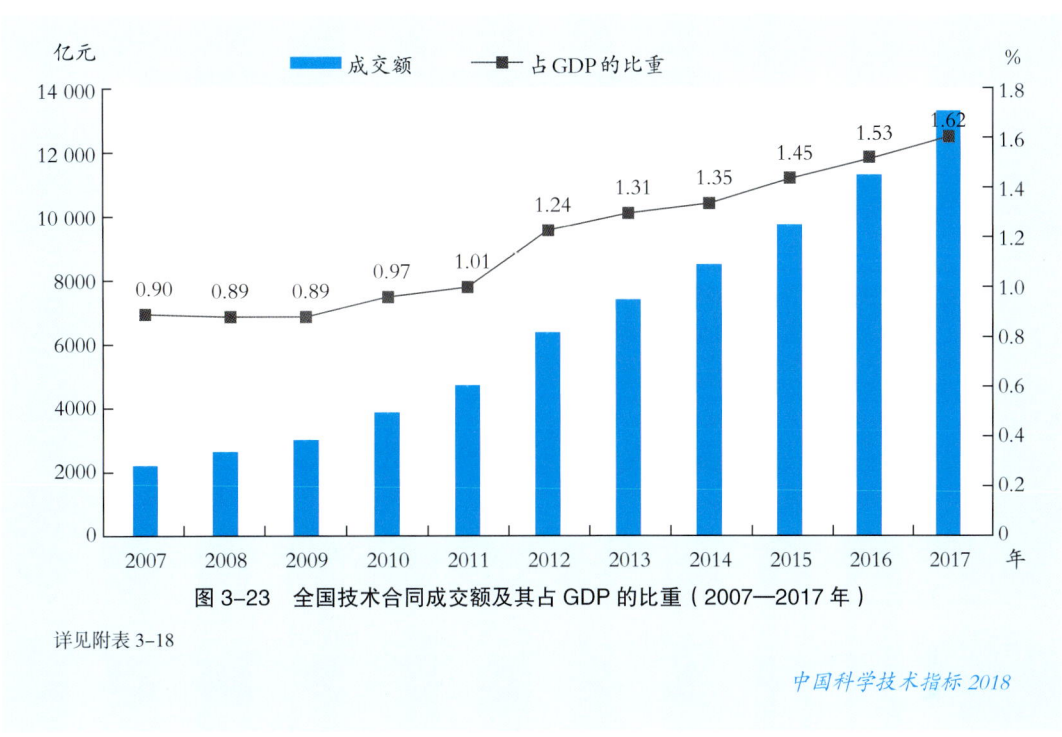

图 3-23 全国技术合同成交额及其占 GDP 的比重（2007—2017 年）

详见附表 3-18

中国科学技术指标 2018

一、技术合同构成

技术合同分为技术开发、技术转让、技术咨询和技术服务 4 类。2017 年，技术服务和技术开发合同成交额在 4 类合同中分别居第 1、第 2 位，是技术交易的主要类型。技术服务合同成交额达到 6826.2 亿元，比上年增长 16.7%，连续 5 年占据首位，占全国技术合同成交额的 50.8%。技术开发合同成交额达 4748.5 亿元，比上年增长 36.5%，占全国总数的 35.4%。技术服务与技术开发合同成交金额之和占全国总数的 80% 以上。相比而言，技术转让合同与技术咨询合同成交额均有所下降。技术转让合同成交额为 1400.3 亿元，降幅为 12.9%；技术咨询合同成交额为 449.2 亿元，小幅下降 4.1%。

二、技术合同的技术领域构成

从技术领域看，2017 年技术合同成交额居前 3 位的是电子信息技术、城市建设与社会发展和现代交通领域，三者合同成交金额超过全国技术交易总金额的 50%。其中，电子信息技术成交额为 3860.7 亿元，较上年增长 16.5%，持续保持领先地位；城市建设与社会发展快速增长，成交额为 1928.5 亿元，增长 34.7%，居第 2 位；现代交通较上年有所下降，但仍居第 3 位，成交额为 1665.3 亿元（图 3-24）。

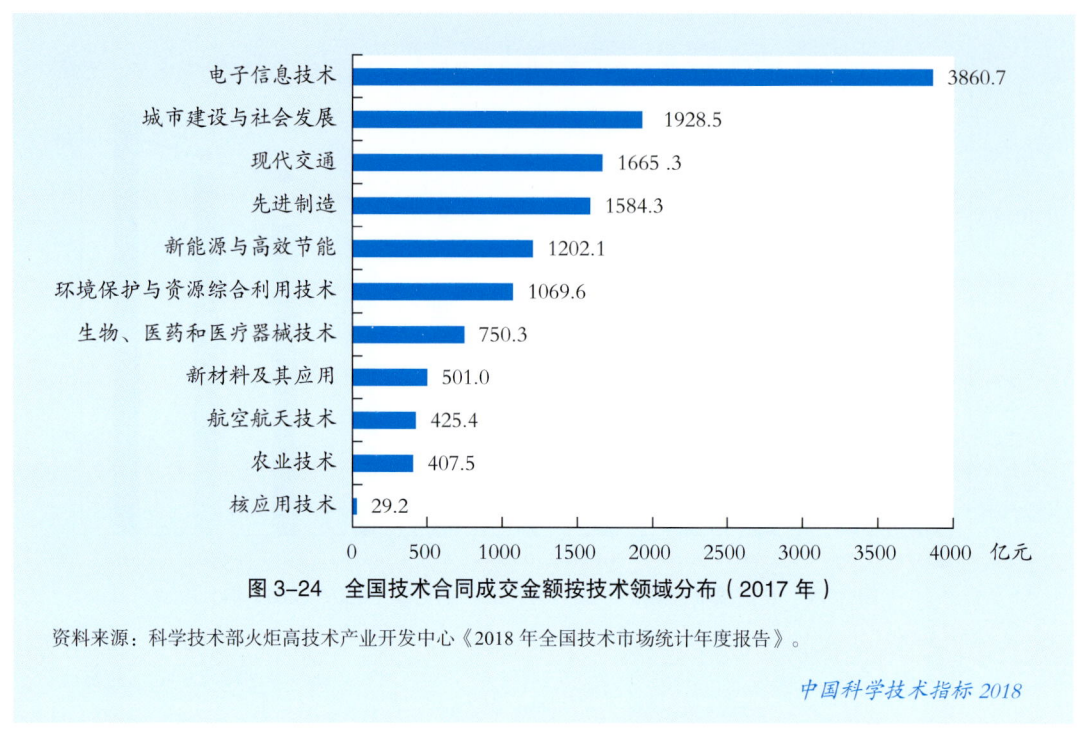

图 3-24 全国技术合同成交金额按技术领域分布（2017 年）

资料来源：科学技术部火炬高技术产业开发中心《2018 年全国技术市场统计年度报告》。

各技术领域中，航空航天领域增幅明显，成交额为 425.4 亿元，增长 59.0%；新能源与高效节能技术、先进制造、农业技术、环境保护与资源综合利用技术、生物、医药和医疗器械技术领域都有所增长。核应用技术、新材料及其应用领域成交额较上年有所下降，其中核应用技术领域技术交易下降明显，降幅达 61.8%。

三、技术合同的交易主体构成

企业是技术市场上技术交易的最大输出方和最大吸纳方。随着创新驱动发展战略的不断推进，自主创新激励机制和知识产权制度不断完善，企业技术创新活力空前高涨。2017年，企业法人输出技术 250 126 项，成交额为 11 875.3 亿元，同比增长 20.2%，占全国技术合同成交总额的 88.5%；吸纳技术 250 016 项，成交额为 10 312.7 亿元，占全国技术合同成交总额的 76.8%（图 3-25）。其中，内资企业既是最大的技术输出方，也是最大的技术吸纳方。内资企业输出技术项目 23.2 万项，成交额 10 226.0 亿元，占企业输出技术合同成交额的 86.1%。内资企业吸纳技术 22.8 万项，成交额 8419.0 亿元，占企业吸纳技术总量的 81.6%。

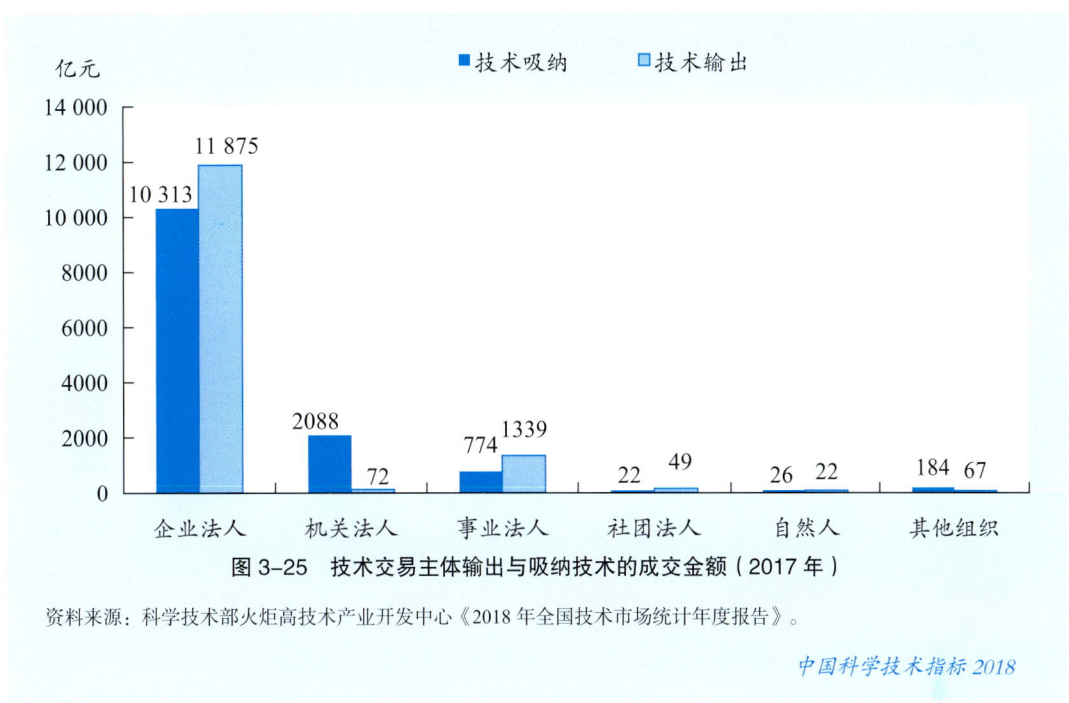

图 3-25 技术交易主体输出与吸纳技术的成交金额（2017 年）

资料来源：科学技术部火炬高技术产业开发中心《2018 年全国技术市场统计年度报告》。

中国科学技术指标 2018

随着中央与地方关于促进高校、科研机构科技成果转化相关政策和激励措施的出台，中国高校、科研机构不断完善以市场为导向的技术转移机制，进一步深化与企业的协同创新。2017 年，高等院校和科研机构通过技术转让、技术入股、产学研合作等方式，签订技术合同 104 836 项，成交额为 1222.6 亿元，占全国的 9.1%。

四、技术输出

随着区域经济转型的不断深化和技术交易服务体系的日益完善，各省市技术交易和技术转移服务显著增加，技术市场繁荣发展。2017 年，全国大部分省市输出技术成交额显著增长。全国技术合同输出金额最多的 10 个地区依次为北京、湖北、广东、陕西、上海、江苏、天津、山东、四川和辽宁。北京、湖北和广东输出金额居全国前 3 位，成交合同金额为 6457.0 亿元，占全国成交合同总额的 48.1%。天津和重庆输出技术成交额略有下降（图 3-26）。

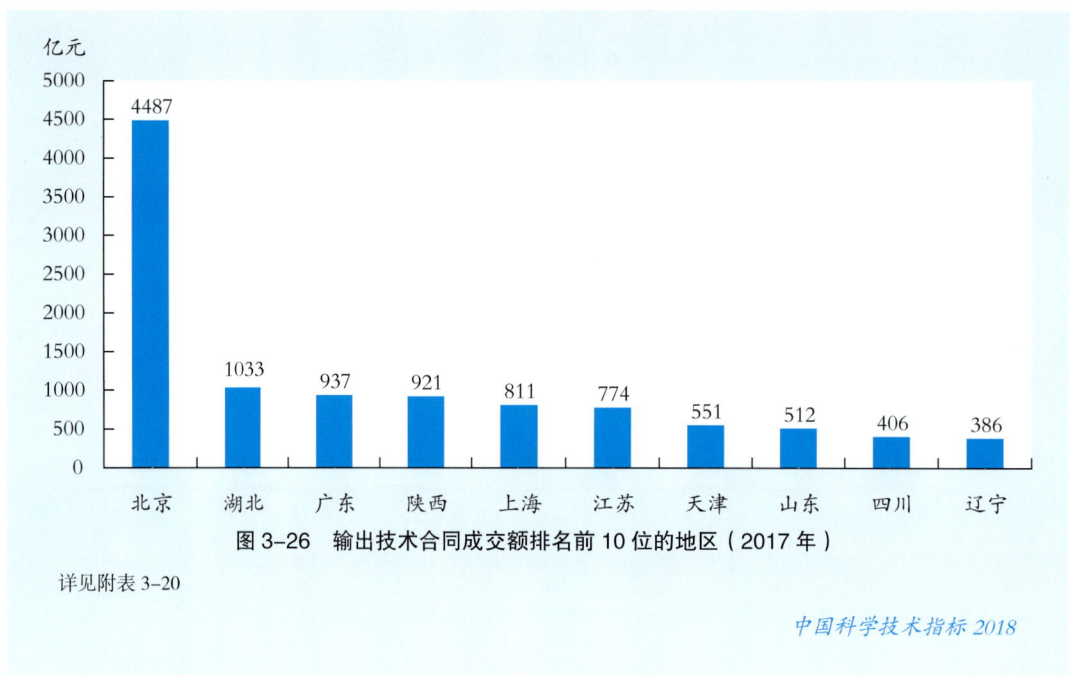

图 3-26　输出技术合同成交额排名前 10 位的地区（2017 年）

详见附表 3-20

中国科学技术指标 2018

五、技术吸纳

2017 年，北京、广东和江苏吸纳技术居全国首位。全国吸纳技术合同成交额前 10 名的地区分别为北京、广东、江苏、上海、湖北、山东、四川、陕西、浙江和天津，共吸纳技术成交额 8273.9 亿元，占全国技术合同成交总额的 61.6%（图 3-27）。

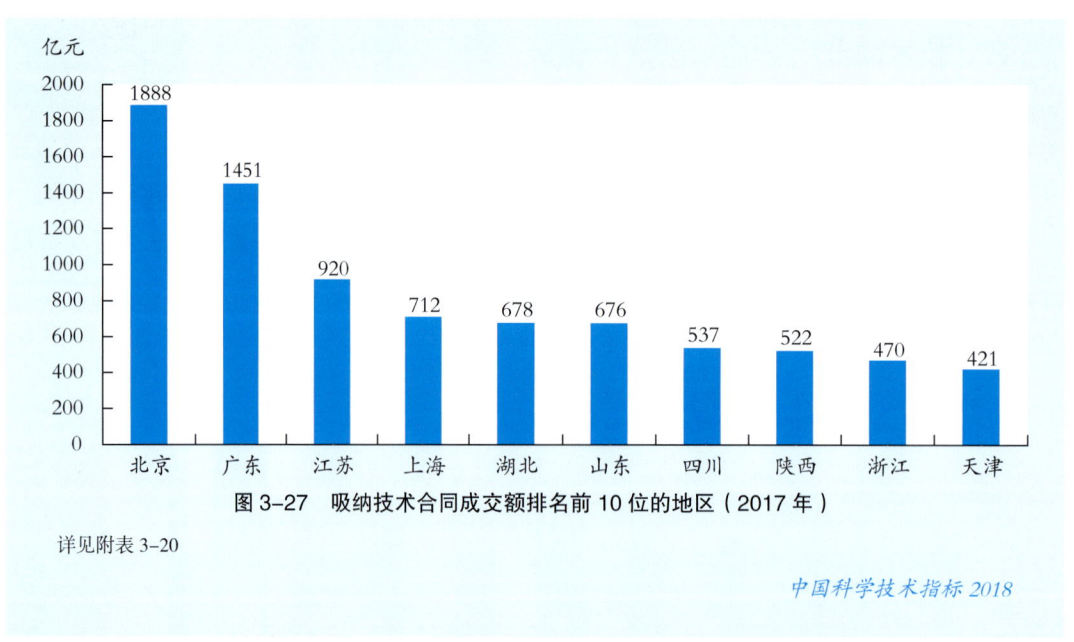

图 3-27　吸纳技术合同成交额排名前 10 位的地区（2017 年）

详见附表 3-20

中国科学技术指标 2018

第四章 企业的研究与试验发展活动及创新

在国家创新体系中，企业是技术创新活动的主体，是彰显中国创新水平的中坚力量。企业既是科技创新的投入主体和创新项目的承担者，也是科技创新成果的产业化主体。企业的研发实力和创新水平，对创新型国家建设进程发挥着重要作用。为了实现2020年进入创新型国家行列的战略目标，中国明确提出要成长起一批具有国际竞争力的创新型企业。

第一节 企业的研究与试验发展活动

开展研究与试验发展活动是现代企业开展技术创新活动的核心和关键。研发活动的状况主要由人力投入和经费投入及其配置结构来表征。本节主要从企业R&D人员、R&D经费内部支出及其结构等维度对中国企业的R&D活动进行分析。

一、研究与试验发展人员

企业R&D人员构成企业创新的能动要素。中国企业对于创新的需求日益增加，用于研发的资源不断增多，从事R&D活动人员的规模稳步增长。2017年，中国企业R&D人员全时当量为312.0万人年，是2004年的4.5倍，企业R&D人员全时当量占全国的比重从2004年的60.5%上升到2017年的77.4%（图4-1）。

中国企业R&D人员的结构呈现以下几个特点：第一，企业R&D人员活动具有较强的连续性和专业性。2017年R&D人员中全时人员所占的比重达到74.0%，介于研究与开发机构及高等学校之间。第二，企业R&D人员中女性占比较低。2017年企业女性R&D人员达到103.1万人，占全部R&D人员的22.3%。这一比例要明显低于研究与开发机构（33.4%）及高等学校（43.0%）。第三，企业R&D人员的受教育程度明显低于研究与开发机构及高等学校。企业R&D人员中博士毕业的有4.3万人，占全部R&D人员的0.9%；而研究与开发机构及高等学校在这一指标上分别为17.7%和30.5%（表4-1）。

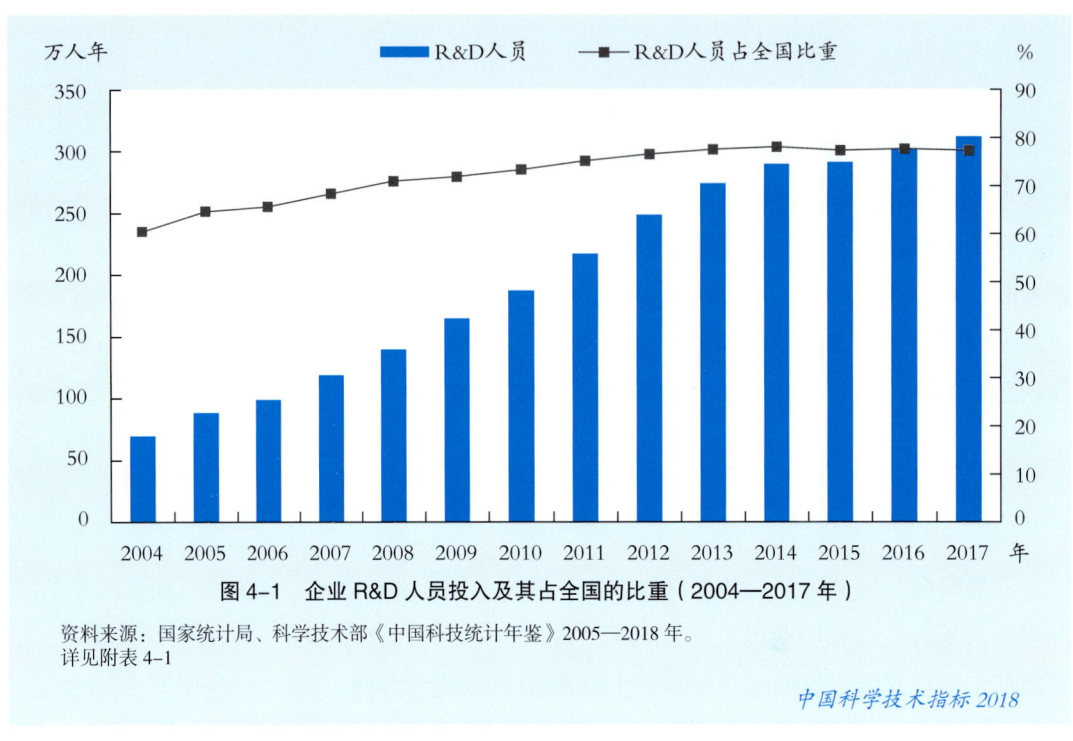

图 4-1　企业 R&D 人员投入及其占全国的比重（2004—2017 年）

资料来源：国家统计局、科学技术部《中国科技统计年鉴》2005—2018 年。
详见附表 4-1

表 4-1　企业和研究与开发机构、高等学校的 R&D 人员构成（2017 年）

机构类型	R&D人员 人数（万人）	全时人员 人数（万人）	全时人员 占比（%）	女性 人数（万人）	女性 占比（%）	博士毕业 人数（万人）	博士毕业 占比（%）	硕士毕业 人数（万人）	硕士毕业 占比（%）	本科毕业 人数（万人）	本科毕业 占比（%）
企业	462.7	342.4	74.0	103.1	22.3	4.3	0.9	34.5	7.4	229.4	49.6
研究与开发机构	46.2	36.9	79.7	15.4	33.4	8.2	17.7	16.5	35.6	14.8	32.1
高等学校	91.4	33.6	36.8	39.3	43.0	27.8	30.5	37.3	40.8	23.1	25.3

资料来源：国家统计局社会科技和文化产业统计司、科学技术部战略规划司《中国科技统计年鉴 2018》。

二、研究与试验发展经费

2004—2017 年，中国企业的 R&D 经费总量在持续增加。2017 年，企业 R&D 经费达到 13 660.2 亿元，为 2004 年的 10.4 倍；企业 R&D 经费占全国的比重从 2004 年的 66.8%

上升到2017年的77.6%。企业创新主体地位进一步巩固（图4-2）。

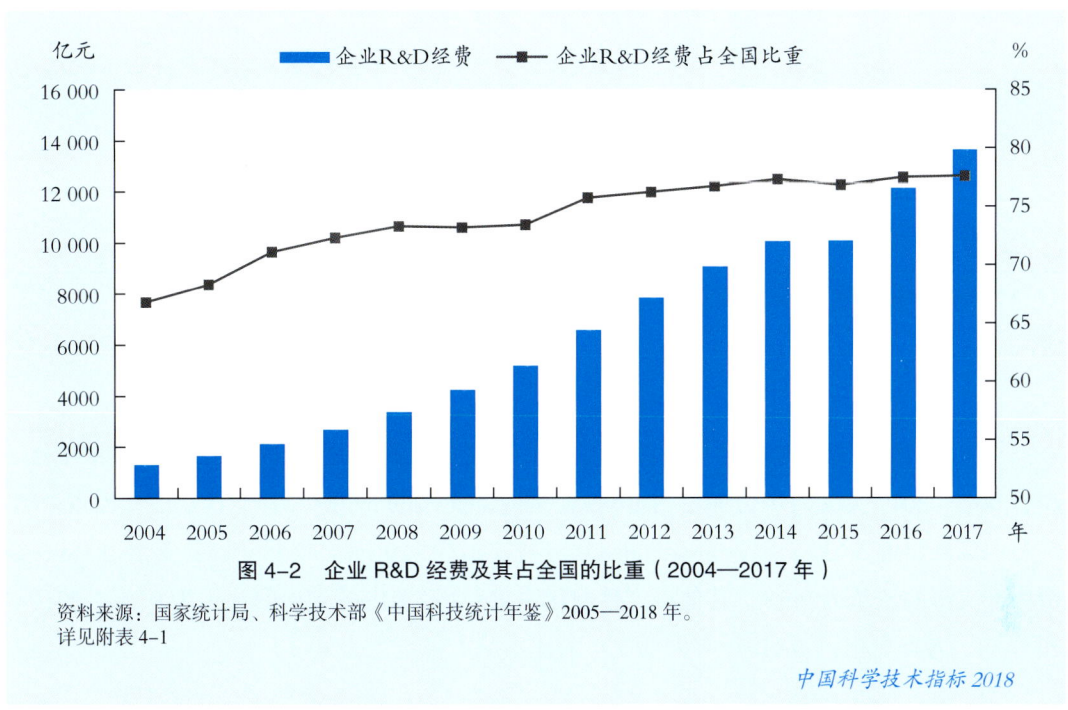

图4-2　企业R&D经费及其占全国的比重（2004—2017年）

资料来源：国家统计局、科学技术部《中国科技统计年鉴》2005—2018年。
详见附表4-1

从活动类型看，企业R&D经费中试验发展经费占主体，用于基础研究和应用研究的比例很低。2017年，企业的基础研究和应用研究经费分别为28.9亿元和438.3亿元，分别占企业R&D经费的0.2%及3.2%。2010—2017年，企业三类活动的R&D经费占比无明显的变动（表4-2）。

表4-2　企业R&D经费按活动类型分布（2010—2017年）

年份	R&D经费 金额（亿元）	基础研究 金额（亿元）	占比（%）	应用研究 金额（亿元）	占比（%）	试验发展 金额（亿元）	占比（%）
2010	5185.5	4.3	0.1	126.2	2.4	5054.9	97.5
2011	6579.3	7.3	0.1	191.0	2.9	6381.1	97.0
2012	7842.2	7.1	0.1	238.9	3.0	7596.3	96.9
2013	9075.8	8.6	0.1	249.2	2.7	8818.0	97.2
2014	10 060.6	10.0	0.1	315.2	3.1	9735.5	96.8

续表

年份	R&D经费 金额（亿元）	基础研究 金额（亿元）	基础研究 占比（%）	应用研究 金额（亿元）	应用研究 占比（%）	试验发展 金额（亿元）	试验发展 占比（%）
2015	10 881.3	11.4	0.1	329.3	3.0	10 540.7	96.9
2016	12 144.0	26.1	0.2	368.6	3.0	11 749.3	96.8
2017	13 660.2	28.9	0.2	438.3	3.2	13 193.0	96.6

资料来源：国家统计局、科学技术部《中国科技统计年鉴》2011—2018年。

从R&D经费的支出结构看，日常性支出构成企业R&D经费内部支出的主要部分，超过90%。2017年，人员劳务费占R&D经费内部支出的32.0%，其他日常性支出占R&D经费内部支出的58.3%；企业资产性R&D经费支出约为9.7%，仪器和设备支出占R&D经费内部支出的比重为9.5%，其他资产性支出占R&D经费内部支出的比重为0.2%。2010—2017年，各类支出占R&D经费内部支出的比重基本稳定（表4-3）。

表4-3 企业R&D经费的支出结构（2010—2017年）

年份	R&D经费内部支出 金额（亿元）	日常性支出 人员劳务费 金额（亿元）	日常性支出 人员劳务费 占比（%）	日常性支出 其他 金额（亿元）	日常性支出 其他 占比（%）	资产性支出 仪器和设备 金额（亿元）	资产性支出 仪器和设备 占比（%）	资产性支出 其他 金额（亿元）	资产性支出 其他 占比（%）
2010	5185.5	1326.3	25.6	3204.2	61.8	617.7	11.9	37.2	0.7
2011	6579.3	1703.1	25.9	4015.8	61.0	815.5	12.4	45.0	0.7
2012	7842.2	2175.1	27.7	4738.4	60.4	884.0	11.3	44.8	0.6
2013	9075.8	2631.6	29.0	5398.4	59.5	998.4	11.0	47.4	0.5
2014	10 060.6	2982.3	29.6	5942.8	59.1	1086.9	10.8	48.6	0.5
2015	10 881.3	3343.9	30.7	6345.4	58.3	1153.3	10.6	38.7	0.4
2016	12 144.0	3901.3	32.1	6979.6	57.5	1237.0	10.2	26.0	0.2
2017	13 660.2	4374.7	32.0	7958.6	58.3	1302.0	9.5	25.0	0.2

资料来源：国家统计局、科学技术部《中国科技统计年鉴》2011—2018年。

从R&D经费来源看，企业资金占主导，2010—2015年均稳定在93%左右，但在2015年后稍有上升趋势，2017年企业资金占比达到了95%；政府资金构成第二大主要来源，2010—2017年稳定在4%左右；国外资金及其他资金占全部经费的比重约为2%（图4-3）。

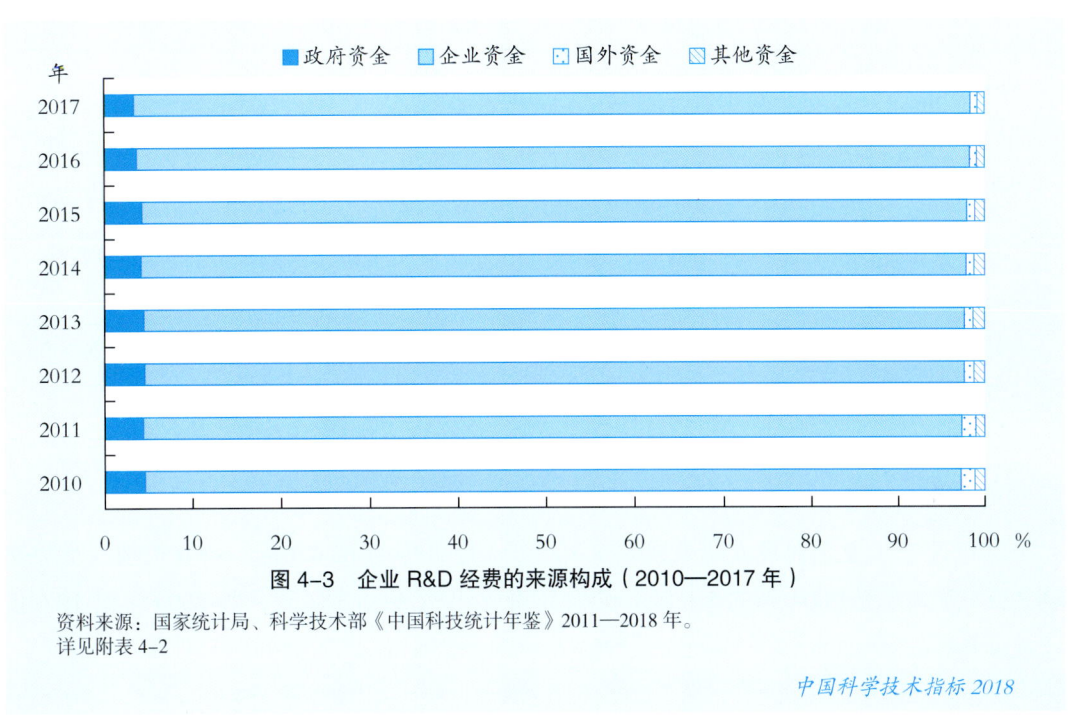

图 4-3　企业 R&D 经费的来源构成（2010—2017 年）

资料来源：国家统计局、科学技术部《中国科技统计年鉴》2011—2018 年。
详见附表 4-2

中国科学技术指标2018

第二节　工业企业的研究与试验发展活动

工业企业是中国企业技术创新的主体，其开展 R&D 活动的情况在很大程度上反映了中国企业的整体研发水平。规模以上工业企业是工业企业的主力军，承担了工业企业大部分研发活动。

一、企业设立的研发机构

企业设立的研发机构是企业从事研发活动的重要载体。2017 年，中国规模以上工业企业中有 R&D 活动的企业共 10.2 万家，是 2004 年的 6.0 倍。有 R&D 活动的企业占工业企业的比重为 27.4%，比 2004 年增加了 21.2 个百分点。工业企业中设立研发机构的企业共 7.1 万家，占全部工业企业的 19.0%，较 2004 年增加了 14 个百分点（表 4-4）。

表 4-4　规模以上工业企业研发活动基本情况（2004—2017 年）

指标	2004	2008	2009	2011	2012	2013	2014	2015	2016	2017
工业企业数（家）	276 474	418 880	429 378	325 753	343 769	369 741	377 868	383 153	378 579	372 602
有 R&D 活动的企业数（家）	17 075	27 278	36 387	37 467	47 204	54 832	63 676	73 570	86 891	102 218
有 R&D 活动企业所占比重（%）	6.2	6.5	8.5	11.5	13.7	14.8	16.9	19.2	23.0	27.4
设立研发机构的企业数（家）	13 906	22 156	25 391	25 454	38 864	43 055	47 689	52 833	61 765	70 636
设立研发机构企业所占比重（%）	5.0	5.3	5.9	7.8	11.3	11.6	12.6	13.8	16.3	19.0

资料来源：国家统计局《中国经济普查年鉴 2004》；国家统计局《中国经济普查年鉴 2008》；国家统计局《2009 第二次全国 R&D 资源清查资料汇编》；国家统计局、科学技术部《中国科技统计年鉴》2012—2018 年。

中国科学技术指标 2018

2017 年，工业企业设立研发机构 8.3 万个，是 2004 年的 4.7 倍。研发机构人员数达到 325.4 万人，是 2004 年的 5.1 倍。机构经费支出达 8955.5 亿元，为 2004 年的 10.6 倍（表 4-5）。

表 4-5　工业企业设立研发机构情况（2004—2017 年）

指标	2004	2008	2009	2011	2012	2013	2014	2015	2016	2017
企业研发机构数（个）	17 555	26 177	29 879	31 320	45 937	51 625	57 199	62 954	72 963	82 667
机构人员数（万人）	64.4	130.4	155	181.6	226.8	238.8	246.4	266.8	292.4	325.4
机构经费支出（亿元）	841.6	2634.8	2983.6	3957	5233.4	5941.5	6257.6	6793.9	7664.5	8955.5

资料来源：国家统计局《中国经济普查年鉴 2004》；国家统计局《中国经济普查年鉴 2008》；国家统计局《2009 第二次全国 R&D 资源清查资料汇编》；国家统计局、科学技术部《中国科技统计年鉴》2012—2018 年。

中国科学技术指标 2018

二、研究与试验发展人员

高素质的研发人员是企业创新的动力源泉。2017 年，中国规模以上工业企业 R&D 人员达到 404.5 万人，是 2004 年的 5.0 倍。其中，大中型企业 R&D 人员为 280.6 万人，是 2004 年的 4.3 倍。总体来看，大中型企业构成规模以上工业企业创新活动的主体，其

R&D人员占规模以上工业企业比重的69.4%。中国规模以上工业企业2017年R&D人员全时当量达到273.6万人年，是2004年的5.0倍。其中，大中型企业R&D人员全时当量达到193.1万人年，是2004年的4.4倍。2004—2017年，大中型企业R&D人员全时当量占规模以上工业企业的比重均超过70%，构成工业企业创新的主力军（表4-6）。

表4-6 规模以上工业企业R&D人员情况（2004—2017年）

年份	R&D人员（万人）	大中型企业R&D人员（万人）	比重（%）	R&D人员全时当量（万人年）	大中型企业R&D人员全时当量（万人年）	比重（%）
2004	81.2	65.4	80.5	54.2	43.8	80.8
2008	152.0	124.1	81.6	123.0	101.4	82.4
2009	191.4	151.9	79.4	144.6	115.9	80.2
2011	254.7	205.2	80.6	193.9	158.7	81.9
2012	305.1	243.5	79.8	224.6	181.9	81.0
2013	337.6	263.4	78.0	249.4	197.7	79.3
2014	363.3	275.4	75.8	264.2	203.8	77.1
2015	364.6	270.1	74.1	263.8	198.6	75.3
2016	386.7	277.1	71.7	270.2	196.4	72.7
2017	404.5	280.6	69.4	273.6	193.1	70.6

资料来源：国家统计局《中国经济普查年鉴2004》；国家统计局《中国经济普查年鉴2008》；国家统计局《2009第二次全国R&D资源清查资料汇编》；国家统计局、科学技术部《中国科技统计年鉴》2012—2018年。

三、研究与试验发展经费

1. R&D经费及其投入强度

中国规模以上工业企业R&D经费投入呈逐年增加趋势。2017年，规模以上工业企业的R&D经费内部支出额为12 013.0亿元，是2004年的10.9倍。其中，大中型工业企业的R&D经费内部支出达到8976.2亿元，是2004年的9.4倍。2017年，大中型工业企业R&D经费占规模以上工业企业R&D经费的比重达到74.7%，构成企业研发经费投入的骨干力量（图4-4）。

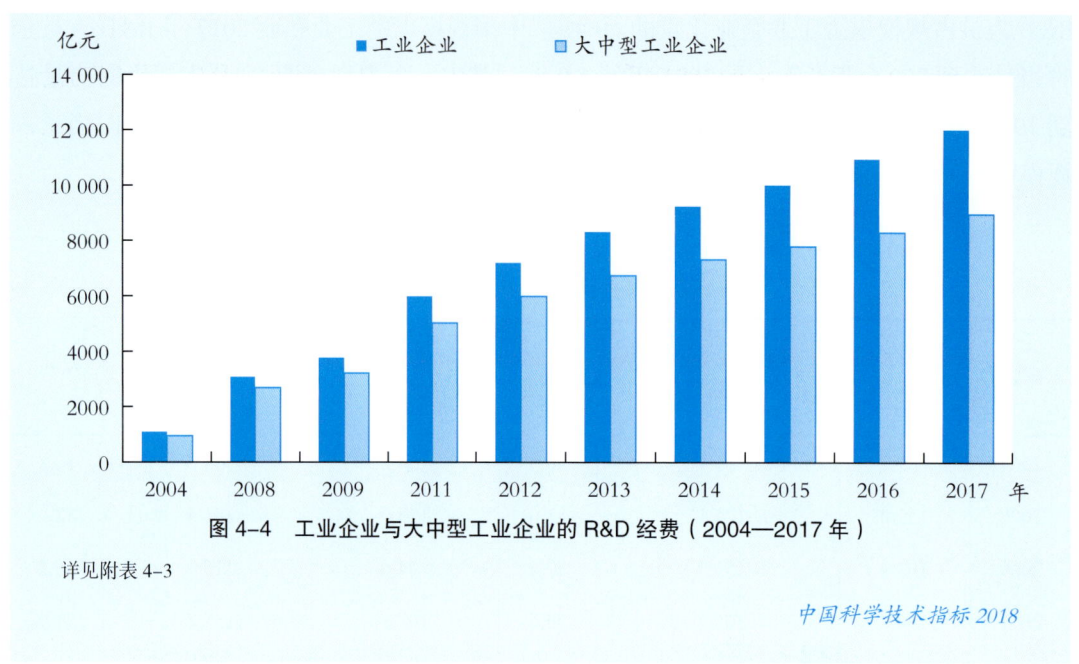

图 4-4　工业企业与大中型工业企业的 R&D 经费（2004—2017 年）

详见附表 4-3

中国科学技术指标 2018

R&D 经费投入强度（R&D 经费与主营业务收入的比值）是衡量企业创新投入能力的重要指标。2004—2017 年，中国规模以上工业企业的研发强度呈上升趋势，由 2004 年的 0.6% 上升到 2017 年的 1.1%。其中，大中型工业企业的研发强度要高于规模以上工业企业平均水平，2017 年的研发投入强度达到 1.2%，较 2004 年上升了 0.5 个百分点。R&D 经费投入强度的上升，说明中国工业企业的创新投入力度逐步加大，企业对技术创新的重视程度不断提升（图 4-5）。

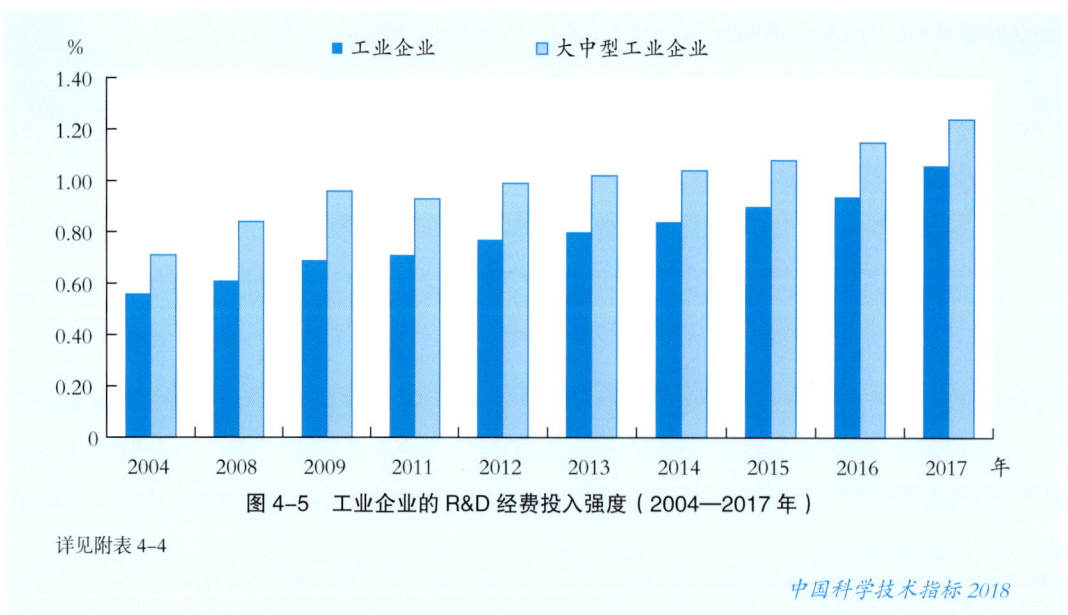

图 4-5　工业企业的 R&D 经费投入强度（2004—2017 年）

详见附表 4-4

中国科学技术指标 2018

2. R&D 经费按活动类型分布

中国规模以上工业企业的 R&D 活动以试验发展为主，对基础研究和应用研究的投入较少。2017 年，中国规模以上工业企业 R&D 活动中试验发展经费支出为 11 678.1 亿元，是 2004 年的 11.7 倍；规模以上工业企业试验发展支出占全部 R&D 经费支出的 97.2%，较 2004 年上升了 6.6 个百分点（图 4-6）。

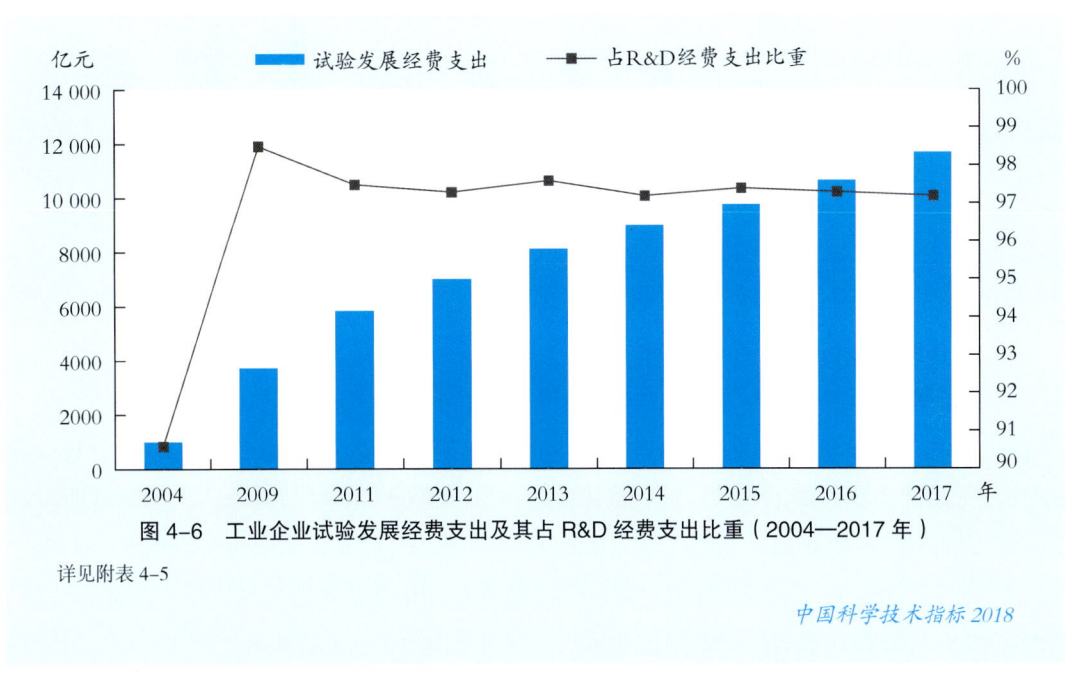

图 4-6　工业企业试验发展经费支出及其占 R&D 经费支出比重（2004—2017 年）

详见附表 4-5

中国科学技术指标 2018

3. R&D 经费按企业类型分布

从 R&D 经费内部支出的企业类型分布来看，大型企业 2017 年的 R&D 经费内部支出达到 6171.8 亿元，占规模以上工业企业 R&D 经费内部支出的 51.4%，远大于中型企业的占比（23.3%），表明企业规模与 R&D 经费内部支出具有正相关性。内资企业的 R&D 经费内部支出达到 9423.0 亿元，占规模以上工业企业 R&D 经费内部支出的 78.4%。相较而言，港澳台商投资企业及外商投资企业的 R&D 经费内部支出占比较低，分别为 9.3% 及 12.3%。内资企业构成中国工业企业 R&D 经费投入的骨干力量（表 4-7）。

表 4-7　工业企业 R&D 经费内部支出按企业类型分布（2017 年）

企业类型	R&D 经费内部支出（亿元）	R&D 经费内部支出占规模以上工业企业 R&D 经费内部支出比重（%）
大型企业	6171.8	51.4
中型企业	2804.4	23.3
内资企业	9423.0	78.4
港澳台商投资企业	1115.1	9.3
外商投资企业	1474.9	12.3

资料来源：国家统计局社会科技和文化产业统计司、科学技术部战略规划司《中国科技统计年鉴 2018》。

中国科学技术指标 2018

4. R&D 经费按行业分布

中国规模以上工业企业的 R&D 经费内部支出具有行业集中特征。2017 年，计算机、通信和其他电子设备制造业的 R&D 经费内部支出最大，达到 2002.8 亿元，占全部行业 R&D 经费内部支出总额的 16.7%；紧随其后的是电气机械和器材制造业、汽车制造业，占比分别达到 10.3% 和 9.7%。另外，化学原料和化学制品制造业，通用设备制造业，黑色金属冶炼和压延加工业，专用设备制造业，医药制造业，有色金属冶炼和压延加工业，铁路、船舶、航空航天和其他运输设备制造业依次居第 4 至第 10 位（表 4-8）。

表 4-8　工业企业 R&D 经费内部支出最多的 10 个行业（2017 年）

行业	R&D 经费内部支出（亿元）	R&D 经费内部支出占规模以上工业企业 R&D 经费内部支出比重（%）
计算机、通信和其他电子设备制造业	2002.8	16.7
电气机械和器材制造业	1242.4	10.3
汽车制造业	1164.6	9.7
化学原料和化学制品制造业	912.5	7.6
通用设备制造业	696.8	5.8
黑色金属冶炼和压延加工业	638.7	5.3
专用设备制造业	636.9	5.3

续表

行业	R&D 经费内部支出（亿元）	R&D 经费内部支出占规模以上工业企业 R&D 经费内部支出比重（%）
医药制造业	534.2	4.4
有色金属冶炼和压延加工业	461.2	3.8
铁路、船舶、航空航天和其他运输设备制造业	428.8	3.6

详见附表 4-6

中国科学技术指标 2018

四、专利与新产品开发

在知识经济时代，创新技术是企业的核心资产，需要对其进行有效保护。专利制度是企业保护创新技术成果的有效制度安排。企业拥有专利数量的多少，尤其是技术含量较高的发明专利数量的多少，构成评价企业创新能力的重要指标。创新技术的价值主要通过生产新产品、出售新产品得以体现。企业的新产品开发能力也构成企业创新能力的重要体现。

1. 专利申请

2004 年以来，中国规模以上工业企业专利申请总量增长迅速，从 2004 年的 6.5 万件激增到 2017 年的 81.7 万件，增长了 11.7 倍。与此同时，发明专利申请数量也呈快速增长趋势。2004 年规模以上工业企业的发明专利申请量仅 2.0 万件，2017 年增长到 32.1 万件，增长了 15.7 倍。工业企业专利申请结构也有一定程度的改善，发明专利申请占全部专利申请的比重在 2004 年为 31.7%，2017 年上升到 39.2%（表 4-9）。

表 4-9 工业企业的专利申请（2004—2017 年）

指标	2004	2008	2009	2011	2012	2013	2014	2015	2016	2017
专利申请量（件）	64 569	173 573	265 808	386 075	489 945	560 918	630 561	638 513	715 397	817 037
发明专利申请量（件）	20 456	59 254	92 450	134 843	176 167	205 146	239 925	245 688	286 987	320 626
发明专利申请占比（%）	31.7	34.1	34.8	34.9	36.0	36.6	38.0	38.5	40.1	39.2

资料来源：国家统计局《中国经济普查年鉴 2004》；国家统计局《中国经济普查年鉴 2008》；国家统计局《2009 第二次全国 R&D 资源清查资料汇编》；国家统计局、科学技术部《中国科技统计年鉴》2012—2018 年。

中国科学技术指标 2018

2. 有效发明专利

2004年以来,中国规模以上工业企业拥有的有效发明专利数量呈快速增长趋势,从2004年的3.0万件增长到2017年的93.4万件,增长了30.1倍,工业企业发明专利存量优势逐步凸显(图4-7)。

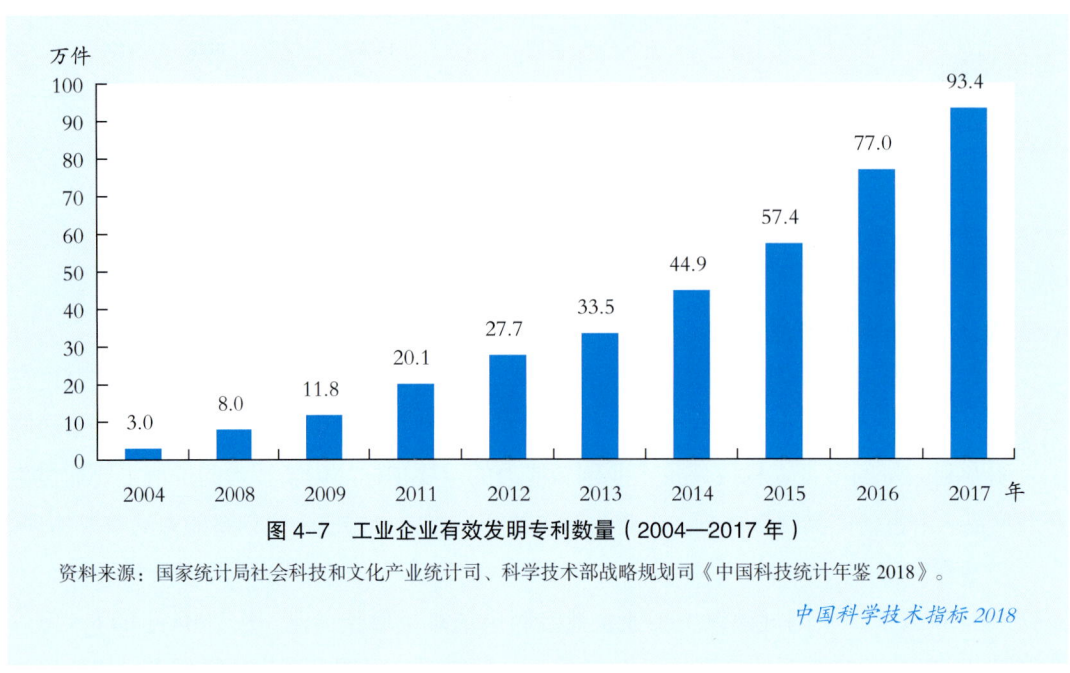

图4-7 工业企业有效发明专利数量(2004—2017年)

资料来源:国家统计局社会科技和文化产业统计司、科学技术部战略规划司《中国科技统计年鉴2018》。

3. 新产品销售收入

2004年以来,中国规模以上工业企业新产品销售收入增长趋势明显,从2004年的2.3万亿元增长到2017年的19.2万亿元,增长了7.3倍。2004年以来,中国规模以上工业企业新产品销售强度(新产品销售收入占主营业务收入的比值)总体呈增长趋势,从2004年的11.5%提高到2017年的16.9%(图4-8)。

4. 新产品出口

2004年以来,中国规模以上工业企业新产品出口额总体上呈现平稳增长的趋势,从2004年的0.5万亿元增长到2017年的3.5万亿元,增长了6.0倍。新产品出口额占主营业务收入比重从2004年的2.2%下降到2017年的1.8%(图4-9)。

图 4-8 工业企业新产品销售收入（2004—2017 年）

资料来源：国家统计局社会科技和文化产业统计司、科学技术部战略规划司《中国科技统计年鉴 2018》。

中国科学技术指标 2018

图 4-9 工业企业新产品出口额（2004—2017 年）

资料来源：国家统计局社会科技和文化产业统计司、科学技术部战略规划司《中国科技统计年鉴 2018》。

中国科学技术指标 2018

第三节　工业企业的产学研合作与技术获取

在开放创新环境下，企业除了通过投入研发资源自主创新外，还可以与其他创新主体进行合作创新。产学研合作是开展合作创新的重要形式，既能有效解决企业自主技术创新能力不足的问题，又能推动高等学校和科研机构的技术成果转化。

一、研究与试验发展经费外部支出

企业R&D经费外部支出是指企业委托其他单位或与其他单位合作进行R&D活动而拨给对方的经费。企业对研究机构和高等学校的R&D经费支出能够反映产学研合作紧密程度。2017年，规模以上工业企业R&D经费外部支出达到698.4亿元，其中对研究机构和高等学校支出的占比分别为39.0%和10.2%。

从行业分布看，在R&D经费外部支出最多的10个行业中，计算机、通信和其他电子设备制造业，医药制造业，化学原料和化学制品制造业将相对更多的R&D经费外部支出投向研究机构，对研究机构经费支出占外部经费支出的比重分别达到66.5%、47.4%及41.4%；化学原料和化学制品制造业、石油和天然气开采业、专用设备制造业将相对更多的R&D经费外部支出投向高等学校，对高等学校的经费支出占外部经费支出的比重分别为29.1%、22.3%及21.2%；汽车制造业、通用设备制造业、石油和天然气开采业将相对更多的R&D经费外部支出投向除科研机构及高等学校以外的其他主体，对其他机构的经费支出占外部经费支出的比重分别达到74.6%、71.5%及63.0%（表4-10）。

表4-10　工业企业R&D经费外部支出最多的10个行业（2017年）

行业	R&D经费外部支出		对研究机构支出占外部支出比重（%）	对高等学校支出占外部支出比重（%）	对其他机构支出占外部支出比重（%）
	总量（万元）	比重（%）			
计算机、通信和其他电子设备制造业	1 728 947.0	24.8	66.5	1.4	32.1
汽车制造业	1 288 722.6	18.5	23.2	2.2	74.6
铁路、船舶、航空航天和其他运输设备制造业	722 470.3	10.3	35.4	7.6	57.0
医药制造业	688 622.4	9.9	47.4	8.7	43.9
电气机械和器材制造业	414 032.0	5.9	29.6	10.9	59.5
通用设备制造业	271 604.6	3.9	15.2	13.3	71.5

续表

行业	R&D经费外部支出		对研究机构支出占外部支出比重（%）	对高等学校支出占外部支出比重（%）	对其他机构支出占外部支出比重（%）
	总量（万元）	比重（%）			
化学原料和化学制品制造业	219 491.3	3.1	41.4	29.1	29.5
电力、热力生产和供应业	196 068.7	2.8	31.3	18.9	49.8
专用设备制造业	160 481.8	2.3	21.1	21.2	57.7
石油和天然气开采业	133 692.1	1.9	14.7	22.3	63.0

详见附表4-7

中国科学技术指标2018

二、研究与试验发展项目合作

2017年规模以上工业企业的R&D项目达到44.5万项。其中，由企业独立完成的R&D项目有38.5万项，占全部项目的86.6%；合作研究方面，与境内高等学校合作的项目占比达到4.9%，占比最高；与境内独立研究机构合作、与境内注册其他企业合作的项目占比分别达2.8%和3.4%（图4-10）。R&D项目经费内部支出也呈现出类似的特征。2017年在11 990.2亿元的项目经费内部支出中，有83.0%以企业独立完成项目的形式支出；与境内高等学校合作、与境内独立研究机构合作所支出的项目经费占全部项目经费支出的比重分别达5.6%及3.7%；另有1.8%的项目经费是通过与境外机构合作的方式支出的。这表明，中国规模以上工业企业更多的是通过独立完成的方式进行项目研究。在合作研究中，企业更倾向于和境内高等学校展开合作，其次为境内注册的其他企业、境内独立研究机构。与此同时，与境外机构亦有少量合作，但从项目数及项目经费投入占比来看均低于3.0%（附表4-8）。

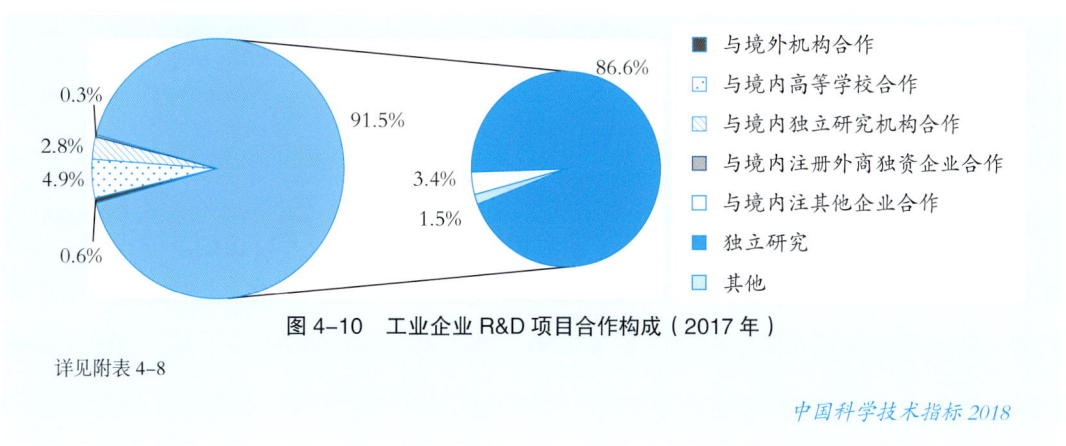

图4-10 工业企业R&D项目合作构成（2017年）

详见附表4-8

中国科学技术指标2018

三、技术获取

企业在创新过程中，对于一些核心创新技术，在自我研发成本过高或历时过长时，可以采取向外界购买的方式获取。按照技术来源地的不同，可将技术获取分为引进国外技术和购买国内技术两种类型。

1. 技术引进

国外技术引进方面，2004年中国规模以上工业企业引进技术经费为397.4亿元，而2017年技术引进经费为399.3亿元；引进技术经费支出占R&D经费内部支出比重呈持续下降趋势。2004年引进技术经费占R&D经费内部支出的36.0%，到2017年下降到仅为3.3%（图4-11）。

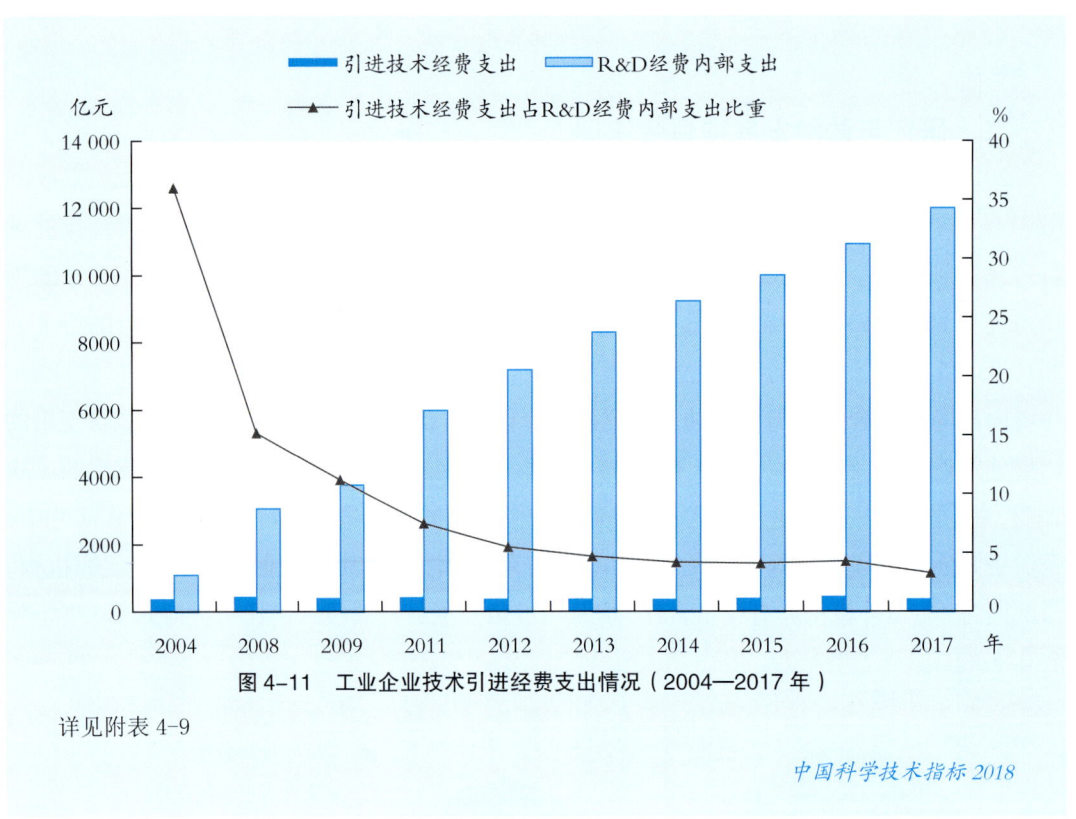

图4-11　工业企业技术引进经费支出情况（2004—2017年）

详见附表4-9

2. 消化吸收

企业的消化吸收经费数量反映了企业对引进技术进行学习和模仿创新的投入。2004年以来，中国规模以上工业企业的消化吸收经费支出占引进技术经费支出比重呈先升后降趋势。2004年企业消化吸收经费为61.2亿元，2011年达到峰值202.2亿元，2017年降为

118.5亿元；消化吸收经费支出占引进技术经费支出比重从2004年的15.4%上升到2011年的峰值45.0%，2017年下降到29.7%（图4–12）。

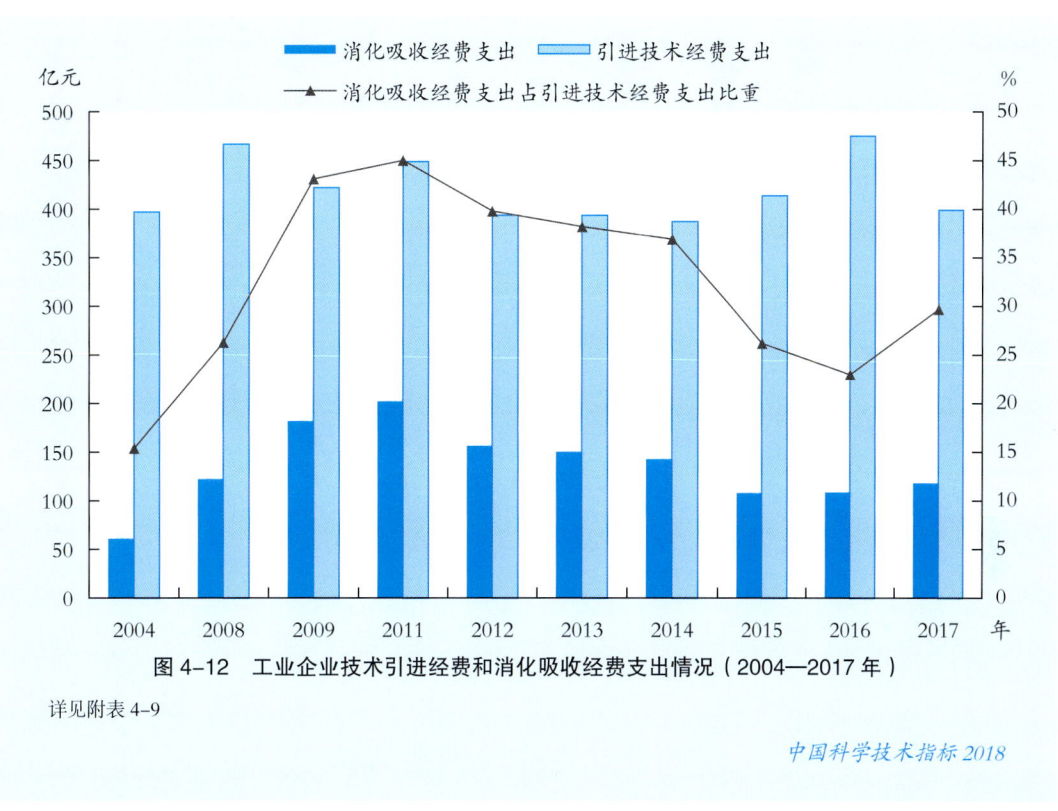

图4–12　工业企业技术引进经费和消化吸收经费支出情况（2004—2017年）

详见附表4–9

中国科学技术指标2018

3.购买国内技术

随着国内科技成果的不断增多和国内技术市场的逐步完善，中国规模以上工业企业用于购买国内技术的经费支出也在迅速增加。企业购买国内技术的经费由2004年的82.5亿元增加到2015年的峰值229.9亿元，近两年稍有下降，2017年购买国内技术的经费为200.9亿元。同时，购买国内技术经费支出占引进技术经费支出比重也由2004年的20.8%增加到2015年的峰值55.5%，而后稍有下降，2017年的为50.3%（图4–13）。随着国内技术创新能力的继续增强和技术市场的进一步完善，购买国内技术将成为中国规模以上工业企业获取外部技术更加重要的途径。

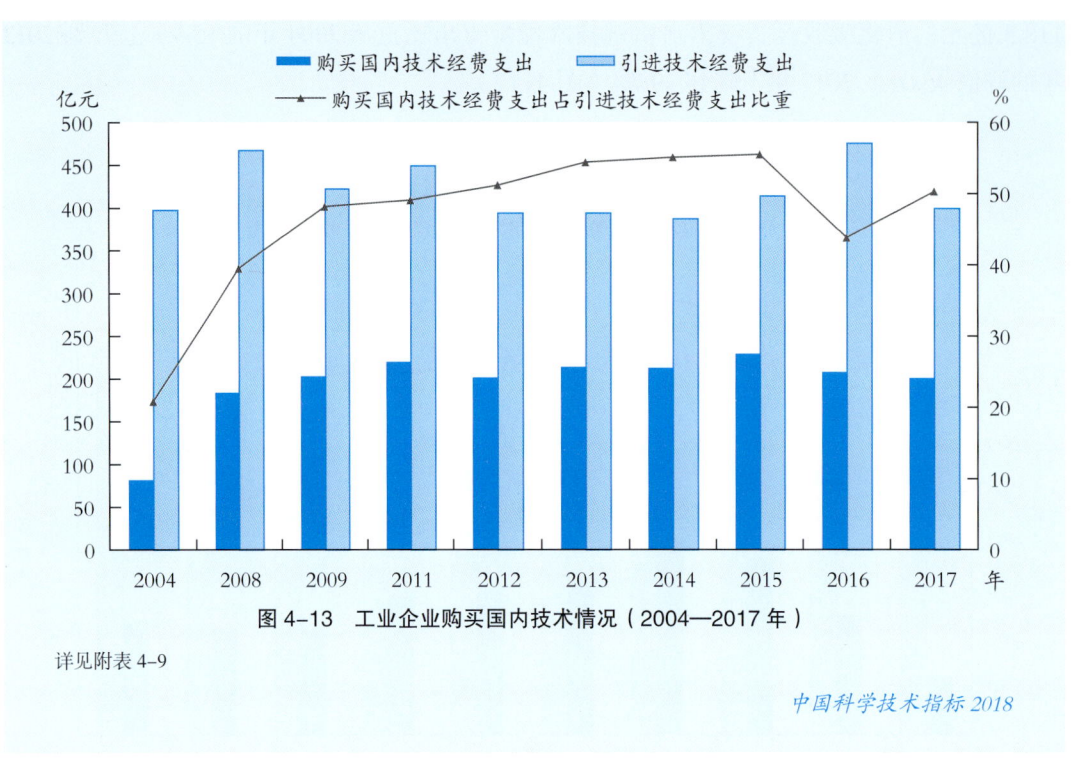

图 4-13　工业企业购买国内技术情况（2004—2017 年）

详见附表 4-9

中国科学技术指标 2018

第四节　企业的创新活动

2018 年开展的全国企业创新调查结果显示，近 40% 的企业开展了创新活动，近 8% 的企业实现了全面创新；工业企业创新成功率较高，自主研发是最主要的创新形式；规模以上高技术产业创新能力突出，在制造业中具有引领作用；合作创新助力企业提升市场竞争力；员工对企业的认同感、高素质的人才和企业内部的激励措施等是影响创新成功的主要因素；创新政策实施效果基本得到企业家群体的认可。

一、创新活动基本概况

2017 年，全国开展创新活动的企业为 29.8 万家，占全部企业的 39.8%；其中，实现创新的企业为 27.8 万家，占全部企业的 37.1%；同时实现 4 种创新（产品创新、工艺创新、组织创新、营销创新）的企业达到 5.9 万家，占全部企业的 7.8%。

2017 年实现产品、工艺创新的企业分别达到 12.9 万家及 13.9 万家，分别占全部企业的 17.2% 及 18.5%，同时实现产品和工艺创新的企业达 9.8 万家，占全部企业的 13.1%。2017 年实现组织或营销创新的企业达到 23.2 万家，占全部企业的 31.0%；在全部企业中，实现组织创新的企业占比为 25.1%；实现营销创新的企业占比为 23.2%，同时实现组织和营销创新的企业占比达到 17.3%。

二、产品创新与工艺创新

1. 产品或工艺创新活动类型及创新费用情况

在开展产品或工艺创新活动的企业中，有 57.3% 的企业购买了机器设备和软件；有 53.3% 的企业展开内部研发活动；有 37.9% 的企业提供了相关培训，进行市场推介、相关设计的企业占比分别达到 19.7% 及 18.8%；进行外部研发、从外部获取相关技术的企业占比分别为 8.7% 及 4.1%（图 4-14）。这表明，中国创新企业更多地偏向于进行内部研发，从外部获得技术与知识的活动相对较少。

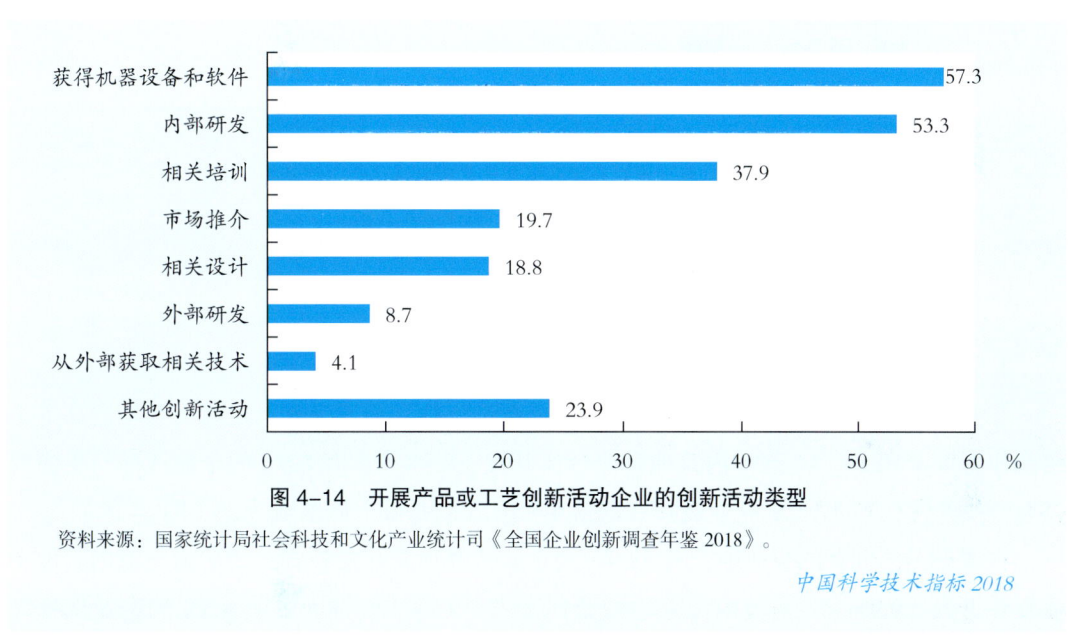

图 4-14 开展产品或工艺创新活动企业的创新活动类型

资料来源：国家统计局社会科技和文化产业统计司《全国企业创新调查年鉴 2018》。

2. 产品或工艺创新信息来源情况

在开展产品或工艺创新的 20.1 万家企业中，有 43.6% 的企业认为来自客户的信息对于其创新影响较大；有 38.1% 的企业认为企业内部信息对于创新至关重要；另有 22.4% 的企业高度重视来自竞争对手或同行企业的信息；此外，有 18% 左右的企业认为来自供应商及行业协会的信息对其创新活动具有较大影响；来自文献、期刊，市场咨询机构及高等学校的信息，对于企业创新的影响相对较小（图 4-15）。

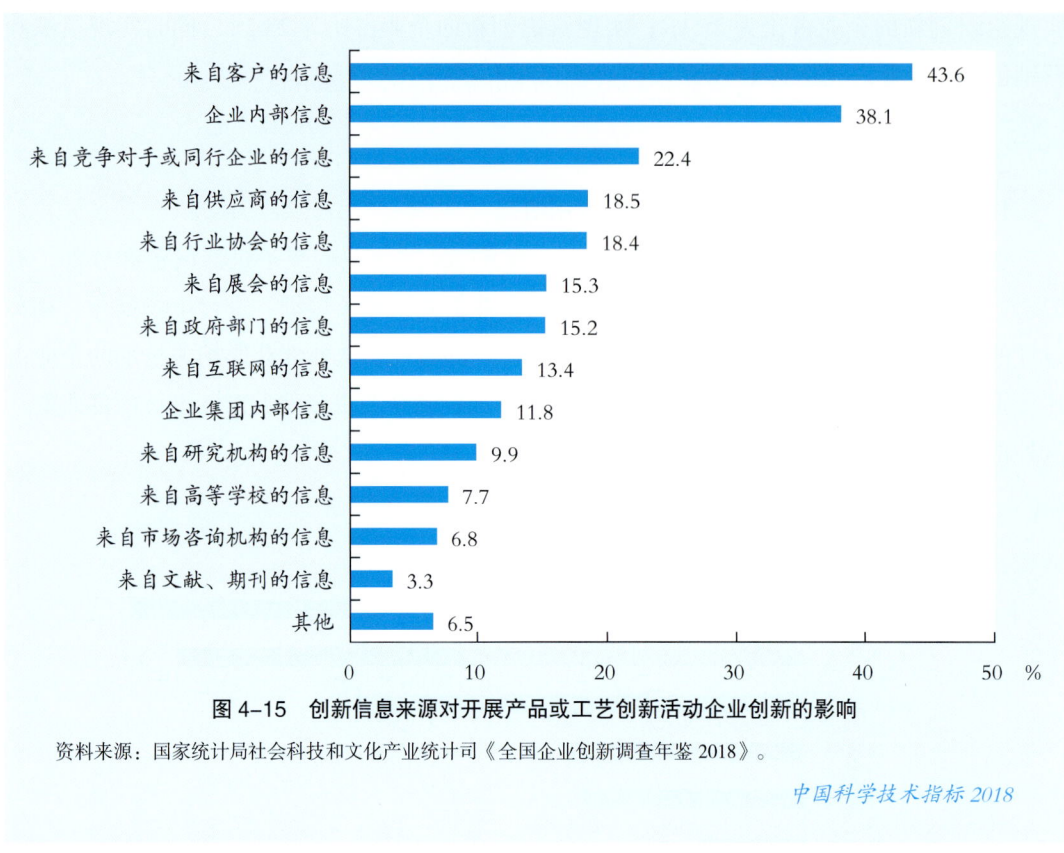

图 4-15　创新信息来源对开展产品或工艺创新活动企业创新的影响

资料来源：国家统计局社会科技和文化产业统计司《全国企业创新调查年鉴 2018》。

3. 创新模式及合作创新

在实现产品创新的企业中，有 83.7% 的企业选择独立开发模式；之后为与境内高等学校合作开发（10.5%）、与境内其他企业合作开发（8.3%）；有 6.6% 的企业选择与集团内企业合作开发；有 5.4% 的企业选择在其他单位开发的基础上调整或改进（图 4-16）。

在实现工艺创新的企业中，有 74.9% 的企业选择独立开发模式；之后为与境内其他企业合作开发（9.9%）、与境内高等学校合作开发（9.7%）；同时各有 8.5% 的企业选择在其他单位开发的基础上调整或改进、由其他企业或机构开发；此外，与集团内企业合作开发的企业占比达到 7.3%（图 4-17）。

在合作创新方面，2017 年展开创新合作的企业达到 13.1 万家，占全部企业的 17.5%。在创新合作企业中，与客户结成合作关系的企业占比达到 42.8%，与供应商结成合作关系的企业占到 36.4%，两者分居前两位，表明上下游主体构成企业最为频繁的合作对象；另有 31.2% 及 28.4% 的企业分别与高等学校、集团内其他企业结成合作关系；与行业协会、研究机构、竞争对手或同行业企业结成合作关系的企业占比分别为 20.4%、18.6% 及 15.9%；此外，分别有 12.0%、11.2% 的企业与市场咨询机构及政府部门有过创新合作，与风险投资机构进行合作创新的企业占比最低，仅为 1.3%（图 4-18）。

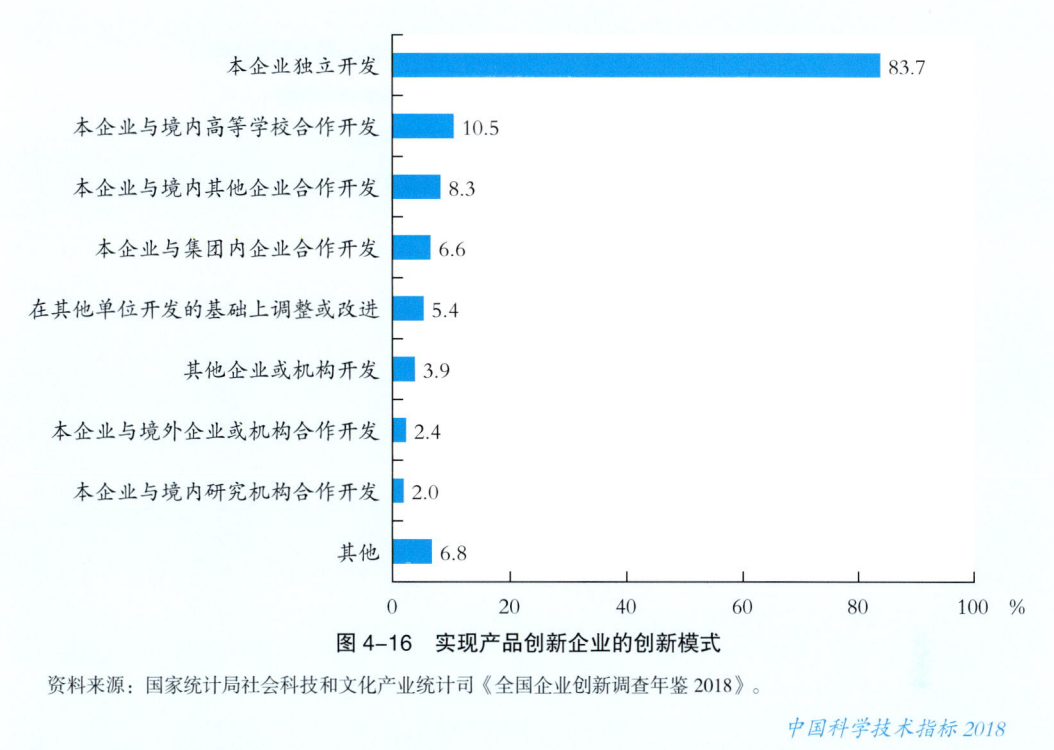

图 4-16　实现产品创新企业的创新模式

资料来源：国家统计局社会科技和文化产业统计司《全国企业创新调查年鉴 2018》。

中国科学技术指标 2018

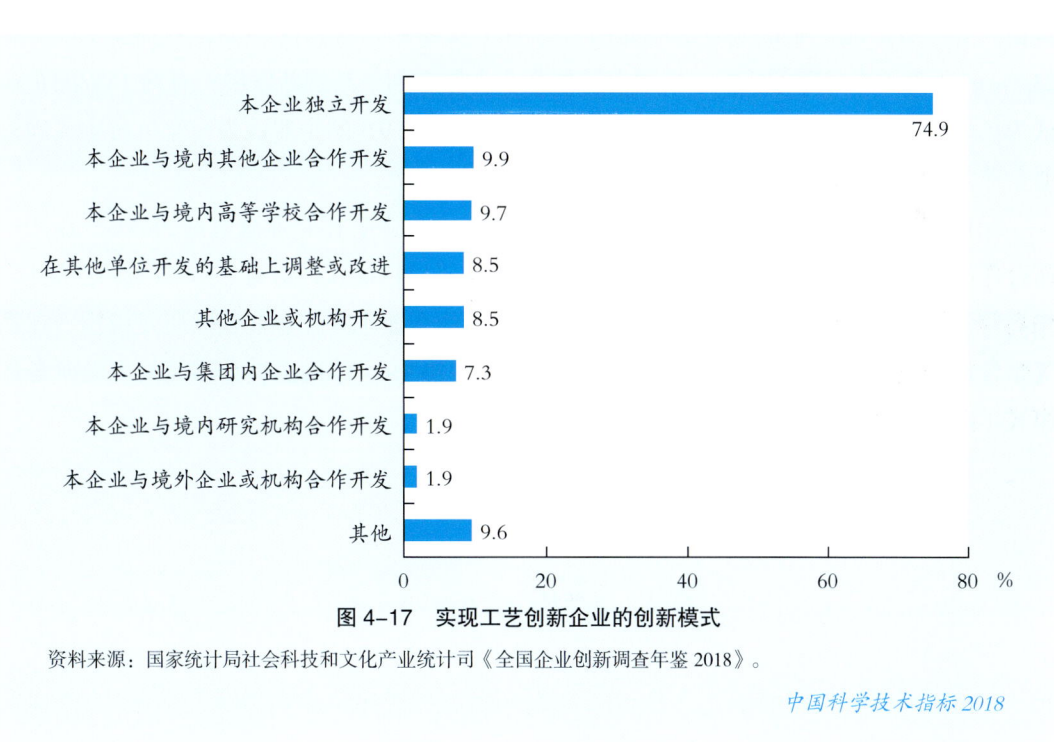

图 4-17　实现工艺创新企业的创新模式

资料来源：国家统计局社会科技和文化产业统计司《全国企业创新调查年鉴 2018》。

中国科学技术指标 2018

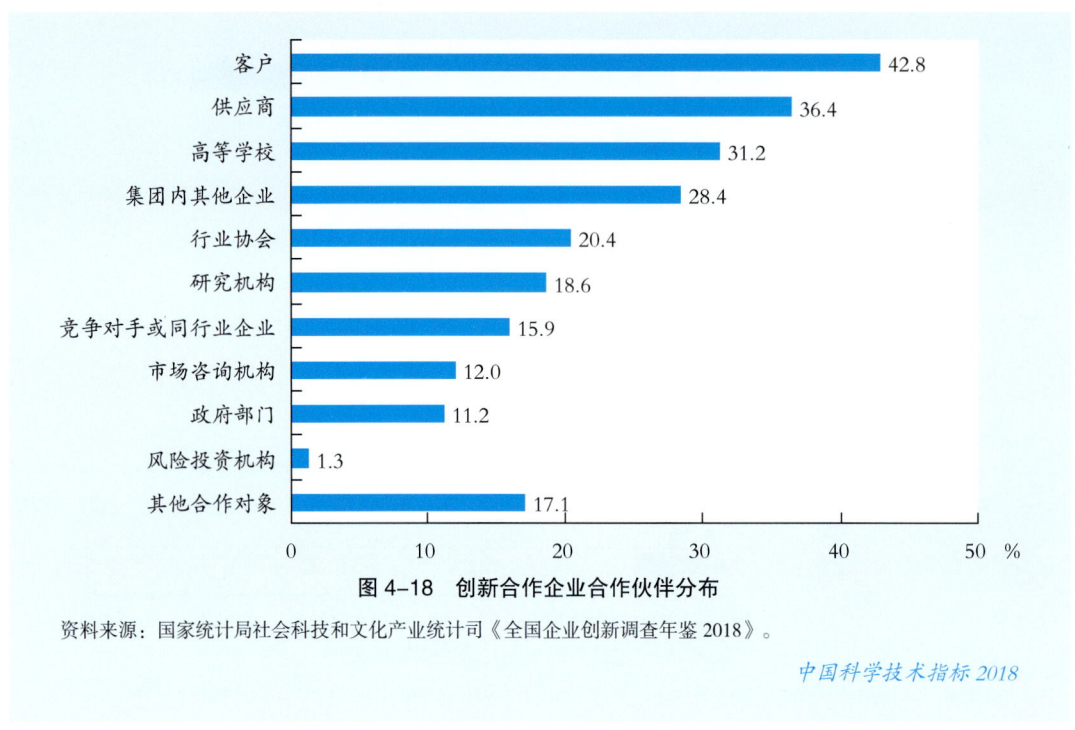

图 4-18 创新合作企业合作伙伴分布

资料来源：国家统计局社会科技和文化产业统计司《全国企业创新调查年鉴 2018》。

中国科学技术指标 2018

在创新合作企业中，有 39.1% 的企业认为与客户的合作在其创新过程中具有较大的价值；有 30.7% 的企业认为与供应商的合作对于其创新具有正向影响；分别有 25.1% 和 23.3% 的企业认为与高等学校、集团内其他企业合作有利于其创新发展；有约 15% 的企业认为行业协会、研究机构对其创新发展影响较大；有 12.9% 的企业认为与竞争对手或同行业企业的合作对其合作创新较为重要（图 4-19）。

2017 年开展产学研合作的企业达到 5.0 万家，占创新合作企业总数的 38.5%。在产学研合作的企业中，有 66.7% 的企业选择共同完成科研项目模式；另有 32.7% 的企业选择聘用高等学校或研究机构人员到企业兼职；有 27.5% 的企业选择在企业建立研发机构；在高等学校或研究机构中设立研发机构的企业占比达到 10.8%，体现出较为多元的产学研合作模式（图 4-20）。

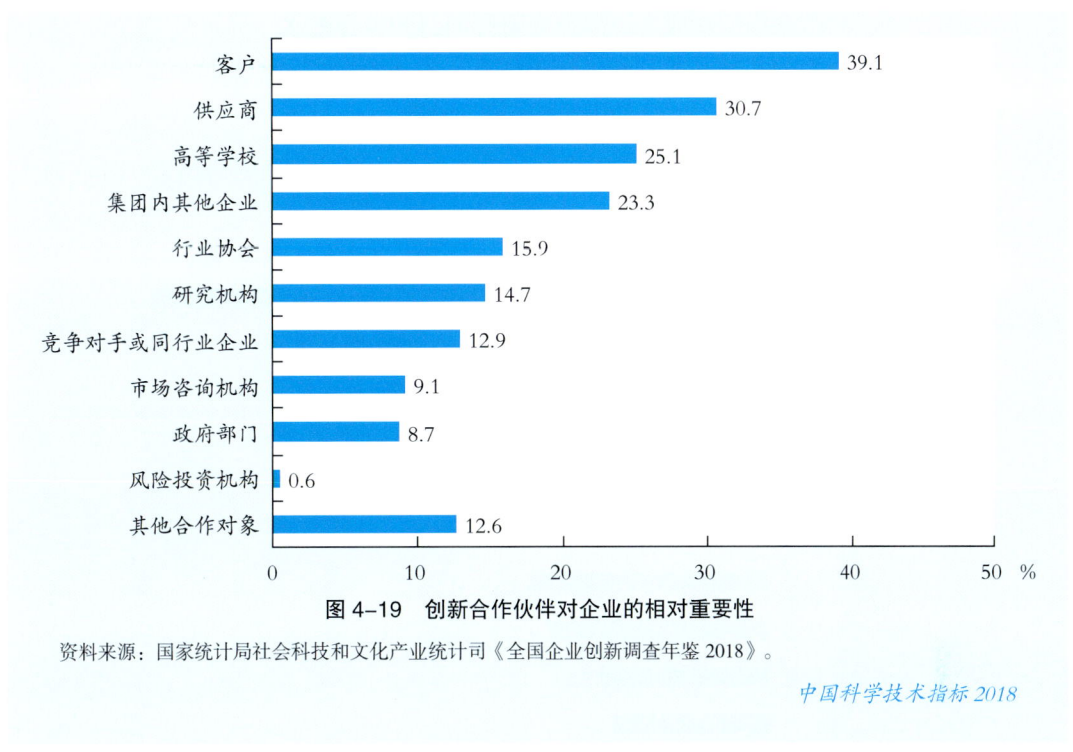

图 4-19 创新合作伙伴对企业的相对重要性

资料来源：国家统计局社会科技和文化产业统计司《全国企业创新调查年鉴 2018》。

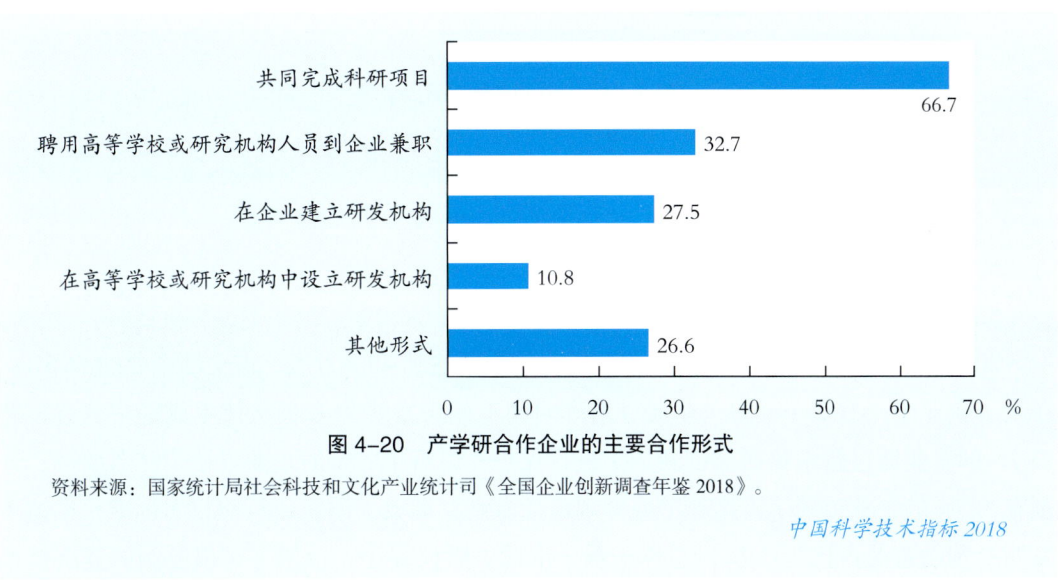

图 4-20 产学研合作企业的主要合作形式

资料来源：国家统计局社会科技和文化产业统计司《全国企业创新调查年鉴 2018》。

4. 产品或工艺创新阻碍因素情况

在全部 74.9 万家企业中，有 27.7% 的企业认为缺乏人才或人才流失是阻碍创新的主要因素；有 18.9% 的企业将创新成本过高作为阻碍创新的核心因素；分别有 17.7%、16.1% 及 11.7% 的企业将没有创新的必要、缺乏技术信息、不能确定市场需求归为主要的创新阻碍因素；有约 11% 的企业将创新的阻碍因素归结为缺乏内部资金、缺乏银行贷款；市场已被占领、创新成果易被低成本模仿等因素则通常不构成主要的创新阻碍因素（图 4–21）。

图 4-21　企业创新的阻碍因素

资料来源：国家统计局社会科技和文化产业统计司《全国企业创新调查年鉴 2018》。

5. 知识产权及相关情况

2017 年采取了知识产权保护或相关措施的企业达到 42.2 万家，占全部企业的 56.3%；在全部企业中，有 23.5% 的企业通过发挥时间上的先发优势方式从技术成果中获益；有 13.7% 的企业通过技术秘密对创新成果进行保护；另有 12.2% 的企业申请了注册商标；分别有约 7% 的企业申请了实用新型或外观设计专利、形成了国家或行业技术标准；申请了发明专利的企业占比为 5.9%；总体来看，申请了版权登记、应用了难以复制的复杂技术的企业占比较低，分别为 2.9% 及 3.0%（图 4–22）。

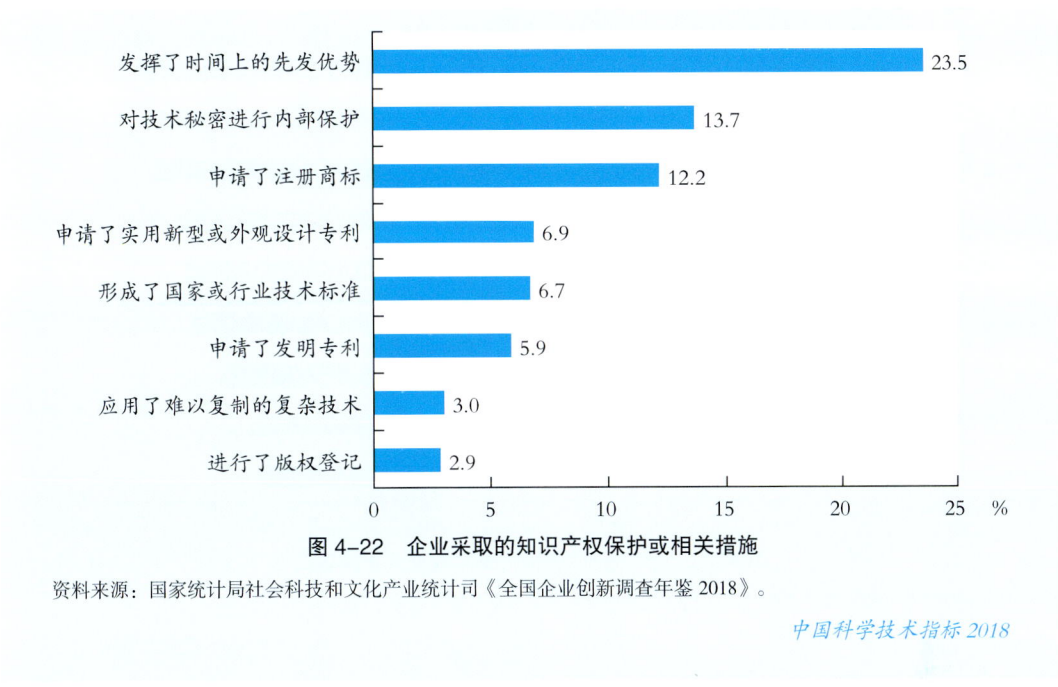

图 4-22 企业采取的知识产权保护或相关措施

资料来源：国家统计局社会科技和文化产业统计司《全国企业创新调查年鉴 2018》。

三、创新成功影响因素及创新作用效果

1. 创新成功的影响因素

在开展创新活动的企业中，有 74.1% 的企业家认为员工对企业的认同感对于创新成功至关重要；分别有 73.1%、71.8% 的企业家将创新成功重要的因素归结为高素质的人才、企业内部的激励措施；将创新成功重要的因素归结为有创新精神的企业家、畅通的信息渠道、有效的技术战略或计划的企业家占比均超过 65%；另外分别有 64.5%、60.9% 及 59.9% 的企业家认为充足的经费支持、可依赖的创新合作伙伴及优惠政策的扶持对于创新成功至关重要（图 4-23）。

在开展创新活动的企业中，有 67.8% 的企业家认为增加工资或奖金措施效果很好；分别有 59.0% 和 47.8% 的企业家肯定了岗位调整或升职机会、培训或深造机会是非常有效的创新激励措施；有 20.5% 的企业家表示汽车住房等物质奖励作用效果显著；有 18.3% 的企业家强调股权或期权的重要激励作用（图 4-24）。

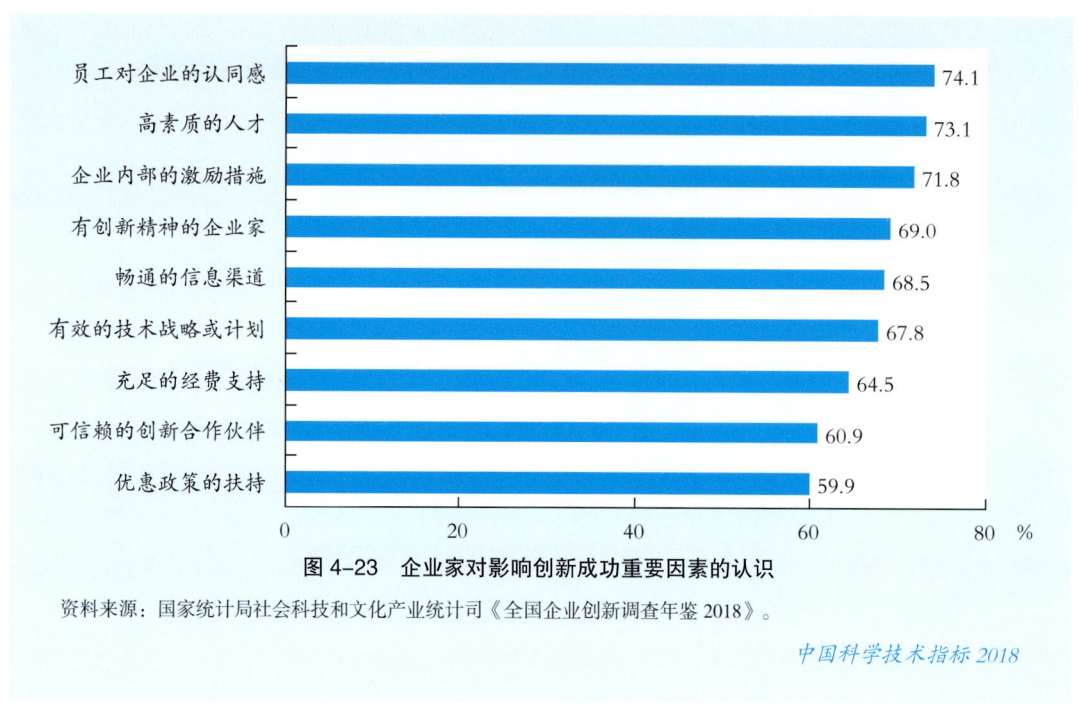

图 4-23　企业家对影响创新成功重要因素的认识

资料来源：国家统计局社会科技和文化产业统计司《全国企业创新调查年鉴 2018》。

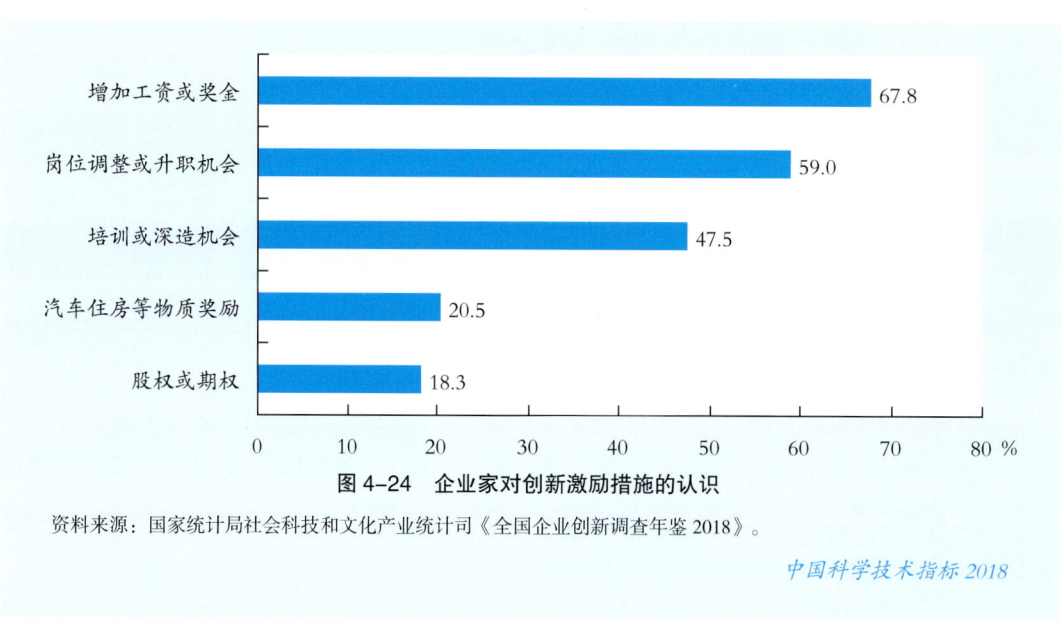

图 4-24　企业家对创新激励措施的认识

资料来源：国家统计局社会科技和文化产业统计司《全国企业创新调查年鉴 2018》。

在开展创新活动的企业中，分别有 43.0%、41.7% 的企业家认为创造和保护知识产权相关政策、研发费用加计扣除税收优惠政策效果较明显；约有 40% 的企业家认为鼓励企业吸引和培养人才政策、高新技术企业所得税减免政策具有显著效果；均有超过 35% 的企业家认为优先发展产业支持政策、金融支持相关政策、关于推进大众创业万众创新的各项政策具有明显效果；分别有 32.3%、29.4% 的企业家认为企业研发活动专用仪器设备加速折旧政策、技术转让、技术开发收入免征增值税和技术转让减免所得税优惠政策效果较明显；有 25.2% 的企业家认为科技创新进口税收政策作用效果明显（图 4–25）。

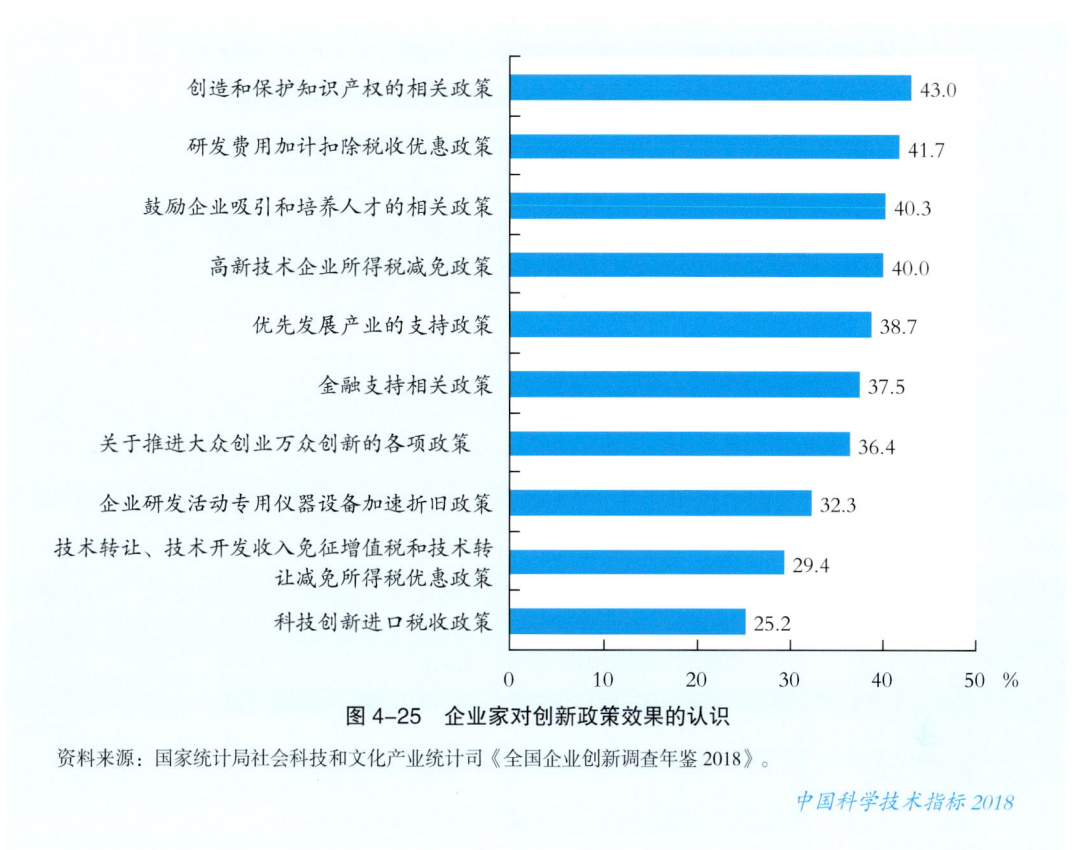

图 4-25 企业家对创新政策效果的认识

资料来源：国家统计局社会科技和文化产业统计司《全国企业创新调查年鉴 2018》。

2. 创新活动与企业发展

企业家群体高度重视创新。认为创新对企业的生存和发展起了重要作用的企业家占比达到 24.7%；认为创新起了一定作用的企业家占比为 58.8%；仅有 16.5% 的企业家认为创新对于企业发展并不起作用。

在实现创新的企业中，有 32.0% 的企业家认为产品创新对企业影响最大；分别有 26.5%、23.9% 及 17.6% 的企业家认为组织创新、营销创新及工艺创新对于企业经营影响深远。

在实现产品创新的企业中，有 85.5% 的企业家认为通过产品创新提高了产品性能，对企业影响深刻；分别约有78%的企业家认为产品创新的功效在于增加了产品品种、开拓了新市场；另外分别有72.9%、68.7%的企业家认为产品创新通过扩大市场份额、取代过时产品而对企业产生深远影响（图4-26）。

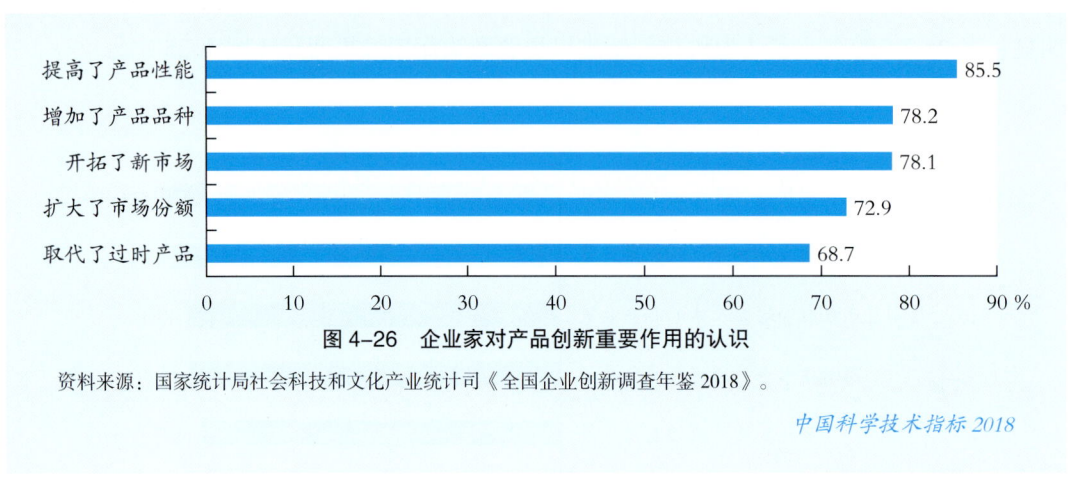

图4-26　企业家对产品创新重要作用的认识

资料来源：国家统计局社会科技和文化产业统计司《全国企业创新调查年鉴2018》。

在实现工艺创新的企业中，有83.3%的企业家认为工艺创新有利于提高生产效率；有75.0%的企业家认为工艺创新提高了生产的灵活性；另外，将工艺创新的重要作用归纳为降低人力成本、减少环境污染、降低能源消耗、改善工作条件、节约原材料的企业家均超过60%（图4-27）。

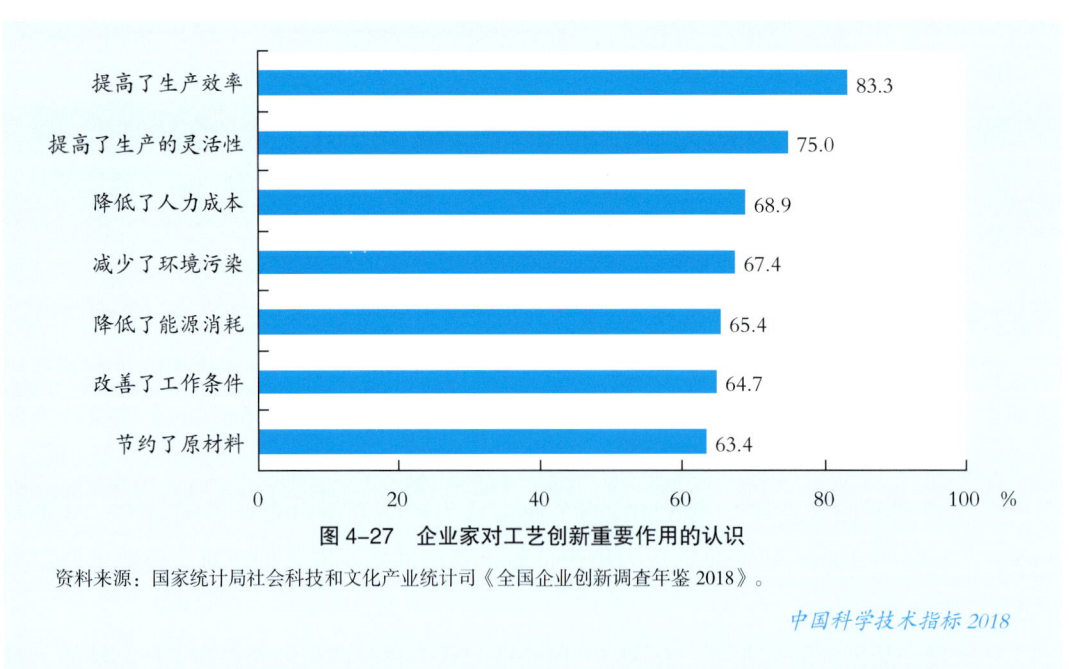

图4-27　企业家对工艺创新重要作用的认识

资料来源：国家统计局社会科技和文化产业统计司《全国企业创新调查年鉴2018》。

在实现组织创新的企业中，有 79.6% 的企业家表示组织创新有利于提升管理效率；分别有 75.8%、75.0% 的企业家表示组织创新的核心作用在于提高产品质量、加快对客户或供应商的响应速度；另外分别有 68.1%、65.6% 的企业家认为组织创新有利于提高信息交换与共享水平、提高新产品或新工艺开发能力；均有超过 60% 的企业家认为组织创新会通过改善员工工作条件、降低单位成本而对企业产生深刻影响（图 4–28）。

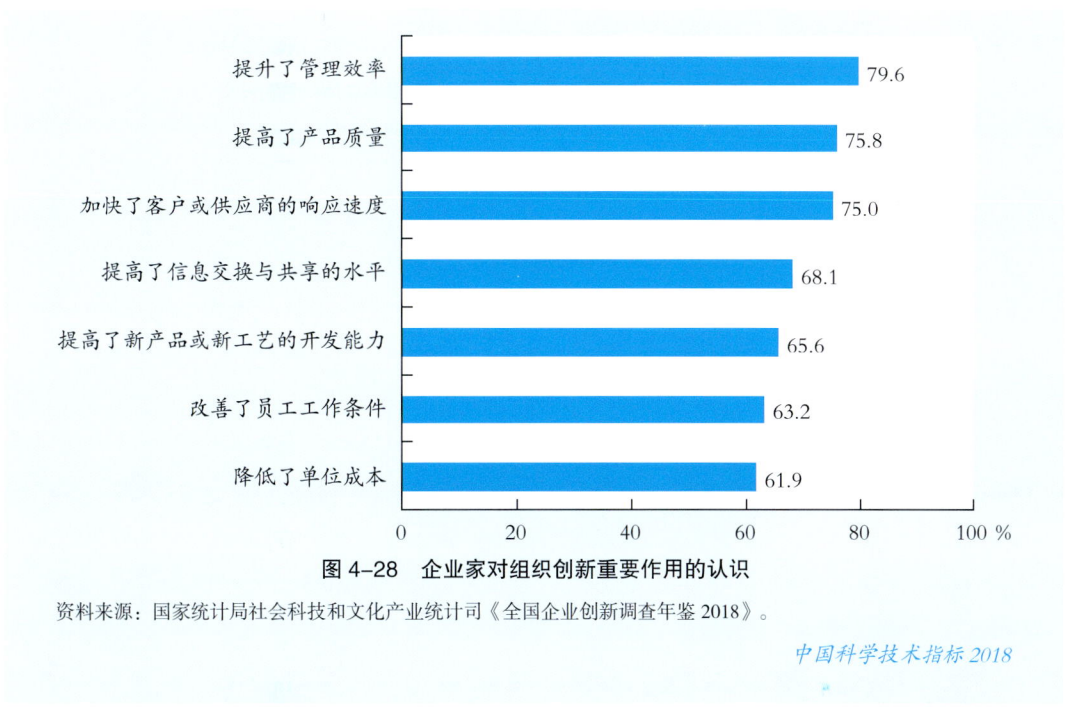

图 4–28　企业家对组织创新重要作用的认识

资料来源：国家统计局社会科技和文化产业统计司《全国企业创新调查年鉴 2018》。

中国科学技术指标 2018

在实现营销创新的企业中，有 73.8% 的企业家认为营销创新有利于开拓新客户群体；有 73.2% 的企业家认为营销创新的功效在于保持或扩大了市场份额；另有 70.1% 的企业家认为营销创新有利于开拓新市场区域。营销创新将有利于从新客户、新市场区域两个维度增进企业的市场份额（图 4–29）。

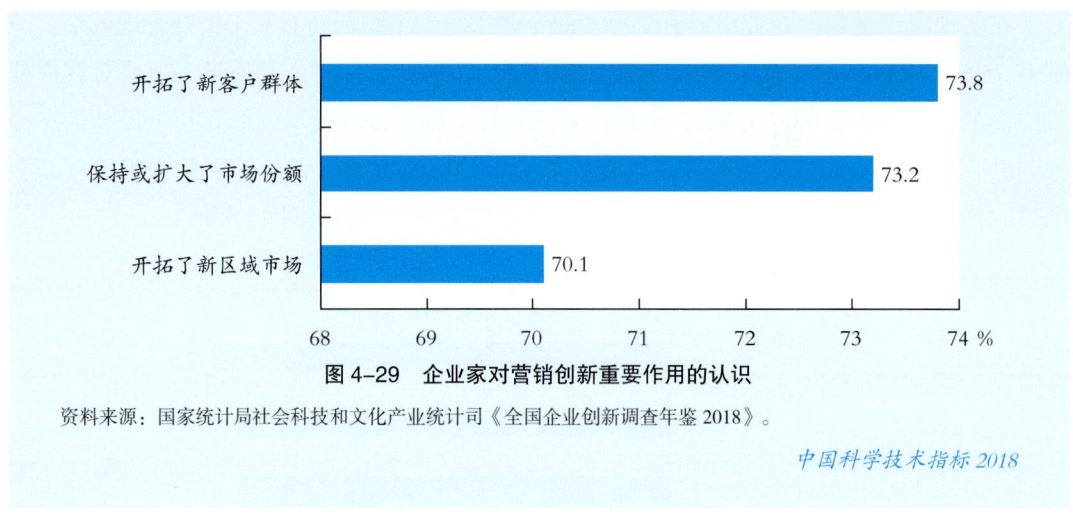

图 4-29 企业家对营销创新重要作用的认识

资料来源：国家统计局社会科技和文化产业统计司《全国企业创新调查年鉴 2018》。

中国科学技术指标 2018

第五章　高等学校的科技活动

高等学校作为国家创新体系的重要组成部分，是源头创新的主力军之一，是开展科技创新研究的主要机构和创新型科技人才培养的重要基地。本章在概述高等学校基本情况的基础上，重点介绍全国高等学校 R&D 机构与人员、R&D 经费、科技活动产出与成果转化等内容，并对不同层次、不同类型、不同国家的高等学校进行比较和分析。

第一节　高等学校基本概况

近年来，中国高等学校数量持续稳定增长，已建成世界上规模最大的高等教育体系，2018 年高等教育毛入学率达到 48.1%，即将由高等教育大众化阶段进入普及化阶段。高等学校专任教师及培养的研究生为开展科技创新活动奠定了人力资源基础。

一、高等学校数量

2005—2017 年，中国高等学校数量逐年稳定增加。2017 年，中国普通高等学校数量达 2631 所，比 2005 年增加 839 所（图 5-1）。按学校层次分，2017 年普通本科高等学校

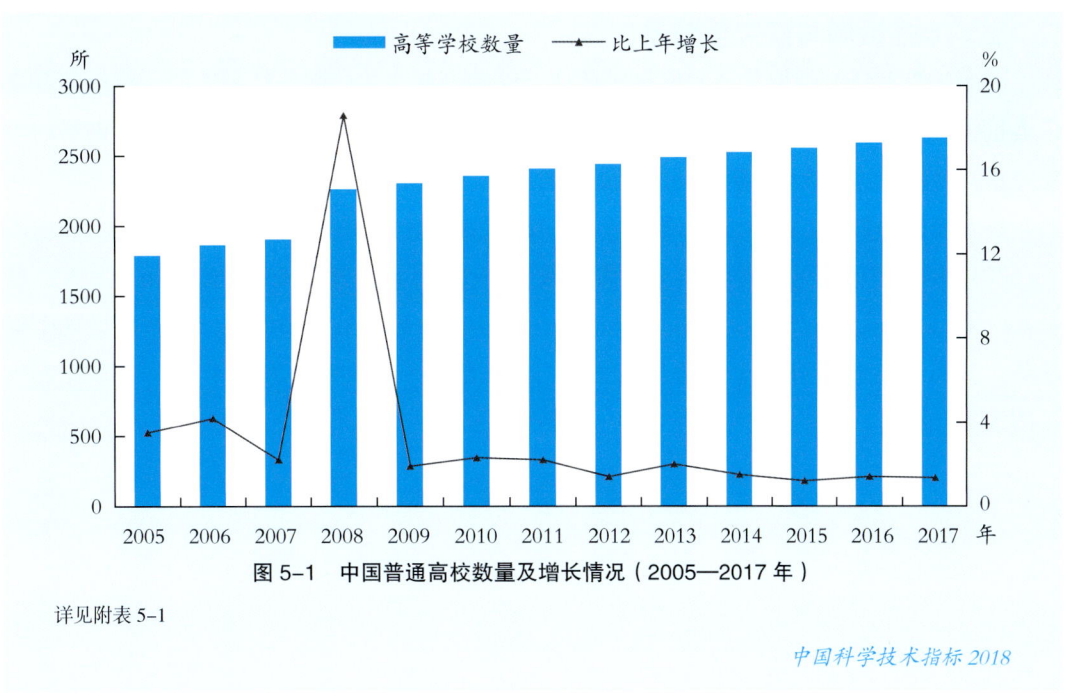

图 5-1　中国普通高校数量及增长情况（2005—2017 年）

详见附表 5-1

中国科学技术指标 2018

为1243所，普通专科高职院校为1388所；按学校隶属关系分，中央所属高等学校为119所，地方所属高等学校为2512所，其中，民办高等学校为746所。

随着高等教育规模增速放缓，中国高等教育发展的重心逐步由规模扩张转为质量提升。继"985""211"工程之后，2015年国务院印发《统筹推进世界一流大学和一流学科建设总体方案》，开始展开"双一流"大学与学科建设，围绕"中国特色，世界一流"的核心要求，提出了"建设一流师资队伍""培养拔尖创新人才""提升科学研究水平""传承创新优秀文化""着力推进成果转化"等重点任务，并在每项任务中强调了"创新"的重要性。2017年，中国公布了42所世界一流大学和95所一流学科建设高校及建设学科名单。同时，为推动高校分类发展，推进高等教育供给侧改革，使高等教育和社会发展需求更加吻合，缓解"毕业即失业"和"招工荒"现象并存的矛盾，国家出台一系列文件，逐步将发展应用型本科高校上升为国家层面的战略。为集中力量建设一批引领改革、支撑发展中国特色、世界水平的高职学校和专业群，打造技术技能人才培养高地和技术技能创新服务平台，支撑国家重点产业、区域支柱产业发展，有关部门印发文件，将集中力量建设50所左右的高水平高职学校和150个左右的高水平专业群。

国家积极采取措施，推动高等学校分类发展，深化产教融合，促进教育链、人才链与产业链、创新链有机衔接，为新形势下全面提升高等教育综合实力与国际竞争力、推进经济转型升级、培育经济发展新动能，服务"两个一百年"奋斗目标和中华民族伟大复兴的中国梦提供有力支撑。

二、专任教师与研究生数量

高等学校专任教师担负着开展科研活动、培养创新人才、服务社会发展、传播创新文化等重任。部分在校研究生在导师指导下参与科研活动，已经成为高等学校科技创新的重要力量，并将成为未来R&D人员的主要来源。

1. 专任教师数量

2017年，中国普通高等学校专任教师数达163.3万人，比2005年增加66.7万人，增长69.1%。随着高等学校招生规模趋于稳定，专任教师数量虽持续增长，但增速呈现下降趋势。2005年专任教师比上年增长12.6%，此后增速不断下降，2017年比上年增长2.0%（图5-2）。

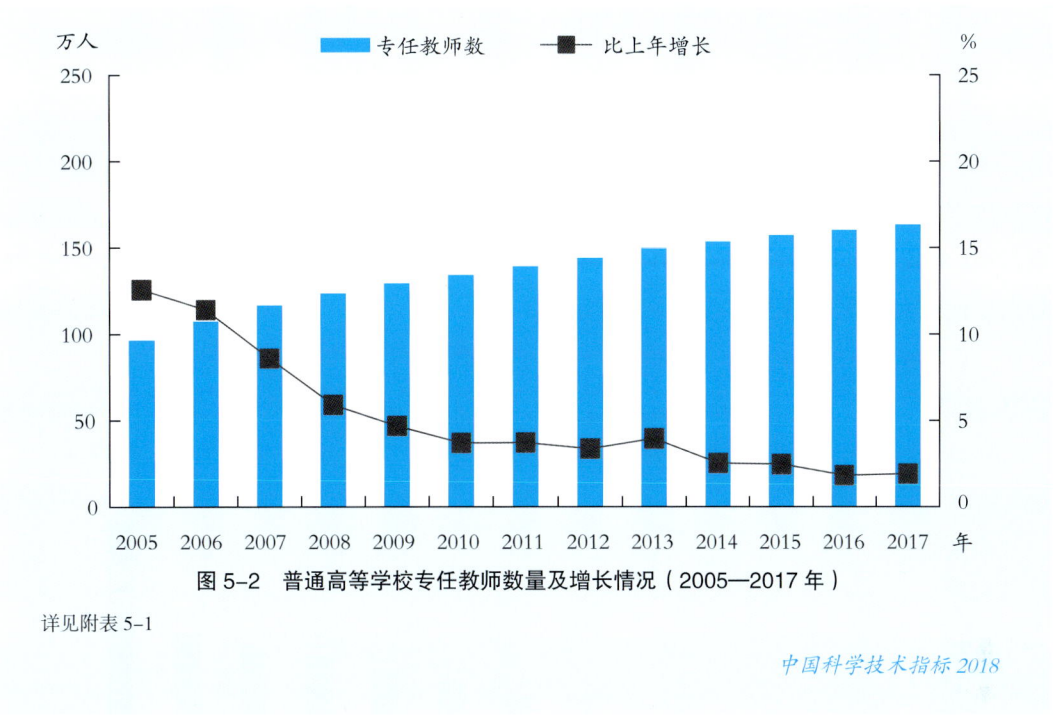

图 5-2 普通高等学校专任教师数量及增长情况（2005—2017 年）

详见附表 5-1

近 10 年来，中国普通高校专任教师的职称水平有所提升。2017 年，中国普通高等学校专任教师中，拥有正高级职称的为 20.9 万人，占专任教师总数的 12.8%；拥有副高级职称的为 49.0 万人，占 30.0%；拥有中级职称的为 64.4 万人，占 39.4%；拥有初级及以下职称的为 29.0 万人，占 17.8%。相较于 2005 年，2017 年正高级职称专任教师占比提高了 2.8 个百分点，副高级职称专任教师占比提高了 1.2 个百分点，中级职称专任教师占比提升了 7.1 个百分点，初级及以下职称专任教师占比下降了 11.1 个百分点。2017 年，教育部、人力资源社会保障部印发《高校教师职称评审监管暂行办法》，将高校教师职称评审权直接下放至高校，高校按照中央深化职称制度改革的部署，结合学校发展目标与定位、教师队伍建设规划，制定本校教师职称评审办法和操作方案，在岗位结构比例内自主组织职称评审、按岗聘用。当前一些高校开展了按科研为主岗、教学为主岗、教学科研岗进行分类评审的尝试，还有一些高校将教师的行业、企业实践经验、横向课题、成果转化等纳入了职称评审条件，未来在总体职称结构稳定提升的情况下，职称的内涵将发生变化。

受评估政策影响，当前高等学校普遍重视教师的学历水平。中国普通高校专任教师学历提升较快。2017 年，中国普通高等学校专任教师中，拥有博士研究生学历的为 39.8 万人，占专任教师总数的 24.4%；拥有硕士研究生学历的为 59.6 万人，占 36.5%；拥有本科学历的为 62.1 万人，占 38.0%；专科及以下学历的为 1.8 万人，占 1.1%。相较于 2005 年，

2017年拥有博士和硕士学历的专任教师占比分别提升15.2个和8.6个百分点。

2. 在校研究生数量

2017年,中国普通高等学校在校研究生数量为260.8万人,比2005年增加162.9万人,增长1.7倍。2005—2017年,高等学校招生增幅放缓,在校研究生数量也呈现快速增长后逐步放缓的变化趋势。2011年以前,在校研究生数量每年增幅均在7%以上,此后下降较快,2016年仅比上年增长3.7%,2017年将在职人员攻读硕士学位学生纳入在校生统计范围,数据呈现较大变化(图5-3)。

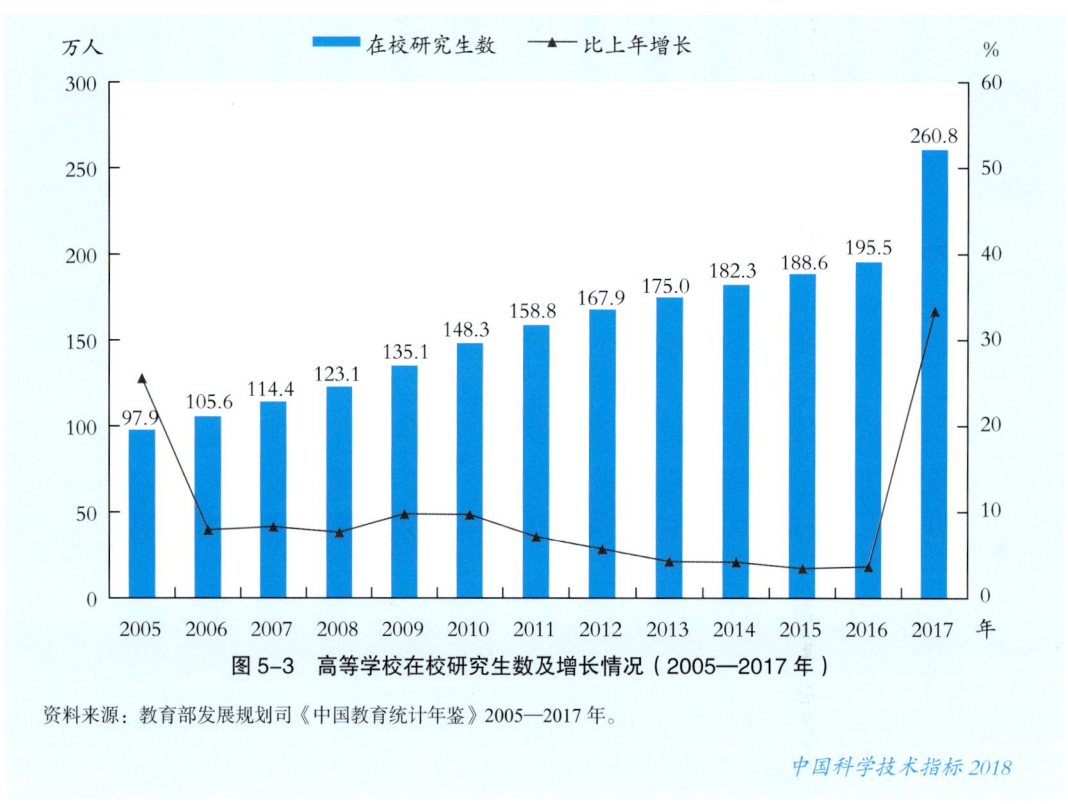

图5-3 高等学校在校研究生数及增长情况(2005—2017年)

资料来源:教育部发展规划司《中国教育统计年鉴》2005—2017年。

第二节 高等学校研究与试验发展机构及人员

2005年以来,中国高等学校R&D机构数量和R&D人员规模持续增长,结构不断优化。与发达国家相比,中国高等学校R&D人员总体规模较大,但占全国R&D人员的比例较低。

一、高等学校的 R&D 机构数量

高等学校 R&D 机构作为高等学校科技创新体系的重要组成部分，是知识创新及创新人才培养的重要载体。2005—2017 年，中国高等学校 R&D 机构数量不断增长，2017 年达到 14 791 个，比 2005 年增长 2.8 倍。高等学校 R&D 机构的增速呈现先上升、后下降、重新回升的波动趋势，其中，2010 年中国高等学校 R&D 机构数量增幅最大，增长率达到 28.8%（图 5-4）。

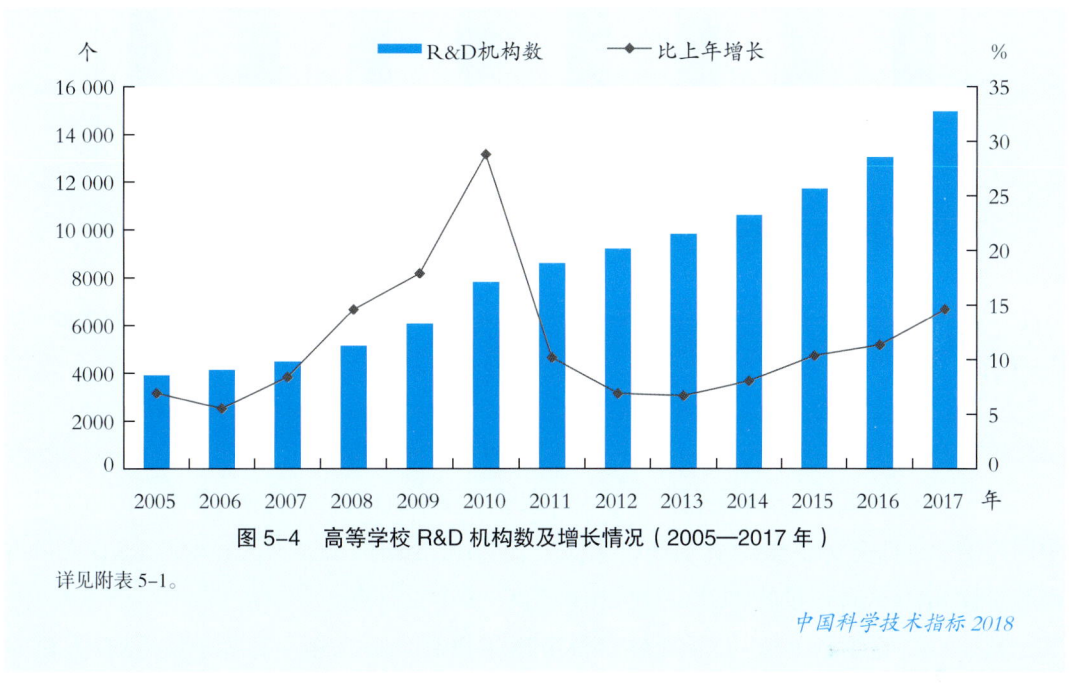

图 5-4　高等学校 R&D 机构数及增长情况（2005—2017 年）

详见附表 5-1。

二、高等学校的 R&D 人员数量

1. R&D 人员

近年来，中国高等学校 R&D 人员数量稳步增长，2017 年达到 91.4 万人，比 2010 年增加 32.0 万人，年均增长 6.4%。中国高等学校 R&D 人员占全国的比重呈现波动式下降的趋势，2010 年高等学校 R&D 人员占全国比重为 16.8%，2013 年降至 14.2%，2015 年回升至 15.3%，2017 年又降至 14.7%（图 5-5）。

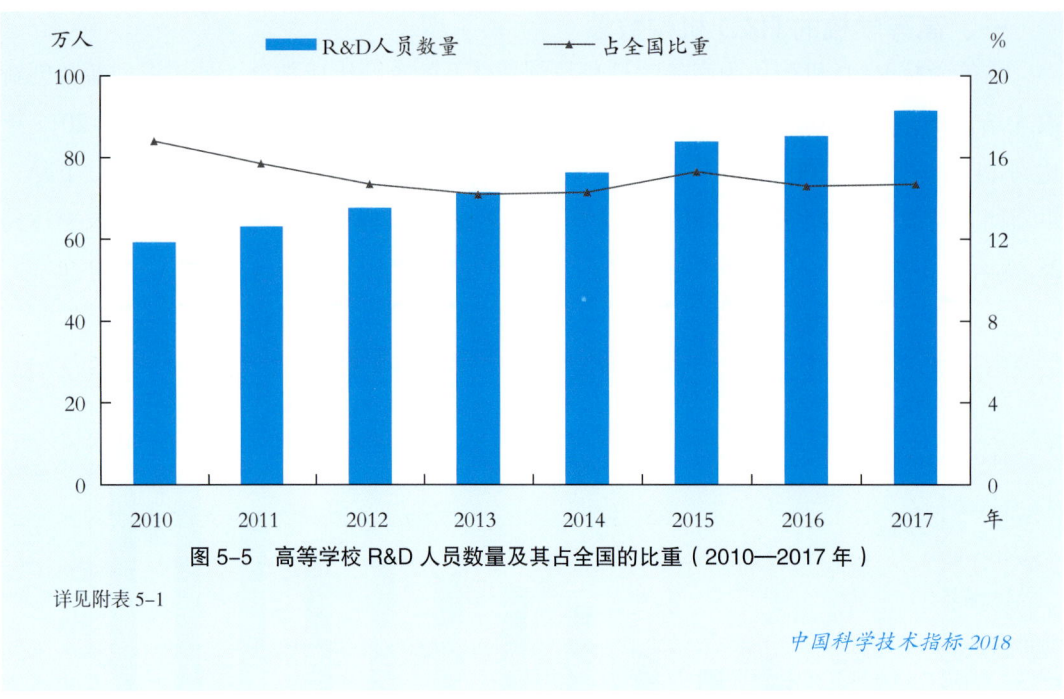

图 5-5 高等学校 R&D 人员数量及其占全国的比重（2010—2017 年）

详见附表 5-1

中国科学技术指标 2018

近年来，中国高等学校 R&D 人员呈现以下两个方面的特征。

其一，女性 R&D 人员数量稳步增长，占高等学校 R&D 人员的比例不断提高。2017 年，中国高等学校拥有女性 R&D 人员 39.3 万人，比 2010 年增加 18.4 万人；女性 R&D 人员占高等学校 R&D 人员总量的 43.0%，比 2010 提高 7.8 个百分点。

其二，高等学校 R&D 人员受教育程度逐年提高。2017 年，高等学校 R&D 人员中拥有研究生学历的有 65.1 万人，比 2010 年增长 92.0%，占到高等学校 R&D 人员总量的 71.3%，比 2010 年提高 14.2 个百分点。其中，拥有博士学位的 R&D 人员占高等学校 R&D 人员总量的 30.5%，拥有硕士学位的 R&D 人员占比为 40.8%，分别比 2010 年提高 8.7 和 5.5 个百分点。

2. R&D 人员全时当量

2005—2017 年，高等学校 R&D 人员全时当量稳步增长。2017 年达到 38.2 万人年，比 2005 年增加 15.5 万人年，年均增长 4.4%。然而，高等学校 R&D 人员全时当量占全国总量的比例总体呈现下降趋势，由 2005 年的 16.6% 降至 2017 年的 9.5%（图 5-6）。

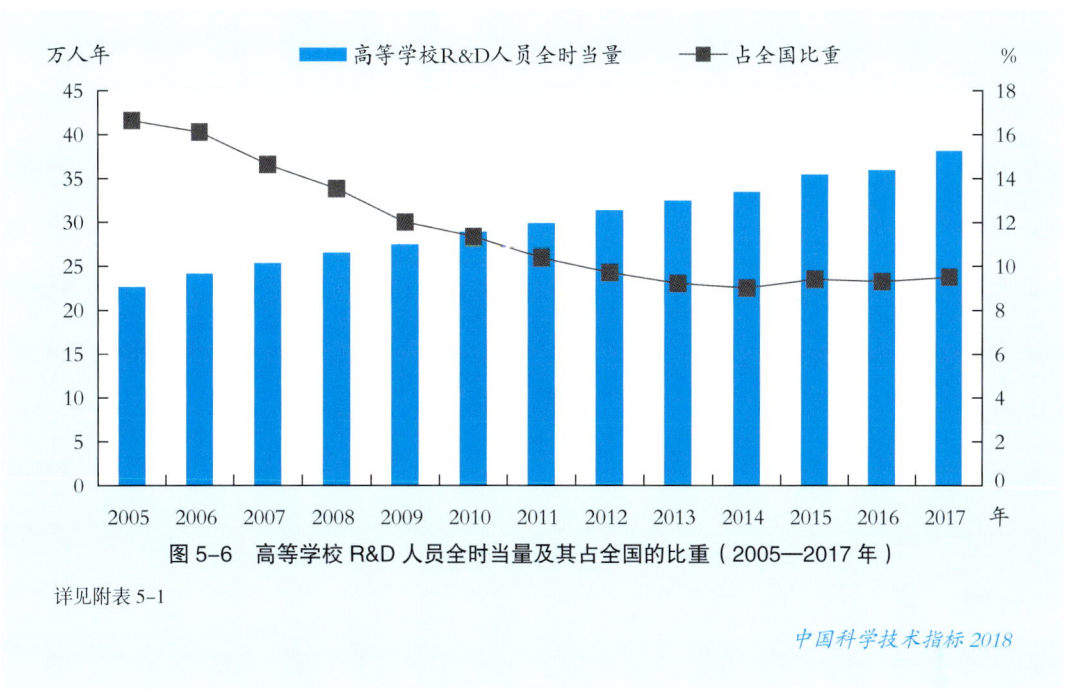

图 5-6 高等学校 R&D 人员全时当量及其占全国的比重（2005—2017 年）

详见附表 5-1

中国科学技术指标 2018

从自然科学与工程技术领域高等学校的情况看，按学校规格分，2017 年，"211"学校及省部共建高等学校的 R&D 人员全时当量占高等学校总量的 40.2%，其他本科高等学校占 54.2%，高等专科学校占 5.6%。与 2015 年相比，"211"学校及省部共建高等学校的 R&D 人员全时当量占比下降 2.2 个百分点，其他本科高等学校上升 1.1 个百分点，高等专科学校上升 1.1 个百分点。按学校隶属分，中央所属高等学校 R&D 人员全时当量占高等学校总量的 34.4%，地方所属高等学校占 65.6%。与 2015 年相比，中央所属高等学校 R&D 人员全时当量占比下降 1.8 个百分点，而地方院校上升 1.8 个百分点。

三、高等学校 R&D 人员投入结构

高等学校在诸多学科领域开展 R&D 课题研究，通过考察研究课题的学科分布，可以估计 R&D 人员投入的学科分布情况。2017 年，全国高等学校共有 R&D 课题 96.7 万项，R&D 课题人员投入为 38.2 万人年。总体来看，工程科学与技术领域的 R&D 人员投入占高等学校投入总量的比例最高，2017 年达到 36.6%，比 2010 年下降 1.4 个百分点；其次是社会与人文科学，占比为 23.4%，比 2010 年提升 3.5 个百分点；医药科学领域占比为 22.1%，比 2010 年下降 0.4 百分点；自然科学领域占比为 13.5%，比 2010 年下降 0.8 个百分点；农业科学领域 R&D 人员最少，仅占 4.5%，比 2010 年下降 0.7 个百分点（图 5-7）。

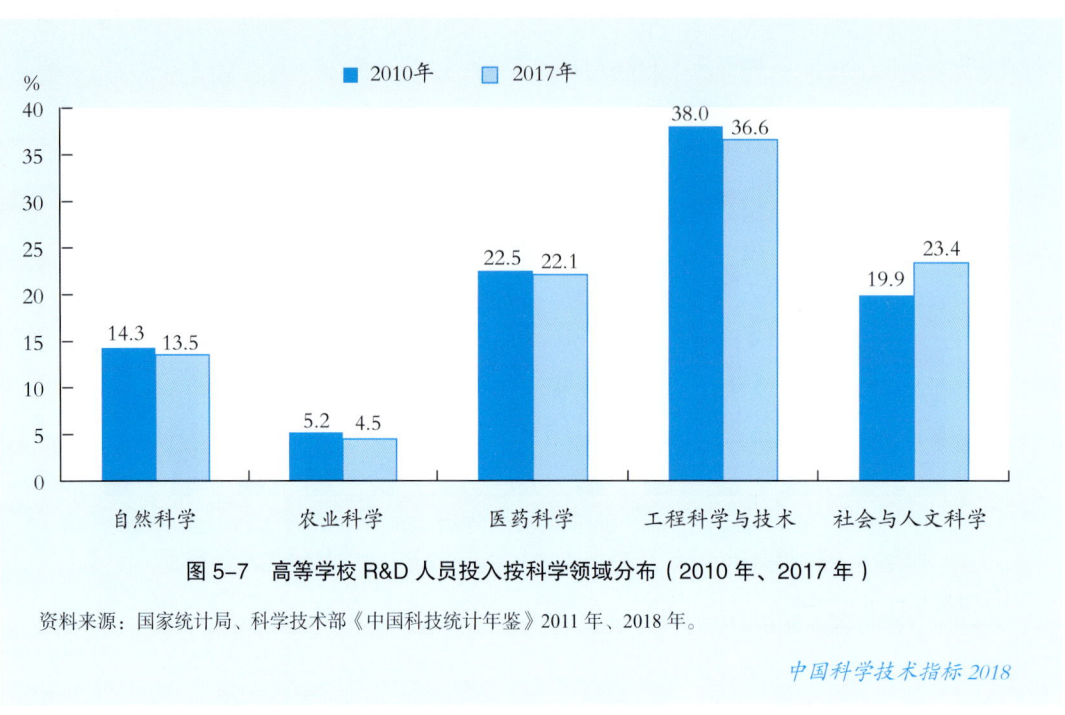

图 5-7 高等学校 R&D 人员投入按科学领域分布（2010 年、2017 年）

资料来源：国家统计局、科学技术部《中国科技统计年鉴》2011 年、2018 年。

中国科学技术指标 2018

四、高等学校 R&D 人员国际比较

从世界范围来看，中国高等学校 R&D 人员全时当量具有规模优势，但其占全国 R&D 人员总量的比重与发达国家相比还具有较大差距。2017 年，中国高等学校 R&D 人员全时当量为 38.2 万人年，日本为 21.2 万人年，英国、德国、法国和俄罗斯 R&D 人员分别为18.8、14.5、11.9 和 10.2 万人年，中国高等学校 R&D 人员全时当量远超上述国家。2017 年，英国高等学校 R&D 人员全时当量占全国 R&D 人员全时当量的比例达 44.3%，丹麦、加拿大、芬兰、比利时等国家在 30% 以上，法国、瑞典、荷兰、奥地利、德国均在 20% 以上，韩国和俄罗斯分别为 14.9% 和 13.1%，中国高等学校 R&D 人员占比仅为 9.5%，相对较低（图 5-8）。

R&D 人员包括研究人员、技术人员和其他辅助人员。研究人员占 R&D 人员的比例一定程度上反映了 R&D 人员结构的合理性。2017 年，中国高等学校拥有研究人员全时当量 32.8 万人年，位居世界前列，占高等学校 R&D 人员总量的 85.8%。从部分发达国家来看，瑞典这一比例为 91.0%，英国为 89.7%，加拿大为 80.6%，芬兰为 79.5%，比利时为 77.9%，德国为 77.8%，俄罗斯为 74.8%，日本为 65.4%，韩国为 55.4%。与发达国家相比，中国高等学校研究人员全时当量及其占 R&D 人员比例相对较高（图 5-9）。

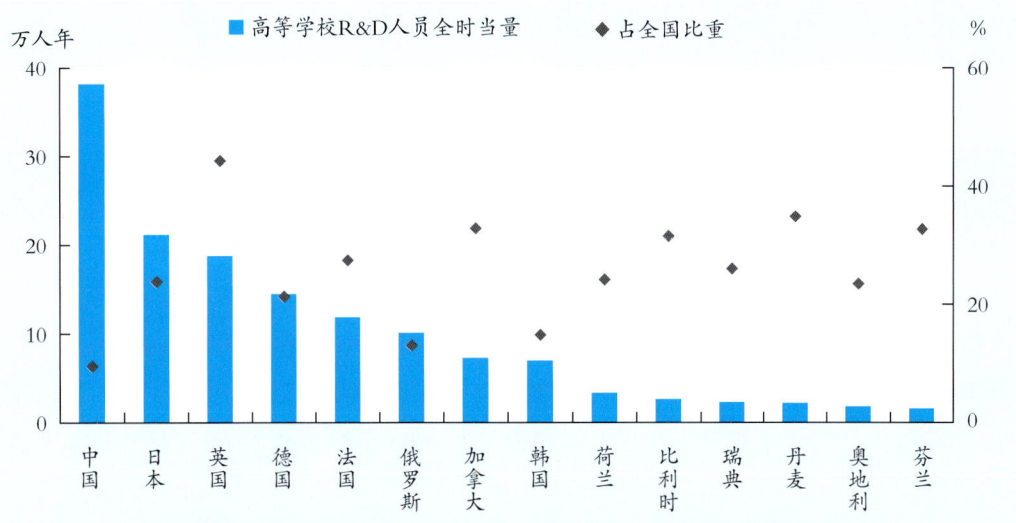

图 5-8　部分国家高等学校 R&D 人员全时当量及其占本国总量的比重（2017 年）

注：加拿大为 2016 年数据。
资料来源：OECD，Main Science and Technology Indicators，2018-2。

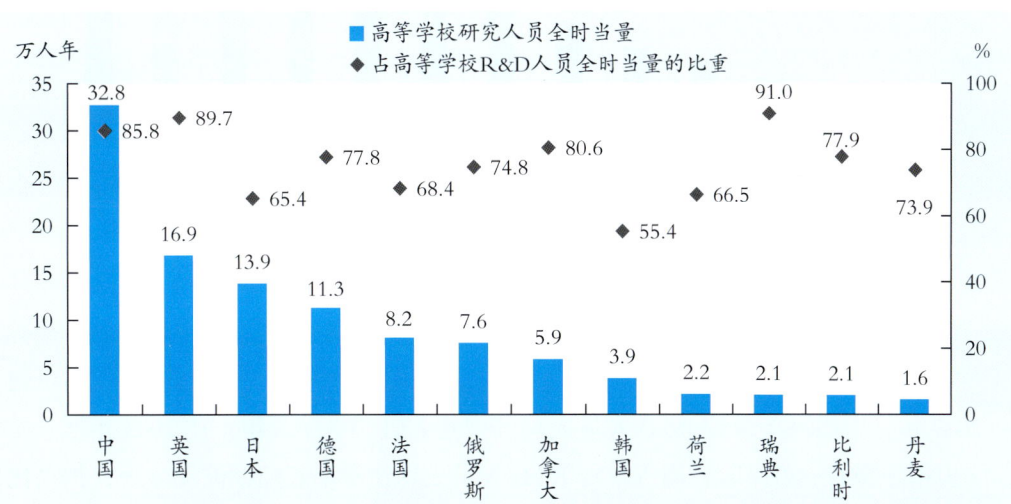

图 5-9　部分国家高等学校研究人员全时当量及其占高等学校 R&D 人员的比重（2017 年）

注：加拿大为 2016 年数据。
资料来源：OECD，Main Science and Technology Indicators，2018-2。

第三节 高等学校的研究与试验发展经费

研究与试验发展（R&D）经费是高等学校开展科技创新活动的重要保障，是提升研发水平的物质基础。加大高等学校研究与试验发展经费投入，提高经费使用效率，对加快创新型国家建设具有重要意义。

一、研究与试验发展经费规模

2017年，高等学校R&D经费为1266.0亿元，比上年增长193.8亿元。2005—2017年，中国高等学校R&D经费持续增长，年均增速为14.8%。2005—2017年，高等学校R&D经费占全国R&D经费总量的比重呈现下降趋势，由2005年的9.9%降至2017年的7.2%（图5-10）。

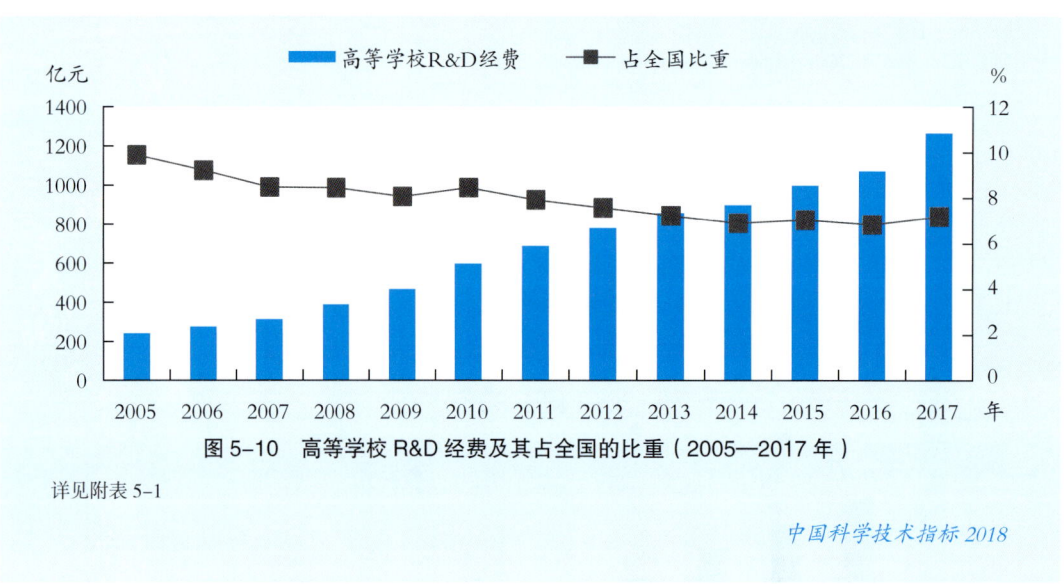

图5-10 高等学校R&D经费及其占全国的比重（2005—2017年）

详见附表5-1

中国科学技术指标2018

2017年，中国高等学校R&D人员人均经费达33.1万元/人年，比2005年增长22.4万元/人年。2005—2017年，高等学校R&D人员人均经费增长速度波动显著，按可比价计算，2010年的增长速度为近12年来最高值。近5年R&D人员人均经费增速趋于平稳，2017年为11.2%（图5-11）。

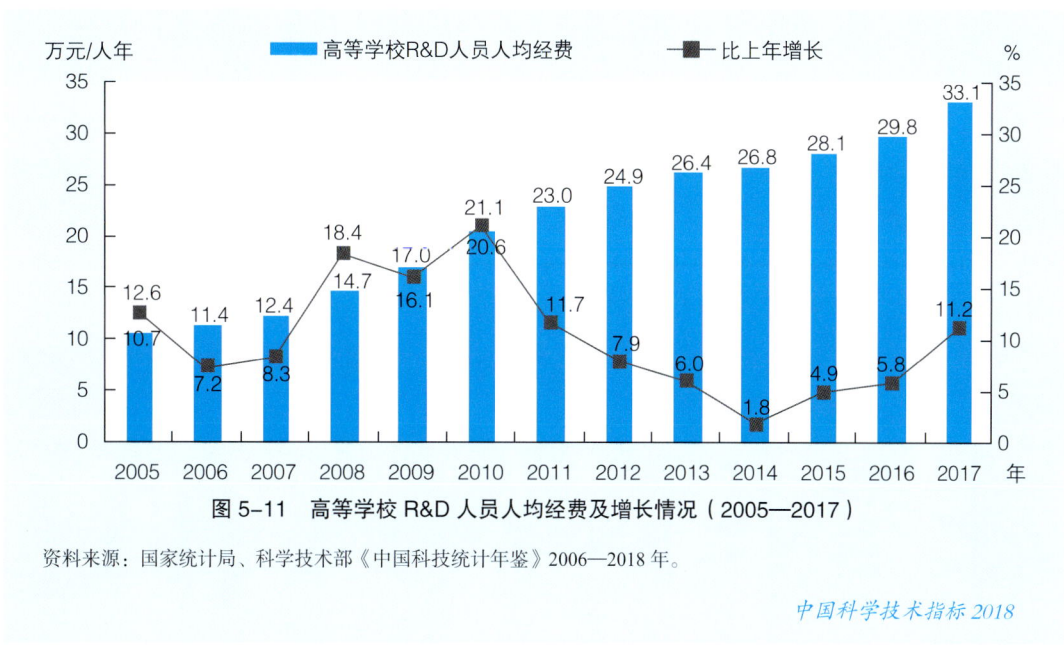

图 5-11 高等学校 R&D 人员人均经费及增长情况（2005—2017）

资料来源：国家统计局、科学技术部《中国科技统计年鉴》2006—2018 年。

二、研究与试验发展经费结构

2017 年高等学校 R&D 经费中，基础研究经费为 531.1 亿元，应用研究经费占最大份额，为 623.1 亿元，试验发展经费为 111.8 亿元。2005—2017 年，高等学校基础研究经费占 R&D 经费比例明显提高，由 2005 年的 23.4% 上升为 2017 年的 42.0%；应用研究经费所占比例比较稳定，基本保持在 50%～55%；试验发展经费所占比例呈逐年减少态势，由 2005 年的 25.0% 下降为 2017 年的 8.8%（图 5-12）。

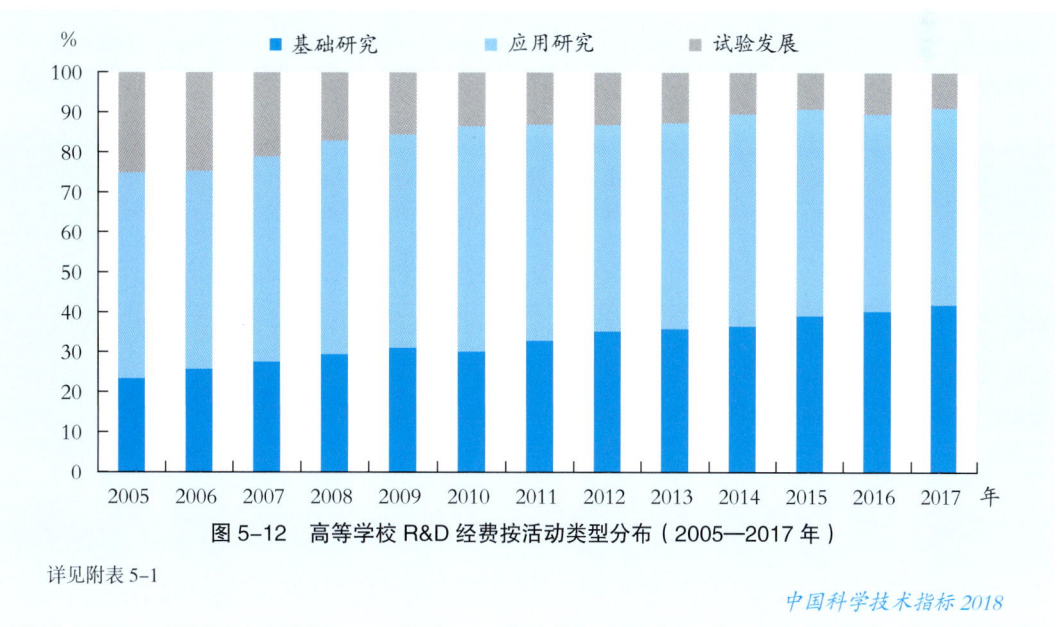

图 5-12 高等学校 R&D 经费按活动类型分布（2005—2017 年）

详见附表 5-1

2005—2017年，高等学校R&D经费占全国R&D经费的比重总体呈现下降趋势。在此期间，高等学校基础研究经费占全国基础研究经费比重、高等学校应用研究经费占全国应用研究经费比重均呈上升态势，基础研究经费所占比重上升尤为显著，由2005年的43.2%增加到2017年的54.4%，提高了11.2个百分点；应用研究经费所占比重从2005年的28.8%提高到2017年的33.7%，提高了4.9个百分点；试验发展经费所占比重处于递减态势，2017年为0.8%，比2005年减少了2.4个百分点（图5-13）。

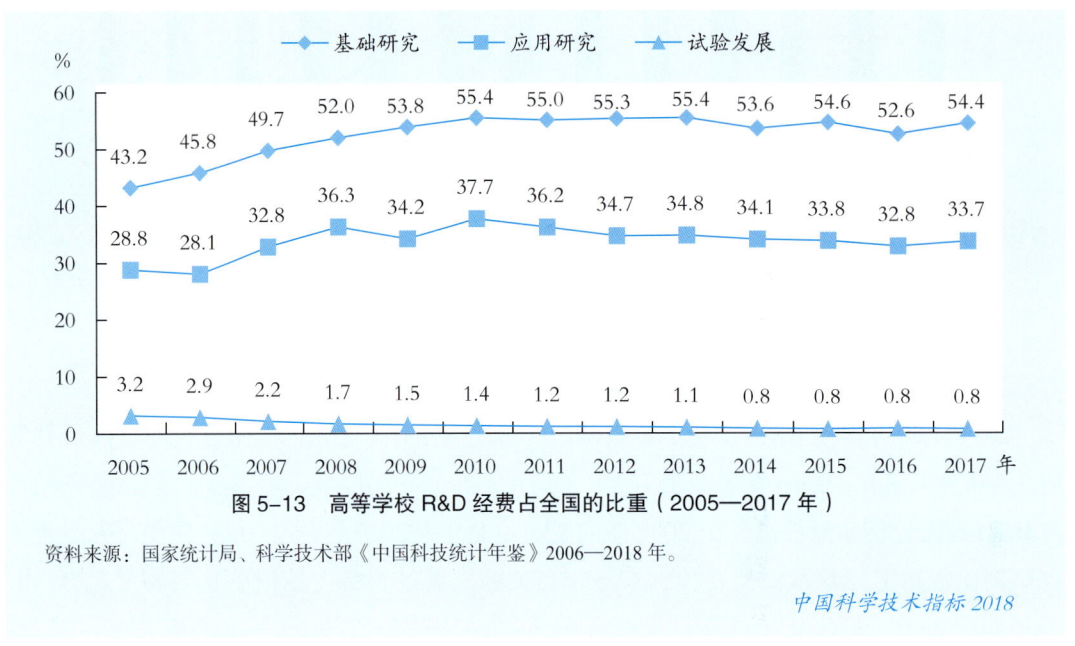

图5-13　高等学校R&D经费占全国的比重（2005—2017年）

资料来源：国家统计局、科学技术部《中国科技统计年鉴》2006—2018年。

高等学校R&D课题的经费情况，间接反映了高等学校R&D经费的学科分布。2017年，高等学校R&D课题经费为877.0亿元，其中，自然科学领域R&D课题经费为169.0亿元，占总量的19.3%；农业科学领域为51.7亿元，占5.9%；医药科学领域为116.0亿元，占13.2%；工程科学与技术领域达到445.7亿元，占50.8%；社会与人文科学领域为94.5亿元，占10.8%。由此可见，高等学校的R&D经费主要集中于工程科学与技术领域。与2010年相比，2017年各学科领域R&D课题经费均有不同程度的变化。其中，农业科学领域、工程科学与技术领域R&D课题经费占比分别比2010年减少2.0和7.8个百分点，自然科学领域、医药科学领域和社会与人文领域分别比2010年提高2.6个百分点、2.5个百分点和4.6个百分点（图5-14）。

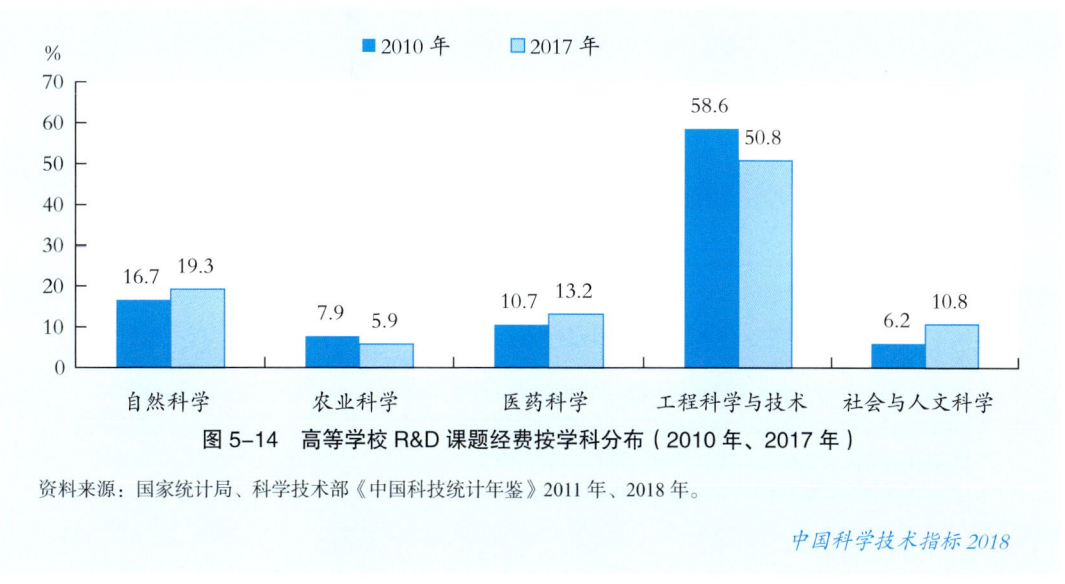

图 5-14 高等学校 R&D 课题经费按学科分布（2010 年、2017 年）

资料来源：国家统计局、科学技术部《中国科技统计年鉴》2011 年、2018 年。

中国科学技术指标2018

与 2010 年相比，2017 年 R&D 课题经费投入增长较快的学科是临床医学、材料科学、土木建筑工程、机械工程和物理学，总计增加 126.0 亿元。其中，临床医学的课题经费增幅最大，达 30.8 亿元；其次是材料科学，增加 28.6 亿元。

三、研究与试验发展经费来源

政府资金是高等学校 R&D 经费的主要来源。2017 年高等学校 R&D 经费中，政府资金为 804.5 亿元，比上年增长 17.0%；企业资金为 360.4 亿元，比上年增长 16.1%；其他资金和国外资金为 101.1 亿元，比上年增长 36.6%。2005—2017 年，高等学校 R&D 经费中政府资金的比例始终在 50% 以上，并总体呈增长态势，从 2005 年的 54.9% 上升到 2017 年的 63.6%；企业资金的比例呈下降趋势，从 2005 年的 36.7% 下降到 2017 年的 28.5%；其他资金和国外资金占比相对稳定，基本保持在 5%～7.5%（图 5-15）。

R&D 课题经费来源可以在很大程度上反映 R&D 经费来源。2017 年高等学校 R&D 课题经费中，国家科技计划项目经费为 449.0 亿元，占 51.2%，比 2010 年增长 0.6 个百分点；地方政府科技项目经费为 112.3 亿元，占 12.8%，比 2010 年增长 1.3 个百分点；企业委托科技项目经费为 274.1 亿元，占 31.3%，比 2010 年减少 2.4 个百分点；高等学校自选科技项目、来自国外的项目及其他项目经费共计 41.7 亿元，占 4.8%，比 2010 年增长 0.6 个百分点（图 5-16）。

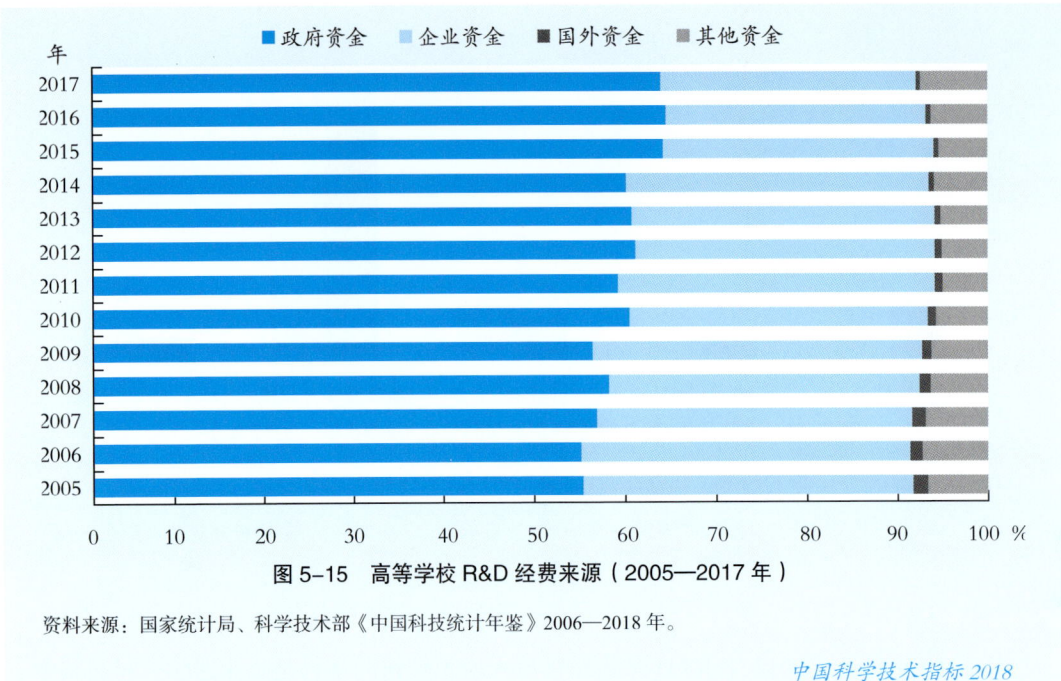

图 5-15　高等学校 R&D 经费来源（2005—2017 年）

资料来源：国家统计局、科学技术部《中国科技统计年鉴》2006—2018 年。

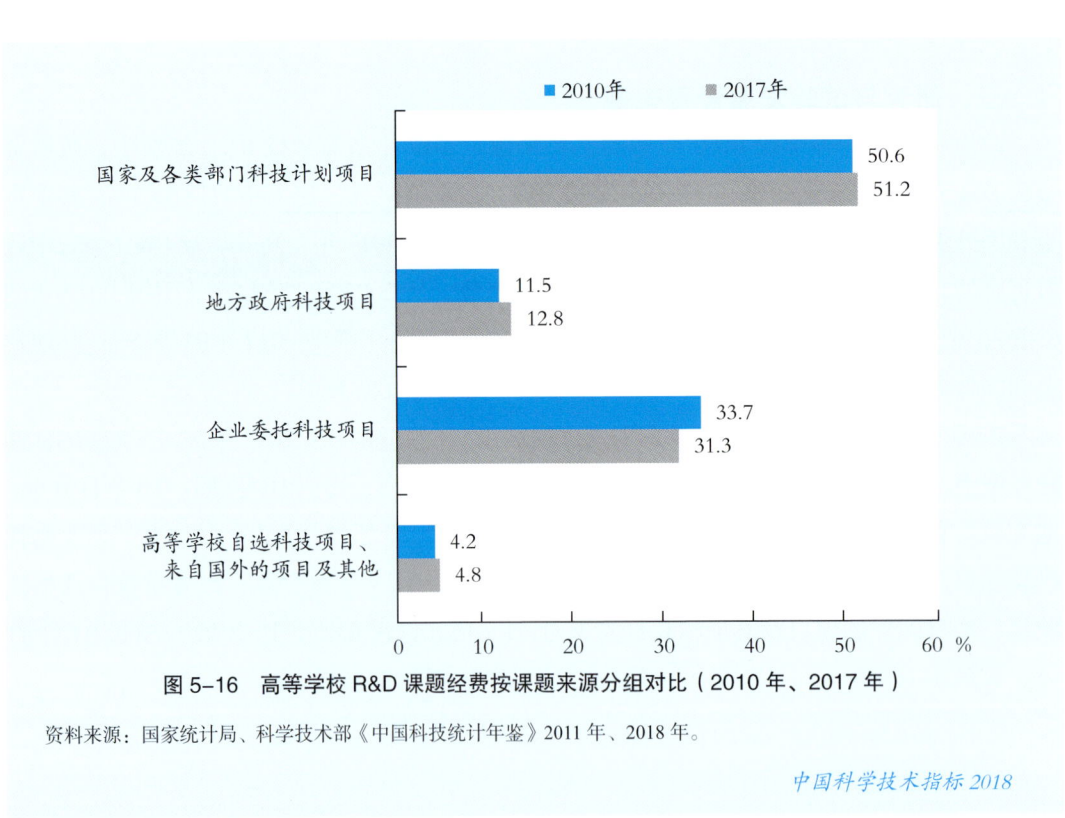

图 5-16　高等学校 R&D 课题经费按课题来源分组对比（2010 年、2017 年）

资料来源：国家统计局、科学技术部《中国科技统计年鉴》2011 年、2018 年。

四、研究与试验发展经费国际比较

从各国投入的 R&D 经费总量看,2017 年,中国高等学校 R&D 经费为 187.3 亿美元,其投入规模远远落后于美国的 708.3 亿美元,但已超过意大利、荷兰等部分发达国家,与日本、德国等国家比较接近。

高等学校 R&D 经费占本国 R&D 总经费的比重反映了各国对高等学校 R&D 活动的重视程度。2017 年,中国高等学校 R&D 经费占本国 R&D 总经费的 7.2%,在国际上处于较低水平。发达国家高等学校 R&D 经费占本国 R&D 总经费的比重普遍在 10% 以上,荷兰、瑞典、意大利、英国和法国的比例保持在 20%～30%,加拿大甚至在 40% 以上。韩国和俄罗斯的比例相对偏低,分别为 8.5% 和 9.0%(图 5-17)。

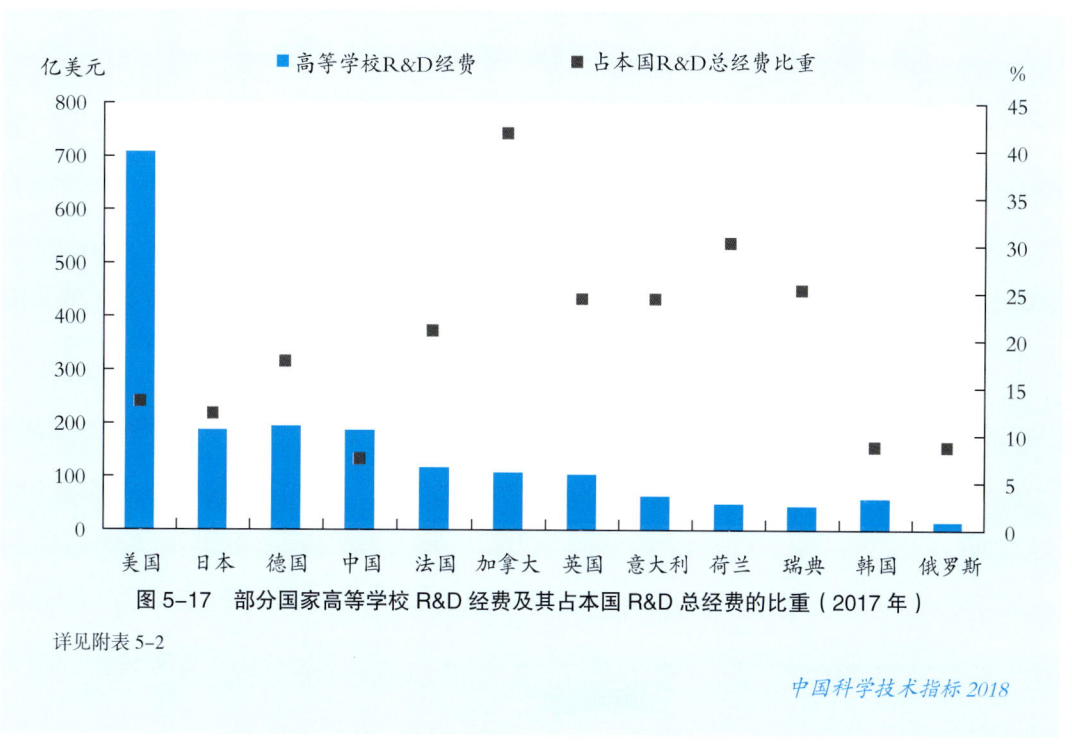

图 5-17 部分国家高等学校 R&D 经费及其占本国 R&D 总经费的比重(2017 年)

详见附表 5-2

中国科学技术指标 2018

总体来看,各国高等学校开展的 R&D 活动以基础研究和应用研究为主。由于各国科研体制不同,高等学校 R&D 经费按活动类型分布存在一定差异。美国和法国基础研究经费所占比例相对较高,分别为 61.8% 和 74.2%。中国、英国和俄罗斯等国家应用研究经费占据较高比例,约为 50%。韩国高等学校基础研究、应用研究及试验发展活动经费均保持在 30% 左右(图 5-18)。

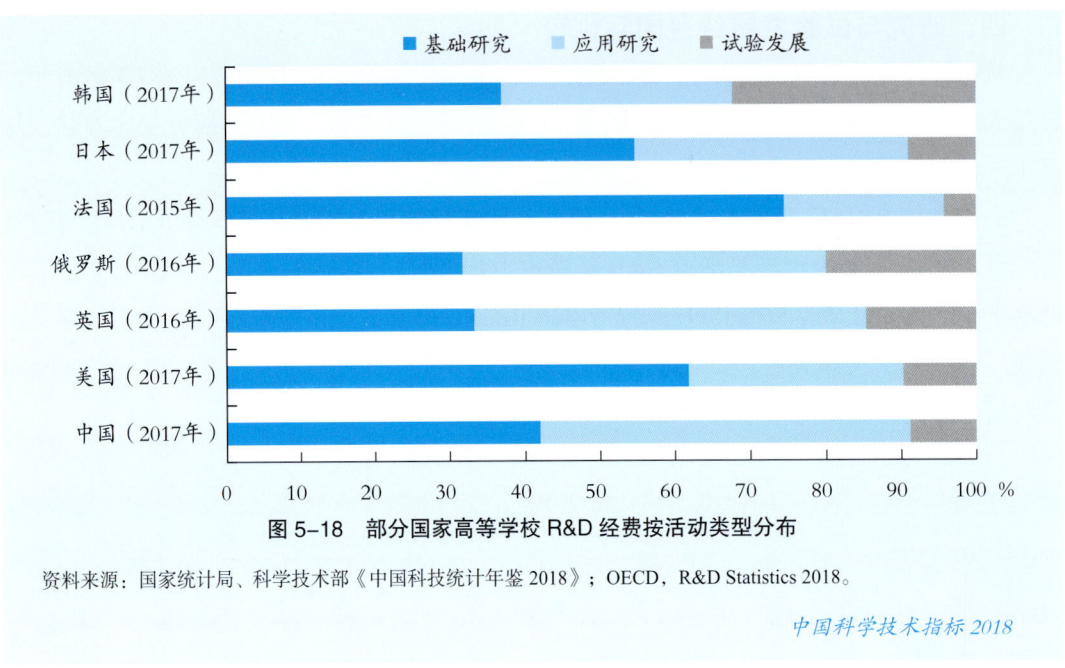

图 5-18 部分国家高等学校 R&D 经费按活动类型分布

资料来源：国家统计局、科学技术部《中国科技统计年鉴 2018》；OECD，R&D Statistics 2018。

高等学校 R&D 经费与 GDP 的比值反映了高等学校的 R&D 经费投入强度。2017 年，中国高等学校 R&D 经费投入强度为 0.15%，比 2005 年提高 0.02 个百分点，略高于俄罗斯（0.10%）。德国、法国、韩国、英国、日本、美国等发达国家高等学校 R&D 经费投入强度普遍在 0.35% 以上（图 5-19）。

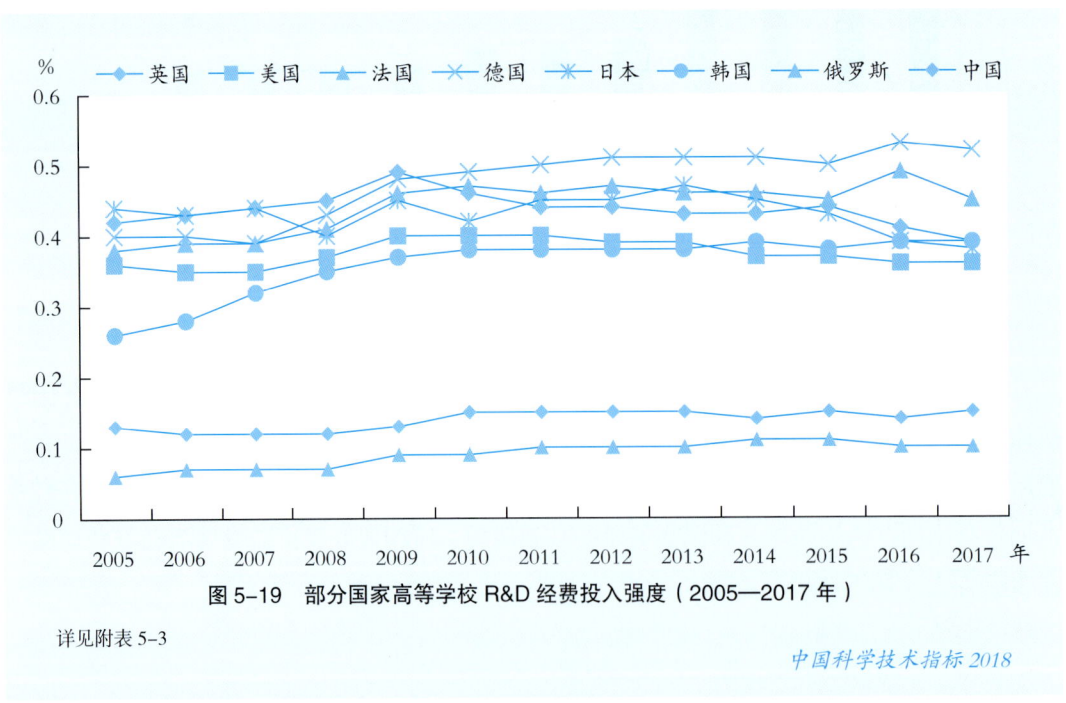

图 5-19 部分国家高等学校 R&D 经费投入强度（2005—2017 年）

详见附表 5-3

第四节　高等学校科技活动产出与成果转化

近年来，中国高等学校科技论文、专利等科技活动产出稳步增长，科技成果转移转化进程不断加快，为中国产业结构转型升级提供了有力支撑。

一、科技论文

近几年，高等学校国内科技论文数量相对保持稳定。2017年，中国高等学校国内科技论文总数达到31.2万篇，约为2005年的1.3倍。2005年以来，高等学校国内科技论文数占全国总数的比重始终保持在60%以上（图5-20）。

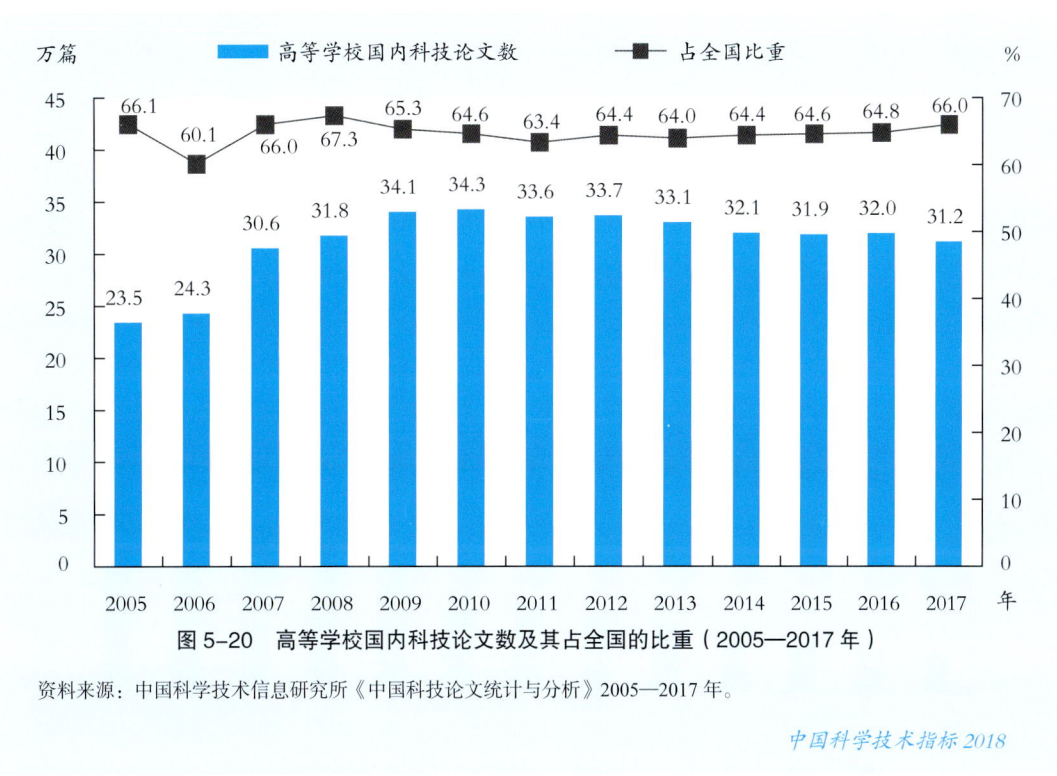

图5-20　高等学校国内科技论文数及其占全国的比重（2005—2017年）

资料来源：中国科学技术信息研究所《中国科技论文统计与分析》2005—2017年。

高等学校国内科技论文主要来自工业技术和医疗卫生领域。2017年，工业技术和医疗卫生领域的论文数量分别为12.9万篇和11.4万篇，分别占到高等学校国内论文总数的41.4%和36.5%；基础学科和农林牧渔领域的论文数量为3.3万篇和2.0万篇，分别占10.4%和6.3%（图5-21）。

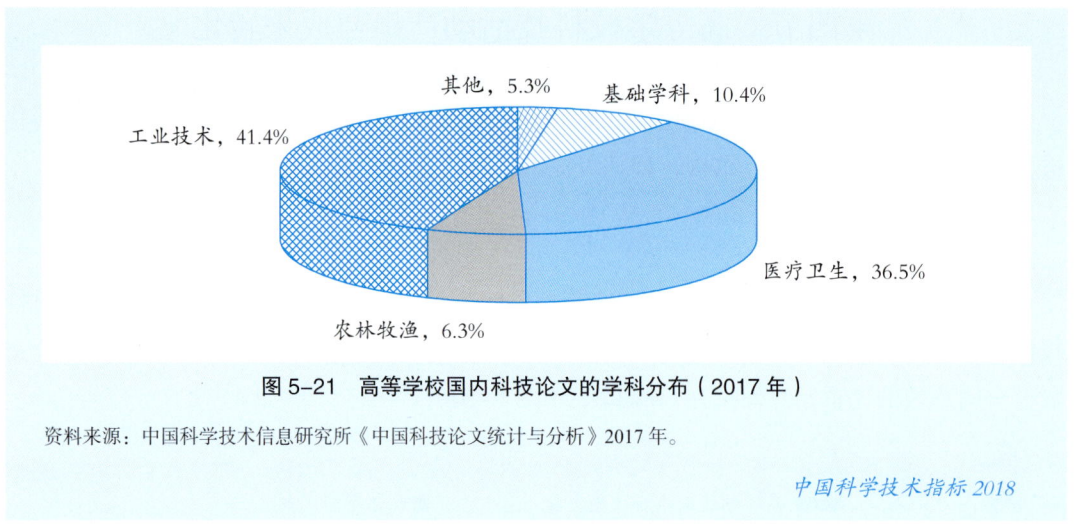

图 5-21　高等学校国内科技论文的学科分布（2017 年）

资料来源：中国科学技术信息研究所《中国科技论文统计与分析》2017 年。

中国科学技术指标 2018

2005—2017 年，高等学校 SCI 论文数量逐年攀升。2017 年达到 27.3 万篇，比 2005 年增加 22.4 万篇，增长近 5 倍。高等学校在科学研究领域的主导地位基本保持稳定，SCI 论文数占全国总数的比重自 2006 年一直保持在 80% 以上（图 5-22）。

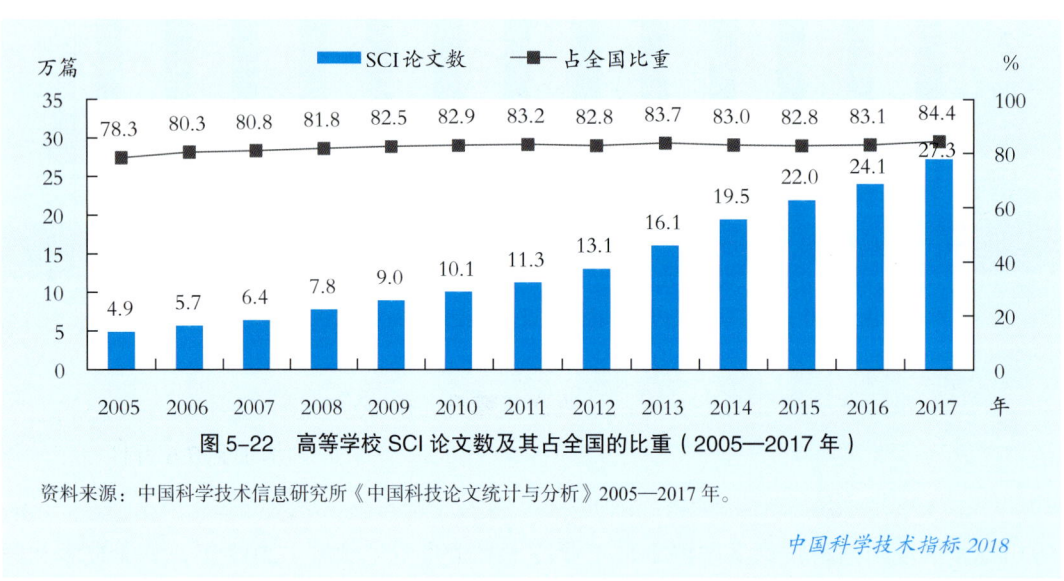

图 5-22　高等学校 SCI 论文数及其占全国的比重（2005—2017 年）

资料来源：中国科学技术信息研究所《中国科技论文统计与分析》2005—2017 年。

中国科学技术指标 2018

二、专利

随着国家知识产权制度不断完善和科技人员知识产权保护意识普遍提高，高等学校专利申请量实现大幅增长，从 2005 年的 2.0 万件增加到 2017 年的 33.6 万件，年均增长 26.5%。其中，发明专利申请量由 1.5 万件增加到 18.0 万件，年均增长 23.0%。

2005 年以来，高等学校专利申请量占全国专利申请总数的比重增长缓慢，2017 年达到 9.5%，仍处于 10% 以下。2005—2017 年，高等学校发明专利申请占高等学校专利申请总数的比重处于下降趋势，2005 年为 73.5%，到 2017 年降至 53.5%（图 5-23）。

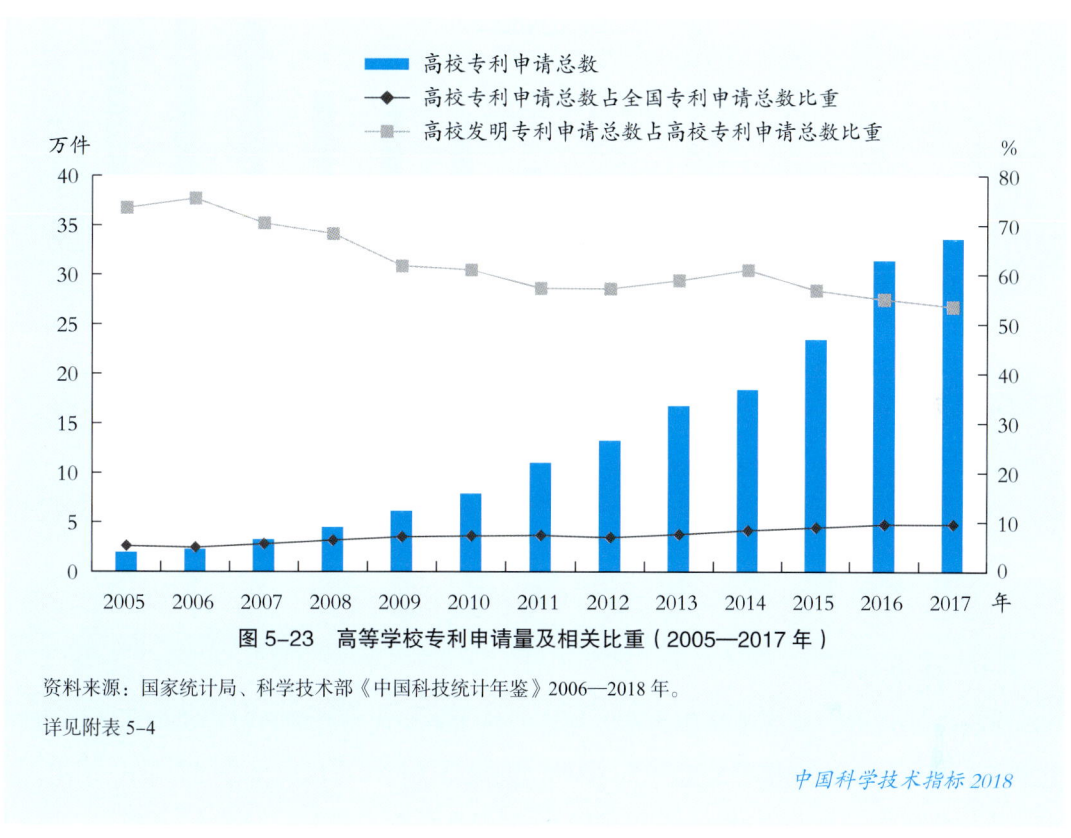

图 5-23　高等学校专利申请量及相关比重（2005—2017 年）

资料来源：国家统计局、科学技术部《中国科技统计年鉴》2006—2018 年。

详见附表 5-4

2005—2017 年，高等学校专利授权数连年攀升，由 2005 年的 7399 件增加到 2017 年的 17.0 万件，年均增长 29.9%。其中，发明专利授权量由 4454 件增加到 7.6 万件，年均增长 26.7%。2005 年以来，高等学校专利授权量占全国专利授权总数的比重不断增长，2017 年该比重为 9.9%，比 2005 年增长 5.6 个百分点。高校发明专利授权量占高校专利授权总量的比重有所下降，2017 年为 44.4%，比 2005 年的 60.2% 减少 15.8 个百分点（图 5-24）。

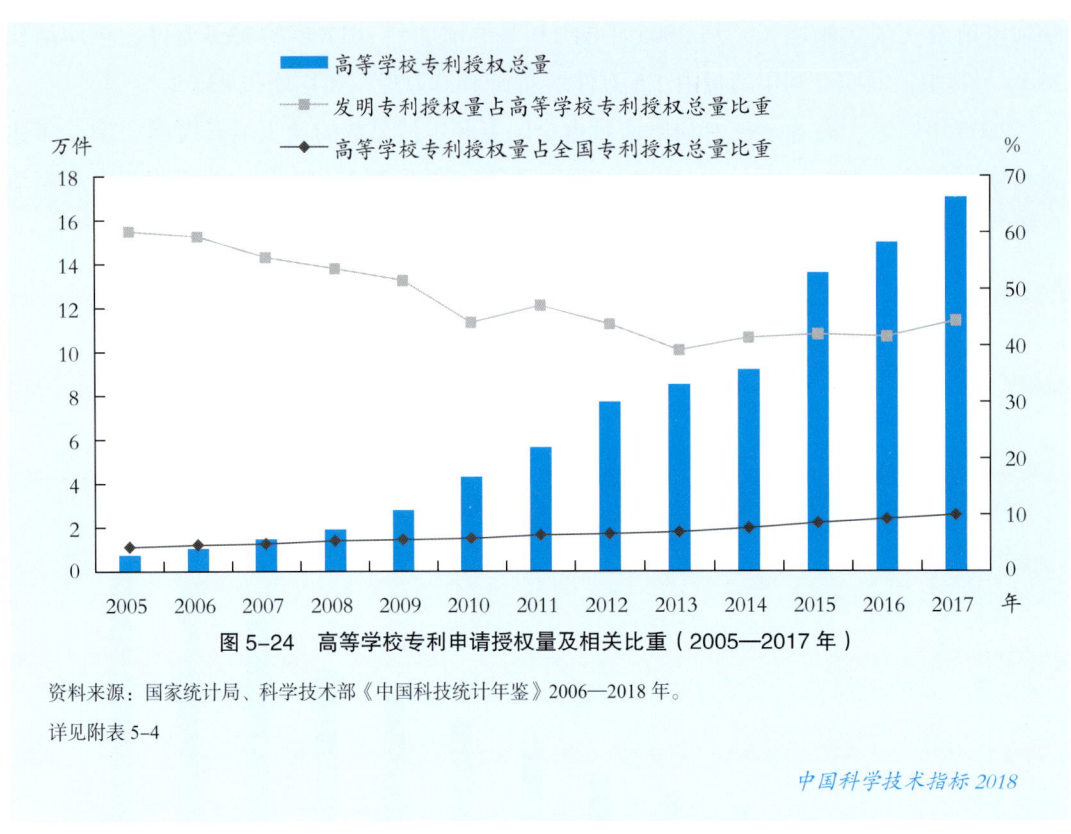

图 5-24　高等学校专利申请授权量及相关比重（2005—2017 年）

资料来源：国家统计局、科学技术部《中国科技统计年鉴》2006—2018 年。

详见附表 5-4

中国科学技术指标 2018

三、技术交易[①]

2006—2017 年，高等学校作为卖方签订的技术市场成交合同数量稳步增长，2017 年达到 7.0 万项，比 2006 年增长 2.2 倍。同期，高等学校技术市场成交合同数量占全国总数的比重持续攀升，由 10.7% 提高到 19.0%（图 5-25）。

从自然科学与工程技术领域高等学校情况看，本科院校是参与技术转让的主要力量。2017 年，"211" 及省部共建高等学校签订的技术转让合同数占高等学校签订合同总数的 36.7%，比 2006 年下降 22 个百分点；其他本科高等学校签订的技术转让合同数占 57.9%，比 2006 年提高 6.8 个百分点；高等专科学校签订的技术转让合同数占 5.4%，比 2006 年提高 4.7 个百分点。

2017 年，高等学校技术市场成交合同金额达 355.8 亿元，是 2006 年的 4.7 倍，占全国技术市场成交合同金额的比重为 2.7%（图 5-26）。

---

① 在本节中，高等学校技术交易总量数据来自国家统计局、科学技术部《中国科技统计年鉴》，结构数据来自教育部科技司《高等学校科技统计资料汇编》。

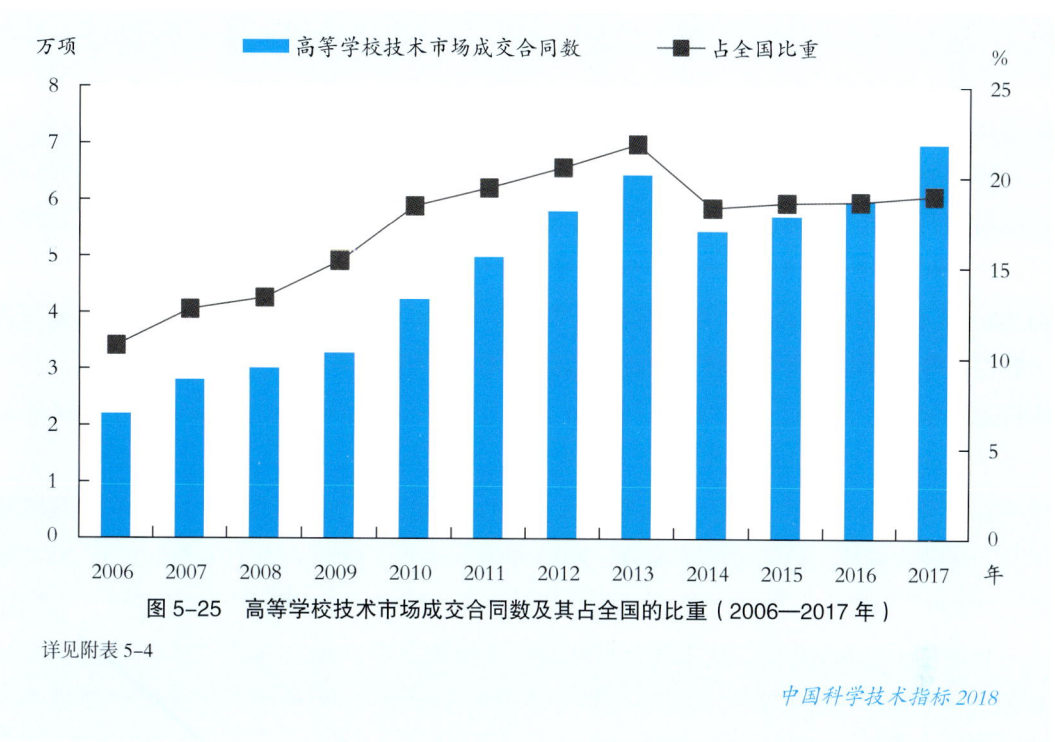

图 5-25　高等学校技术市场成交合同数及其占全国的比重（2006—2017 年）

详见附表 5-4

中国科学技术指标 2018

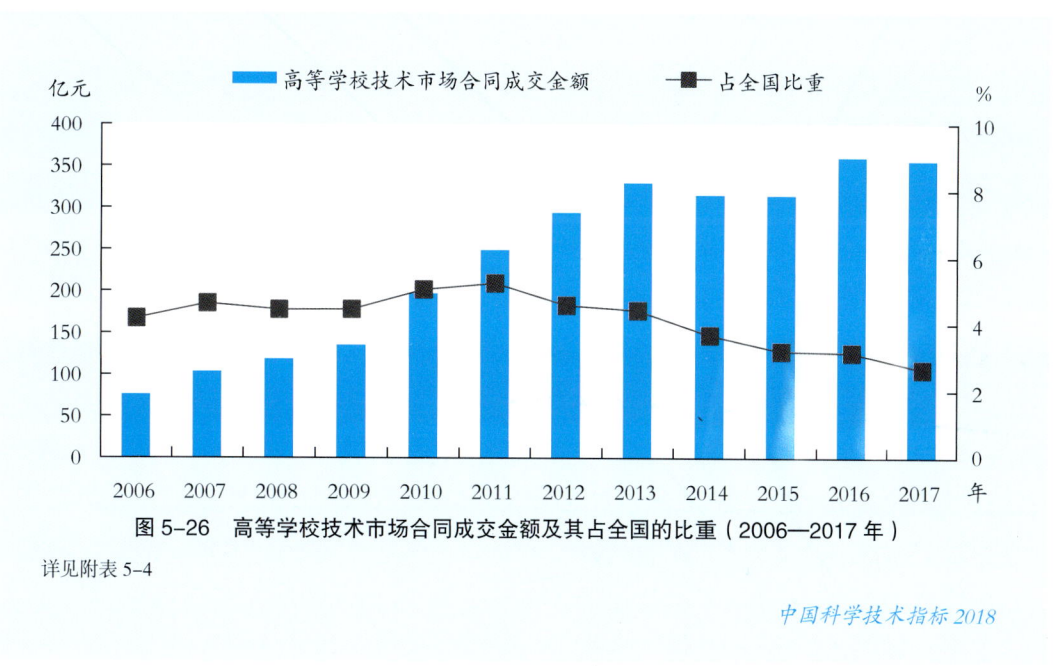

图 5-26　高等学校技术市场合同成交金额及其占全国的比重（2006—2017 年）

详见附表 5-4

中国科学技术指标 2018

从自然科学与工程技术领域高等学校技术转让情况看，2017 年，"211" 及省部共建

129

高等学校技术转让合同金额占高等学校技术转让合同金额的68.0%，与2006年持平；其他本科高等学校占31.5%，比2006年下降0.5个百分点；高等专科学校占0.5%，比2006年提高0.3个百分点。

2017年，高等学校专利所有权转让及许可数为5942项，比2009年增长2.7倍。从自然科学与工程技术领域高等学校的情况看，2017年专利所有权转让及许可数为5899项，比2007年增长7.3倍，2007—2017年整体快速增长，特别是2016年比2015年增长78.2%。从不同类型的高等学校情况看，"211"及省部共建高等学校专利所有权转让及许可数占高等学校专利所有权转让及许可总数的41.7%，比2007年下降3.5个百分点；其他本科高等学校占50.7%，比2007年下降4个百分点；高等专科学校占7.6%，比2007年上升7个百分点。

2017年，高等学校专利出售实际收入为19.6亿元，比2009年增长2.4倍。从自然科学与工程技术领域高等学校的情况看，2017年专利出售实际收入为19.6亿元，比2007年增长8.4倍，2007—2017年整体在波动中增长，2009年和2016年增长幅度较大，分别比上一年增长1倍和0.8倍。从不同类型的高等学校情况看，2017年，"211"及省部共建高等学校专利出售实际收入占高等学校专利出售实际收入的55.7%，比2007年下降22.9个百分点；其他本科高等学校占43.5%，比2007年上升22.1个百分点；高等专科学校占0.8%。

第六章 政府研究机构的科技活动

中国政府研究机构是指隶属于国务院各部门和地方政府部门的独立研究机构（以下简称"研究机构"）。研究机构是国家创新体系的重要组成部分，也是中国基础性、战略性和公益性研究的主要执行部门。2017年，中国研究机构共有3547个，R&D人员为40.6万人年，占全国R&D人员的比重保持在10%左右。R&D经费为2435.7亿元，中央属研究机构R&D经费占87.7%，政府资金占研究机构R&D经费的比重保持在80%以上。研究机构R&D经费支出中，基础研究和应用研究占比分别为15.8%和28.7%。随着中国科技投入不断加大，研究机构的科技论文、专利申请、专利授权、技术合同成交额等产出保持持续增长。

第一节 研究机构基本概况

近年来，研究机构数量呈逐渐减少态势，其中，地方属研究机构数量减少较多。从事农业科学、工程与技术科学的研究机构数量均在30%以上。

一、研究机构数量

2017年，中国研究机构共有3547个，其中，中央属研究机构728个，地方属研究机构2819个（图6-1）。2005—2017年，研究机构数量总体呈逐年减少态势，累计减少354个，其中，地方属研究机构数量减少较多，从2005年的3222个减少到2017年的2819个，减少403个；中央属研究机构数量略有增加，从2005年的679个增加到2017年的728个，增加49个。

二、研究机构按地区分布

2017年，中国研究机构的数量按照地区分布来看，东部地区机构数量最多，为1419个，占全国研究机构总量的40.0%，中部、西部地区机构数量分别为985个、733个，分别占全国的27.8%、20.7%，东北部地区科研机构数量最少，为410个，占全国研究机构总数的11.6%。

从地区分布来看，研究机构数量排名居前3位的分别是北京、广东和山东。北京共有391家研究机构，占全国研究机构总数的11.0%，广东和山东分别拥有199家和198家研究机构，均占总量的5.6%左右（图6-2）。

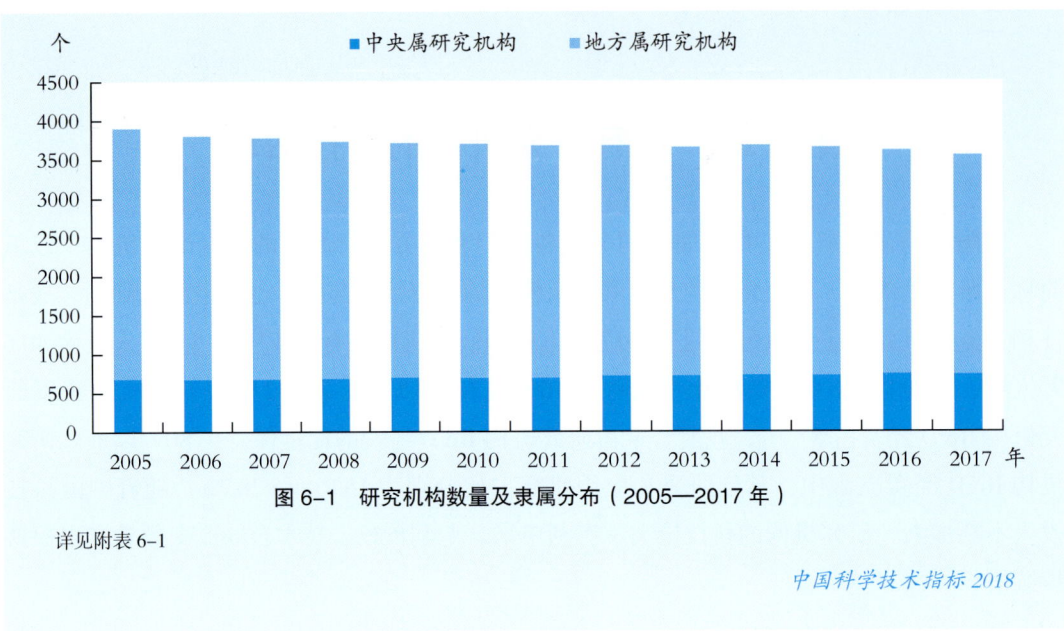

图 6-1 研究机构数量及隶属分布（2005—2017年）

详见附表6-1

中国科学技术指标2018

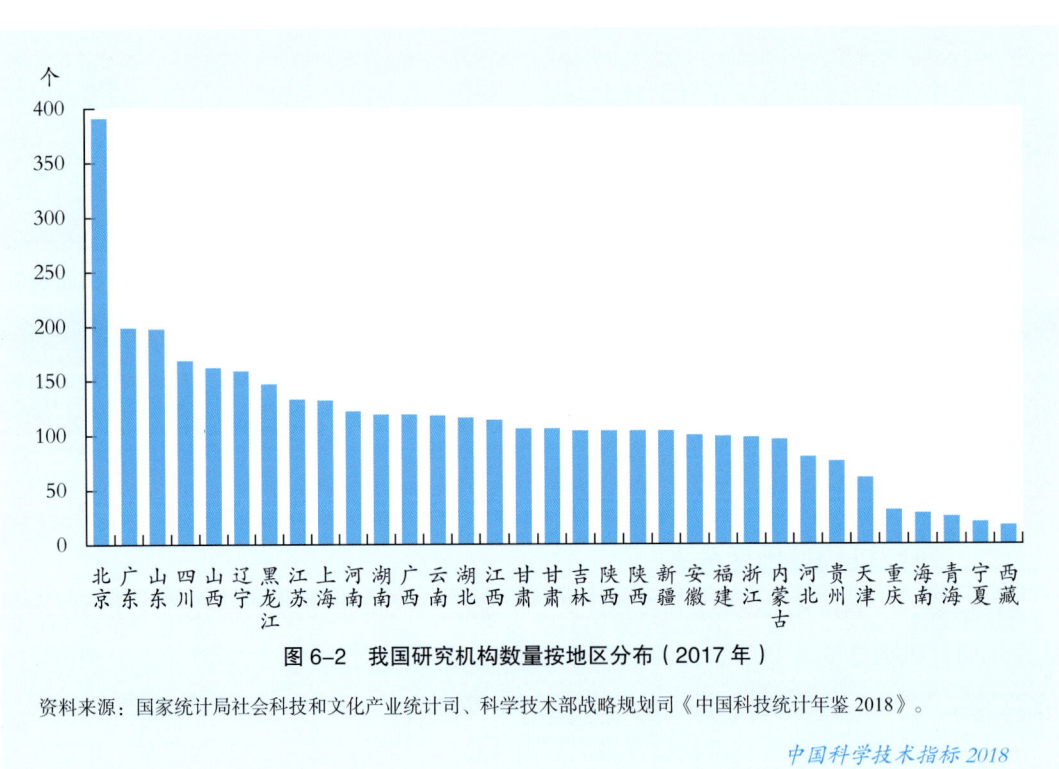

图 6-2 我国研究机构数量按地区分布（2017年）

资料来源：国家统计局社会科技和文化产业统计司、科学技术部战略规划司《中国科技统计年鉴2018》。

中国科学技术指标2018

三、研究机构按学科分布

从研究机构从事的学科分类看，2017年，从事农业科学的研究机构数量最多，为1247个，占全国研究机构总数的35.2%；其次是工程与技术科学研究机构，为1111个，占31.3%；自然科学、医药科学、人文与社会科学机构数量分别为265个、285个和639个，分别占7.5%、8.0%和18.0%（图6-3）。

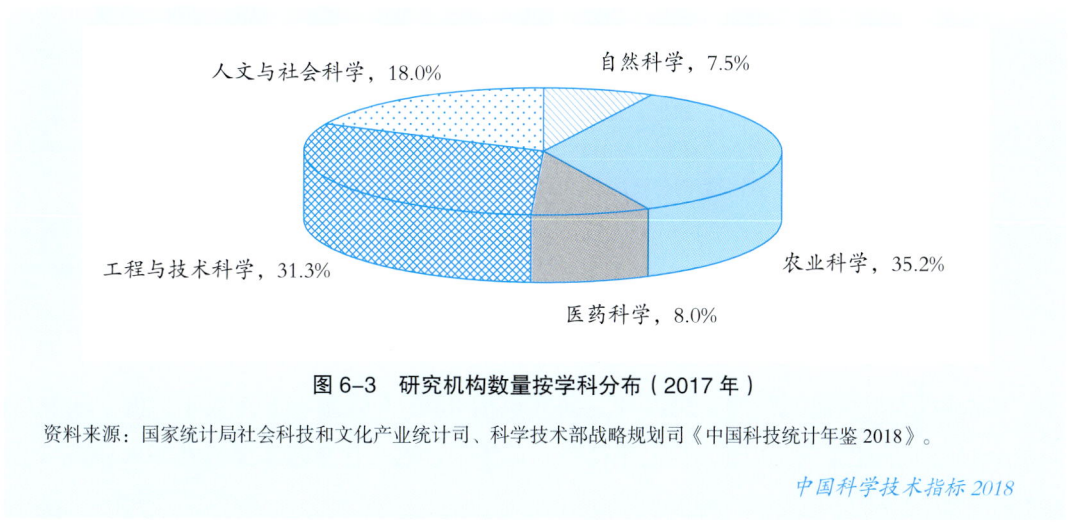

图6-3 研究机构数量按学科分布（2017年）

资料来源：国家统计局社会科技和文化产业统计司、科学技术部战略规划司《中国科技统计年鉴2018》。

第二节 研究机构的研究与试验发展人员

2017年，研究机构的R&D人员总量持续增加，R&D人员占科技活动人员的比重达到76.5%；基础研究人员数量及占R&D人员比重逐年提高；博硕士学位人员占R&D人员的比重从2009年的35.9%提高到2017年的53.4%。研究机构R&D人员折合全时当量占全国R&D人员全时当量的比重稳定在10%左右。

一、R&D人员

2017年，中国研究机构R&D人员共46.2万人，其中，女性15.4万人；博士毕业8.2万人，硕士毕业16.5万人。2005年以来，研究机构的R&D人员规模不断扩大，2005—2017年年均增长5.6%。研究机构R&D人员占科技活动人员的比重持续上升，由2005年的52.9%提高到2017年的76.5%（图6-4）。

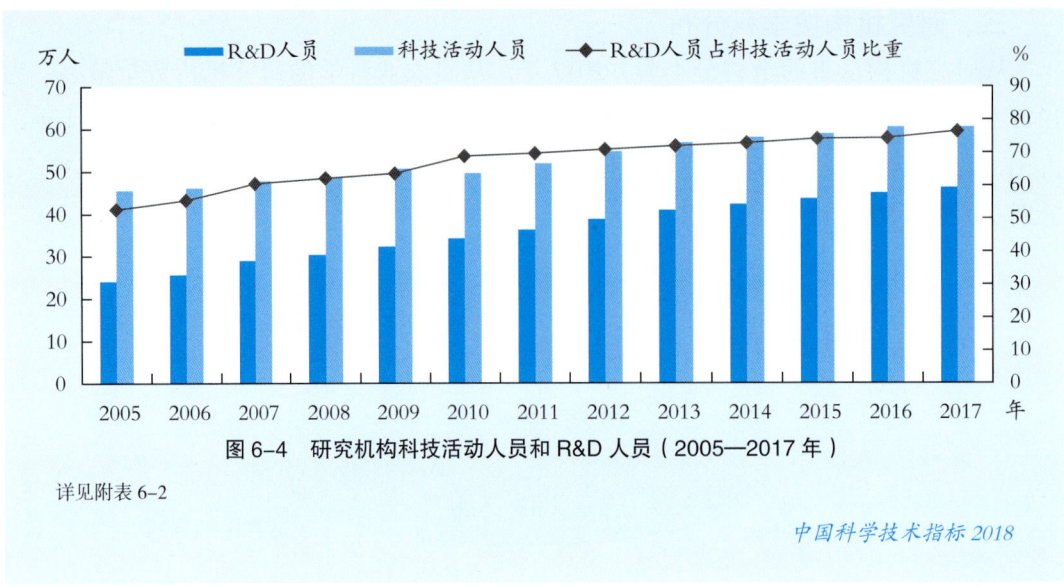

图 6-4 研究机构科技活动人员和 R&D 人员（2005—2017 年）

详见附表 6-2

中国科学技术指标 2018

从 R&D 人员全时当量看，2017 年，研究机构 R&D 人员为 40.6 万人年，占全国 R&D 人员全时当量的比重为 10.1%，与上年持平。近年来，这一比重基本保持在 10% 左右（图 6-5）。

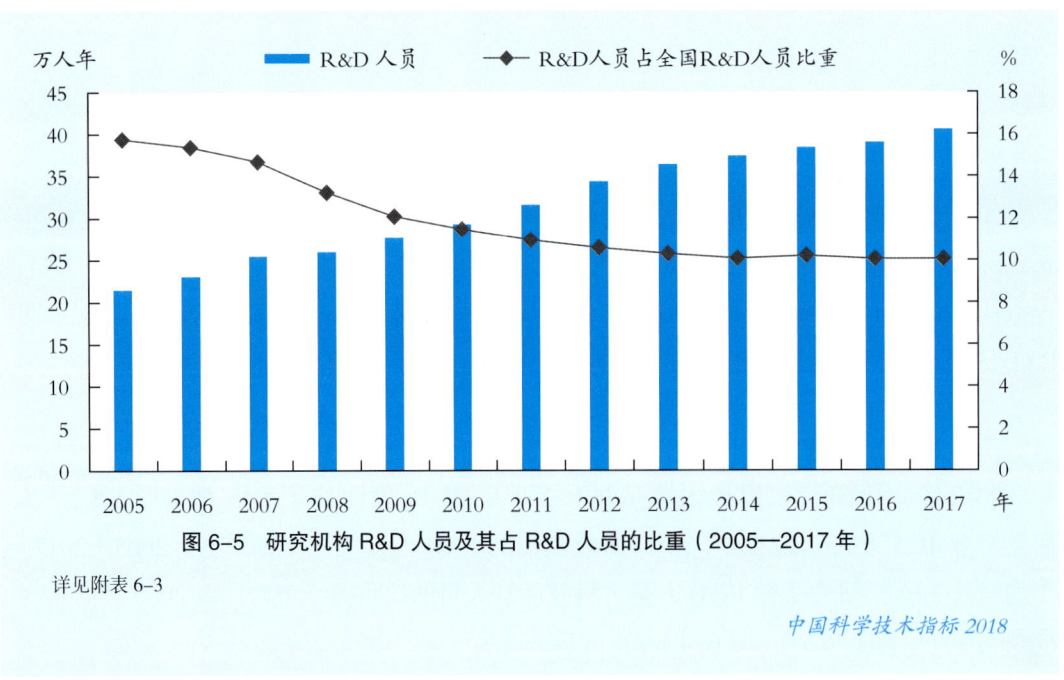

图 6-5 研究机构 R&D 人员及其占 R&D 人员的比重（2005—2017 年）

详见附表 6-3

中国科学技术指标 2018

与部分国家相比，中国研究机构 R&D 全时人员占全国 R&D 全时人员的比重处于中上游位置。2005—2017 年，俄罗斯研究机构 R&D 全时人员占全国的比重一直高于 30%，德国在 15% 以上，日本和韩国分别为 7% 和 8% 左右，英国从 6.3% 下降到 3.3%，法国在 11%～14%（图 6-6）。

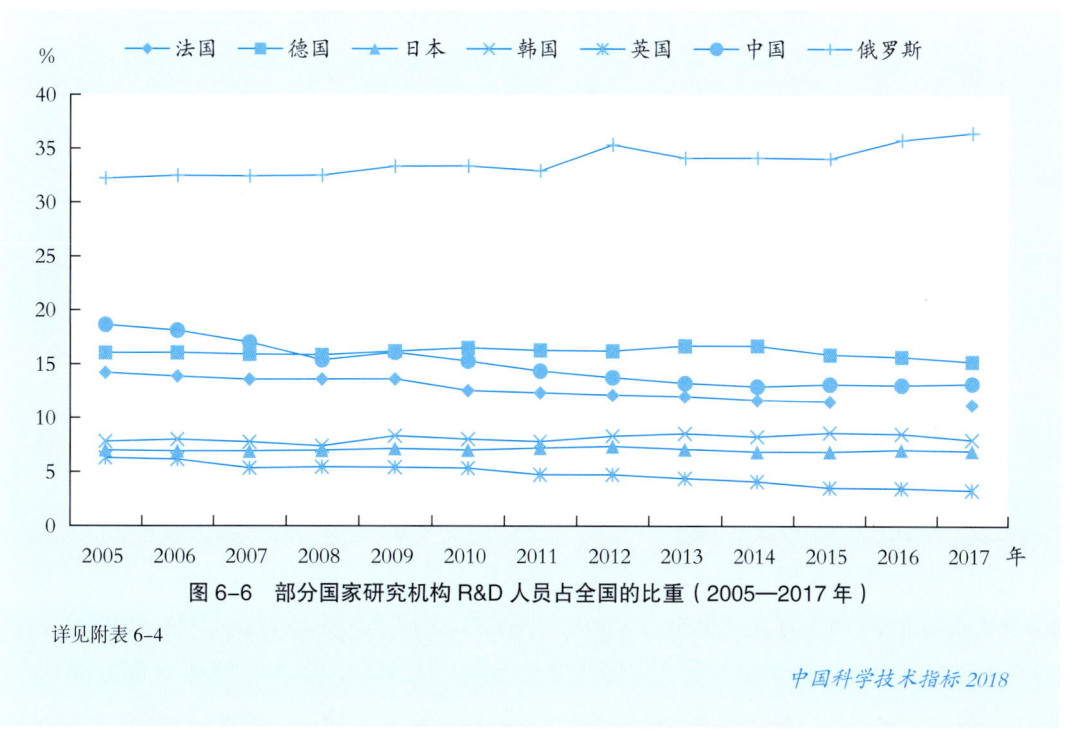

图 6-6　部分国家研究机构 R&D 人员占全国的比重（2005—2017 年）

详见附表 6-4

中国科学技术指标 2018

二、R&D 人员的活动类型

从研究机构 R&D 人员活动类型看，2017 年，基础研究人员全时当量为 8.4 万人年、应用研究人员全时当量为 14.3 万人年、试验发展人员全时当量为 17.8 万人年（图 6-7），分别占 R&D 人员总量的 20.8%、35.2% 和 44.0%。中国研究机构基础研究人员占 R&D 人员的比重稳步增长，从 2005 年的 13.0% 提高到 2017 年的 20.8%。

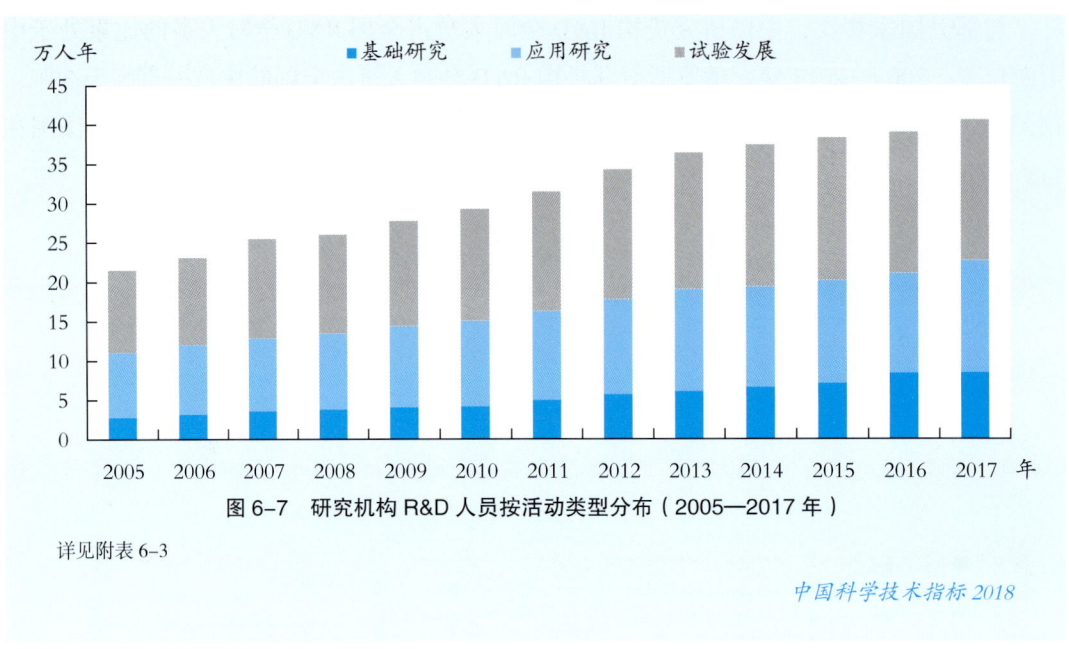

图 6-7　研究机构 R&D 人员按活动类型分布（2005—2017 年）

详见附表 6-3

中国科学技术指标 2018

三、R&D 人员的学位结构

2017 年，研究机构中拥有博士学位的 R&D 人员数量为 8.2 万人，拥有硕士学位的 R&D 人员数量为 16.5 万人，分别占 R&D 人员总数的 17.7% 和 35.7%。2009—2017 年，以博士和硕士为代表的高学位人员一直保持增长态势，从 35.9% 提高到 53.4%（图 6-8）。

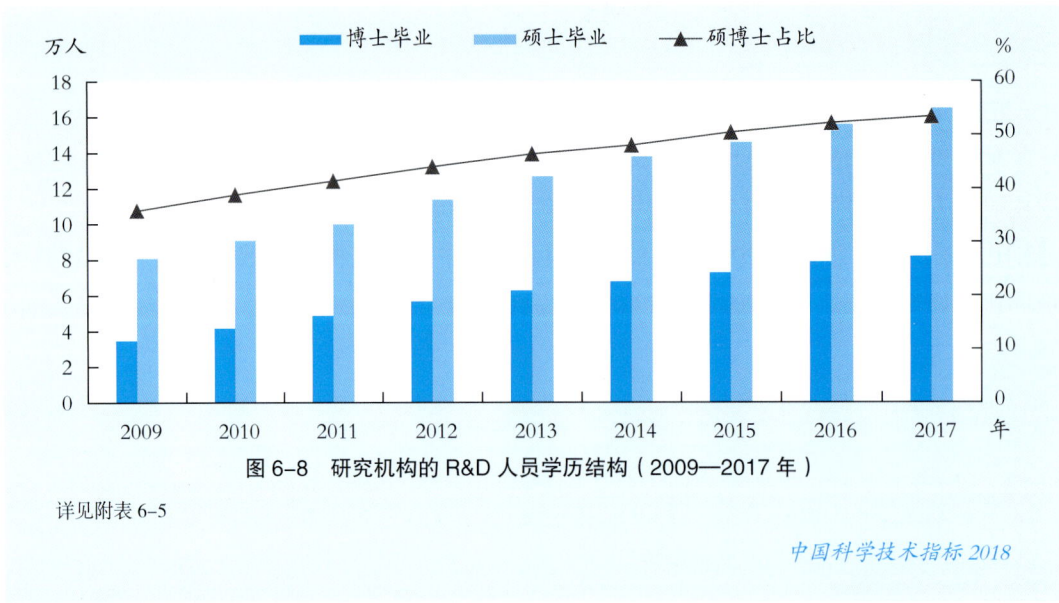

图 6-8　研究机构的 R&D 人员学历结构（2009—2017 年）

详见附表 6-5

中国科学技术指标 2018

从隶属关系看，2017年，中央属研究机构R&D人员共35.2万人，其中，拥有博士学位的人员为6.8万人，拥有硕士学位的人员为12.9万人，分别占19.2%和36.4%。地方属研究机构R&D人员共10.96万人，其中拥有博士学位的人员为1.4万人，拥有硕士学位的人员为3.6万人，分别占13.0%和33.0%。拥有博士学位的R&D人员集中在中央属研究机构，所占比例达82.6%（表6-1）。

表6-1 研究机构R&D人员学位结构按隶属关系分布（2017年）　　　　单位：人

项目	R&D人员	博士毕业R&D人员	硕士毕业R&D人员
总计	462 213	81 962	164 660
中央部门属	352 652	67 731	128 517
地方部门属	109 561	14 231	36 143

资料来源：国家统计局社会科技和文化产业统计司、科学技术部战略规划司《中国科技统计年鉴2018》。

中国科学技术指标2018

四、R&D人员的学科分布

从学科分布看，2017年，工程与技术科学领域的研究机构R&D人员最多，为27.3万人，占59.1%；其次是自然科学和农业科学，分别为7.9万人和6.0万人，分别占17.0%和13.0%；医药科学、人文与社会科学领域的R&D人员较少，所占比重分别为6.9%和3.9%（图6-9）。

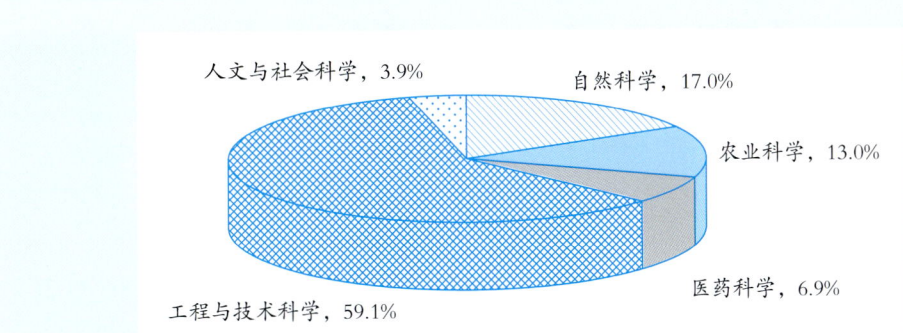

图6-9 研究机构R&D人员按机构所属学科分布（2017年）

资料来源：国家统计局社会科技和文化产业统计司、科学技术部战略规划司《中国科技统计年鉴2018》。

中国科学技术指标2018

第三节　研究机构的研究与试验发展经费

近年来，研究机构 R&D 经费主要来源于政府资金。研究机构的 R&D 经费支出中基础研究经费支出增速较快，试验发展经费支出所占比重较高。

一、R&D 经费

2017 年，研究机构 R&D 经费为 2435.7 亿元，其中，中央属研究机构占 87.7%，远高于地方属研究机构。按现价计算（以下同），2005—2017 年，研究机构 R&D 经费年均增长 13.9%。

尽管研究机构 R&D 经费投入持续增长，但是，由于企业研发经费的迅速增长，使研究机构 R&D 经费占全国的比重持续下降，从 2005 年的 20.9% 下降至 2017 年的 13.8%（图 6-10）。

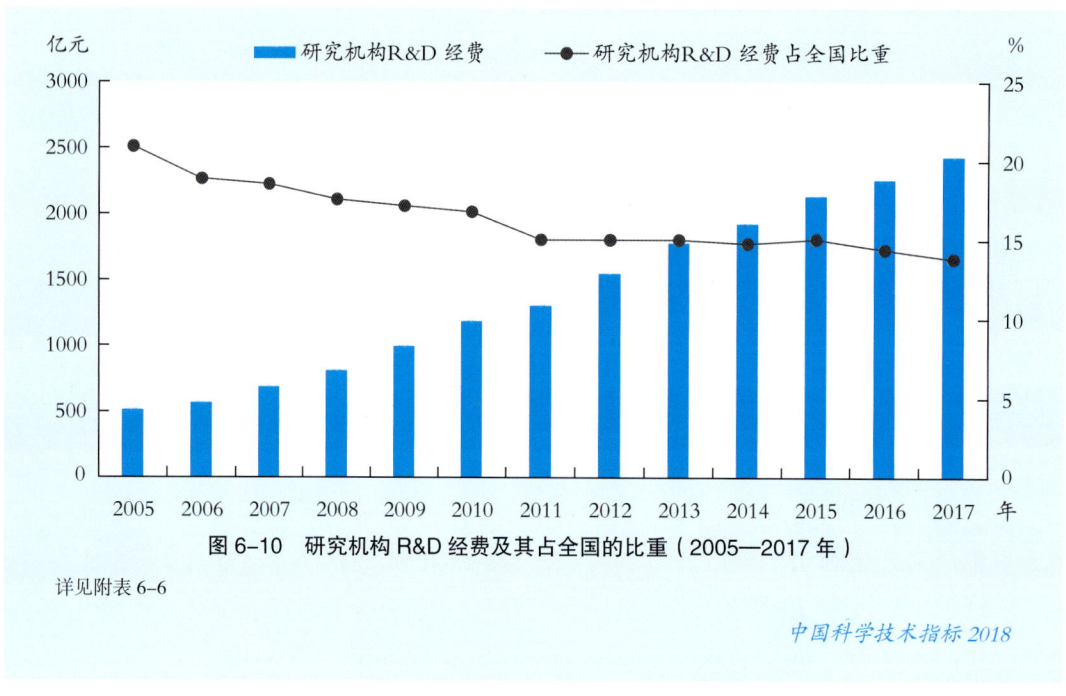

图 6-10　研究机构 R&D 经费及其占全国的比重（2005—2017 年）

详见附表 6-6

中国科学技术指标 2018

2005 年以来，中国研究机构 R&D 经费占全国的比重虽呈下降趋势，由 2005 年 21.8% 下降至 2017 年 15.2%，但仍高于美、英、德、法、日、韩等国家，仅低于俄罗斯（图 6-11）。

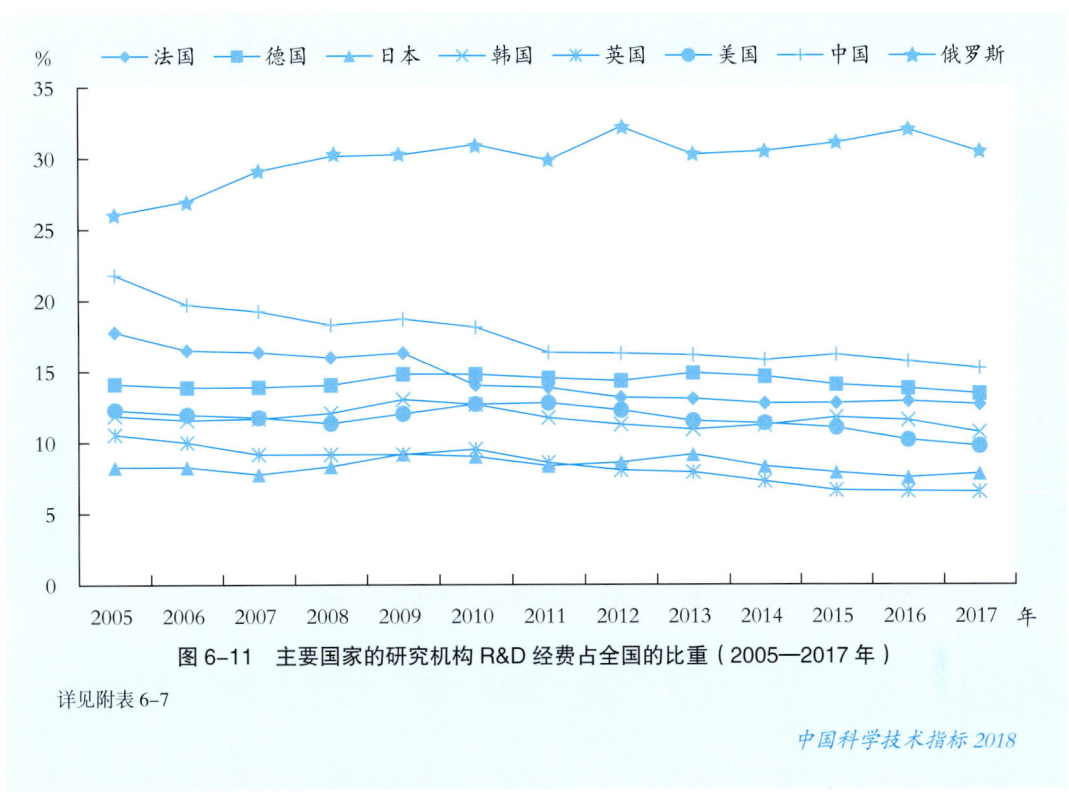

图 6-11　主要国家的研究机构 R&D 经费占全国的比重（2005—2017 年）

详见附表 6-7

中国科学技术指标 2018

2005 年以来，研究机构的人均 R&D 经费从 23.9 万元 / 人年提高至 2017 年的 60.0 万元 / 人年，年均增长 7.99%。"十一五""十二五"期间人均 R&D 经费保持较快增长，进入"十三五"后，人均 R&D 经费增速有所回落，2016 和 2017 年增速分别为 4.1% 和 3.6%。

与部分国家相比，中国研究机构 R&D 经费中劳动力成本所占比重偏低，在 20% 上下波动，2017 年为 24.4%；R&D 经费中资本性支出的比重较高，2017 年为 20.0%。德国和法国研究机构的 R&D 经费中劳动力成本所占比重较高；德国（2005—2016 年）在 50% 左右，法国从 2005 年的 42.4% 提高到 2014 年的 55.3%；日本和韩国劳动力成本所占比重在 25%～35%。资本性支出占比方面，美国研究机构 R&D 经费中的资本性支出所占比重一直在 5% 以下，德国、英国和法国近年来在 15% 左右（图 6-12、图 6-13）。

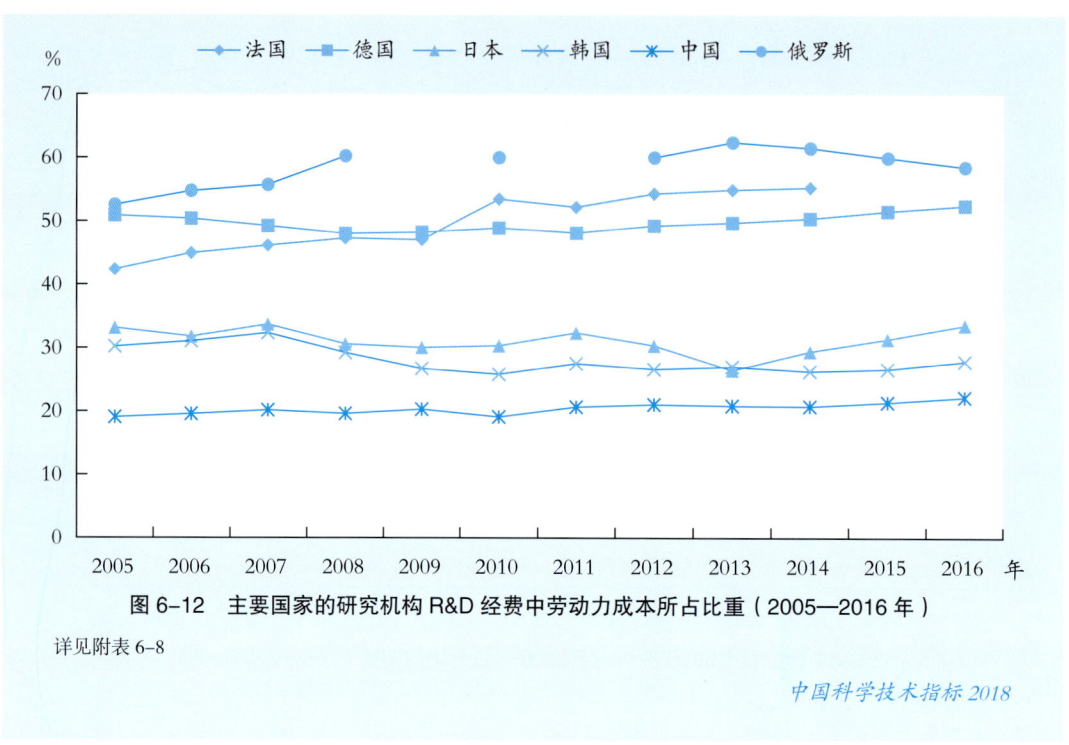

图 6-12　主要国家的研究机构 R&D 经费中劳动力成本所占比重（2005—2016 年）

详见附表 6-8

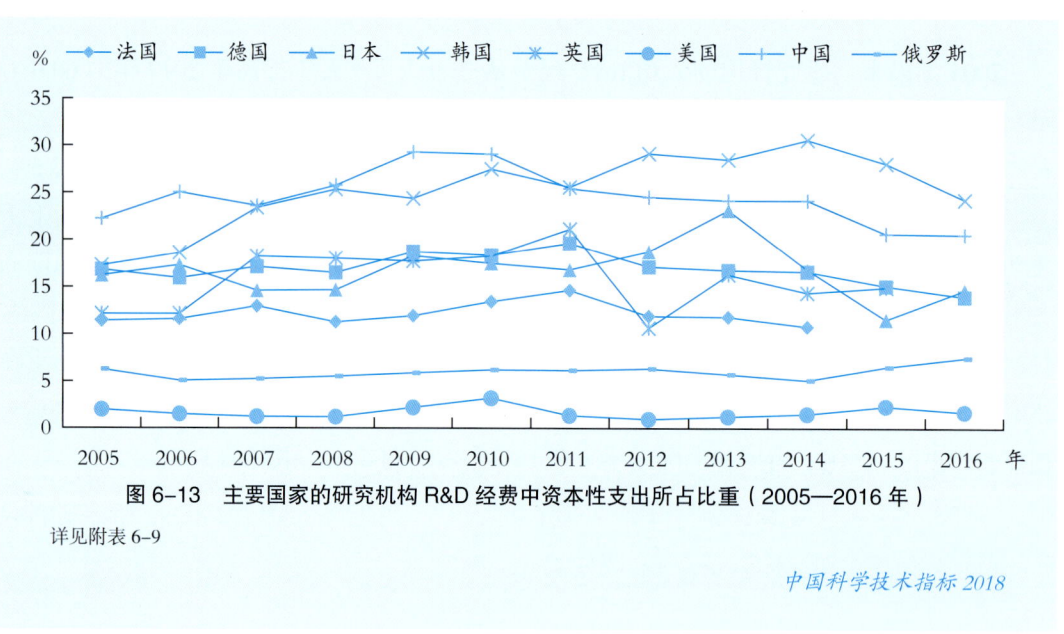

图 6-13　主要国家的研究机构 R&D 经费中资本性支出所占比重（2005—2016 年）

详见附表 6-9

二、R&D 经费来源

政府资金一直是中国研究机构 R&D 经费的主要来源。2005 年以来，研究机构的 R&D 经费中，来源于政府资金的规模从 424.7 亿元增加到 2017 年的 2025.9 亿元。政府资金占研究机构 R&D 经费的比重虽然存在波动，但始终保持在 80% 以上（图 6-14）。

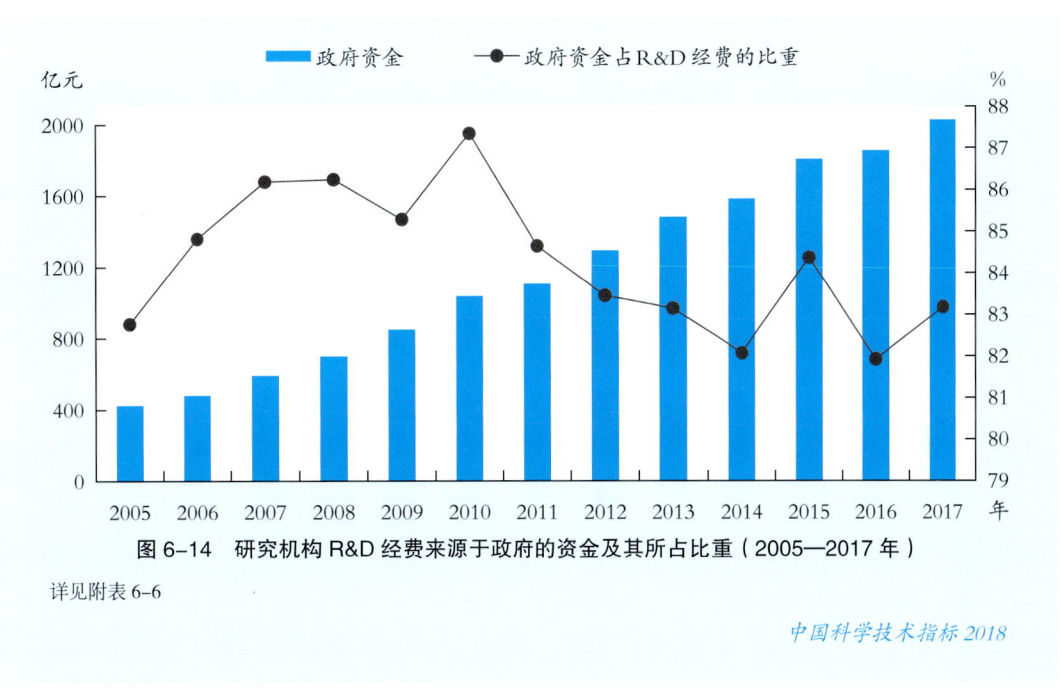

图 6-14 研究机构 R&D 经费来源于政府的资金及其所占比重（2005—2017 年）

详见附表 6-6

中国科学技术指标 2018

2005 年以来，来源于企业的 R&D 资金规模从 17.6 亿元增加到 2017 年的 91.9 亿元，其占研究机构 R&D 经费的比重保持在 3% 左右。2017 年，研究机构 R&D 经费中来源于企业的资金占 3.8%、国外资金占 0.2%、其他资金占 12.9%。

三、R&D 经费结构

2005 年以来，随着全国 R&D 经费快速增长，研究机构用于基础研究、应用研究和试验发展活动的经费规模也呈高速增长态势，年均增速分别达到 17.1%、12.2% 和 14.1%。从三类活动经费所占比重看，2017 年，试验发展活动仍占主导地位，为 55.5%，而基础研究和应用研究分别为 15.8% 和 28.7%（表 6-2）。

表 6-2 研究机构 R&D 经费按活动类型分布（2005—2017 年）

年份	R&D 经费内部支出（亿元）	基础研究		应用研究		试验发展	
		金额（亿元）	占比（%）	金额（亿元）	占比（%）	金额（亿元）	占比（%）
2005	513.1	58.0	11.3	176.3	34.4	278.7	54.3
2006	567.3	67.9	12.0	196.2	34.6	303.2	53.5
2007	687.9	74.7	10.9	227.1	33.0	386.1	56.1
2008	811.3	92.7	11.4	271.3	33.4	447.2	55.1
2009	996.0	110.6	11.1	350.9	35.2	534.4	53.7
2010	1186.4	129.9	11.0	387.6	32.7	668.9	56.4
2011	1306.7	160.2	12.3	417.2	31.9	729.3	55.8
2012	1548.9	197.9	12.8	469.3	30.3	881.7	56.9
2013	1781.4	221.6	12.4	525.8	29.5	1034.0	58.0
2014	1926.2	258.9	13.4	552.9	28.7	1114.4	57.9
2015	2136.5	295.3	13.8	618.4	28.9	1222.8	57.2
2016	2260.2	337.4	14.9	642.1	28.4	1280.7	56.7
2017	2435.7	384.4	15.8	699.4	28.7	1351.9	55.5

详见附表 6-6

中国科学技术指标 2018

尽管中国研究机构的基础研究经费占 R&D 经费比重逐年增加，从 2005 年的 11.20% 提高到 2017 年的 15.5%，但是，与部分发达国家研究机构相比，仍然处于低位。2005—2017 年，德国研究机构基础研究经费占 R&D 经费比重在 50% 以上，英国保持在 30%～50%，美、法、韩、日均保持在 20%～30%（图 6-15）。

从研究机构 R&D 经费的学科分布看，工程与技术科学领域占据主导地位，其 R&D 经费占研究机构的比重为 70.1%；其次为自然科学领域，占 15.4%；农业科学、医药科学和人文与社会科学领域的经费相对较少，分别占 7.9%、4.4% 和 2.3%（图 6-16）。

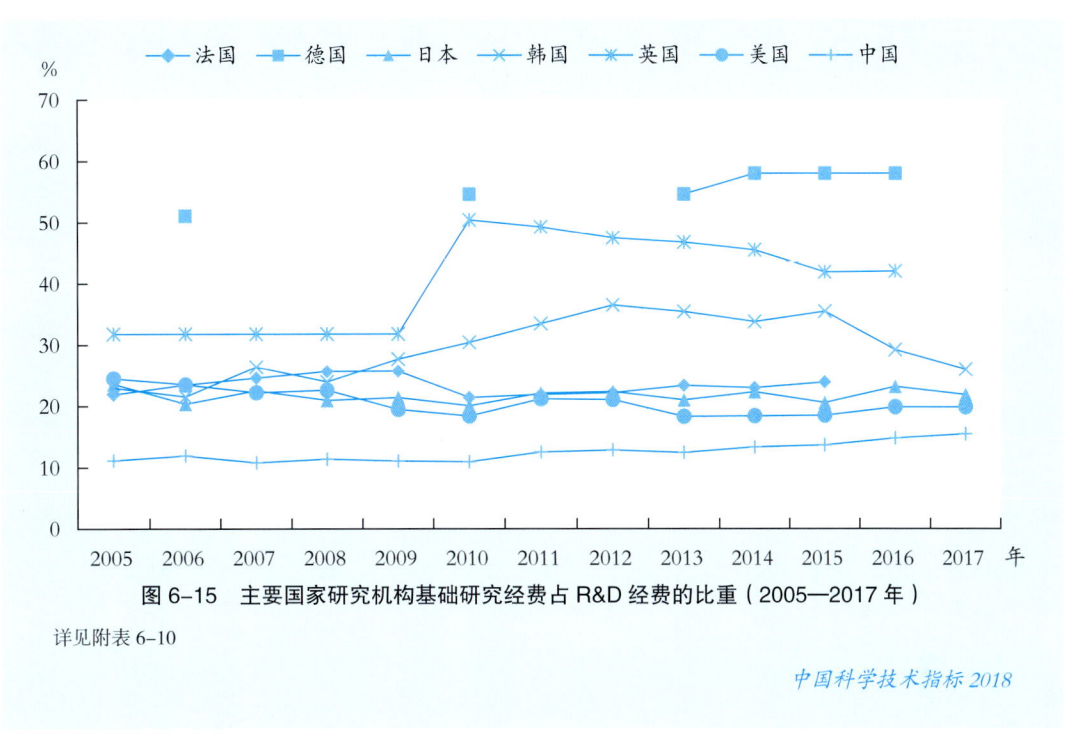

图 6-15 主要国家研究机构基础研究经费占 R&D 经费的比重（2005—2017 年）

详见附表 6-10

中国科学技术指标 2018

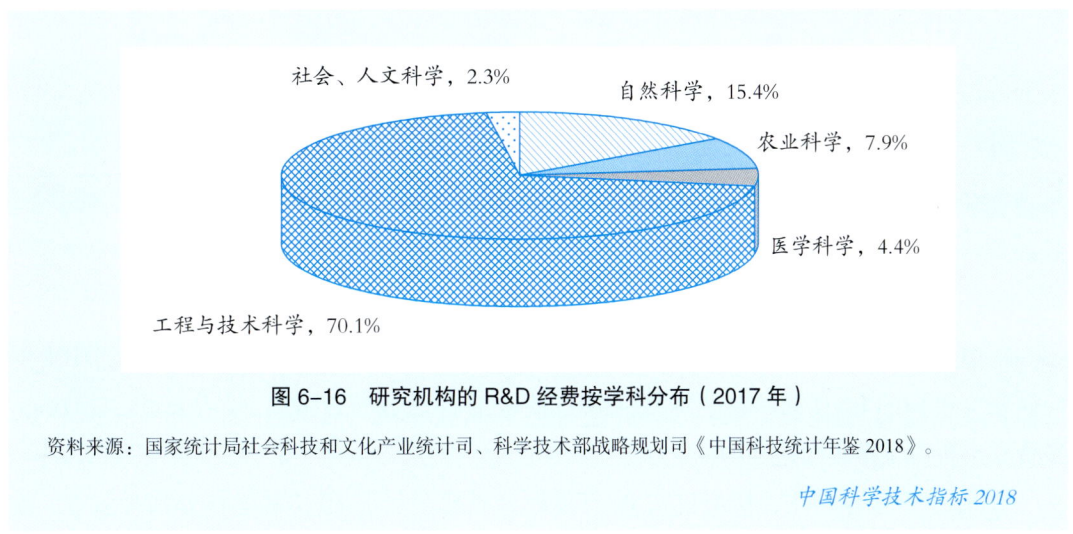

图 6-16 研究机构的 R&D 经费按学科分布（2017 年）

资料来源：国家统计局社会科技和文化产业统计司、科学技术部战略规划司《中国科技统计年鉴 2018》。

中国科学技术指标 2018

四、R&D 课题

R&D 课题是研究机构开展 R&D 活动的重要形式。2017 年，研究机构开展 R&D 课题 11.2 万项，课题投入 R&D 人员折合全时当量为 35.9 万人年，课题经费投入为 1720.8 亿元，分别比上年增长 11.4%、4.4% 和 8.1%。2005 年以来，R&D 课题数量、人员投入和经费投入呈现稳步增长态势，年均增长速度分别达到 9.2%、6.1% 和 14.1%（表 6-3）。

表 6-3　研究机构 R&D 课题情况（2005—2017 年）

年份	R&D 课题数（项）	R&D 课题投入人员（万人年）	R&D 课题投入经费（亿元）
2005	39 072	17.6	353.5
2006	42 262	20.2	365.4
2007	49 453	22.2	451.7
2008	54 900	22.9	537.7
2009	61 135	23.7	579.8
2010	67 050	25.4	681.5
2011	70 967	27.3	807.1
2012	79 343	31.1	1078.3
2013	85 069	32.7	1221.7
2014	91 465	34.0	1272.7
2015	99 559	34.9	1513.8
2016	100 925	34.4	1592.5
2017	112 472	35.9	1720.8

资料来源：国家统计局社会科技和文化产业统计司、科学技术部战略规划司《中国科技统计年鉴 2018》。

从隶属关系看，中央部门属研究机构在 R&D 课题研究中占主导地位。其中，中央部门属研究机构的 R&D 课题数占研究机构全部 R&D 课题数的 66.6%，投入人员占 79.0%，经费支出所占比重则高达 90.9%。

在 62 个一级学科中，研究机构 R&D 课题经费排名居前 10 位的学科分别为航空、航天科学技术，电子与通信技术，核科学技术，地球科学，工程与技术科学基础学科，农学，生物学，物理学，计算机科学技术和材料科学（图 6-17）。

从课题经费来源看，研究机构 R&D 课题经费主要来自国家科技项目。2017 年研究机构的 R&D 课题总经费中，来自国家科技项目经费占比达 74.5%，地方科技项目、企业委托科技项目、自选科技项目和来自国外的科技项目经费较少，所占比重分别为 7.3%、3.0%、

3.5% 和 0.6%，其他科技项目所占比重为 11.1%（图 6-18）。

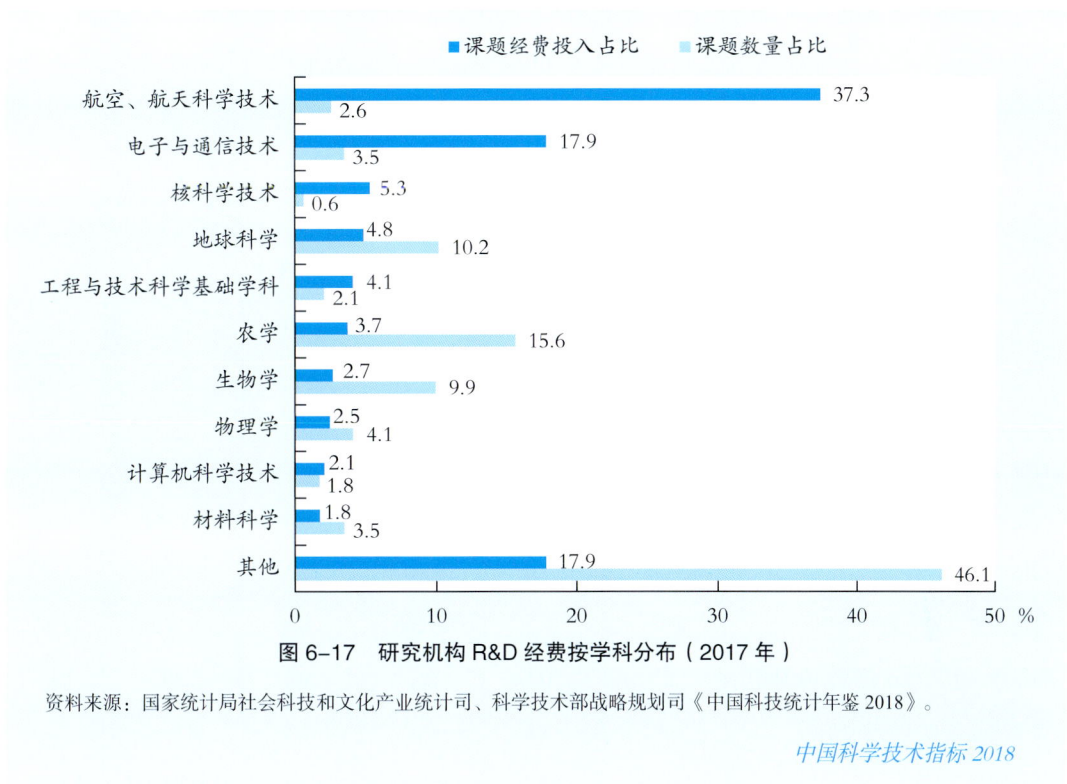

图 6-17　研究机构 R&D 经费按学科分布（2017 年）

资料来源：国家统计局社会科技和文化产业统计司、科学技术部战略规划司《中国科技统计年鉴 2018》。

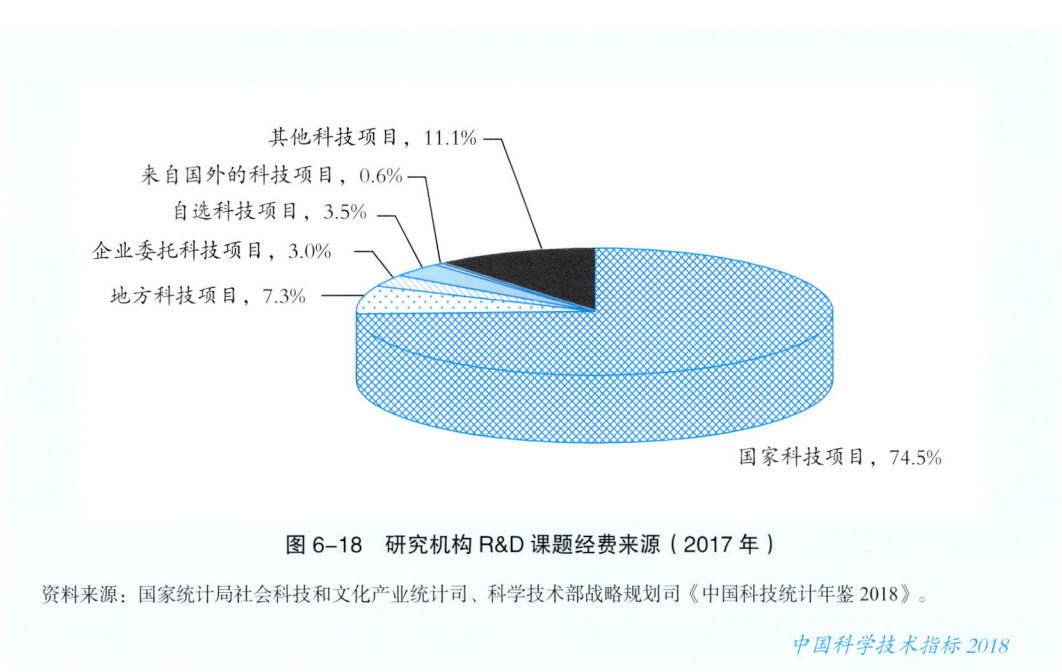

图 6-18　研究机构 R&D 课题经费来源（2017 年）

资料来源：国家统计局社会科技和文化产业统计司、科学技术部战略规划司《中国科技统计年鉴 2018》。

从课题合作形式看，研究机构以独立开展 R&D 课题研究为主。2017 年，研究机构独立完成 R&D 课题 9.4 万项，占全部 R&D 课题的 83.7%；与境内独立研究机构合作完成 8105 项，占 7.2%；与境内其他企业合作完成 3662 项，占 3.3%；与境内高校合作完成 3335 项，占 3.0%；研究机构与外资机构（包括境外机构和在境内注册的外商独资企业）的 R&D 课题合作较少，仅占 0.1%（表 6-4）。

表 6-4　研究机构 R&D 课题按合作形式分布（2017 年）

	R&D 课题数		人员		经费	
	数量（项）	占比（%）	全时当量（人年）	占比（%）	金额（万元）	占比（%）
合计	112 472	100	359 411		17 207 732	100
与境外机构合作	837	0.7	1334	0.4	48 361	0.3
与境内高校合作	3335	3.0	9060	2.5	321 786	1.9
与境内独立研究机构合作	8105	7.2	31 668	8.8	1 936 667	11.3
与境内注册的外商独资企业合作	55	0.1	80	0.0	2392	0.0
与境内注册的其他企业合作	3662	3.3	9905	2.8	337 992	2.0
独立完成	94 135	83.7	295 745	82.3	14 008 785	81.4
其他	2343	2.1	11619	3.2	551 750	3.2

资料来源：国家统计局社会科技和文化产业统计司、科学技术部战略规划司《中国科技统计年鉴 2018》。

中国科学技术指标 2018

第四节　科技活动产出与成果转让

科技论文和专利是研究机构在知识创造和原始创新方面的重要产出。随着中国科技投入不断加大，研究机构的科技论文、专利申请、专利授权、技术合同成交额等方面均出现了不同程度的增长[①]。

---

① 在本节中，论文和专利产出的总量数据分别来自中国科学技术信息研究院《中国科技论文统计与分析》和国家知识产权局《专利统计年报》，结构数据来自国家统计局、科学技术部《中国科技统计年鉴》。

一、科技论文

2017年，中国研究机构发表国内科技论文5.7万余篇，较2016年略有增加；占国内科技论文发表总量的12.09%，比2016年提高0.66个百分点；发表SCI论文3.2万余篇，较2016年增加1400余篇（图6-19）。

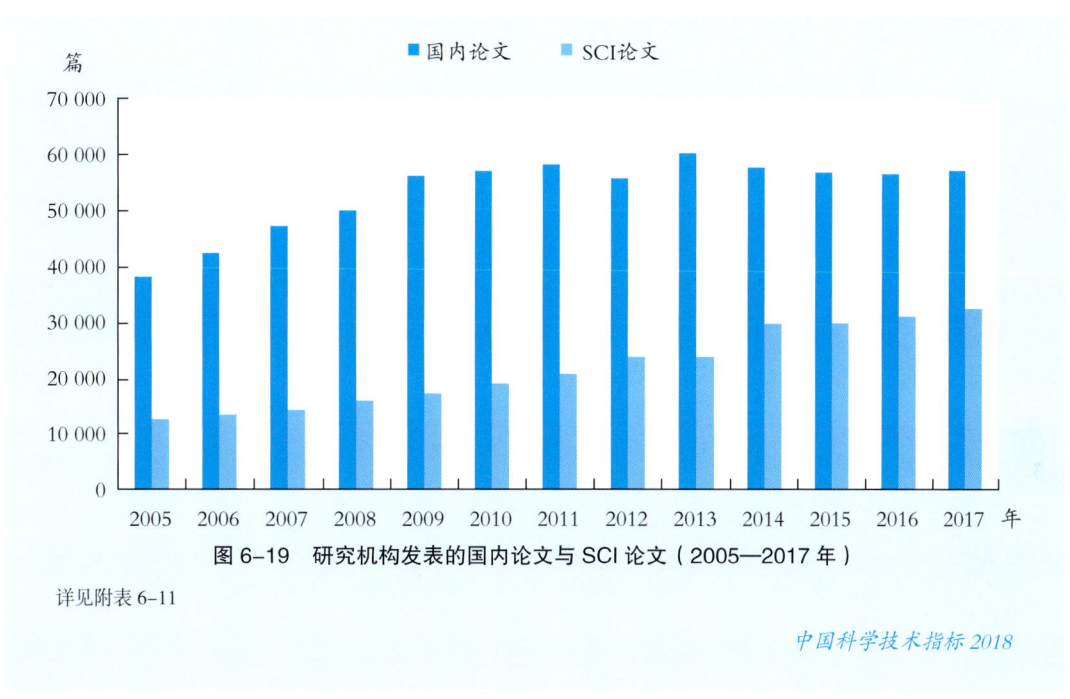

图6-19 研究机构发表的国内论文与SCI论文（2005—2017年）

详见附表6-11

从不同学科看，工程与技术科学领域的研究机构发表科技论文最多，占34.5%；其次是自然科学和农业科学两个领域，分别占21.6%和19.2%；人文与社会科学、医学科学分别占13.2%和11.6%。在国外发表科技论文中，自然科学领域的比例最高，为45.3%；其次是工程与技术科学领域，为31.4%；农业科学和医学科学所占比重分别为11.3%和11.1%；人文与社会科学领域最低，为1.0%（表6-5）。

表6-5 研究机构发表科技论文按研究机构所属学科分布（2017年）　　　　　　单位：%

学科	科技论文占比	国外发表论文占比
自然科学	21.6	45.3
农业科学	19.2	11.3
医药科学	11.6	11.1

续表

学科	科技论文占比	国外发表论文占比
工程与技术科学	34.5	31.4
人文与社会科学	13.2	1.0

资料来源：国家统计局社会科技和文化产业统计司、科学技术部战略规划司《中国科技统计年鉴2018》。

中国科学技术指标 2018

二、专利

2017年，中国研究机构的专利申请量为7.7万件，自2005年以来年均增长18.7%。其中，申请发明专利5.3万件，占研究机构专利申请量的69.6%，年均增长18.8%。研究机构专利授权量也实现较快增长，2017年获得专利授权3.8万件，自2005年以来年均增长20.1%。其中，发明专利授权2.2万件，占研究机构专利授权量的59.2%，年均增长20.4%（图6-20）。

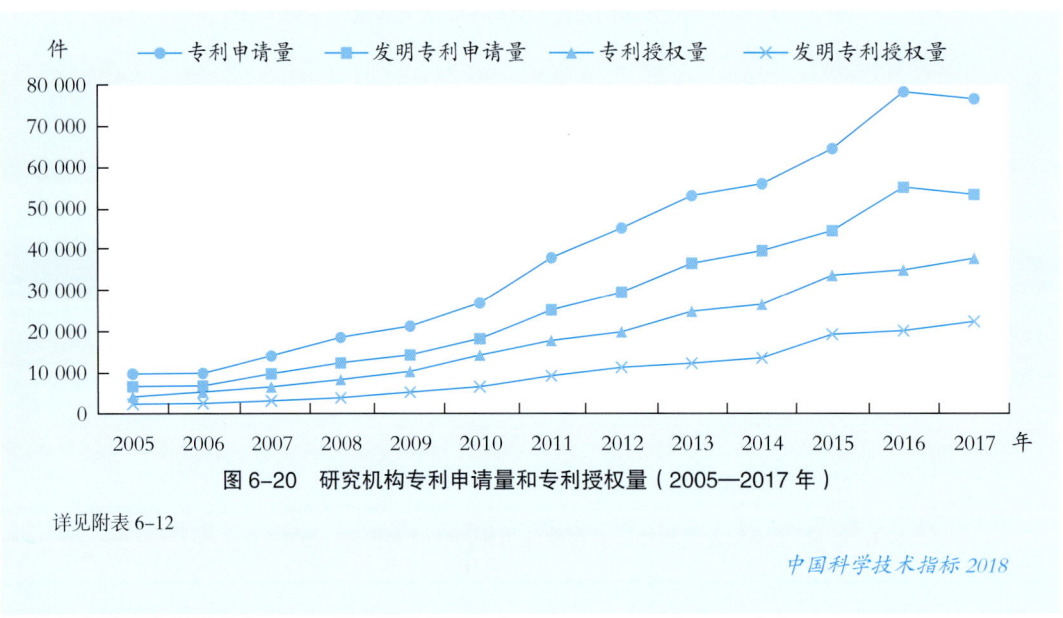

图6-20 研究机构专利申请量和专利授权量（2005—2017年）

详见附表6-12

中国科学技术指标 2018

从研究机构的不同类型专利申请量看，发明专利数量最多。2005年以来，研究机构发明专利申请量占专利申请量的比重基本保持在65%以上；其次是实用新型专利，占专利申请量的比重在30%以下；外观设计专利的申请量一直较低，尤其是2013年以来均占专利申请量的 4% 以下。

从研究机构不同类型专利授权量占比看，发明专利授权量最高，2005—2017 年比重在 46%～60%；其次是实用新型专利，在 38%～50%；外观设计专利所占比重最低，在 2%～5%。从增长情况看，2005—2017 年，研究机构的发明专利、实用新型和外观设计专利年均增速分别为 20.4%、20.3% 和 14.0%。

从隶属关系看，2017 年，中央部门属研究机构申请专利占研究机构申请总量的 79.5%，发明专利申请占研究机构申请总量的 83.9%。中央部门属研究机构专利申请中，发明专利占 81.4%；地方部门属研究机构申请的专利中，发明专利占 60.6%。

从不同学科看，工程与技术科学领域的研究机构专利申请量最多，占 65.7%；其次是自然科学和农业科学两个领域，分别占 16.0% 和 15.7%；医药科学和人文与社会科学领域较少，只有 2.4% 和 0.3%。研究构成发明专利申请的学科结构也基本一致（表 6-6）。

表 6-6　研究机构专利申请按学科分布（2017 年）　　　　　　　　　　单位：%

学科	专利申请占比	发明专利申请占比
自然科学	16.0	18.0
农业科学	15.7	12.9
医药科学	2.4	2.3
工程与技术科学	65.7	66.6
人文与社会科学	0.3	0.2

资料来源：国家统计局社会科技和文化产业统计司、科学技术部战略规划司《中国科技统计年鉴 2018》。

三、技术成果转让

专利所有权转让是研究机构转化科技成果的重要途径。2017 年，研究机构专利所有权转让及许可共 2090 件，获得收入 8.9 亿元。其中，中央部门属机构转让及许可 1611 件，获得收入 7.6 亿元。

从不同学科看，工程与技术科学领域研究机构专利所有权转让及许可最活跃，转让及许可件数占 53.3%；其次是农业科学领域，占 24.3%。工程与技术科学领域研究机构获得专利所有权转让及许可收入最多，占 58.2%；其次是自然科学领域，占 24.2%。医药科学领域专利平均转让及许可收入最高，平均每件获得收入116.3万元（表6-7）。

表6-7 研究机构专利所有权转让及许可按学科分布（2017年）

项目	专利所有权转让及许可数（件）	专利所有权转让及许可收入（万元）	平均许可收入（万元）
自然科学	389	21 491	55.2
农业科学	507	6219	12.3
医药科学	81	9422	116.3
工程与技术科学	1113	51 592	46.4

资料来源：国家统计局社会科技和文化产业统计司、科学技术部战略规划司《中国科技统计年鉴2018》。

中国科学技术指标2018

从中国技术市场成交合同数量来看，2017年，研究机构作为卖方的技术市场成交合同数为3.5万件，占全国总成交合同数量的比重为9.5%，为2006年以来的最低点（图6-21）。

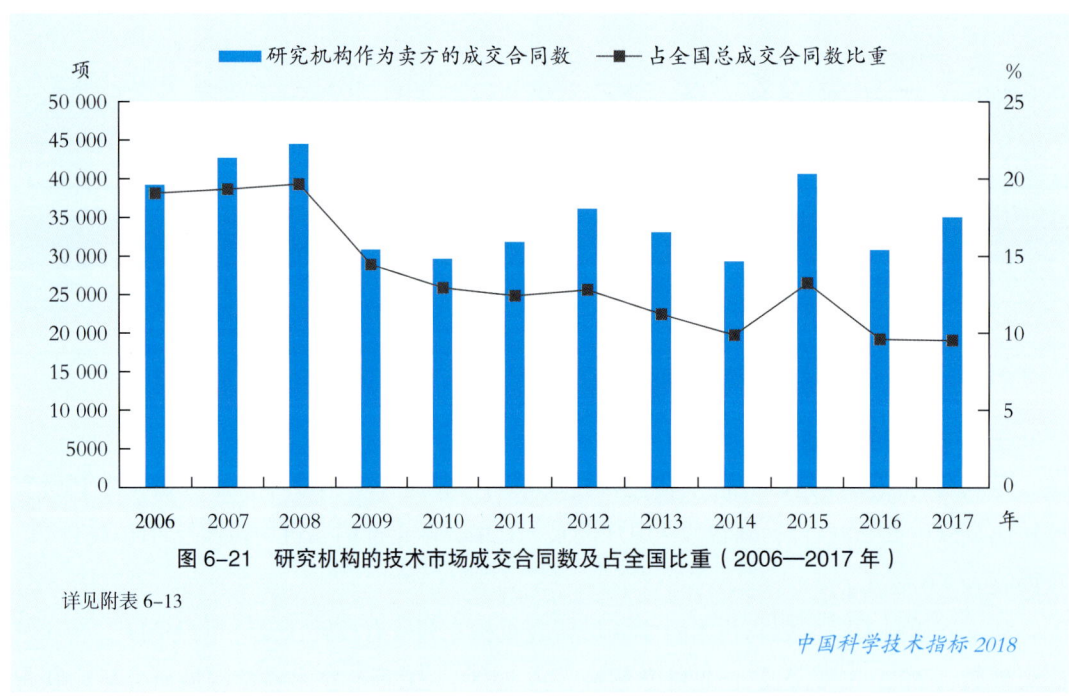

图6-21 研究机构的技术市场成交合同数及占全国比重（2006—2017年）

详见附表6-13

中国科学技术指标2018

从中国技术市场成交合同金额看，2017年，研究机构作为卖方的技术市场成交合同金额为866.8亿元，比上年增长22.9%；成交金额占全国总成交额的比重基本稳定在5%～7%，2017年为6.5%（图6-22）。

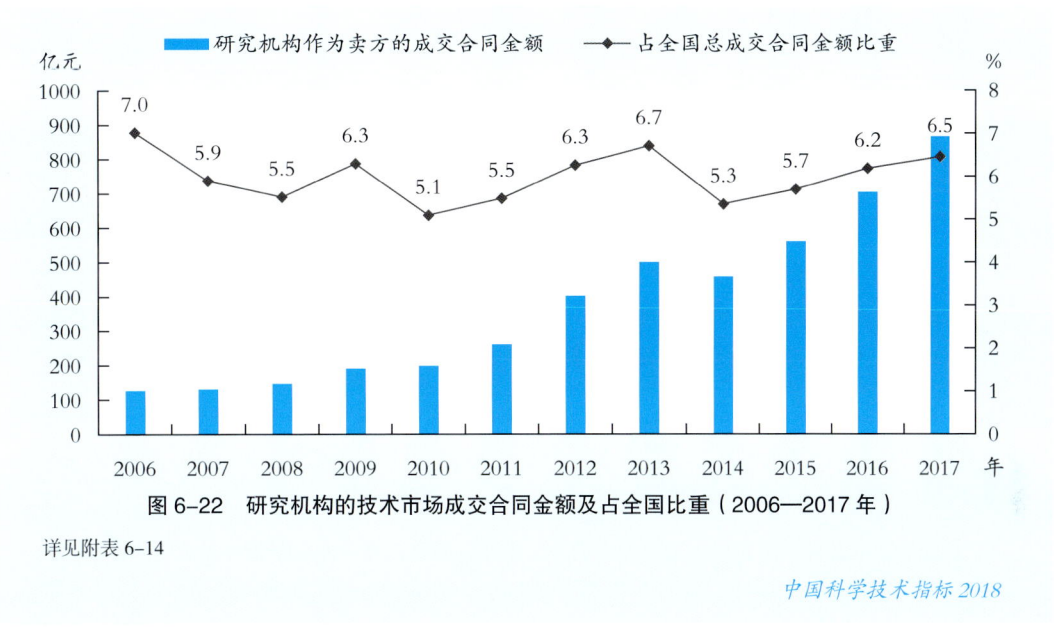

图6-22　研究机构的技术市场成交合同金额及占全国比重（2006—2017年）

详见附表6-14

2017年，研究机构形成国家或行业标准3859项。其中，中央部门属机构形成2391项，占62.0%；地方部门属机构形成1468项，占38.0%。从研究机构形成国家或行业标准所属的学科看，工程与技术科学领域高于其他学科，形成标准2429项，占62.9%；农业科学领域次之，形成标准932项，占24.2%；医药科学、自然科学、人文与社会科学等领域较少，分别占6.3%、4.4%和2.2%（图6-23）。

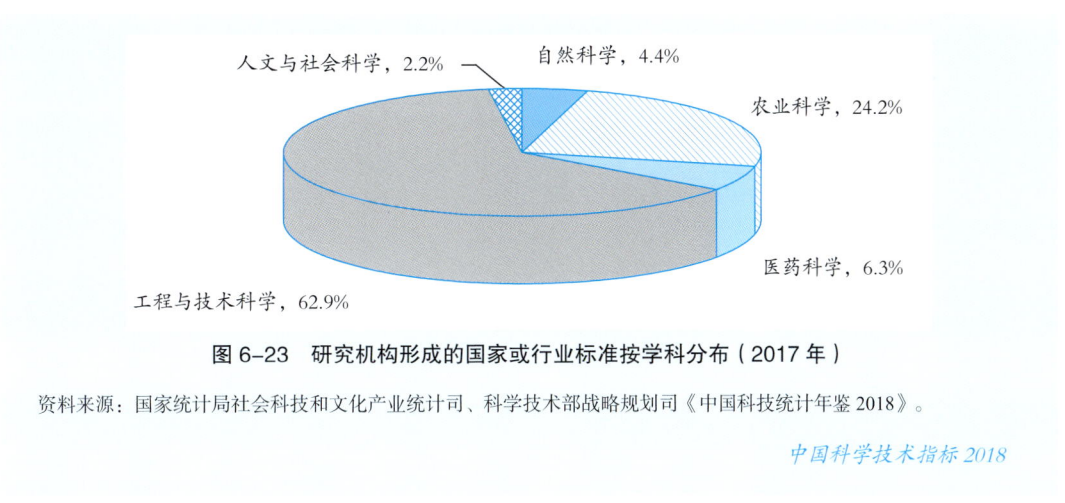

图6-23　研究机构形成的国家或行业标准按学科分布（2017年）

资料来源：国家统计局社会科技和文化产业统计司、科学技术部战略规划司《中国科技统计年鉴2018》。

专栏　中国科学院的科技活动

中国科学院是中国自然科学最高学术机构、科学技术最高咨询机构、自然科学与高技术综合研究发展中心，为中国科技创新和经济社会发展做出了重要贡献。

2017年，中国科学院拥有科技活动人员9.3万人，其中，女性2.2万人；拥有博士学历2.7万人，硕士学历1.8万人。2009年以来，中国科学院以博士和硕士为代表的高学历（位）人员一直保持增长态势，其占科技活动人员的比重呈现逐年上升态势，从29.3%提高到2017年的47.3%。

中国科学院是中国重要的知识创新部门。2017年，中国科学院R&D人员为7.6万人年，R&D经费达到443.5亿元，分别占中国研究机构R&D人员和R&D经费总量的18.7%和18.2%。

近年来，中国科学院持续增加对基础研究的投入力度，2017年基础研究经费197.0亿元，占其R&D经费比重为44.4%，比2009年增加9.61个百分点；基础研究经费占中国研究机构基础研究经费的51.3%，是中国基础研究活动的重要力量。

在科技产出方面，2009年以来，中国科学院发表的国内科技论文占中国研究机构科技论文总量的比重一直保持在20%以上。在国外发表论文方面，中国科学院表现突出。2017年，中国科学院在国外发表的论文占中国研究机构国外发表论文的比重高达62.5%。

2017年，中国科学院专利申请受理量为1.5万件，其中，发明专利申请1.3万件，占86.7%；获得专利授权9681件，其中，发明专利授权8298件，占85.7%。自2009年以来，中国科学院专利授权量和发明专利授权量年均增长分别为16.0%和16.5%。

第七章 高技术产业发展

高技术产业作为国民经济的战略性先导产业，对推进产业结构调整和经济发展方式转变具有重要作用。本章从高技术产业、高技术产品进出口、国家高新技术产业开发区和创业风险投资4个方面展开分析。中国高技术产业在实现规模增长的同时，也在追求高质量发展，体现出以东部地区为主的地理集聚效应。高技术产品进出口贸易整体稳定向好发展。国家高新区经济快速发展，产业结构不断优化，创新投入和产出规模持续扩大。创业风险投资发展良好，呈现出基金形态日益多元化、资本市场运行平稳等特征，为高新技术企业提供了融资渠道。

第一节 高技术产业

2017年，中国高技术产业主营业务收入规模持续扩大，R&D经费规模和投入强度持续增长，体现出以东部地区为主的地理集聚特征。高技术产业的国际地位不断提升，2016年中国高技术产业增加值占世界高技术产业增加值的比重仅次于美国，出口规模占世界总量的比重居世界首位。

一、高技术产业的发展规模

近年来，中国高技术产业[1]规模持续增长。2017年，中国高技术产业主营业务收入达到159 376亿元，比上年增长3.6%[2]。2009年以来，中国高技术产业主营业务收入增速总体呈现先增再减的趋势，2010年达到近9年最高点，为25.0%；自2011后增速呈现下降态势，2017年降到最低点，为3.6%（图7-1）。

从高技术产业6个子行业看，各行业的发展速度存在较大差异。近5年来，高技术产业主营业务收入平均年增长率为9.3%，分行业看，航空、航天器及设备制造业主营业务收入增速最快，平均年增长率高达13.2%[3]；电子及通信设备制造业主营业务收入的增速

---

[1] 以《国民经济行业分类》（GB/T 4754—2017）为基础，中国高技术产业（制造业）包括医药制造业，航空、航天器及设备制造业，电子及通信设备制造业，计算机及办公设备制造业，医疗仪器设备及仪器仪表制造业，信息化学品制造业六大类。
[2] 本节内容所涉及增速的指标均按2000年不变价计算，其他数据均按现价计算。
[3]《中国科技统计年鉴2018》缺失航空、航天器及设备制造业2017年数据，故对其分析不包含2017年。

位列第二，为12.1%；医疗制造业和医疗仪器设备及仪器仪表制造业增速相当，分别为9.6%和9.3%；计算机及办公设备制造业主营业务收入出现负增长，降幅为0.9%。

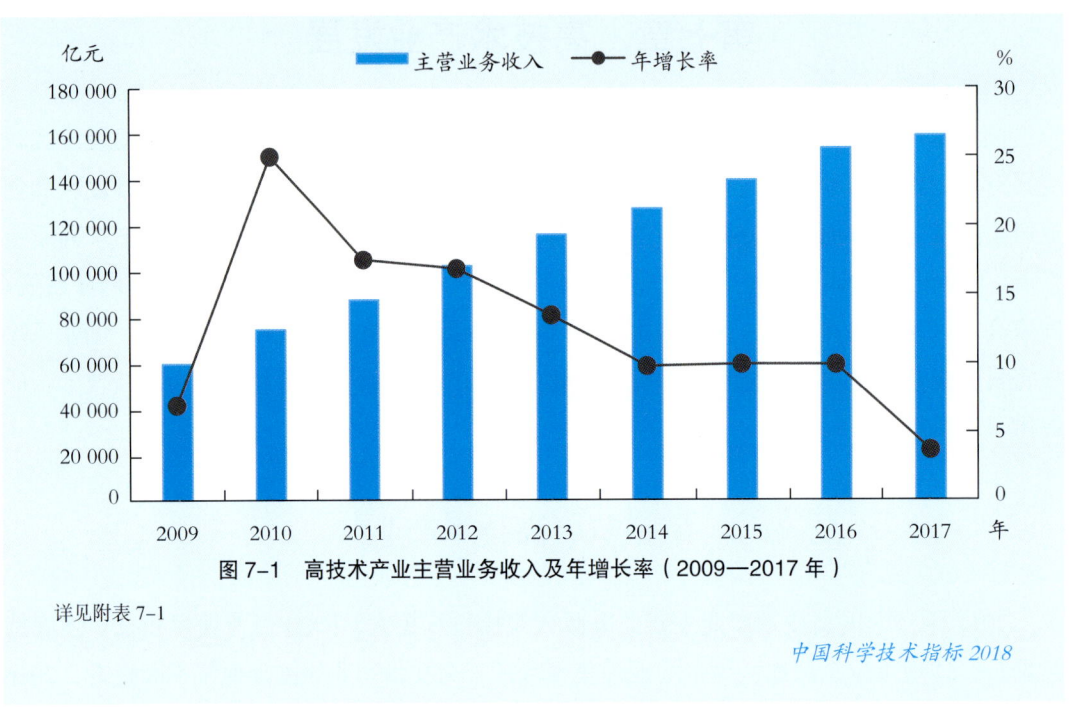

图7-1　高技术产业主营业务收入及年增长率（2009—2017年）

详见附表7-1

中国科学技术指标2018

由于高技术产业分行业主营业务收入增速的差异，高技术产业内部的行业结构也在持续变动。2017年，电子及通信设备制造业主营业务收入所占比重为58.6%；医药制造业次之，主营业务收入所占比重达17.0%；计算机及办公设备制造业和医疗仪器设备及仪器仪表制造业的主营业务收入所占比重分别为12.9%和7.6%。2016年，航空、航天器及设备制造业的主营业务收入所占比重为2.5%。与2013年相比，电子及通信设备制造业主营业务收入所占比重提高6.4个百分点，在5个子行业中增长最快；航空、航天器及设备制造业的主营业务收入增速最快，但规模较小，故其在高技术产业中的占比几乎与2013年持平；医疗仪器设备及仪器仪表制造业和高技术产业的主营业务收入增速基本一致，其占比与2013年基本持平；计算机及办公设备制造业和医药制造业的主营业务收入所占比重均呈下降趋势，分别下降7.1%和0.6%（图7-2）。

随着高技术产业规模的持续扩大，中国高技术产业在全球高技术产业中的地位也不断提升。根据美国《科学与工程指标2018》的统计数据，2009年中国高技术产业增加值占世界高技术产业增加值的比重为13.1%，此后呈现上升态势，2016年达到23.5%，仅次于美国，居世界第二位（图7-3）。中国高技术产业出口规模也与日俱增，据世界银行《世界发展指标2018》的统计，2017年中国高技术产业出口占世界的份额达到25.4%，居世界首位。

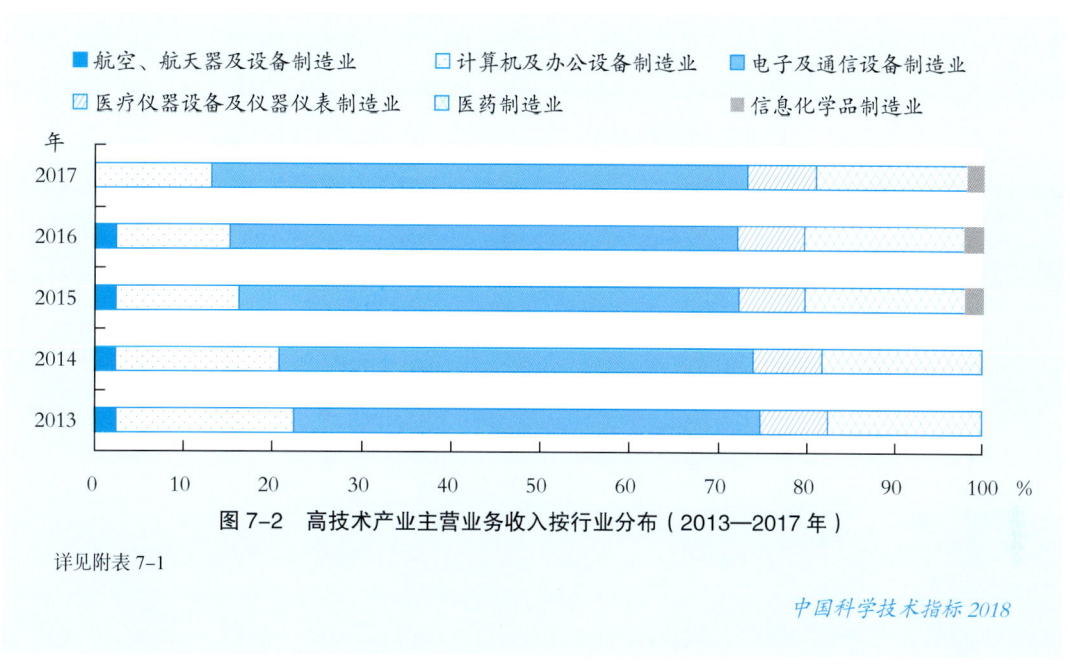

图7-2 高技术产业主营业务收入按行业分布（2013—2017年）

详见附表7-1

中国科学技术指标2018

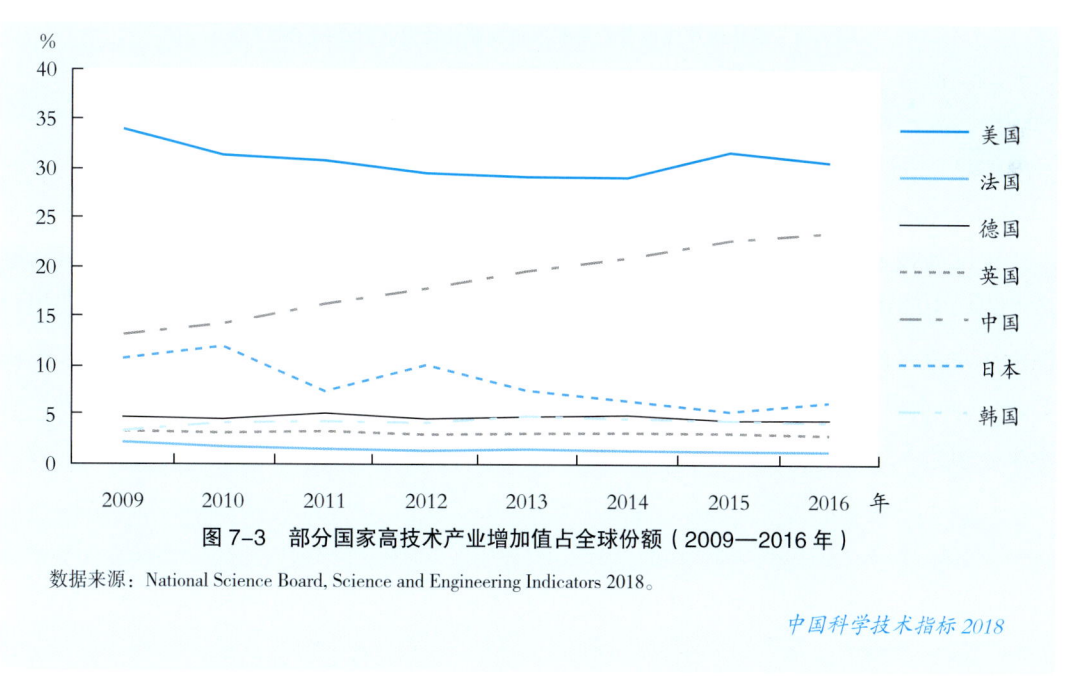

图7-3 部分国家高技术产业增加值占全球份额（2009—2016年）

数据来源：National Science Board, Science and Engineering Indicators 2018。

中国科学技术指标2018

二、高技术产业与制造业

中国的高技术产业是制造业的重要组成部分,它的发展不仅可以给制造业的发展带来新的增长点,创造新的就业岗位,而且可以带动整个制造业的技术提升与产业升级。2009年以来,中国高技术产业主营业务收入占制造业的比重呈现先下降再上升的趋势,2011年这一比例降至近9年的最低点,为12.0%,随后有所回升,2017年高技术产业主营业务收入占制造业的比重为15.6%(图7-4)。

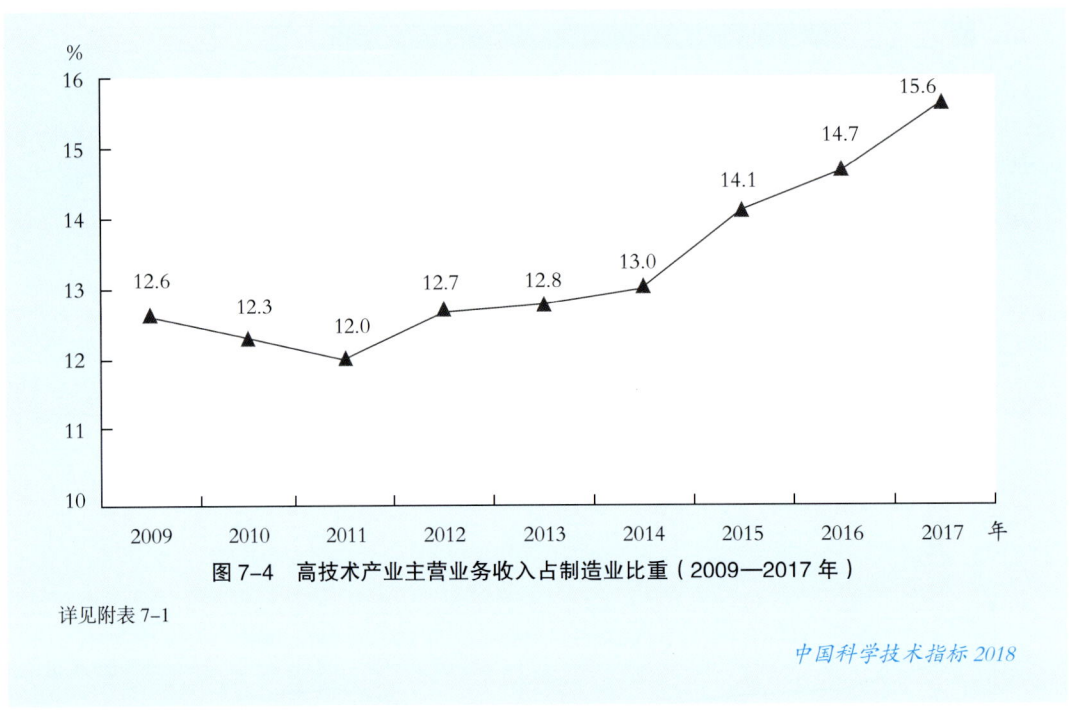

图7-4 高技术产业主营业务收入占制造业比重(2009—2017年)

详见附表7-1

中国科学技术指标2018

中国高技术产业的发展极大地推动了制造业出口结构的改善,高技术产业出口在制造业出口中的比重持续增加。与主要发达国家相比,中国高技术产业出口额占制造业出口额的比重较高。据世界银行统计,2017年中国高技术产业出口额占制造业出口的比重达23.8%,高于世界平均水平7.7个百分点,也高于美国、英国、挪威、日本、德国等发达国家(图7-5)。

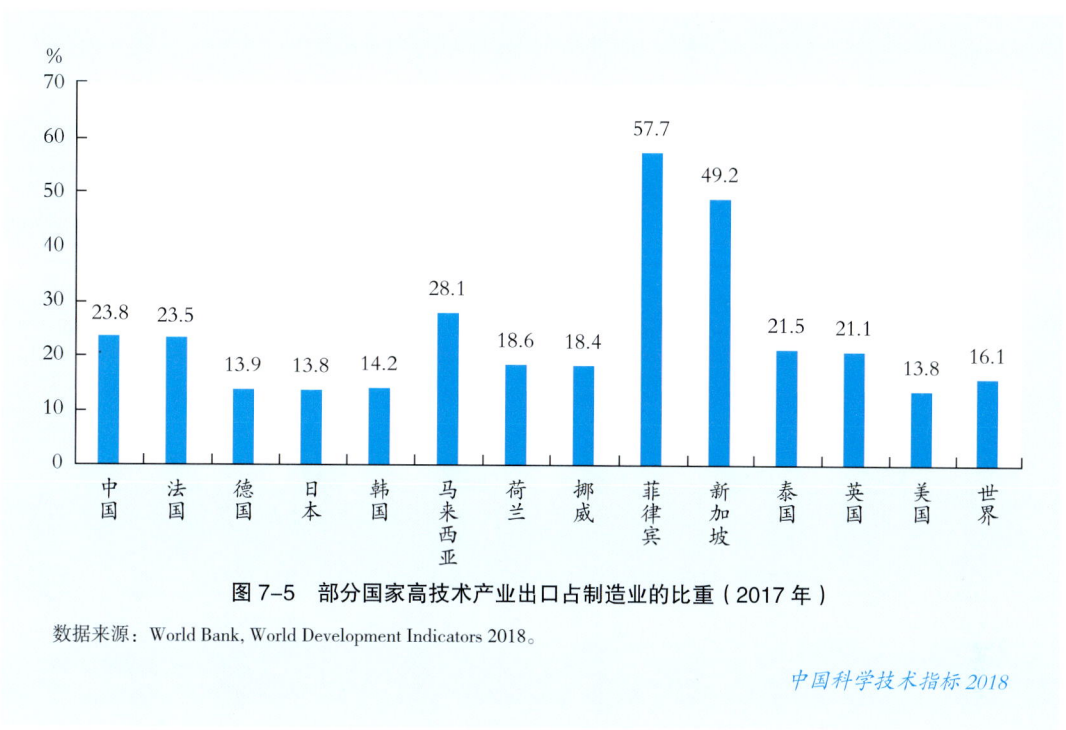

图 7-5 部分国家高技术产业出口占制造业的比重（2017 年）

数据来源：World Bank, World Development Indicators 2018。

中国科学技术指标 2018

三、高技术产业的技术创新

高技术产业是制造业中创新比较活跃、创新能力较强的行业，技术创新是高技术产业可持续发展的根本动力。高技术产业技术创新活动集中体现在企业研发、技术引进与消化吸收等方面，新产品与专利产出是技术创新绩效的集中体现。

1. 研发活动

R&D 经费投入强度（R&D 经费与主营业务收入的比值）是衡量产业自主研发状况的重要指标。近年来，中国高技术产业的 R&D 经费规模和投入强度保持持续增长。2017 年，高技术产业企业 R&D 经费规模达到 3182.6 亿元，占制造业 R&D 经费的 27.5%，比上年提高 9.2 个百分点。同时，高技术产业 R&D 经费投入强度[①]达到 2.00%。其中，医疗仪器设备及仪器仪表制造业的 R&D 经费投入强度最高，为 2.28%；R&D 经费规模最大的电子及通信设备制造业的 R&D 经费投入强度第二，为 2.10%。总体看，中国高技术产业 R&D 经费投入强度高于全国制造业的平均水平，行业间 R&D 经费投入强度相差较大[②]（图 7-6）。

---

① 统计数据口径为规模以上工业企业。
② 《中国科技统计年鉴 2018》缺失航空、航天器及设备制造业 2017 年数据，以下分析不含该行业。

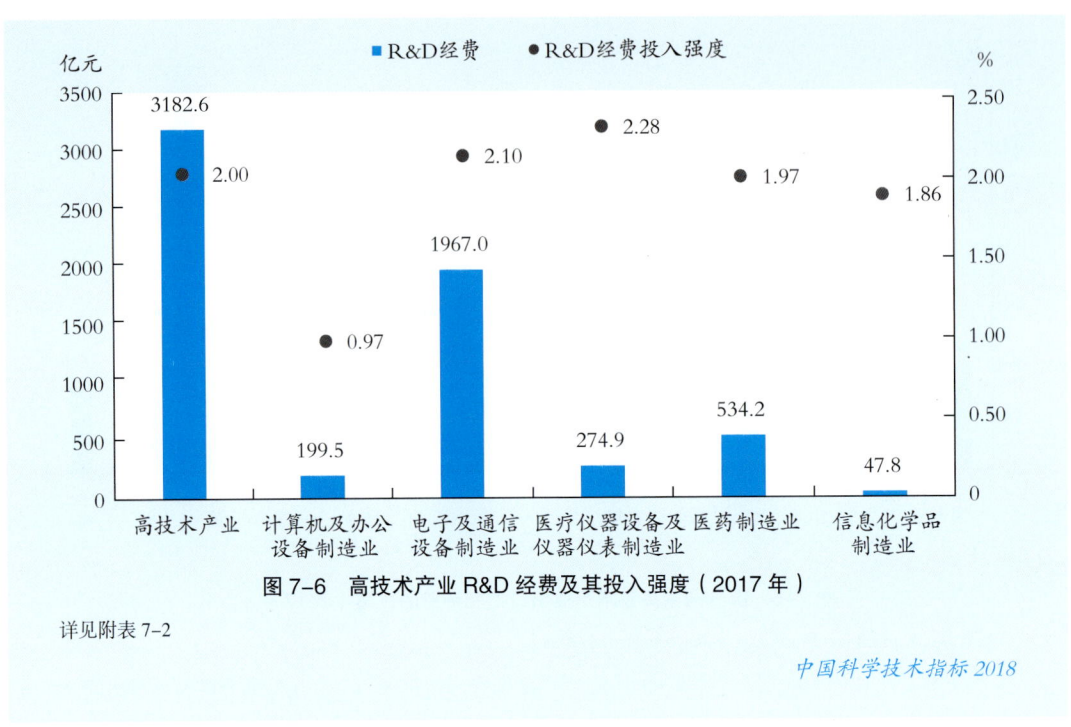

图 7-6 高技术产业 R&D 经费及其投入强度（2017 年）

详见附表 7-2

中国科学技术指标 2018

从地区分布看，R&D 经费投入主要集中在东部地区。2017 年，东部地区高技术产业 R&D 经费投入规模占全国总投入的 75.8%，远高于中西部地区。其中，广东、江苏和山东三省的 R&D 经费占全国的 51.9%。

2. 技术获取与消化吸收

中国高技术产业规模以上工业企业用于技术引进的经费总体呈现先上升再下降的态势，2012 年达到小高峰值 76.2 亿元，于 2013 年下降至 58.2 亿元，此后趋于上升，2016 年达到近 9 年最高值 103.2 亿元，2017 年下降至 64.6 亿元。另外，企业用于购买国内技术经费支出逐年增加，已从 2009 年的 19.3 亿元增长到 2017 年的 77.4 亿元，高于技术引进经费支出。

中国高技术产业用于引进技术的消化吸收经费支出处于波动中。2009 年中国高技术产业用于引进技术的消化吸收经费为 12.4 亿元，2012 年该经费下降至 10.6 亿元，之后有所回升，2015 年起又出现下降，2017 年下降至 5.5 亿元，远低于 2009 年的水平。2009 年消化吸收经费支出占技术引进经费支出的比例为 18.1%，2014 年达到高峰值 27.4%，2017 年该比例仅为 8.6%（图 7-7）。

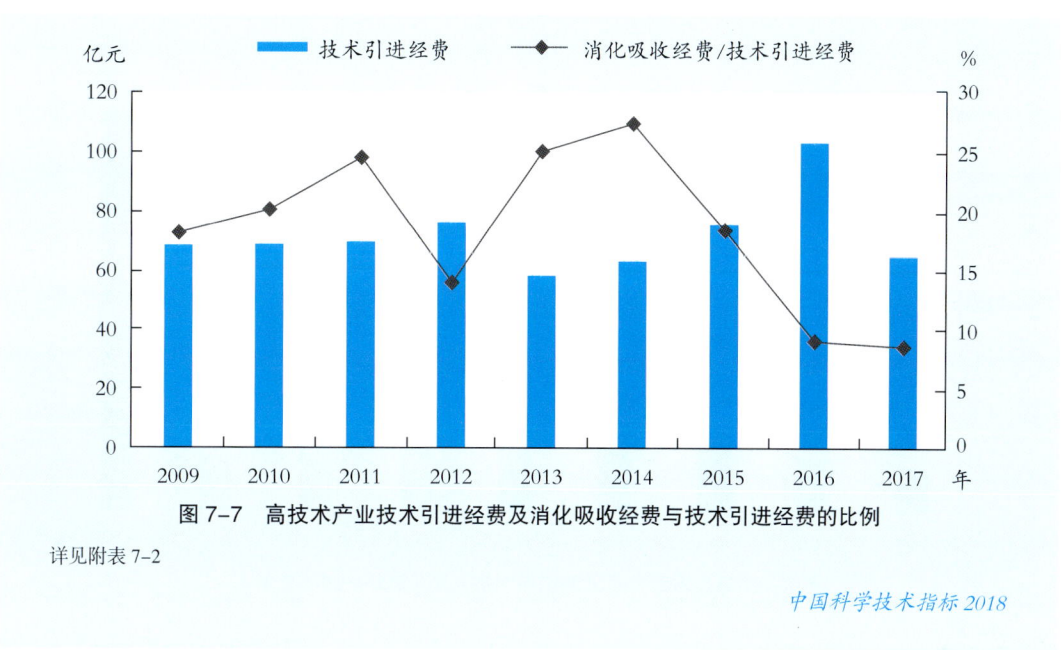

图 7-7 高技术产业技术引进经费及消化吸收经费与技术引进经费的比例

详见附表 7-2

中国科学技术指标 2018

3. 技术创新的实施效果

发明专利与新产品是高技术产业的主要技术成果和创新成果，通过对有效发明专利拥有量和新产品销售收入的分析，可以从一定程度上反映高技术产业技术创新的实施效果。

发明专利是评价科技创新程度和自主创新能力的重要指标，企业有效发明专利拥有量是测度企业技术创新产出最重要的指标。随着研发投入的增加，中国高技术产业有效发明专利拥有量大幅增加，2009 年中国高技术产业有效发明专利拥有量仅为 4.1 万件，2017 年达到 38.0 万件，与 2009 年相比增长了 8 倍（图 7-8）。

中国高技术产业的新产品销售收入多年来一直保持快速增长的趋势。2009 年，中国高技术产业的新产品销售收入 1.4 万亿元，2011 年突破 2 万亿元，2017 年达到 5.4 万亿元，平均增速达到 18.8%。2017 年，高技术产业的新产品销售收入占主营业务收入总额的比重为 33.6%，比 2005 年提高了 10.5 个百分点，反映了中国高技术产业创新能力在不断提升。

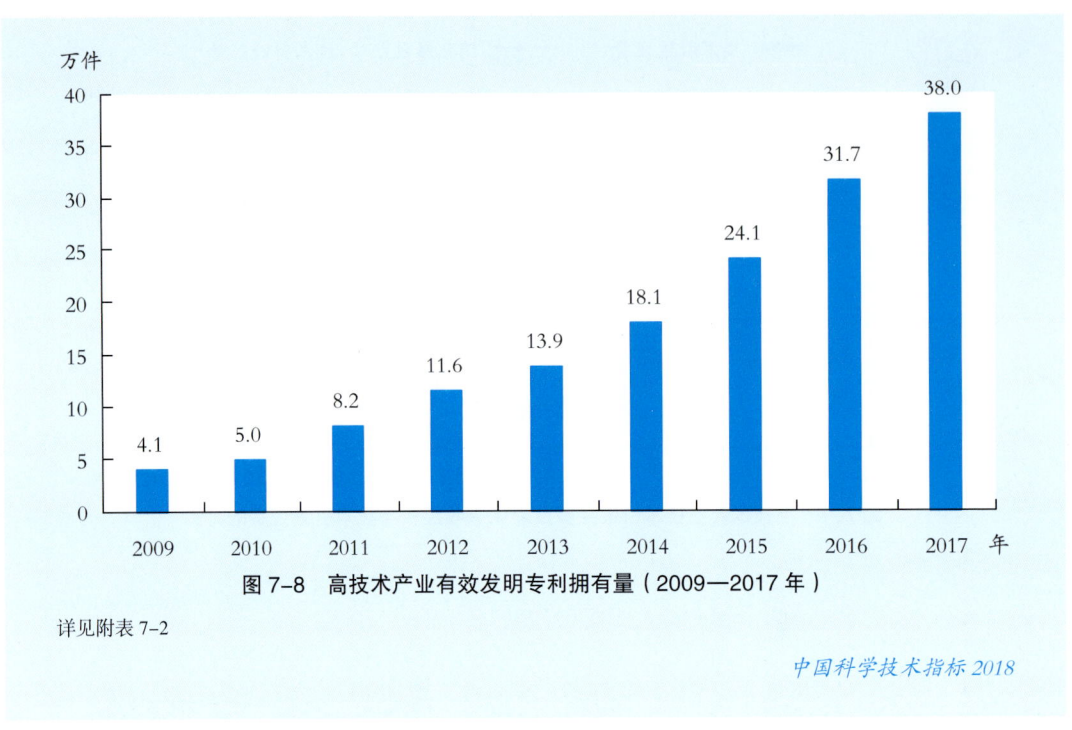

图 7-8 高技术产业有效发明专利拥有量（2009—2017 年）

详见附表 7-2

中国科学技术指标 2018

第二节　高技术产品

相对于其他工业制成品，高技术产品具有高研发投入、高附加值的特点。多年以来，中国高技术产品贸易总体呈上升趋势，贸易顺差呈波动式上升态势。近两年，高技术产品的贸易特化系数较之前有所下降，国际竞争能力有所减弱。

一、高技术产品进出口总体情况

2005—2017 年中国高技术产品贸易进出口[①]总体呈上升趋势。2017 年中国高技术产品贸易进出口总额达到 12 575 亿美元。其中，出口额为 6708 亿美元，较上年增长 11.0%；进口额为 5867 亿美元，较上年增长 12.0%（图 7-9、图 7-10）。

---

① 本书中国高技术产品贸易进出口均指中国大陆（内地）高技术产品贸易进出口，不包括港澳台地区。

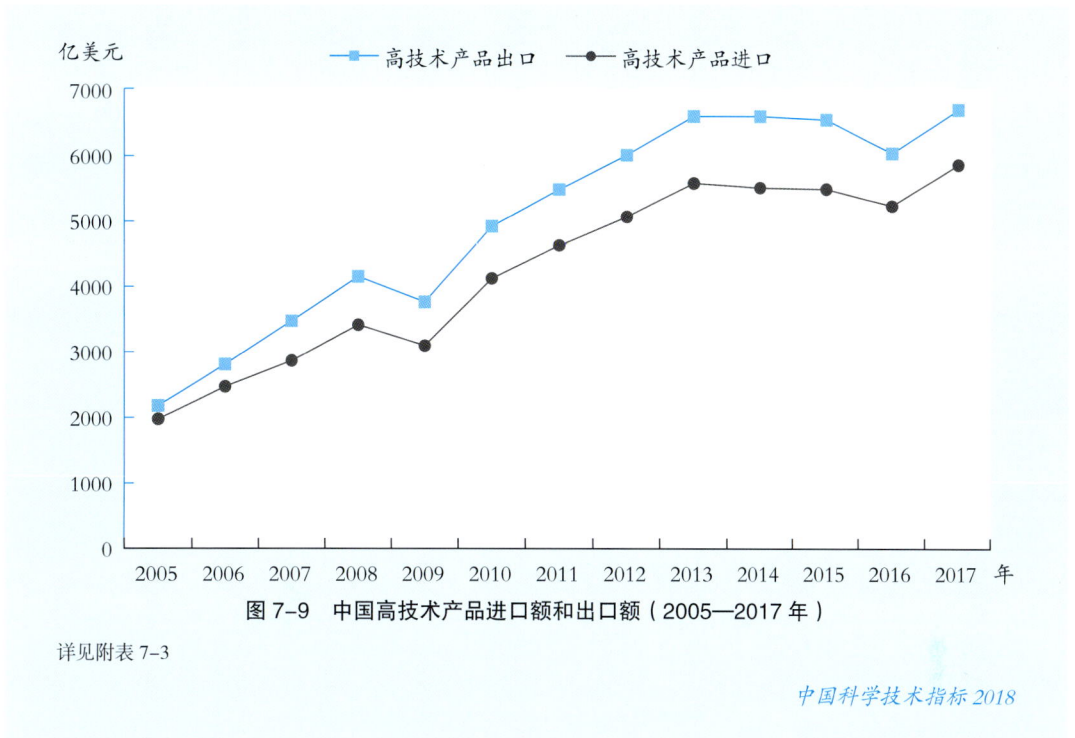

图 7-9　中国高技术产品进口额和出口额（2005—2017 年）

详见附表 7-3

中国科学技术指标 2018

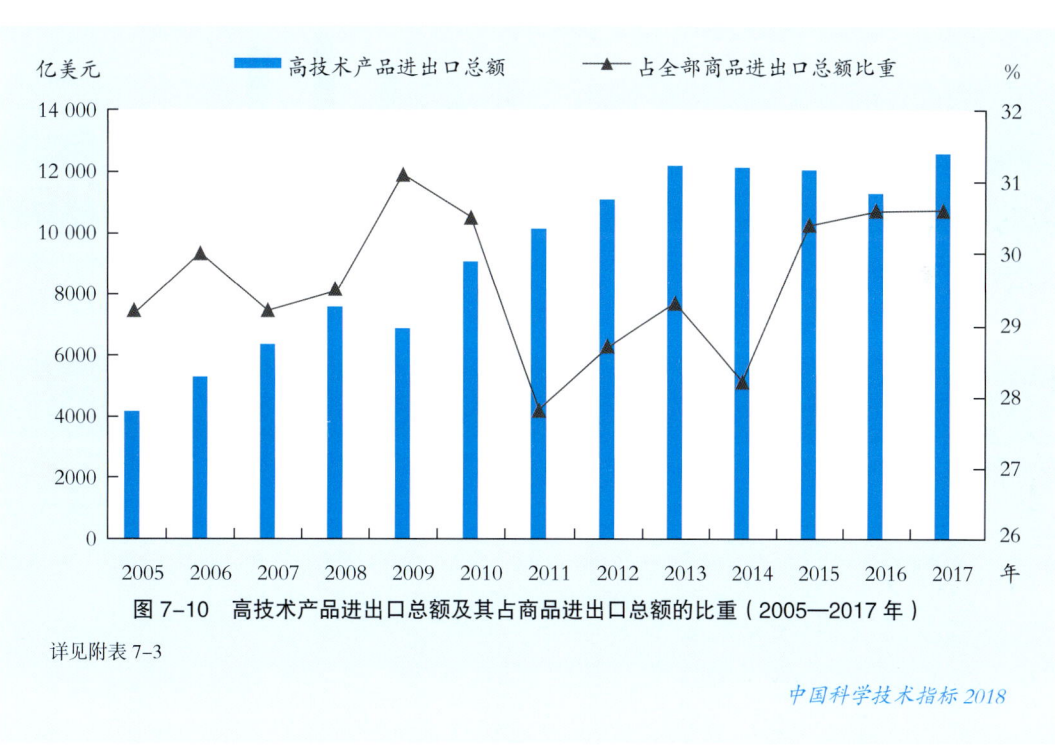

图 7-10　高技术产品进出口总额及其占商品进出口总额的比重（2005—2017 年）

详见附表 7-3

中国科学技术指标 2018

2005—2017年高技术产品贸易顺差呈现波动式上升趋势，2017年为841亿美元，较2016年增长4.6%。从贸易特化系数看，2005—2007年是中国高技术产品国际竞争力提升较快的阶段，2007—2015年中国高技术产品国际竞争力基本保持稳定，维持在0.09左右。然而近两年来，中国高技术产品的贸易特化系数有所下降，其国际竞争力较之前有所减弱（图7-11）。

> **专栏　贸易特化系数的概念和应用**
>
> 贸易特化系数表示的是产品的纯出口比率。TSC_i表示i产品的贸易特化系数，$TSC_i=(X_i-M_i)/(X_i+M_i)$，$X_i$、$M_i$分别表示$i$产品的出口额和进口额。贸易特化系数介于-1和1之间，从-1到1的上升运动反映了从净进口到净出口的变化过程，从1到-1的下降运动反映了从净出口到净进口的变化过程。一般来说，某种产品的贸易特化系数越接近1，说明出口额远远超过进口额，该种产品在国际市场上的竞争力就越强；反之，如果贸易特化系数越接近-1，则说明进口额远远大于出口额，该种产品在国际市场上的竞争力就越弱。

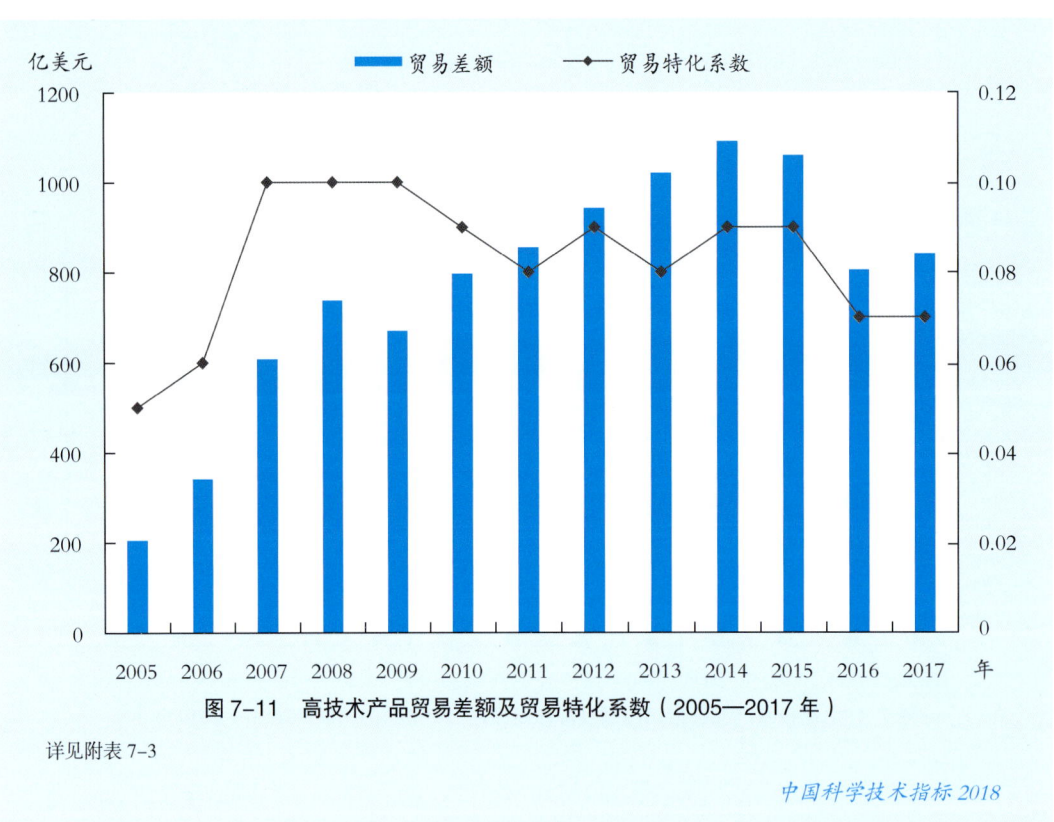

图7-11　高技术产品贸易差额及贸易特化系数（2005—2017年）

详见附表7-3

中国科学技术指标2018

二、高技术产品进出口贸易的技术领域分布

从技术领域分布来看,2017年高技术产品出口基本延续了以往计算机与通信技术、电子技术为主的趋势。在中国高技术产品出口的各类技术领域中,计算机与通信技术仍居绝对主导地位,出口额达到4607亿美元,占高技术产品出口总额的68.7%;电子技术出口额居第2位,为1200.1亿美元,占高技术产品出口总额的17.9%。

2017年,在高技术产品进口的技术领域分布中,电子技术仍居首位,进口额达3093.3亿美元,占高技术产品进口总额的52.7%。位居第二的是计算机与通信技术,进口额为1140亿美元,占进口总额的19.4%。整体来看,电子技术贸易增长速度显著高于其他高技术产品(表7-1)。

表7-1 高技术产品进出口额按技术领域分布(2017年)　　单位:亿美元

技术领域	出口			进口		
	出口额(亿美元)	所占比重(%)	比上年增长(%)	进口额(亿美元)	所占比重(%)	比上年增长(%)
合计	6708	100	11.0	5867	100	12.0
计算机与通信技术	4607	68.7	12.6	1140	19.4	6.2
生命科学技术	280.4	4.2	13.3	330.8	5.6	16.8
电子技术	1200.1	17.9	7.6	3093.3	52.7	13.6
计算机集成制造技术	145.5	2.2	9.7	458	7.8	26.2
航空航天技术	72.6	1.1	1.4	351.4	6.0	12.9
光电技术	314.6	4.7	2.7	422.7	7.2	0.7
生物技术	7.00	0.1	7.7	17.7	0.30	38.3
材料技术	73.0	1.1	15.9	42.3	0.72	4.7
其他技术	7.8	0.1	-3.7	10.8	0.2	20.0

详见附表7-4

中国科学技术指标2018

三、高技术产品出口的贸易方式

高技术产品出口的主要贸易方式包括一般贸易、进料加工贸易和来料加工贸易[①]。一直以来，进料加工贸易占中国高技术产品贸易比重都在 70% 以上，但是自 2010 年以来，该比重呈总体下降趋势，2017 年下降到 57.5%。来料加工贸易比重虽在个别年份有所上涨，但整体仍呈下降趋势，从 2002 年的 15.1% 下降到 2017 年的 4.3%。与之相对应的是一般贸易方式贸易额大幅上升，一般贸易方式贸易额占比从 2002 年的 7.6% 上升到 2017 年的 25.7%（图 7-12）。

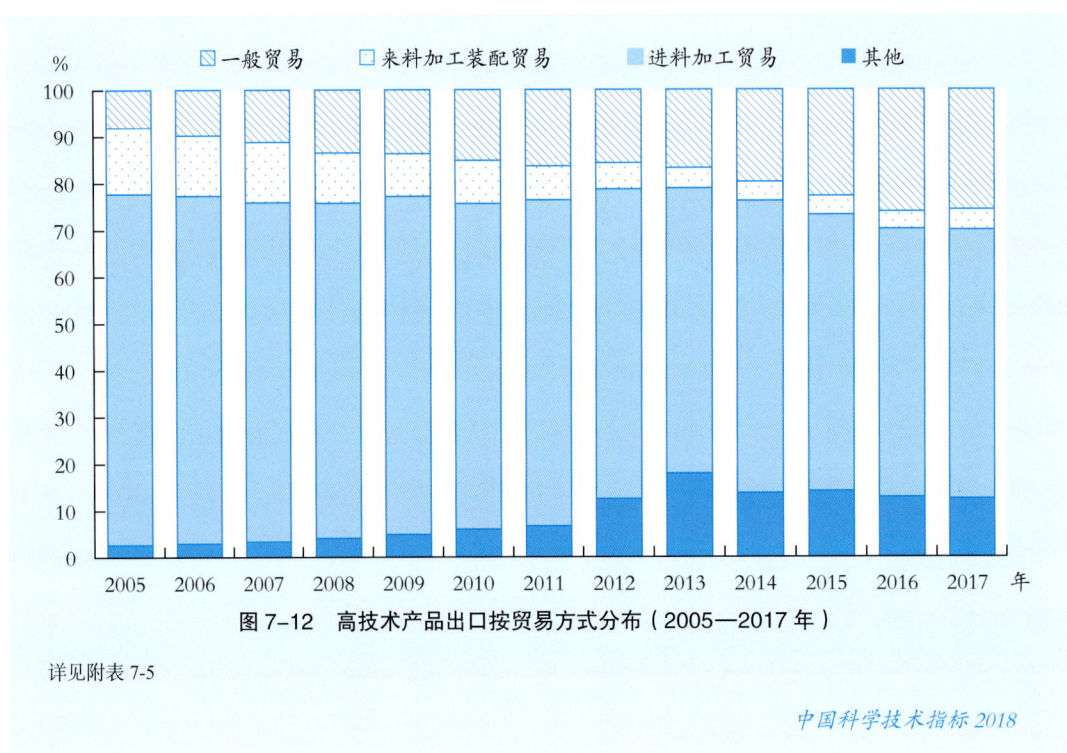

图 7-12　高技术产品出口按贸易方式分布（2005—2017 年）

详见附表 7-5

---

① 一般贸易指中国境内有进出口经营权的企业以单边进口或单边出口货物的交易方式。进料加工贸易指中国境内企业用外汇购买进口的原料、材料、辅料、元器件、零部件、配套件和包装物料，加工为成品或半成品后再外销出口的交易方式。来料加工贸易指由外商提供全部或部分原材料、辅料、零部件、配套件和包装物料，必要时提供设备，由中国境内企业按外方的要求进行加工装配，成品交外方销售，我方收取工缴费，外方提供的作价设备价款，我方用工缴费偿还的交易方式。

第三节　国家高新技术产业开发区

建立国家高新技术产业开发区（以下简称"国家高新区"）是中国"发展高科技、实现产业化"的重大战略举措。2017年，国家高新区经济发展快速增长，产业结构不断优化，创新成效显著。高新技术企业数量大幅增长，创新投入和产出规模持续扩大。科技企业孵化器和众创空间数量持续增长，其中民营企业性质占比均超过一半，为中国中小企业创新创业提供了重要支撑。

一、国家高新区

1. 国家高新区经济发展

（1）经济发展

2017年，国家高新区共实现营业收入 307 057.5 亿元、工业总产值 202 826.6 亿元、净利润 21 420.4 亿元、上缴税额 17 251.2 亿元、出口总额 32 292.0 亿元，同比[①]分别增长 9.9%、1.4%、14.7%、9.8%、10.8%。国家高新区共有工商注册企业 178.1 万余家，据对其中 103 631 家企业统计，共有上市企业主体 1268 家，另有 4285 家企业在新三板挂牌；国家高新区内高新技术企业 48 917 家；营业收入超过 1000 亿元的企业有 13 家，较上年增加 3 家；超过百亿元企业 444 家，较上年增加 40 家；超过 10 亿元企业 4267 家，占企业总数的 4.1%；超过亿元企业 24 865 家，占企业总数的 24.0%。

（2）产业结构

国家高新区在发展进程中一直强调创新能力建设，促进科技与经济的紧密结合，提高企业自主创新能力，以实现提升经济质量、推动经济发展方式转变。2017年，国家高新区企业的平均净利润率为 7.0%，同比增长 0.3%，人均净利润为 11.0 万元/人，有 56 家高新区的人均净利润超过 10 万元/人，较上年增加 9 家。企业技术性收入为 33 309.1 亿元，同比增长 23.5%；技术性收入占营业收入的比重为 10.8%，较上年提高 1.1 个百分点；技术服务出口占出口总额的比重为 5.6%，较上年提高 0.8 个百分点。

2017年，国家高新区中属于高技术制造业、高技术服务业的企业达 49 855 家，占高新区企业总数的 48.1%，比上年提高 2.2 个百分点，从业人员达 778.4 万人，占高新区从业人员总数的 40.1%。以高技术制造业和高技术服务业共同构成的高技术产业已经成为国家高新区产业的主体构成。高技术制造业和高技术服务业创造的营业收入、净利润、上缴税额和出口总额分别为 94 131.9 亿元、7942.2 亿元、4779.2 亿元和 18 919.8 亿元，同比增长 7.8%、15.2%、10.2%、5.5%，占高新区总体各项经济指标的比重均在 30% 左右，其中出口

---

① 同比计算指原 146 家高新区与上年比较。

总额占高新区企业比重达 58.6%。

2. 国家高新区创新成效

（1）创新环境

2017 年，国家高新区中有 77 家高新区被国家知识产权局认定为试点（或示范）园区，占全部园区总数的 49.4%，另有 13 家高新区成为国家知识产权服务业集聚发展试验区。国家高新区内共有各类大学 828 所；研究院所 2929 家，其中国家或行业归口的研究院所 787 家；博士后科研工作站 1871 个，其中国家级 1073 个。国家高新区累计建设国家重点实验室 341 个、国家工程研究中心 110 个（包含分中心）、国家工程技术研究中心 237 个、国家工程实验室 143 个、国家地方联合工程研究中心（工程实验室）308 个。国家高新区大力建设各类产业促进机构，共有科技企业孵化器 2125 家，其中国家级 538 家；科技企业加速器 619 家；建设众创空间 2514 家，其中科技部备案的众创空间为 848 家；共有生产力促进中心 440 个，其中国家级 95 个；累计建成技术转移机构 1290 个，其中经认定的国家技术转移示范机构 289 个；各类产业技术创新战略联盟 1349 个，其中国家级 158 个；具有国家相关资质认定的产品检验检测机构 708 个。

（2）创新资源

截至 2017 年年底，高新区企业年末从业人员 1940.7 万人，较上年增加 134.8 万人；当年吸纳高校应届毕业生 61.5 万人，较上年增加 7.6 万人，对于促进就业发挥了积极作用。

国家高新区高学历和研发人员的增长速率均高于从业人员的平均增速，从业人员队伍整体结构不断优化。2017 年，国家高新区企业中科技活动人员 378.4 万人，占全部从业人员总数的 19.5%，较 2016 年提高 0.8 个百分点；R&D 人员全时当量为 159.0 万人年，每万名从业人员中 R&D 人员为 819.3 人年。国家高新区从业人员中具有本科以上学历的从业人员为 680.5 万人，较 2016 年增长 12.0%，占从业人员总数的比例为 35.1%。

2017 年，国家高新区财政科技支出总额达 773.8 亿元，占高新区财政支出比例达到 15.9%，较上年增长 1.1 个百分点。企业 R&D 经费内部支出 6163.9 亿元，同比增长 14.6%，R&D 经费投入强度达到 6.5%。

高新区内高新技术企业主要指标的增长率高于园区企业平均水平，持续推动园区的经济发展。2017 年，国家高新区统计的高新技术企业共有 48 917 家，占全国高新技术企业统计总量的 37.4%，占园区企业总数的 47.2%。区内高新技术企业主要经济指标占园区企业经济体量的比重均超过 40%，特别是净利润占比 52.6%。

（3）创新成果

截至 2017 年年底，高新区企业当年参与的科技项目数量达到 34.2 万项。2017 年，国家高新区企业当年专利申请数量为 54.9 万件，其中发明专利申请数 28.8 万件，申请国内发明专利数 25.1 万件，占全国国内发明专利申请总量的 20.3%；当年专利授权数达到 30.6 万件，其中发明专利授权 11.2 万件，国内发明专利授权 9.3 万件，占全国国内发明专利申请授权量的 29.1%；国家高新区内企业共拥有有效专利 145.3 万件，其中拥有发明专利为 52.3 万件，拥有境内发明专利 48.8 万件，占全国国内发明专利拥有量的 36.0%。

国家高新区构建的区域创新系统较好地推动了科技成果转化的实现。2017 年，国家高新区企业研发的新产品产值达到 73 203.5 亿元，新产品实现销售收入 73 594.5 亿元，同比增长 11.4% 和 12.8%，新产品销售收入占产品销售收入的 33.7%，较上年提升 2.2 个百分点。国家高新区企业技术合同交易非常活跃。2017 年，企业认定登记的技术合同成交金额达到 4172.2 亿元，占全国技术合同成交额比重为 31.1%，较上年提升 4.3 个百分点；企业新增注册商标数为 7.0 万件，每万人拥有注册商标 239.3 件，较 2016 年提高 43.7 件；获得软件著作权 12.4 万件，获得集成电路布图 1533 件，获得植物新品种 240 件；高新区每万人拥有软件著作权、集成电路布图、植物新品种分别为 257.3 件、4.7 件和 0.7 件。

二、高新技术企业

高新技术企业是发展高新技术产业的重要基础，是调整产业结构、提高国家竞争力的生力军。近年来，高新技术企业不断以科技创新促进企业发展，企业群体的创新能力和竞争力稳步提升，对中国战略性新兴产业的发展和经济发展方式转变都发挥了积极作用。

1. 高新技术企业数量

截至 2017 年年底，全国共有高新技术企业 13.6 万家，较上年增长 30.8%。高新技术企业主要分布在广东、北京、江苏、深圳等省市，上述四省市高新技术企业数量均超过 1 万家，四省市高新技术企业之和占全国总量的 49.3%。国家高新区内高新技术企业有 52265 家，占全国总量的 38.4%。

2017 年，据对 13.1 万家高新技术企业统计，有上市企业主体 2104 家，占 1.6%。高新技术企业中大型企业占 4.6%，中型企业占 17.4%，小型企业占 65.3%，微型企业占 12.7%。按照收入规模划分，营业收入超过 4 亿元的企业有 12 202 家，占 9.0%；收入在 1 亿～4 亿元的企业有 23 384 家，占 17.9%；收入在 2000 万～1 亿元的企业有 42 285 家，占 32.4%；收入在 500 万～2000 万元的企业有 28 596 家，占 21.9%；收入在 500 万元以下的企业有 24 165 家，占 18.5%。

2. 经济规模

随着高新技术企业数量的增加，高新技术企业主要经济指标也有较快增长。2017 年高新技术企业实现营业收入 318 374.1 亿元、工业总产值 243 898.0 亿元、净利润 23 217.0 亿元、实际上缴税费 15 578.3 亿元、出口总额 37 831.0 亿元，分别比上年增长 21.9%、14.9%、

23.1%、18.4% 和 21.9%。2017 年高新技术企业出口占同期全国货物和服务出口总额的 22.4%；企业营业利润率为 7.9%，较上年增长 0.4 个百分点；净资产收益率为 11.1%，较上年增加 0.5 个百分点（表 7-2）。

表 7-2 高新技术企业主要经济指标（2016 年、2017 年）

指标	2017 年	2016 年	2017 年增长率（%）
高新技术企业数量（家）	130 632	100 012	30.6
营业总收入（亿元）	318 374.1	261 093.9	21.9
工业总产值（亿元）	243 898.0	212 268.8	14.9
净利润（亿元）	23 217.0	18 859.7	23.1
实际上缴税费（亿元）	15 578.3	13 159.1	18.4
出口总额（亿元）	37 831.0	31 026.7	21.9

数据来源：科学技术部火炬高技术产业开发中心《中国火炬统计年鉴 2018》。

3. 人才队伍

2017 年，高新技术企业的从业人员为 2735.5 万人，大专以上从业人员达到 1377.2 万人，占从业人员总数的 50.3%。其中，博士 10.4 万人，硕士 115.6 万人；留学归国人员 10.4 万人，当年吸纳高校应届毕业生 86.6 万人；拥有专业技术人员和技术工人共计 1375.2 万人，占从业人员总数的 50.3%；高新技术企业中从事科技活动的人员为 658.7 万人，占从业人员总数的 24.1%，其中 R&D 人员为 417.7 万人，高新技术企业每万名从业人员中 R&D 人员为 962.7 人年。

4. 科技投入

2017 年，高新技术企业的科技活动经费内部支出为 15 481.2 亿元，其中 R&D 经费内部支出为 9279.5 亿元，较上年增长 18.9%，企业 R&D 经费内部平均支出 710.4 万元。高新技术企业 R&D 支出占全国企业 R&D 经费支出的比例为 67.9%。

5. 科技产出

2017 年，高新技术企业累计拥有有效专利 281.8 万件，其中发明专利 81.0 万件，平均每万人拥有发明专利 296.3 件，是全国就业人员人均水平的 11.0 倍；当年专利申请受理 97.0 万件，其中发明专利申请受理 43.7 万件，占全国总量的 31.6%；当年授权专利 57.3

万件，其中授权发明专利 17.1 万件，占全国总量的 40.7%。高新技术企业实现技术合同成交额 4301.7 亿元，占全国技术合同成交额的 32.1%。高新技术企业实现新产品销售收入 115 993.1 亿元，占产品销售收入的 44.2%。

三、众创空间与科技企业孵化器

1. 众创空间

截至 2017 年年底，全国纳入火炬统计的众创空间共计 5739 家，其中民营企业建立的众创空间 3925 家，占 68.4%；国有企业建立的众创空间 757 家，占 13.2%；事业性质的占 10%，其他为社团、民办非企业、外资及合资等性质。市场力量已成为创业服务的主力军。由科技企业孵化器衍生成立的众创空间 1760 家，占到总数的 30.7%；高新区内建立的众创空间 1182 家，占到总数的 20.6%；由高校科研院所成立的众创空间 687 家，占到总数的 12%。

2017 年，众创空间提供创业工位 105.5 万个，当年服务的创业团队和创业企业 42.0 万个，通过创业带动就业人数达 173 万人，其中应届大学生 46.7 万人。2017 年，众创空间内的创新创业服务人员达到 10.5 万人，累计服务的企业和团队近 96.7 万个，服务收入和投资收入达 78.5 亿元，2017 年当年有 8.8 万家服务的创业团队注册成立为企业。全国众创空间为 7.5 万家企业和团队提供了技术支持服务，常驻的团队和企业目前共拥有有效知识产权达 15.2 万项，其中发明专利约 3.3 万项。

全国的众创空间内有 12.2 万专兼职创业导师服务创业者，2017 年举办创新创业活动累计达到 15.15 万次，开展创业教育培训 10.2 万场，开展的国际交流活动 8505 场，频繁的创业活动在全社会营造了浓厚的创新创业氛围。全国的众创空间内吸引到 9.0 万余名大学生、7745 名留学生、4.5 万名科研人员、1.5 万个原大企业高管和 3.1 万个连续创业者在其中创新创业。

2. 科技企业孵化器

科技企业孵化器是培育和扶持科技型中小企业的服务机构。中国科技企业孵化器的快速发展得到了中央政府、各个部委及地方政府的高度关注和支持。当前，科技企业孵化器已成为中国科技型中小企业创新创业的重要平台。

（1）总量规模

孵化器成为各地方践行创新驱动发展战略，加快科技成果转化，促进经济转型升级的标准化手段。截至 2017 年年底，全国科技企业孵化器总数已达 4069 家，较上年增长 25%。孵化器共有孵化场地面积 1.2 亿平方米，比上年增长 11.8%。服务和管理人员队伍 6.3 万人，当年在孵企业数 17.75 万家。孵化器中企业性质孵化器有 3173 家，占比 78%，其中民营企业性质孵化器2105家，占比高达51.7%，显示出越来越多的社会力量参与到孵化器建设当中。孵化器的服务内容更加多样，服务形式日趋多元，服务质量不断提升，中国正在从孵化器大国向孵化器强国迈进。

（2）在孵企业

2017年，孵化器内在孵企业达到17.75万家，其中留学生创办企业首次突破1万家。在孵企业总收入达6335.7亿元，R&D投入589.4亿元，累计获得风险投资共1940.2亿元。在孵企业从业人员总数达259.6万人，其中吸纳应届毕业生就业27.35万人，较上年增长29.6%，留学回国人员2.54万人。在孵企业专利申请数达19.2万项，累计拥有有效专利达30.8万项，其中发明专利7.0万项。

（3）毕业企业

截至2017年年底，从科技企业孵化器毕业的企业累计已达11.1万家，其中2017年毕业企业达到2.0万家。当年收入超过5000万元的企业2816家，被并购企业763家，毕业后上市和挂牌企业达到2777家，占创业板上市企业的1/7，占新三板挂牌企业的1/10，这些上市和挂牌企业的总市值已达到3万亿元。

（4）国家级孵化器

2017年国家级孵化器总数达988家，占全国孵化器数量的24.28%。988家国家级孵化器中有538家分布在国家高新区内，占总数的54.5%，在孵企业8.7万家，占全部孵化器在孵企业的49.0%，当年毕业企业10134家，占当年全部毕业企业的49.8%。

第四节 创业风险投资

创业风险投资主要为高新技术企业，尤其为中小高新技术企业的创立和发展提供资金支持。根据全国创业风险投资机构统计调查获得的数据，中国创业风险投资总体上呈现出良好的发展态势，各类创业风险投资机构数量持续增长，全国创投机构累计投资项目数及投资金额均有所增加。同时，创业风险投资为高新技术企业成长提供了融资的沃土。

一、创业风险投资概况

2017年，中国各类创业风险投资机构数持续增长，活跃的创投机构数达到2296家，较上年增长12.3%。其中，创业风险投资企业（基金）1589家，增幅11.8%；创业风险投资管理机构707家，增幅13.3%（图7-13）。

从资金规模来看，2017年，全国创业风险投资管理资本总量达到8872.5亿元，较2016年增加595.4亿元，增幅为7.2%，较前两年明显放缓（图7-14）。管理资本规模达

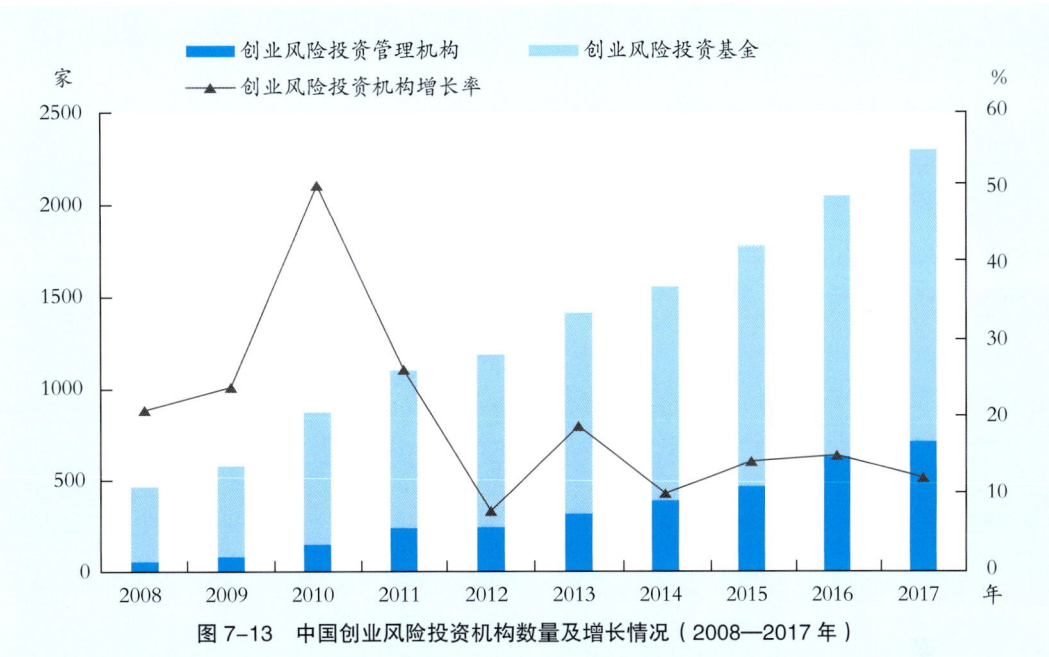

图 7-13 中国创业风险投资机构数量及增长情况（2008—2017 年）

资料来源：中国科学技术发展战略研究院《中国创业风险投资发展报告》2007—2018 年。

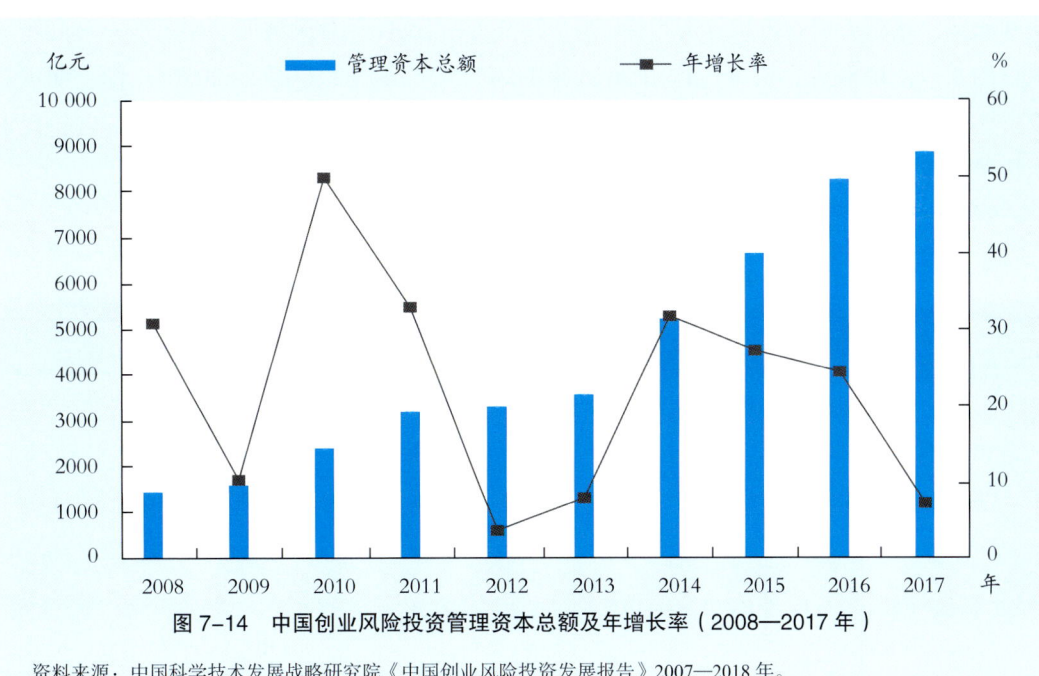

图 7-14 中国创业风险投资管理资本总额及年增长率（2008—2017 年）

资料来源：中国科学技术发展战略研究院《中国创业风险投资发展报告》2007—2018 年。

到 503.7 亿元，占比 5.7%。其中，最大母基金管理资本总量达到 241 亿元，投资的子基金数量达到 58 家。

二、创业风险投资机构的投资情况

截至 2017 年年底，全国创投机构累计投资项目数达到 20 674 项，累计投资金额 4110.2 亿元（表 7-3）。2017 年当年披露投资项目 2687 项，投资金额 845.3 亿元，平均投资额为 3145 万元/项，较 2016 年大幅增加。

表 7-3　中国创业风险投资累计投资情况（2011—2017 年）

指标	2011 年	2012 年	2013 年	2014 年	2015 年	2016 年	2017 年
累计投资项目总数（个）	9978	11 112	12 149	14 118	17 376	19 296	20 674
累计投资金额（亿元）	2036.6	2355.1	2634.1	2933.6	3361.2	3765.2	4110.2

资料来源：中国科学技术发展战略研究院《中国创业风险投资发展报告 2018》。

按投资项目的发展阶段进行划分，2017 年中国创投的投资金额主要集中在成长（扩张）期和成熟（过渡）期，占比分别为 44.7%、29.9%，相比往年有所增加。相应地，对起步期项目的投资下降较大，资金占比由 2016 年的 30.3% 下滑到 2017 年的 20.8%；种子期项目投资变化较小。从投资轮次上看，首轮投资和后续投资分别占 72.7% 和 27.3%，首轮投资占比较上年提高了 3.7 个百分点，仍占主导地位（表 7-4）。

表 7-4　中国创业风险投资项目数按成长阶段分布（2009—2017 年）　　单位：%

成长阶段	年份								
	2009	2010	2011	2012	2013	2014	2015	2016	2017
种子期	32.2	19.9	9.7	12.3	18.4	20.8	18.2	19.6	17.8
起步期	20.3	27.1	22.7	28.7	32.4	36.5	35.6	38.9	39.5
成长（扩张）期	35.2	40.9	48.3	45.0	38.2	35.9	40.1	35.0	36.2
成熟（过渡）期	9.0	10.0	16.7	13.2	10.0	6.5	5.4	5.7	5.9
重建期	3.4	2.2	2.6	0.8	1.0	0.3	0.7	0.8	0.6

详见附表 7-8

2017年，中国上市企业（IPO）共436家，总融资额2301.53亿元；其中，120家获得了创投支持，占比为27.5%。并购与回购仍然是创投企业实现退出的主要渠道。2017年整个创投行业实现退出项目共878项，按照退出渠道划分，上市企业为120家，占13.7%；并购、回购退出项目分别为286项、306项，合计占全年退出项目的67.5%；近10%的项目通过新三板实现退出，增加了5.2%（表7-5）。

从行业退出收益表现来看，总体退出收益率表现良好，全行业平均投资收益达到243.4%。整个行业投资退出步伐略微放缓，项目平均退出时间增加到4.4年，长期投资与价值投资日渐成为行业主流理念，退出行业年均收益率达到38.3%。

表7-5 中国创业风险投资按退出方式分布（2009—2017年）　　　　单位：%

年份	退出方式				
	上市	并购	回购	清算	其他
2009	25.3	33.0	35.3	6.3	0.1
2010	29.8	28.6	32.8	6.9	1.9
2011	29.4	30.0	32.3	3.2	5.1
2012	29.4	15.9	45.0	6.7	3.0
2013	24.3	23.8	44.8	4.6	2.5
2014	20.7	36.0	36.0	4.8	2.5
2015	15.5	31.0	37.5	6.5	9.5
2016	17.3	29.7	40.1	8.1	4.8
2017	13.7	32.6	34.8	8.9	10.0

资料来源：中国科学技术发展战略研究院《中国创业风险投资发展报告2018》。

三、创业风险投资与高新技术企业

创业风险投资为高新技术企业成长提供有力支持。截至2017年年底，创投机构投资的高新技术企业（项目）达到8851项，投资金额1627.3亿元，分别占42.8%和39.6%。其中，2017年投资的高新技术企业（项目）825家，较2016年增加30.1%；投资金额153.8亿元，增长67.0%。投资于科技型中小企业（项目）858家，投资金额97.5亿元（表7-6）。

表 7-6 中国创业风险投资累计投资高新技术企业/项目情况（2011—2017年）

类别	2011年	2012年	2013年	2014年	2015年	2016年	2017年
投资高新技术企业/项目数（个）	5940	6404	6779	7330	8047	8490	8851
投资高新技术企业/项目金额（亿元）	1038.6	1193.1	1302.1	1401.9	1493.1	1566.8	1627.3

资料来源：中国科学技术发展战略研究院《中国创业风险投资发展报告2018》。

中国科学技术指标2018

2017年中国创业风险投资项目主要集中在信息传输、软件和信息服务业（18.3%）、新能源和环保业（11.6%）、生物医药业（11.4%）等领域。其中，信息传输、软件和信息服务业的投资金额出现大幅下降，占比由2016年的47.6%缩减到7.1%（表7-7）。

表 7-7 中国创业风险投资项目的前十大行业分布（2016年、2017年）　　单位：%

行业		2017年		2016年	
		投资金额	投资项目	投资金额	投资项目
计算机、通信和其他电子设备制造业	通信设备 计算机硬件产业 半导体 光电子与光机电一体化	3.2	8.7	4.0	7.4
信息传输、软件和信息服务业	网络产业 IT服务业 软件产业 其他IT产业	7.1	18.3	47.6	26.7
新能源和环保业	新能源、高效节能技术 新材料工业 环保工程 核应用技术	5.7	11.6	6.8	12.5
医药生物业 医药保健		17.0	11.4	5.5	9.8
金融保险业		5.1	3.5	7.0	3.1
文化、体育和娱乐业（传播与文化娱乐业）		1.9	5.1	3.0	5.3
传统制造业		4.0	4.7	2.0	3.6
建筑业		14.4	1.4	2.0	0.6

续表

行业	2017年		2016年	
	投资金额	投资项目	投资金额	投资项目
其他制造业	3.0	7.2	1.7	4.1
其他行业	7.5	10.4	12.9	13.7

资料来源：中国科学技术发展战略研究院《中国创业风险投资发展报告2018》。

第八章 地区科学技术指标

地区科技进步是实施创新驱动发展战略的有效支撑，也是创新型国家建设的重要基础。由于经济社会发展的不平衡，中国各地区科技发展水平存在较大差异，地区主要科技指标也表现出不同的特点。本章从主要科技指标地区分布和区域科技分布特征两个方面对 2017 年中国 31 个省（自治区、直辖市）及区域的科技活动进行分析。

第一节 主要科技指标地区分布

对地区主要科技指标的分析有助于更好地了解各地区科技事业发展现状和变化趋势。本节主要从地区分布的角度分析 2017 年中国科技投入、科技活动产出和高技术产业创新能力等方面的地区分布特点，以及一些重要指标的地区结构性特征。

一、总体特征

从 R&D 人员和经费投入、科技论文和专利产出、高技术产业的区域分布来看，地区不均衡是中国科技资源分布的总体特征。

1.R&D 人员

（1）R&D 人员全时当量

2017 年，中国 R&D 人员全时当量为 403.4 万人年。按 R&D 人员全时当量从高到低将中国 31 个地区分为 4 类：第一类地区的 R&D 人员在 10 万人年以上，包括广东、江苏、浙江等 14 个经济发达地区，合计占全国总量的 83.2%；第二类地区的 R&D 人员在 6 万～10 万人年，包括陕西、辽宁、重庆和江西 4 个地区，其 R&D 人员共占全国总量的 8.1%；第三类地区的 R&D 人员在 3 万～6 万人年，包括山西、云南、黑龙江、吉林等 6 个地区；第四类地区的 R&D 人员在 3 万人年以下，包括贵州、甘肃、新疆等 7 个地区。

（2）每万就业人员中 R&D 人员全时当量

2017 年，中国每万就业人员中 R&D 人员全时当量为 52.0 人年 / 万人。按 R&D 人员投入强度从高到低将中国 31 个地区分为 4 类：第一类地区的指标值在 100 人年 / 万人以上，包括北京、上海和天津 3 个直辖市和江苏、浙江 2 个省；第二类地区的指标值在 40～100 人年 / 万人，包括广东、福建、陕西、山东和重庆 5 个省市；第三类地区的指标值在 20～40 人年 / 万人，包括辽宁、湖北、湖南等 13 个地区；第四类地区的指标值在

20人年/万人以下,包括青海、海南、新疆、甘肃等8个地区。

2. R&D 经费

(1) R&D 经费总量

2017年,中国R&D经费达到17 606.13亿元。按R&D经费从高到低将中国31个地区分为4类:第一类为R&D经费达到400亿元以上的地区,包括广东、江苏和山东等16个地区;第二类为R&D经费在200亿～400亿元的地区,分别是重庆和江西2个地区。上述18个地区R&D经费合计达到16427.0亿元,占全国R&D经费总额的93.3%。第三类地区的R&D经费在100亿～200亿元,包括云南、山西、黑龙江、广西等6个地区;第四类地区的R&D经费在100亿元以下,包括贵州、甘肃、新疆等7个地区。

(2) R&D 经费与地区生产总值的比值

2017年,中国R&D经费与国内生产总值的比值为2.13%。按各地区R&D经费与地区生产总值的比值大小把31个地区分为4类:第一类地区的R&D经费投入强度达到2.0%以上,包括北京、上海、江苏等9个地区;第二类地区的R&D经费投入强度在1.5%～2.0%,包括湖北、重庆和辽宁等6个地区;第三类地区的R&D经费投入强度在1.0%～1.5%,包括河北、江西、甘肃等5个地区;第四类地区的R&D经费投入强度在1.0%以下,包括山西、云南、黑龙江等11个地区。

3. 科技论文

(1) 国内科技论文量

2017年,中国国内科技论文发表量达到47.2万篇。按各地区国内科技论文数量把中国31个地区分为4类:第一类地区的国内科技论文总量在5万篇以上,只有北京;第二类地区的国内科技论文总量在2万～5万篇,包括江苏、上海、陕西等7个地区。上述8个地区国内科技论文总量达到26.0万篇,占全国总量的55.0%。第三类地区的国内科技论文总量在1万～2万篇,包括辽宁、浙江、河南等9个地区;第四类地区的国内科技论文总量在1万篇以下,包括福建、广西、云南等14个地区。

(2) SCI 论文总量

2017年,中国SCI论文发表量达到32.4万篇。按各地区SCI论文数量把中国31个地区分为4类:第一类地区的SCI论文数在5万篇以上,只有北京;第二类地区的SCI论文数在2万～5万篇,包括江苏、上海和广东3个地区。上述4个地区SCI论文总量合计为13.6万篇,占全国的42.1%。第三类地区的SCI论文数在1万～2万篇,包括湖北、陕西、山东等7个地区;第四类地区的SCI论文数在1万篇以下,包括天津、黑龙江、安徽等20个地区。

4. 发明专利

（1）发明专利申请量

2017年，中国国内发明专利申请量达到123.4万件（不含港澳台地区）。按各地区发明专利申请量把中国31个地区分为4类：第一类地区的发明专利申请量在20 000件以上，包括江苏、广东、北京等16个地区，合计112.4万件，占全国总量的91.1%；第二类地区的发明专利申请量在10 000～20 000件，包括重庆、河北、贵州等5个地区；第三类地区的发明专利申请量在3000～10 000件，包括云南、吉林、山西等5个地区；第四类地区的发明专利申请量在3000件以下，包括内蒙古、宁夏、海南等5个地区。

（2）发明专利授权量

2017年，中国发明专利授权量达32.0万件（不含港澳台地区）。按各地区发明专利授权量把中国31个地区分为4类：第一类地区发明专利授权量在5000件以上，包括北京、广东、江苏、浙江、上海等16个地区；第二类地区发明专利授权量在2000～5000件，包括黑龙江、河北和广西等7个地区。上述23个地区发明专利授权量达到全国总量的98.0%。第三类地区发明专利授权量在1000～2000件，包括贵州和甘肃2个地区；第四类地区发明专利授权量在1000件以下，包括新疆、内蒙古、宁夏等6个地区。

5. 高技术产业

（1）高技术产业主营业务收入

2016年，中国高技术产业主营业务收入达153 796.3亿元。按高技术产业主营业务收入的高低把中国31个地区分为4类：第一类地区的高技术产业主营业务收入在10 000亿元以上，包括广东、江苏和山东3个地区；第二类地区的高技术产业主营业务收入在2000亿～10 000亿元，包括河南、上海、四川等15个地区。上述18个地区高技术产业主营业务收入合计占全国总量的95.2%。第三类地区的高技术产业主营业务收入在500亿～2000亿元，包括河北、辽宁等4个地区；第四类地区的高技术产业主营业务收入在500亿元以下，包括黑龙江、云南等9个地区。

（2）高技术产品出口额

2017年，中国高技术产品出口额达6708.2亿美元。按高技术产品出口额的高低把中国31个地区分为4类：第一类地区的高技术产品出口额达到1000亿美元以上，包括广东和江苏2个地区；第二类地区的高技术产品出口额在500亿～1000亿美元，只有上海。这3个地区高技术产品出口额占全国总量的65.6%。第三类地区的高技术产品出口额在100亿～500亿美元，包括河南、重庆和四川等10个地区；第四类地区的高技术产品出口额在100亿美元以下，包括安徽等18个地区。

二、结构性特征

1.R&D 投入的执行部门结构

（1）R&D 人员投入

2017 年，按全时当量统计的 R&D 人员投入中，研究机构所占比重为 10.1%；高等学校所占比重为 9.5%；企业及其他机构的 R&D 人员占比最大，为 80.5%。从地区分布看，研究机构的 R&D 人员所占比重超过 20% 的有 7 个地区，其中，排名前 3 位的是西藏、北京、陕西，比例分别为 41.8%、38.0% 和 30.7%。大部分地区高等学校 R&D 人员全时当量所占比重处于 10% ～ 20%，吉林、黑龙江、广西、西藏、新疆 5 个地区高于 20%，比例分别为 31.4%、28.7%、28.6%、25.1% 和 22.5%。企业及其他机构的 R&D 人员全时当量在各地区所占的比例都较高，有 13 个地区超过 80%，其中，排名前 3 位的是浙江、广东、江苏，所占比例分别为 93.0%、92.9% 和 90.4%（图 8-1）。

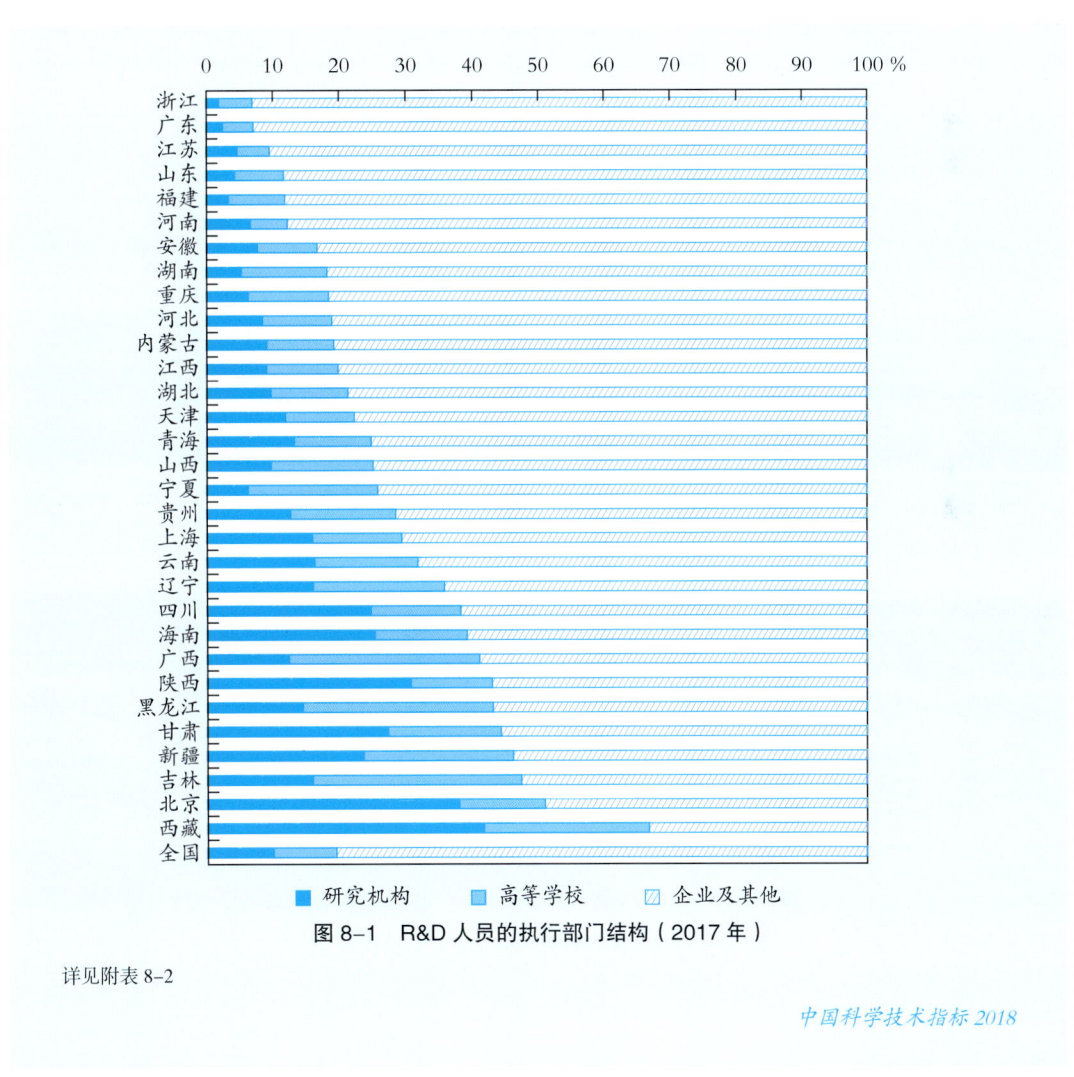

图 8-1 R&D 人员的执行部门结构（2017 年）

详见附表 8-2

（2）R&D 经费投入

2017 年，在中国 17 606.13 亿元 R&D 经费总额中，研究机构占 13.8%，高等学校占 7.2%，企业及其他机构占 79.0%。从地区分布看，研究机构 R&D 经费占地区 R&D 经费总额的比重超过 1/3 的地区有 5 个，其中，西藏、海南、北京、陕西和四川的比重分别达到 51.4%、49.1%、46.9%、39.8% 和 34.7%。高等学校 R&D 经费占地区 R&D 经费总额的比重较高的有西藏（28.4%）、黑龙江（25.1%）等地区。大部分地区企业及其他机构 R&D 经费总额所占比重在 50% 以上，其中，山东高达 94.1%（图 8-2）。

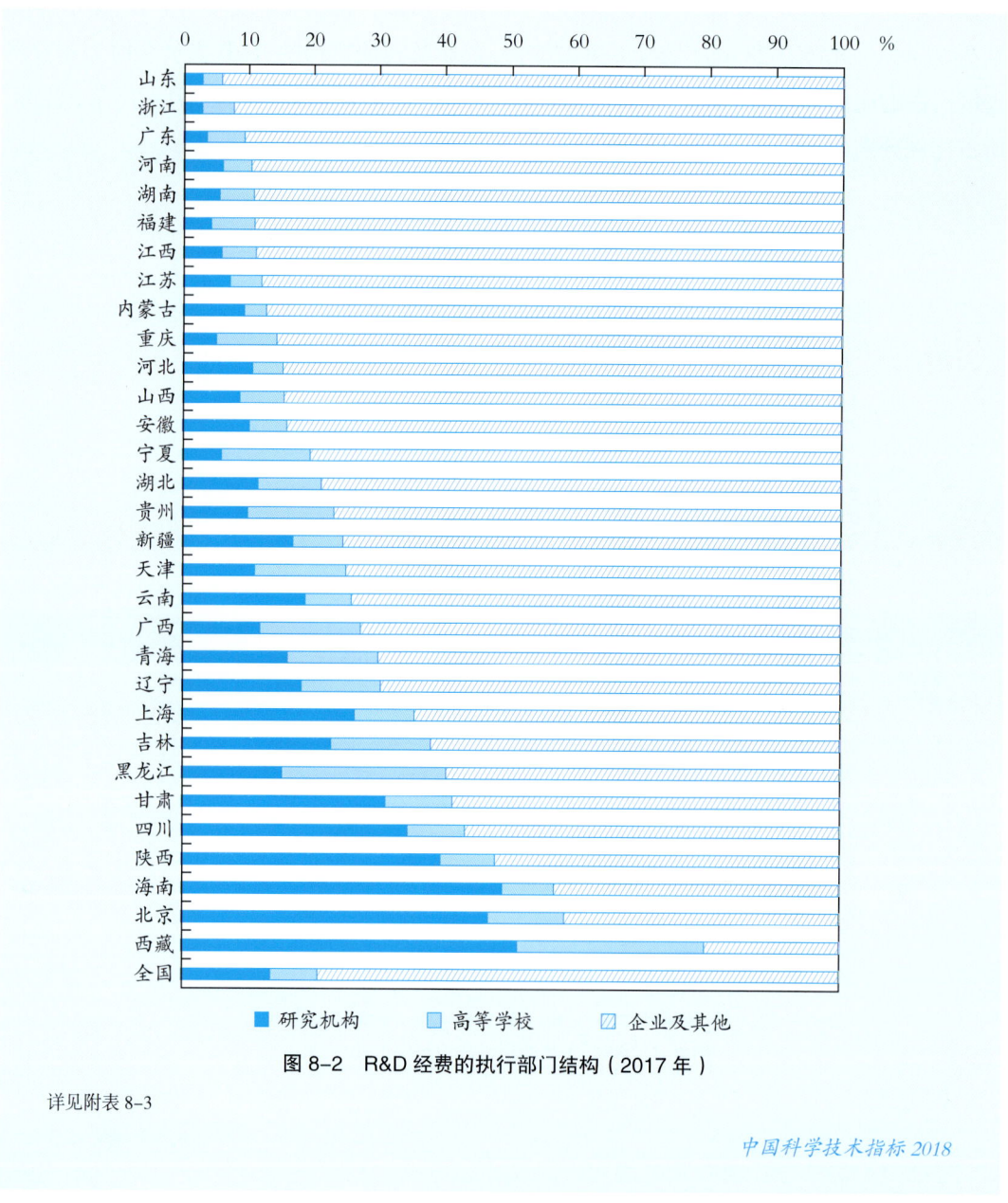

图 8-2　R&D 经费的执行部门结构（2017 年）

详见附表 8-3

2. 科技论文的学科结构

（1）国内科技论文

2017年，中国的国内科技论文总量已达47.2万篇。从学科分布看，医药卫生、工业技术是科技论文数量最多的领域，分别占科技论文总量的40.9%和37.7%。从地区分布看，大多数地区的科技论文中医药卫生所占比重在30%以上，其中，河北最高，为56.9%；许多地区的基础学科科技论文所占比重较低，其中，在15%及以下的有28个地区；工业技术领域科技论文所占比重位居前列的地区大多为传统工业地区（图8-3）。

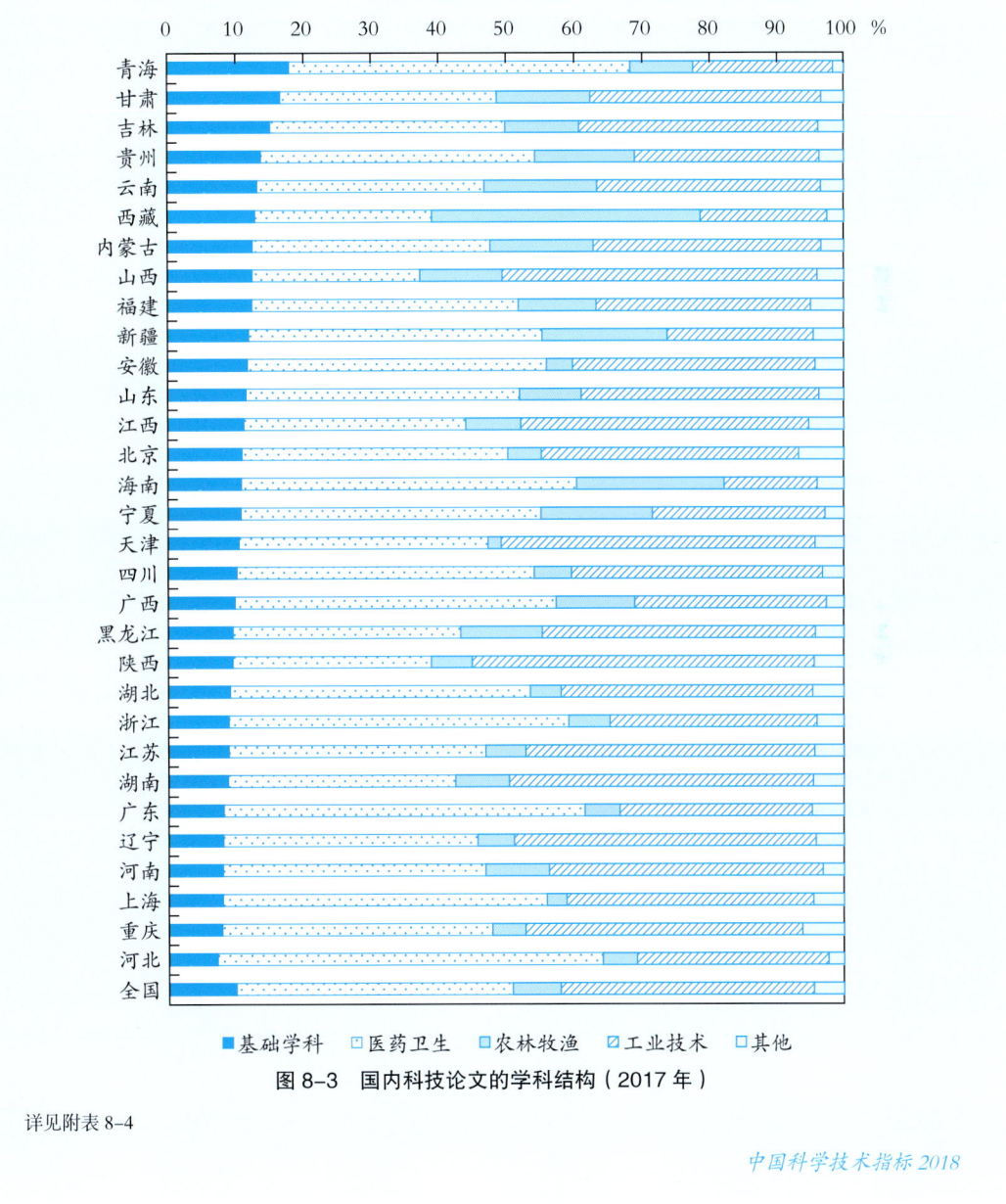

图8-3 国内科技论文的学科结构（2017年）

详见附表8-4

（2）SCI 论文

2017 年，中国的 SCI 论文达到 32.4 万篇。从学科分布看，基础学科、工业技术是 SCI 论文最多的领域，其论文数分别占 SCI 论文总量的 44.4% 和 31.4%。从地区分布看，SCI 论文中基础学科所占比重均在 37% 以上，其中，有 10 个地区超过 50%；工业技术领域 SCI 论文所占比重位居前列的地区大多为传统工业地区（图 8-4）。

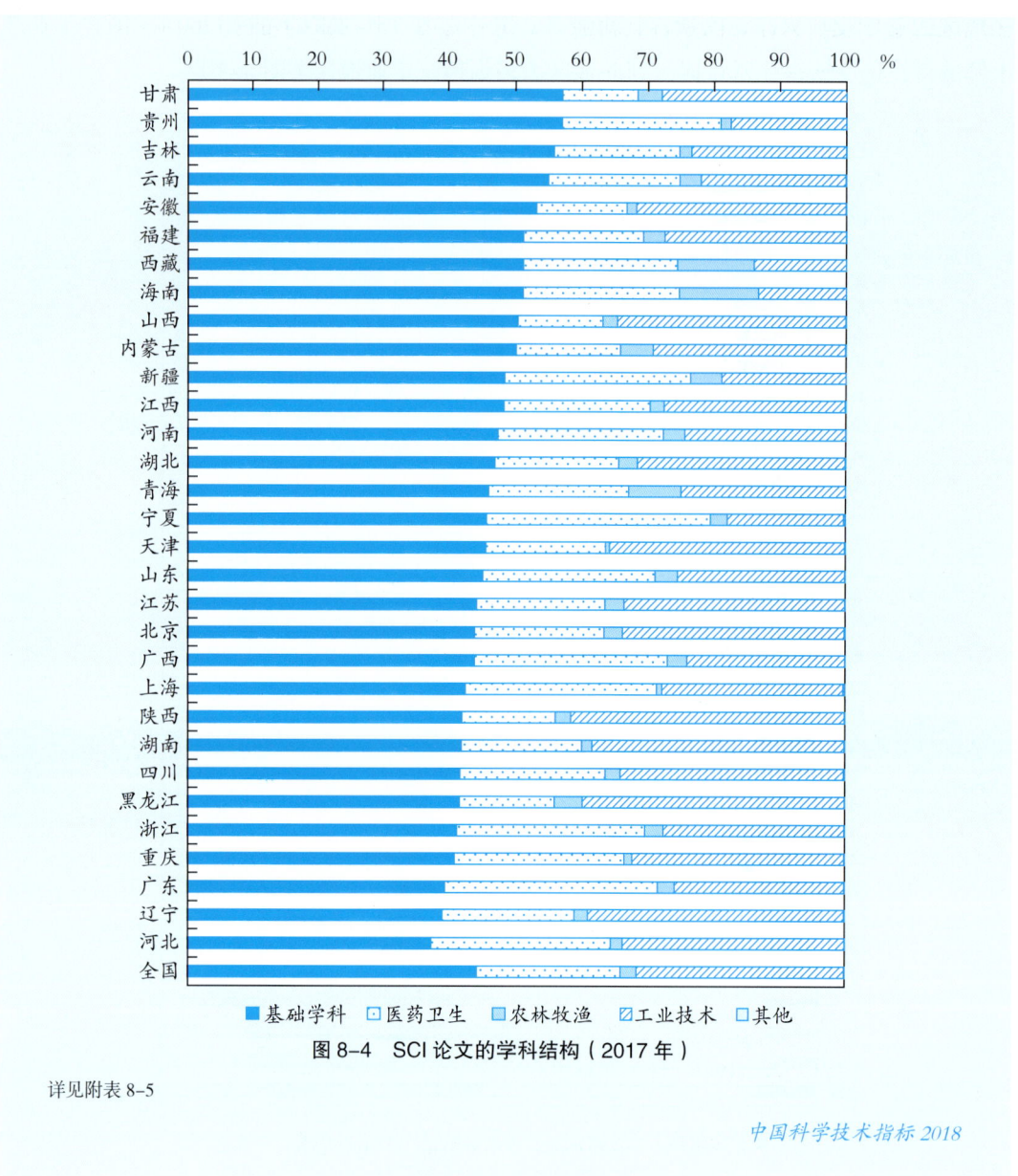

图 8-4　SCI 论文的学科结构（2017 年）

详见附表 8-5

中国科学技术指标 2018

3. 国内专利的类型结构

（1）国内专利申请

2017年，中国国内专利申请总量为351.3万件（不含港澳台），发明专利占35.1%，实用新型专利占47.6%，外观设计专利占17.3%。从地区分布看，各地区专利申请量中发明专利所占比重大多在20%～50%，最高的广西达到66.6%；专利申请以实用新型专利为主的地区有宁夏、天津、内蒙古、新疆、云南和青海，其比重都超过了60%（图8-5）。

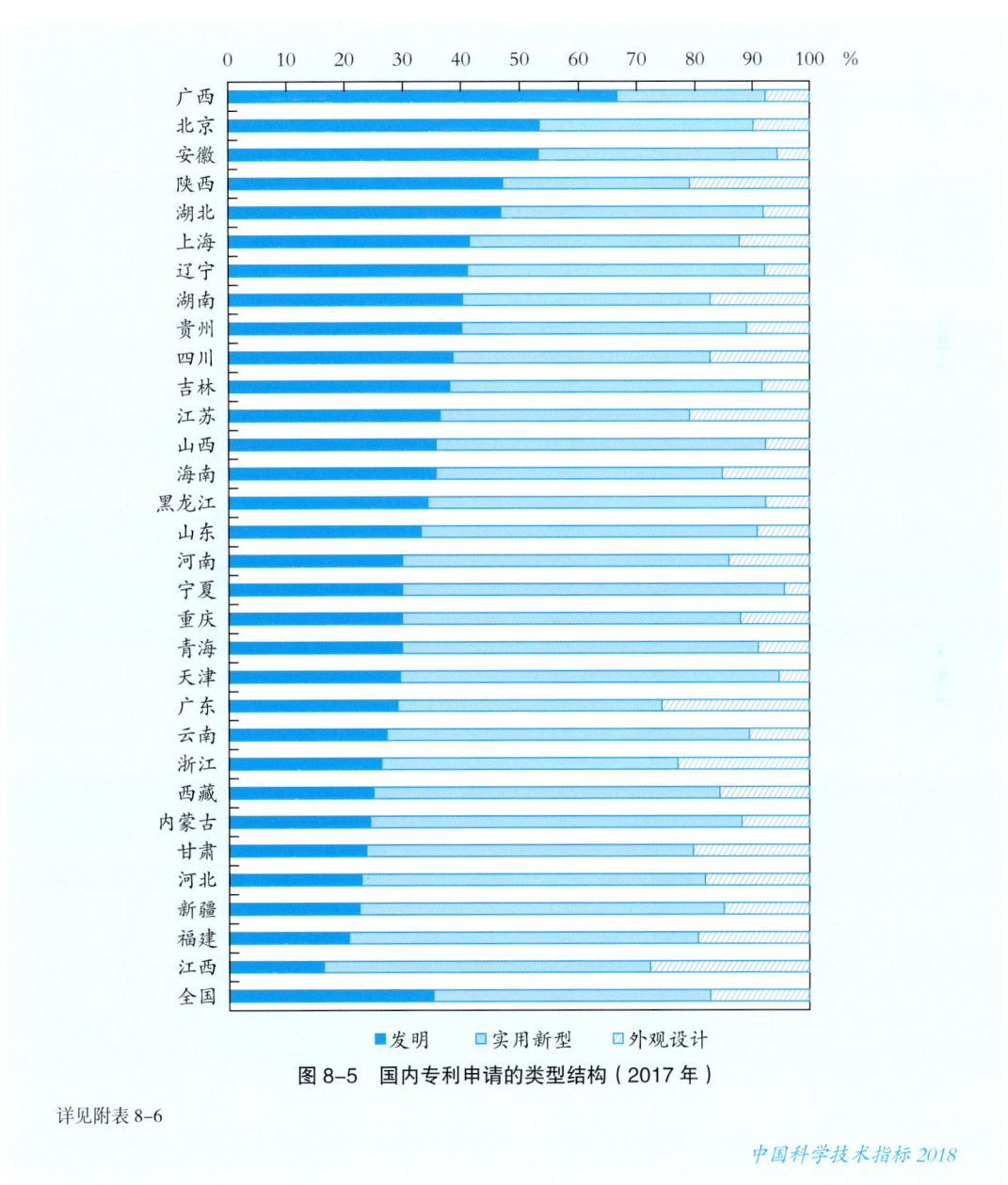

图 8-5 国内专利申请的类型结构（2017年）

详见附表8-6

（2）国内专利授权

2017年，中国国内专利授权总量为170.5万件（不含港澳台），发明专利占19.0%，实用新型专利占56.2%，外观设计专利占24.8%。从地区分布看，各地区专利授权量中发明专利所占比重大多不到30%；实用新型专利所占比重超过50%的地区有宁夏、天津、内蒙古等29个地区（图8-6）。

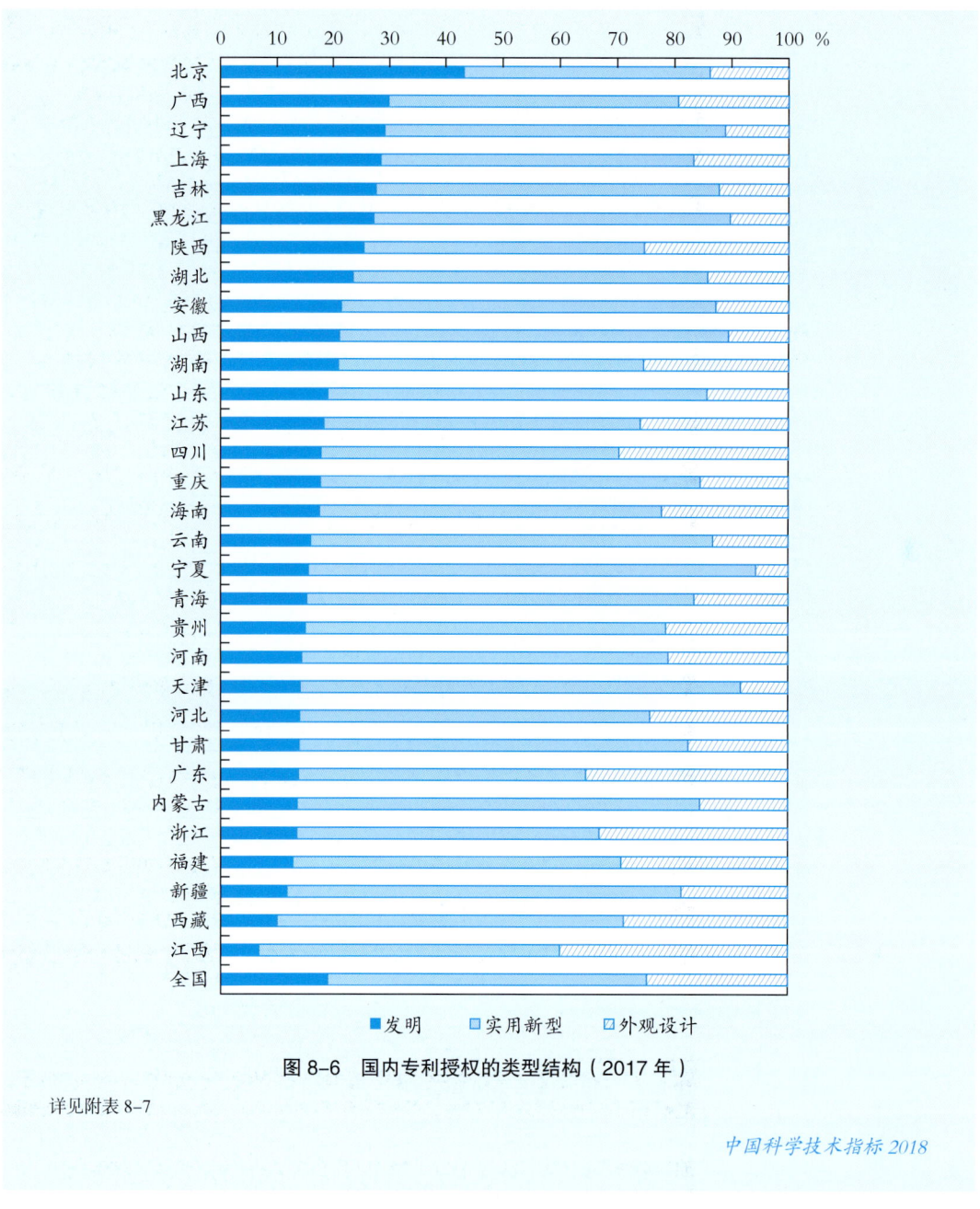

图8-6 国内专利授权的类型结构（2017年）

详见附表8-7

4.高技术产业主营业务收入的行业结构

从中国高技术产业主营业务收入的行业分布看，2016年，电子及通信设备制造业的比重最大，达到56.8%。从地区分布看，电子及通信设备制造业在11个地区的比重达到50%及以上，排名前3位的为广东、山西和福建，比重分别为81.6%、78.9%和64.5%（图8-7）。

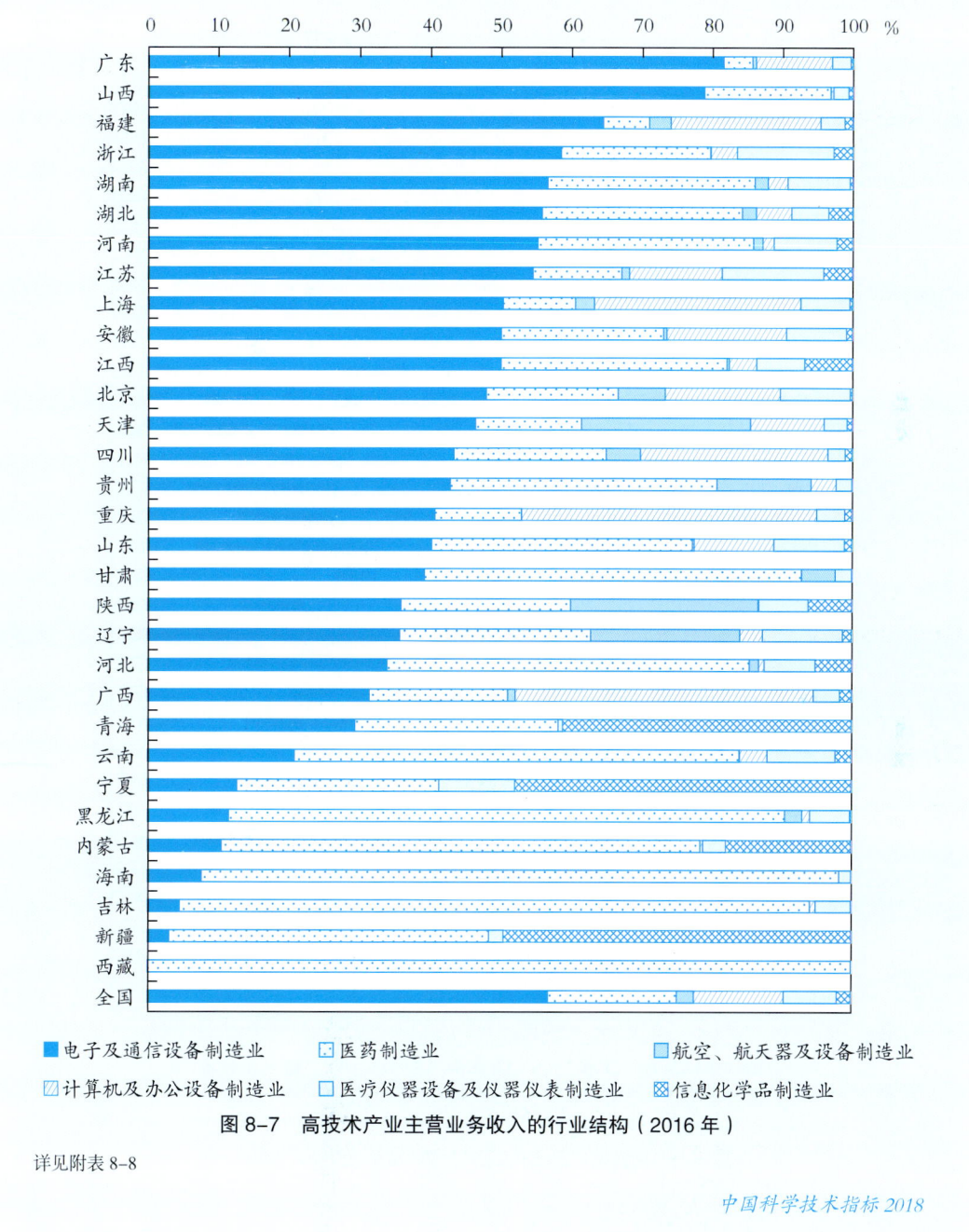

图8-7 高技术产业主营业务收入的行业结构（2016年）

详见附表8-8

5. 高技术产品出口额的技术领域结构

2017年，中国高技术产品出口总额为6708.2亿美元，其中，出口额最大的为计算机和通信技术领域，所占比重达到68.7%，其他各技术领域比重都较低。从地区分布看，计算机和通信技术领域出口额占比在50%以上的有17个地区，其中，山西、河南和贵州分别为98.4%、97.1%和92.6%（图8-8）。

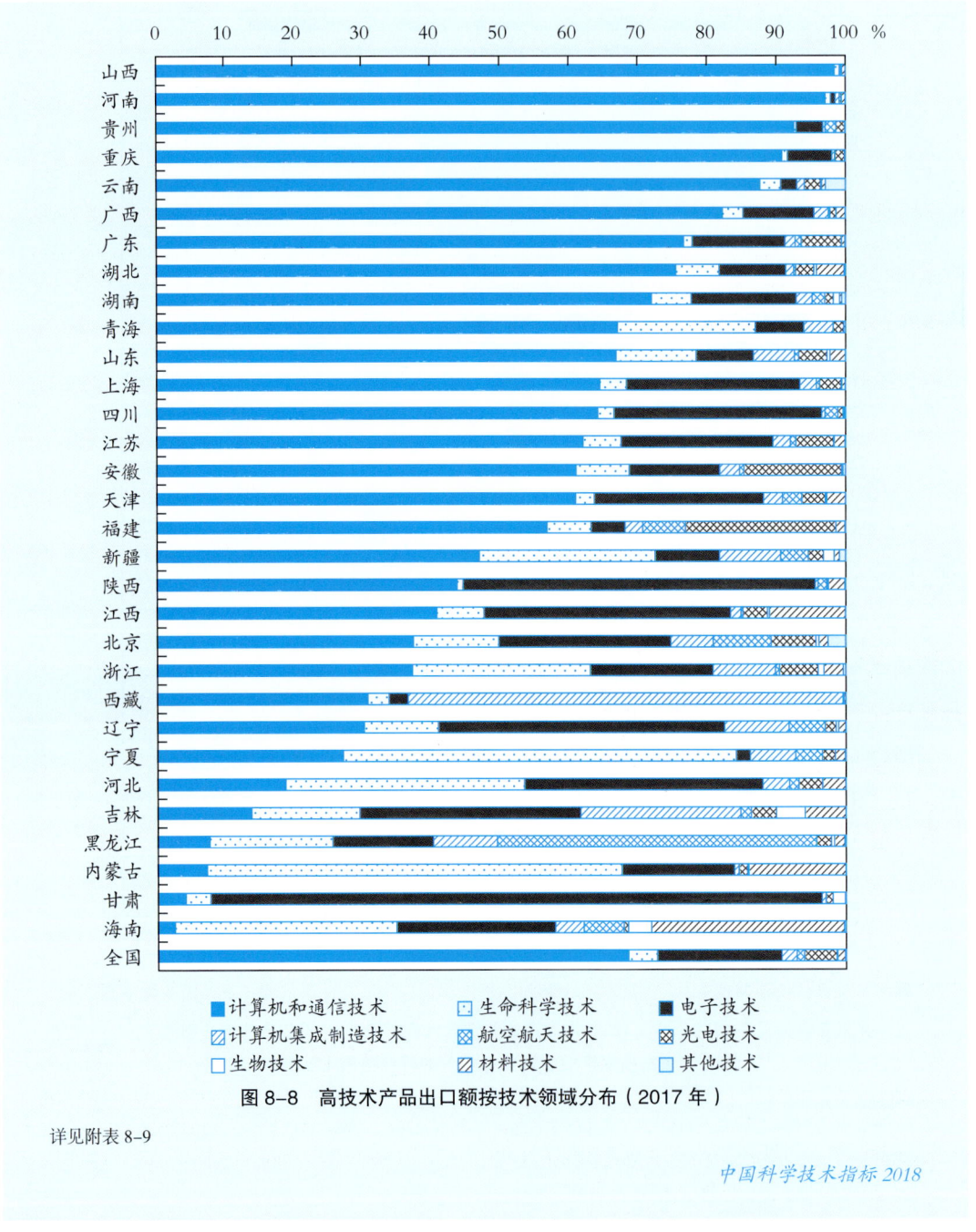

图8-8 高技术产品出口额按技术领域分布（2017年）

详见附表8-9

第二节　区域科技分布特征

近年来，中国区域发展总体战略稳步实施，有力促进了中国科技与经济发展。本节将31个省（自治区、直辖市）划分为东部、东北、中部、西部四大区域[①]，通过选取8项科技指标[②]，采用区位商方法和雷达图的形式对四大区域科技分布进行比较分析。

> **专栏　区位商的概念及应用**
>
> 区位商（又称区域专业化率）是区域科学研究中经常采用的一种分析方法。最初用来反映某一地区的特定产业部门相对于全国该产业部门的专业化水平，由此可以发现这一地区具有比较优势的产业部门。通过计算某一产业在各个地区的区位商，也可以发现该产业空间分布的集中度特征。本节借用区位商的方法分析各地区在科技发展方面的比较优势情况。设 T_{ij} 表示第 i 个区域第 j 个科技指标的值，T_{0j} 表示第 j 个科技指标的全国平均值，则第 i 个区域第 j 个科技指标的区位商（C_{ij}）可表示为：$C_{ij}=T_{ij}/T_{0j}\times 100$。若 $C_{ij}\leqslant 100$，表示第 i 个区域第 j 个科技指标的值低于或等于全国平均水平；若 $C_{ij}>100$，表示第 i 个区域第 j 个科技指标的值在全国具有一定的优势，高于该项指标的全国平均水平。

一、区域科技总体分布

东部、东北、中部、西部四大区域在8项反映区域科技分布的指标上呈现出不同的特点（图8-9）。东部地区科技发展总体优势十分突出，7项指标在全国平均水平以上，其中，"R&D人员""财政科技支出""发明专利""SCI论文"4项指标达到全国平均水平的1.5倍及以上，区位商分别为172、150、187、154；东北地区"SCI论文"指标高于全国平均水平，区位商为111；西部地区"高技术产品"指标高于全国平均水平，区位商为182；中部地区"高技术产品"指标高于全国平均水平，区位商为130。

通过对8项反映区域科技分布指标的分析，可以看出不同区域的科技发展水平差距较大。从"R&D人员"指标看，东部地区的区位商为172，东北、中部和西部地区的区位商分别为66、62和47。从"R&D经费"指标看，东部地区的区位商为125，东北、中部和西部地区的区位商分别为61、75和61。从"财政科技支出"指标看，东部地区的区位商

---

① 东部包括北京、天津、河北、山东、上海、江苏、浙江、福建、广东和海南；东北包括辽宁、吉林和黑龙江；中部包括山西、安徽、江西、河南、湖北和湖南；西部包括内蒙古、广西、重庆、四川、贵州、云南、西藏、陕西、甘肃、青海、宁夏和新疆。
② 8项科技指标分别为"每万就业人员中R&D人员全时当量""R&D经费与地区生产总值的比值""地方财政科技支出占地方财政支出的比重""每万人口中发明专利拥有量""每十万人SCI论文数""高技术产业主营业务收入占规模以上工业企业主营业务收入的比重""高技术产品出口额占商品出口额的比重""技术市场成交合同金额与地区生产总值的比值"。为表述方便，文中分别简称为"R&D人员""R&D经费""财政科技支出""发明专利""SCI论文""高技术产业""高技术产品""技术合同"。

为150，东北、中部和西部地区的区位商分别为45、94和46。从"发明专利"指标看，东部地区的区位商为187，东北、中部和西部地区的区位商分别为45、51和42。从"SCI论文"指标看，东部和东北地区的区位商分别为154和111，中部和西部地区的区位商分别为60、61。从"技术合同"指标看，东部地区的区位商为118，东北、中部和西部地区的区位商分别为85、61和67。从"高技术产业"指标看，东部地区的区位商为122，东北、中部和西部地区的区位商分别为56、68和77。从"高技术产品"指标看，中部地区和西部地区的区位商分别为130和182，东北和东部地区的区位商分别为34和93。

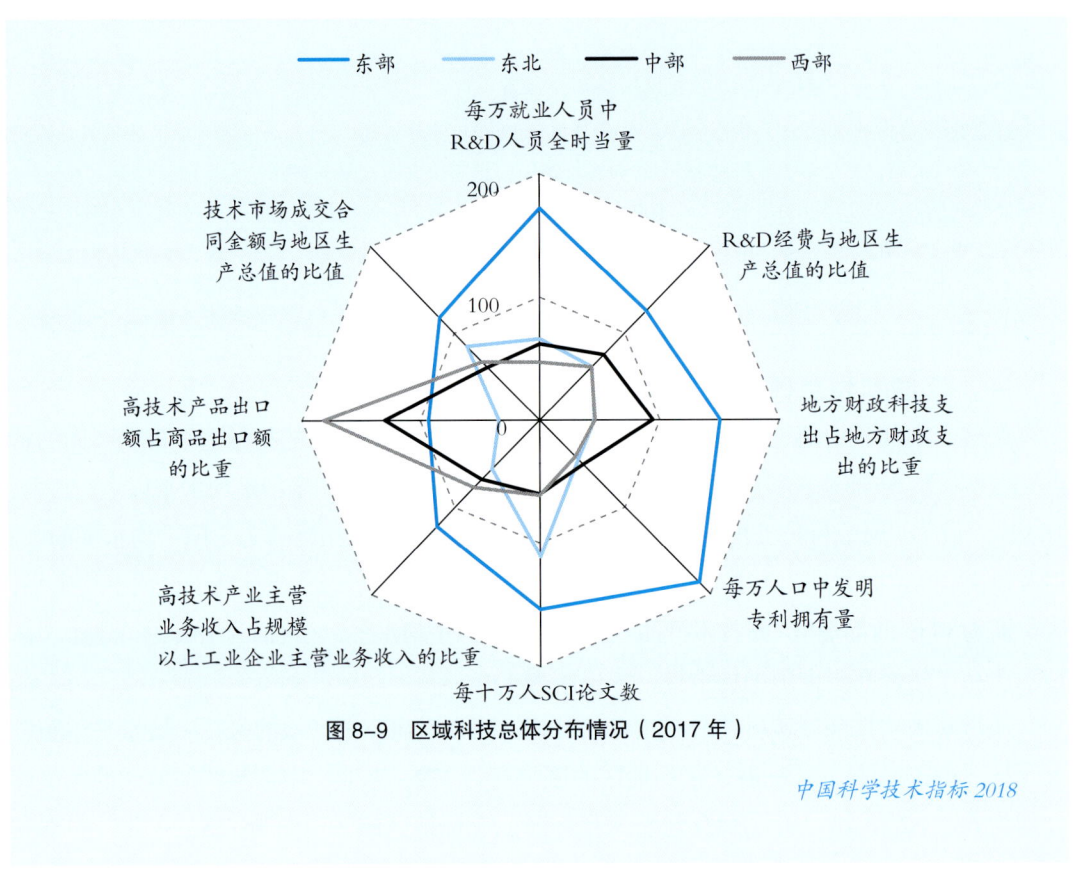

图8-9　区域科技总体分布情况（2017年）

中国科学技术指标2018

二、东部地区科技分布

东部 10 个地区的科技发展水平差异较大,可以将其分为 3 组,其中,北京、天津和上海为第 1 组,江苏、浙江、广东和山东为第 2 组,福建、河北和海南为第 3 组。

北京 8 项指标均高于东部地区平均水平,其中,"技术合同"和"SCI 论文"指标区位商高达 837 和 674。天津有 6 项指标高于东部地区平均水平,"R&D 人员"指标区位商最高,为 219,"R&D 经费"和"财政科技支出"指标低于东部地区平均水平,区位商分别为 93 和 92。上海 8 项指标均高于东部地区平均水平,其中,"SCI 论文"和"R&D 人员"指标区位商分别为 325 和 220(图 8-10)。

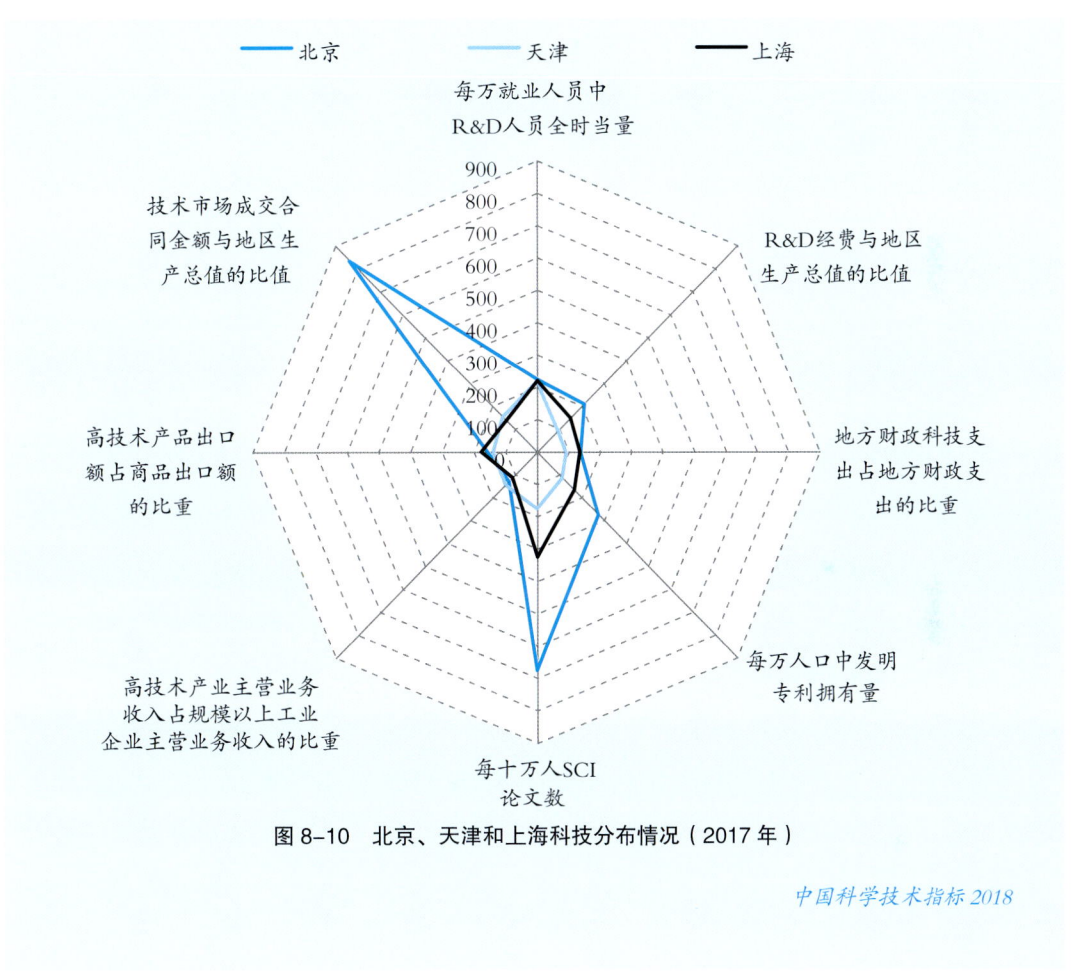

图 8-10 北京、天津和上海科技分布情况(2017 年)

江苏有 6 项指标高于东部地区平均水平，但"技术合同"指标仅为东部地区平均水平的 47%。浙江"R&D 人员""财政科技支出""发明专利" 3 项指标高于东部地区平均水平，区位商分别为 111、105 和 167，其余 5 项指标均低于东部地区平均水平。广东"R&D 人员""财政科技支出""发明专利""高技术产业""高技术产品" 5 项指标均高于东部地区平均水平，区位商分别为 108、143、125、170 和 117，其余 3 项指标均低于东部地区平均水平。山东 8 项指标均低于东部地区平均水平，其中，"高技术产品"指标仅为东部地区平均水平的 34%（图 8-11）。

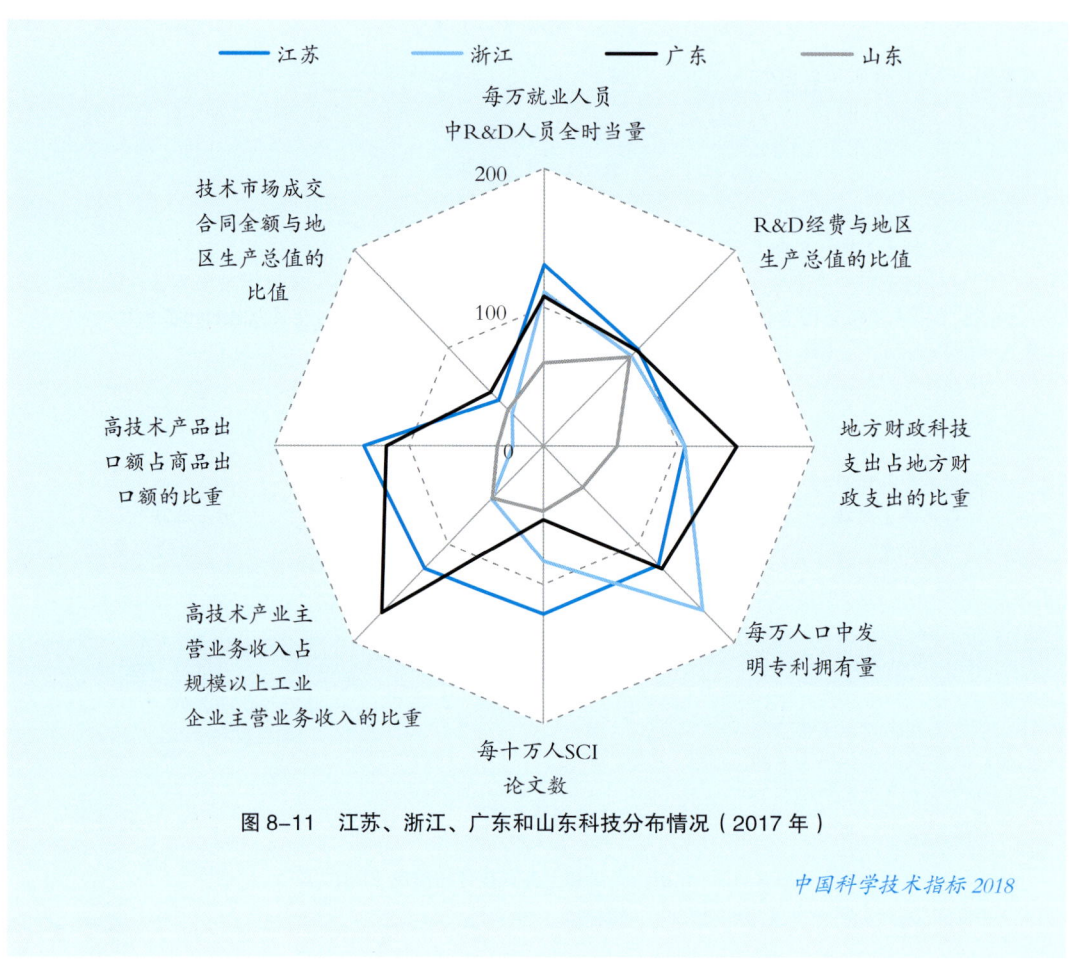

图 8-11　江苏、浙江、广东和山东科技分布情况（2017 年）

中国科学技术指标 2018

福建、河北和海南三省 8 项指标均低于东部地区平均水平。福建在 "R&D 人员" "发明专利" "R&D 经费" 指标上相对较好，分别达到东部地区平均水平的 71%、69% 和 64%。河北和海南在 "技术合同" 指标上与东部地区平均水平差距较大，分别仅为东部地区平均水平的 14% 和 5%（图 8-12）。

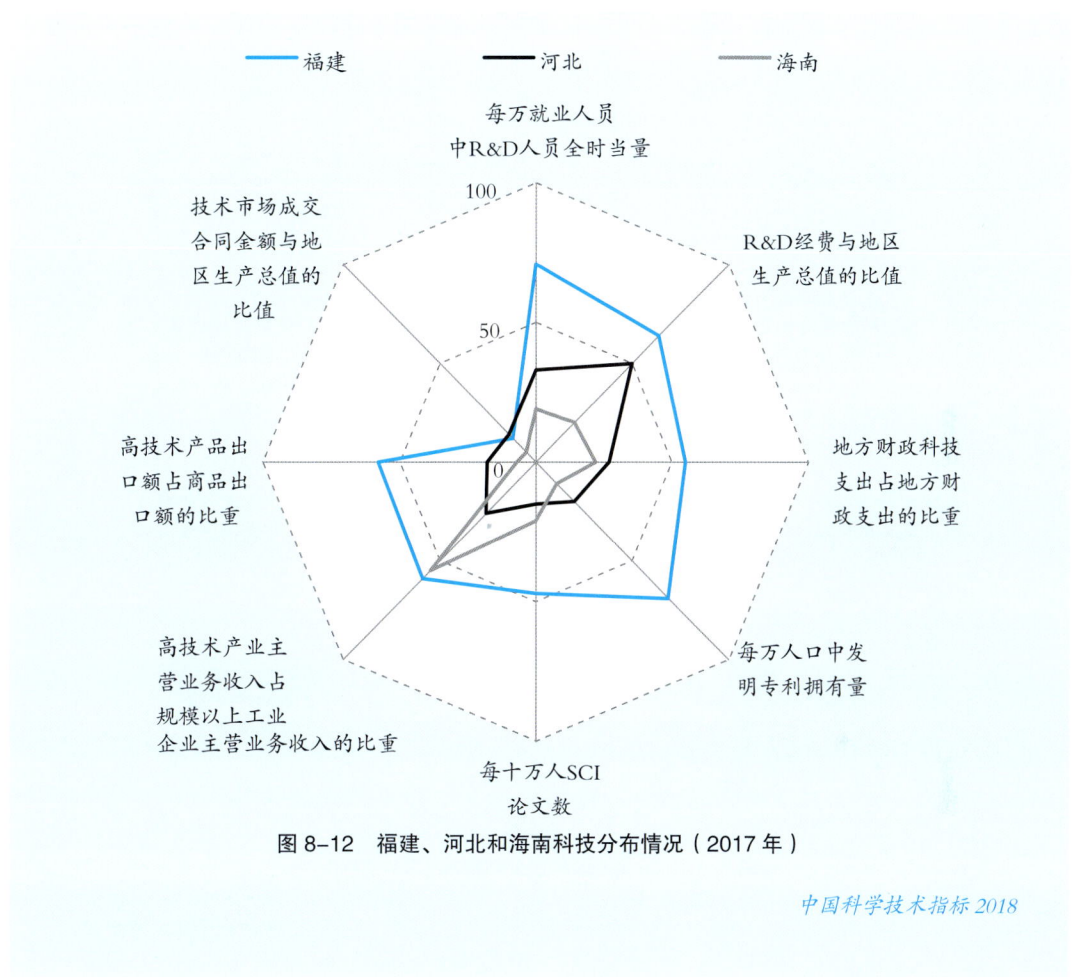

图 8-12　福建、河北和海南科技分布情况（2017 年）

中国科学技术指标 2018

三、东北地区科技分布

东北 3 个地区科技发展水平总体较为均衡。辽宁有 7 项指标高于东北地区平均水平,其中,"R&D 经费"和"发明专利"指标区位商分别达到 141 和 129,"高技术产业"指标略低于东北地区平均水平。吉林有 5 项指标高于东北地区平均水平,"高技术产业"指标区位商最高为 133,"R&D 经费""发明专利""高技术产品"3 项指标低于东北地区平均水平。黑龙江 8 项指标均低于东北地区平均水平(图 8-13)。

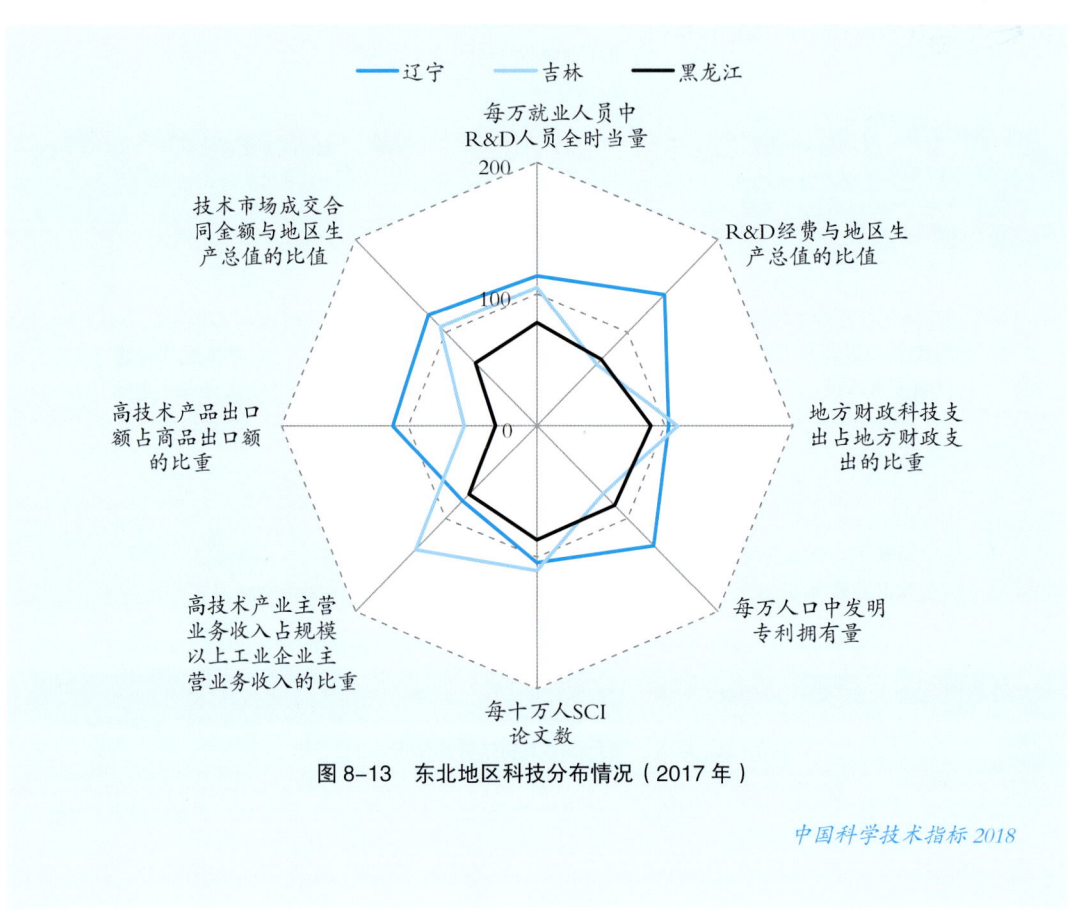

图 8-13 东北地区科技分布情况(2017 年)

中国科学技术指标 2018

四、中部地区科技分布

中部6个地区科技发展水平存在着一定差异，可将其分为2组，其中，山西、河南和湖北为第1组，湖南、安徽和江西为第2组。

山西的"高技术产品"指标高于中部地区平均水平，区位商为112，其他7项指标均低于中部地区平均水平。河南"高技术产业"和"高技术产品"指标不低于中部地区平均水平，区位商分别为100和160，其他6项指标均低于中部地区平均水平。湖北8项指标均高于中部地区平均水平，其中，"SCI论文"和"技术合同"指标分别达到中部地区平均水平的216%和293%（图8-14）。

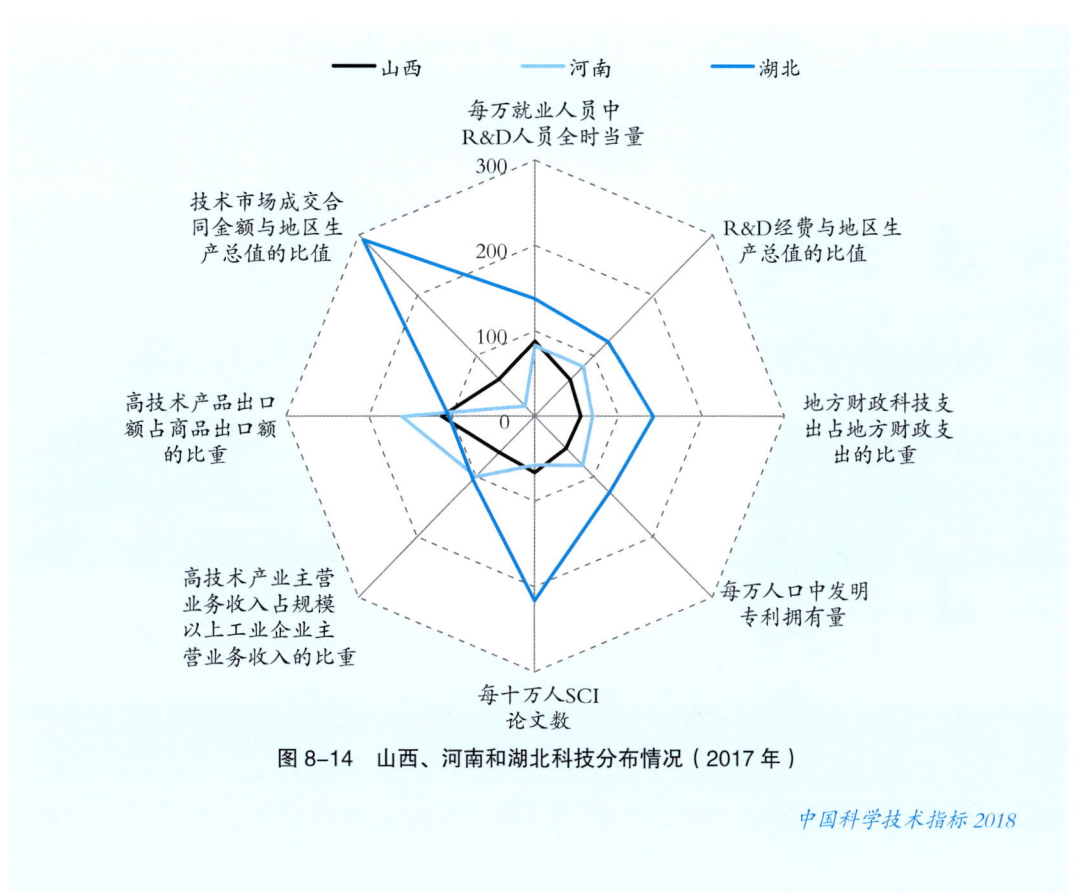

图8-14　山西、河南和湖北科技分布情况（2017年）

中国科学技术指标2018

湖南"SCI 论文"指标高于中部地区平均水平，在"R&D 人员""R&D 经费""高技术产业"3 项指标上接近于中部地区平均水平，"发明专利""财政科技支出""技术合同""高技术产品"4 项指标低于中部地区平均水平。安徽在"R&D 人员""R&D 经费""财政科技支出""发明专利"4 项指标均高于中部地区平均水平，其中，"财政科技支出"指标区位商为 173，在"SCI 论文""高技术产业""高技术产品""技术合同"指标上低于中部地区平均水平。江西"高技术产业"指标高于中部地区平均水平，区位商为 125，其他 7 项指标均低于中部地区平均水平（图 8-15）。

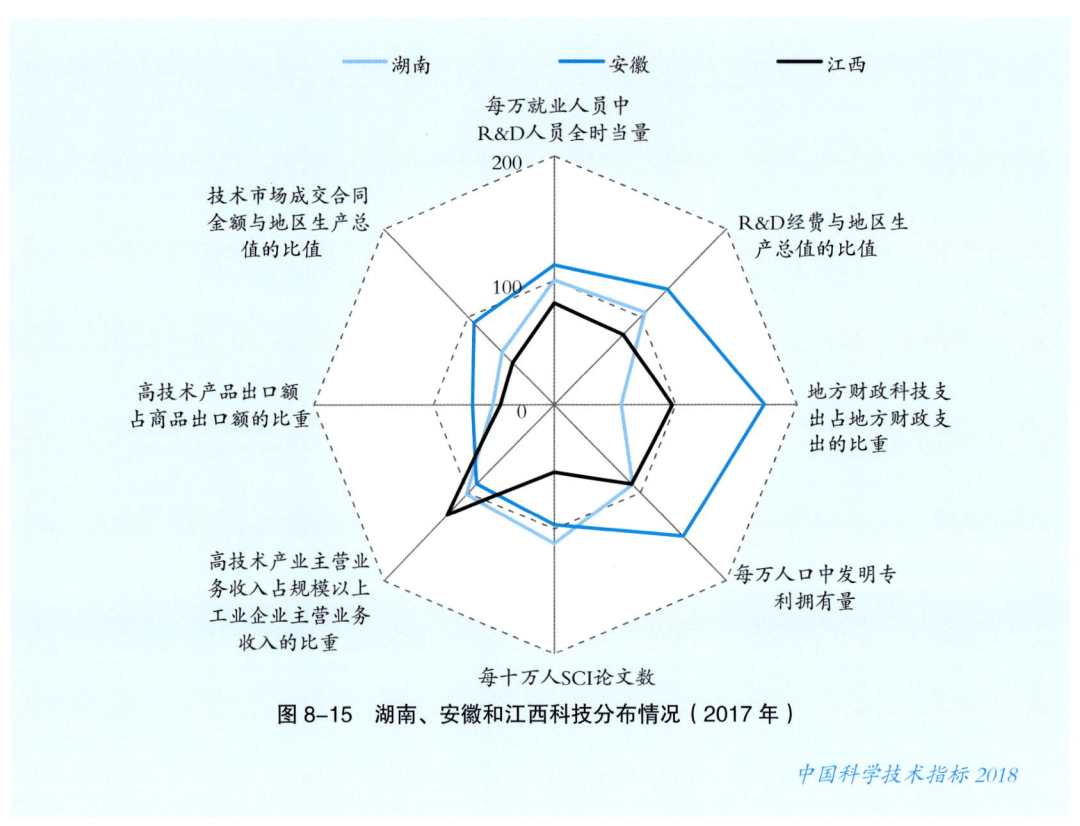

图 8-15　湖南、安徽和江西科技分布情况（2017 年）

中国科学技术指标 2018

五、西部地区科技分布

西部 12 个地区科技发展水平差异较大,可将其分为 4 组,其中,内蒙古、陕西和宁夏为第 1 组,甘肃、青海和新疆为第 2 组,重庆、四川和贵州为第 3 组,广西、云南和西藏为第 4 组。

内蒙古在"R&D 人员"指标上高于西部地区平均水平,其区位商为 114,其余 7 项指标均低于西部地区平均水平。陕西除"高技术产业"指标略低于西部地区平均水平外,其他 7 项指标均高于西部地区平均水平,其中,"SCI 论文""技术合同""R&D 人员""R&D 经费""发明专利"指标区位商分别为 314、384、205、162 和 168。宁夏在"R&D 人员""财政科技支出"2 项指标上高于西部地区平均水平,区位商分别为 123 和 157,其余 6 项指标均低于西部地区平均水平(图 8-16)。

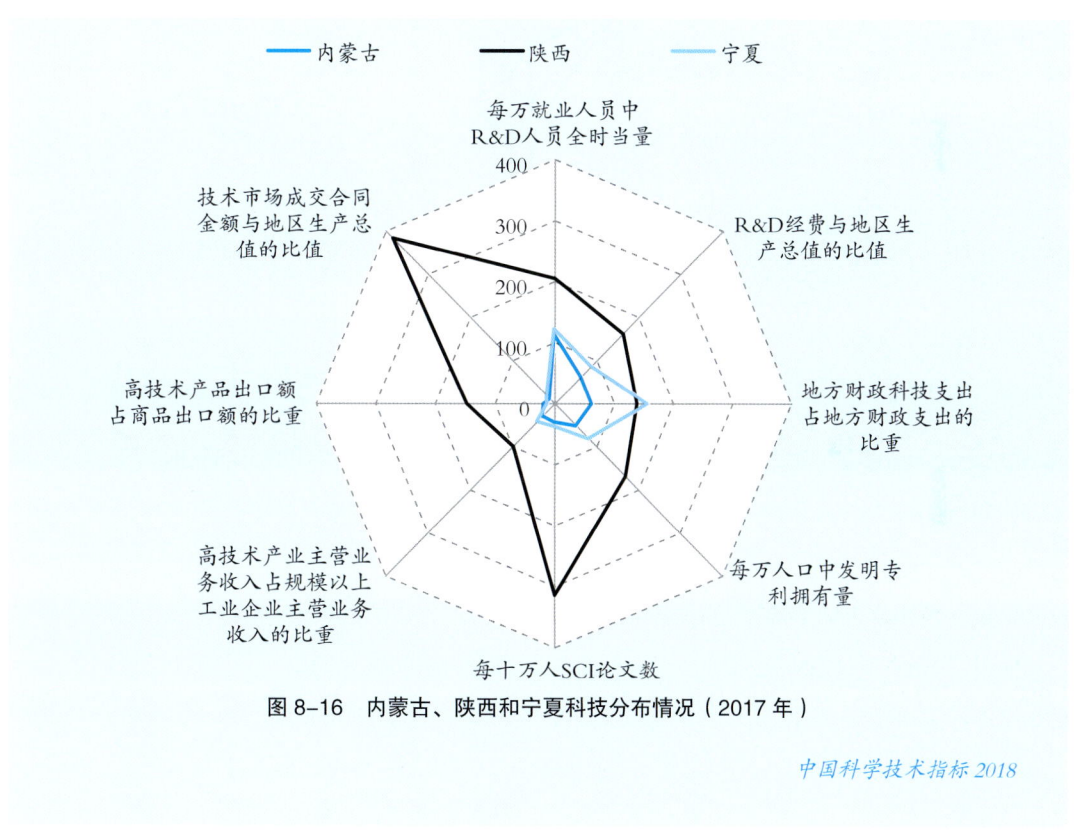

图 8-16 内蒙古、陕西和宁夏科技分布情况(2017 年)

甘肃"SCI论文""技术合同"2项指标高于西部地区平均水平，区位商分别为113和199，其余6项指标均低于西部地区平均水平。青海"技术合同"指标高于西部地区平均水平，区位商为236，其余7项指标均低于西部地区平均水平。新疆8项指标均低于西部地区平均水平，"财政科技支出"指标区位商最高，为78（图8-17）。

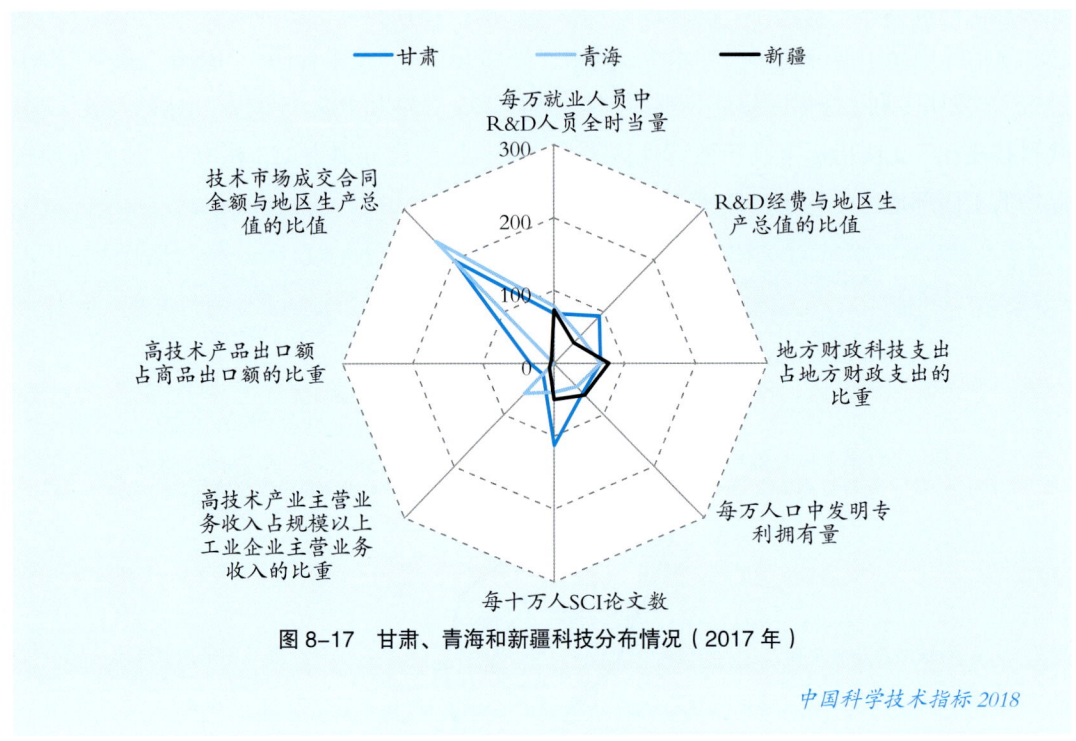

图8-17 甘肃、青海和新疆科技分布情况（2017年）

重庆除"技术合同"指标低于西部平均水平外,其余7项指标均高于西部地区平均水平,其中,"R&D人员""发明专利""SCI论文""高技术产业"指标达到西部地区平均水平的1.5倍以上,区位商分别为169、212、171和225。四川8项指标均不低于西部地区平均水平,其中,"发明专利"和"高技术产业"指标区位商分别为139和137。贵州"财政科技支出"指标高于西部地区平均水平,区位商为160,其余7项指标均低于西部地区平均水平(图8-18)。

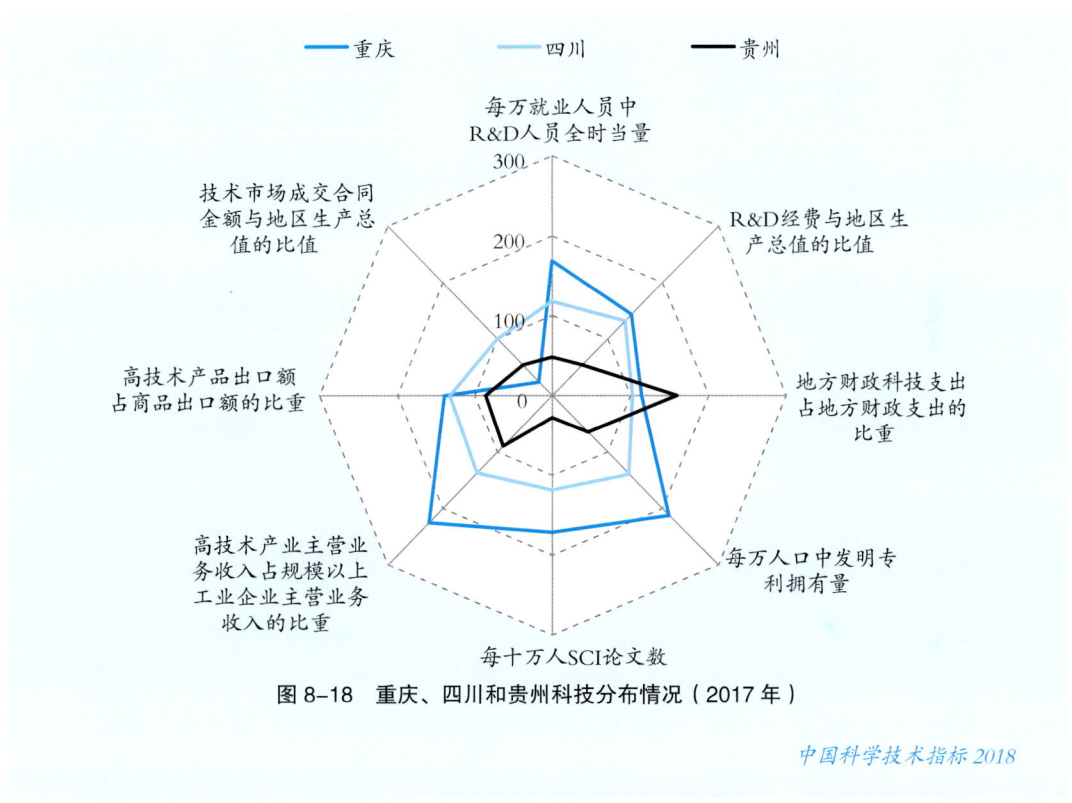

图8-18 重庆、四川和贵州科技分布情况(2017年)

广西"财政科技支出"指标区位商为103，高于西部地区平均水平，其余7项指标均低于西部地区平均水平。云南8项指标均低于西部地区平均水平。西藏除"技术合同"指标缺少数据外，其余7项指标均低于西部地区平均水平（图8-19）。

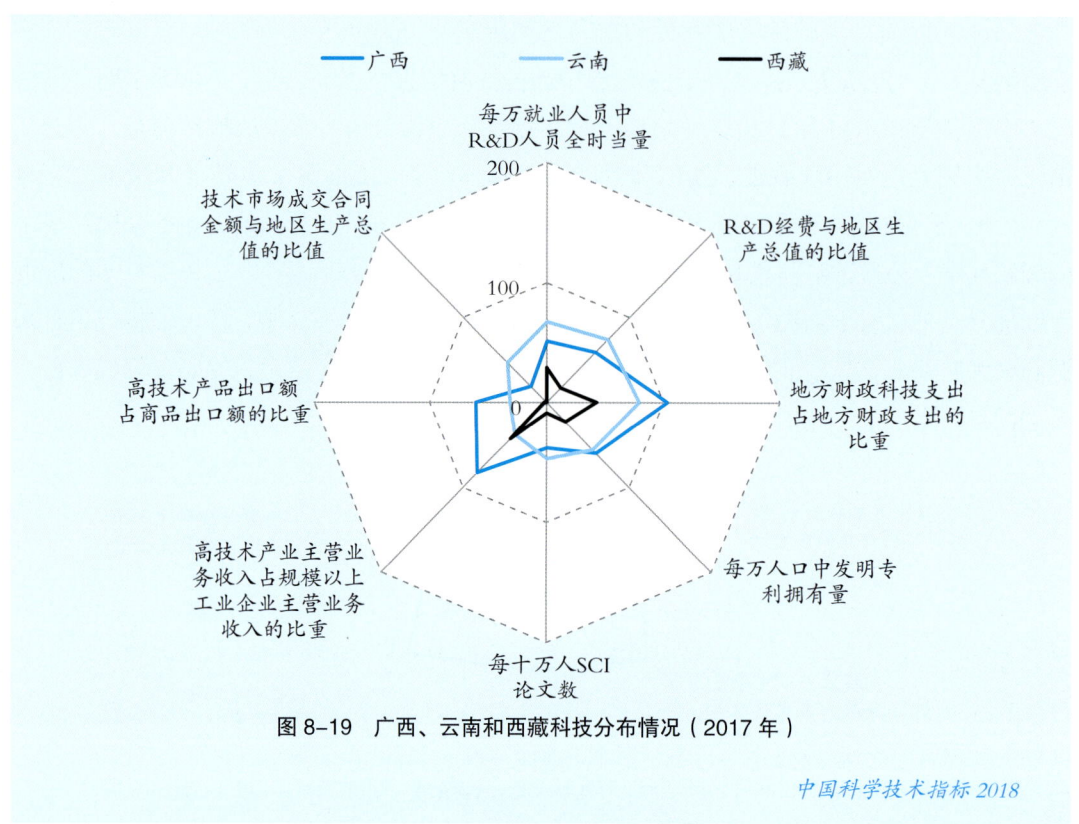

图8-19　广西、云南和西藏科技分布情况（2017年）

第九章　公民对科学技术的理解与态度

为深入推动《全民科学素质行动计划纲要（2006—2010—2020年）》（简称《科学素质纲要》）的有效落实，及时跟踪检查中国公民科学素质"十三五"目标的中期完成情况，中国科学技术协会于2018年组织开展了第十次中国公民科学素质抽样调查。调查范围覆盖中国大陆（不含香港、澳门和台湾地区）31个省、自治区、直辖市和新疆生产建设兵团的18～69岁公民。调查的主要内容围绕公民科学素质指标展开，包括公民对科学的理解程度、公民的科技信息来源、公民对科学技术的态度等。其中，公民对科学的理解程度部分是公民科学素质的核心指标，用于测度公民的科学素质水平；公民的科技信息来源和公民对科学技术的态度两部分是公民科学素质调查及结果综合分析的必要组成部分，是公民科学素质的影响因素指标。

第一节　公民的科学素质状况

2018年对公民科学素质的测试，采用基于公民科学素质题库设计的12道科学素质测试题及28个题项。具备科学素质公民的测算和判定标准与历次调查相同，即测算受访者回答科学素质测试题目的得分，将超过70分者判定为具备科学素质公民，通过按人口分布和人口结构的加权计算得出目标群体具备科学素质公民的比例值。

一、公民科学素质整体发展状况

2000年以来，中国公民科学素质水平保持快速提升的良好势头。2018年，中国公民具备科学素质的比例达到了8.5%，比2015年提高了2.3个百分点，距2020年"公民具备科学素质的比例达到10%"的目标仅有1.5个百分点的差距，为"十三五"公民科学素质发展目标的实现奠定了坚实基础（图9-1）。

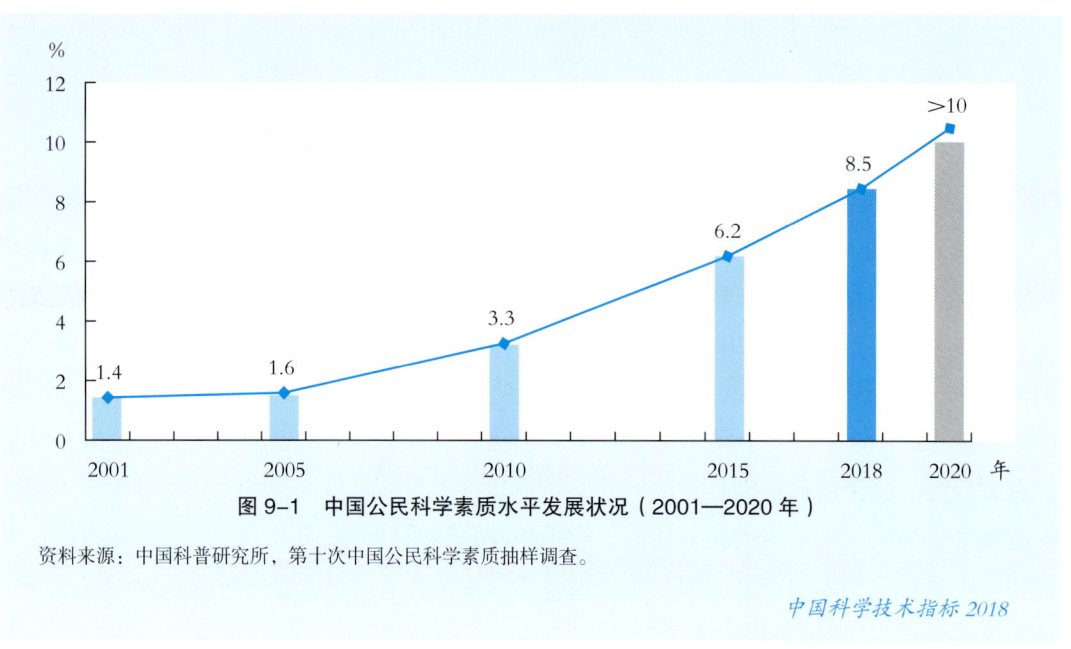

图 9-1　中国公民科学素质水平发展状况（2001—2020 年）

资料来源：中国科普研究所，第十次中国公民科学素质抽样调查。

二、各地区公民科学素质水平发展状况

2018 年，中国各地区的公民科学素质水平均有较大幅度的提升，呈现出与经济社会发展相匹配的特征，有 6 个省、市已超过中国 2020 年 10% 的发展目标，有 10 个省、市超过全国平均水平（附表 9-1）。

2018 年，上海、北京的公民科学素质水平超过了 20%，进入高水平的发展阶段，公民具备科学素质的比例分别达到 21.9% 和 21.5%。天津的公民科学素质水平位居第三，公民具备科学素质的比例达到 14.1%。国际比较显示，3 个直辖市已达到和接近发达国家 21 世纪初的水平，上海和北京的公民科学素质水平已接近美国 2004 年 24.5% 的水平，天津超过了欧洲 27 国 2005 年 13.8% 的平均水平。

江苏（11.5%）、浙江（11.1%）和广东（10.4%）的公民科学素质水平均超过了 10%。山东（9.2%）、福建（9.1%）、湖北（8.5%）和辽宁（8.5%）的公民科学素质水平超过全国平均水平。

安徽（8.2%）、河北（8.1%）、吉林（8.1%）、河南（8.0%）、山西（8.0%）、重庆（8.0%）、陕西（7.9%）、湖南（7.8%）、内蒙古（7.6%）、江西（7.6%）、四川（7.5%）、黑龙江（7.1%）、宁夏（6.4%）等 13 个省、市、区和新疆生产建设兵团（6.3%）的公民科学素质水平超过 2015 年的全国平均水平。

新疆（6.2%）、广西（6.1%）、甘肃（5.2%）、云南（5.2%）和贵州（5.0%）等 5 省、

区的公民科学素质水平超过5%。海南（4.2%）、青海（4.0%）和西藏（2.9%）的公民科学素质水平仍然较低（图9-2）。

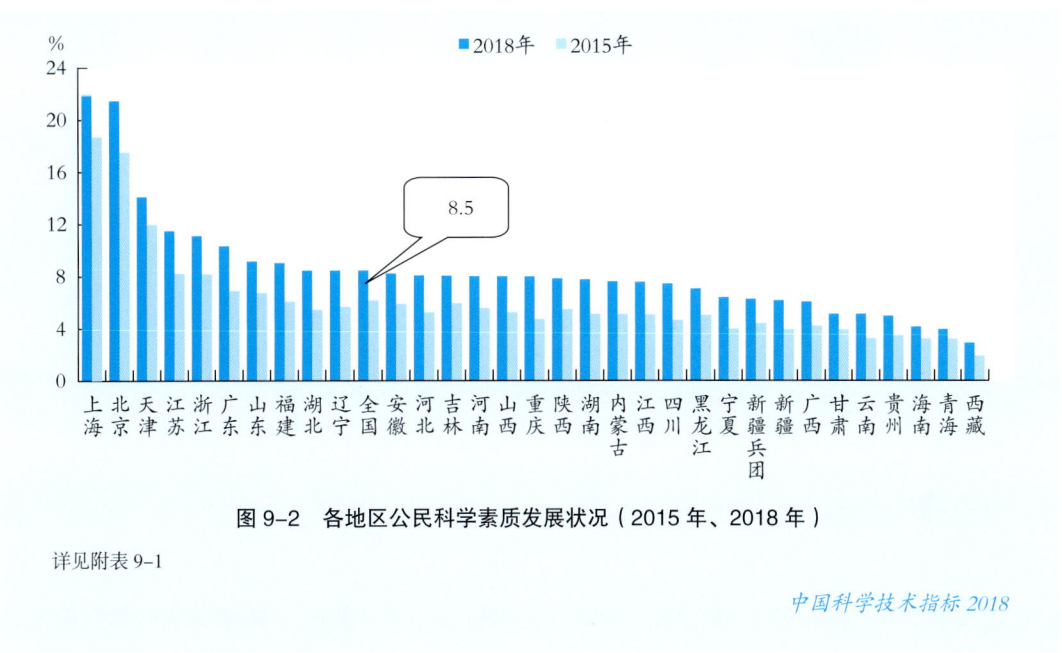

图9-2　各地区公民科学素质发展状况（2015年、2018年）

详见附表9-1

中国科学技术指标2018

与2015年相比，各地区公民科学素质水平均有不同程度的提升。从各地区公民科学素质水平增幅来看：北京、广东、重庆、江苏、上海和湖北等6省、市的增幅较高，增幅达3～4个百分点；福建、浙江、河北等18个省、区、市的增幅均在2～3个百分点；另外8个省、区由于2015年基数较低，增幅相对较低。从各地区公民科学素质水平增速来看，重庆的增速位列第一，增长率达到69%；四川位列第二，增长率超过59%；新疆、湖北和宁夏的增长率均在55%左右；西藏、山西、云南和湖南的增长率也都超过50%。

从区域发展来看，不同区域的公民科学素质发展呈现出与其经济社会发展相匹配的特征。东部地区（10.8%）、中部地区（8.0%）和西部地区（6.5%）的公民科学素质水平都有大幅提升，增长率分别为35%、45%和50%（图9-3）。

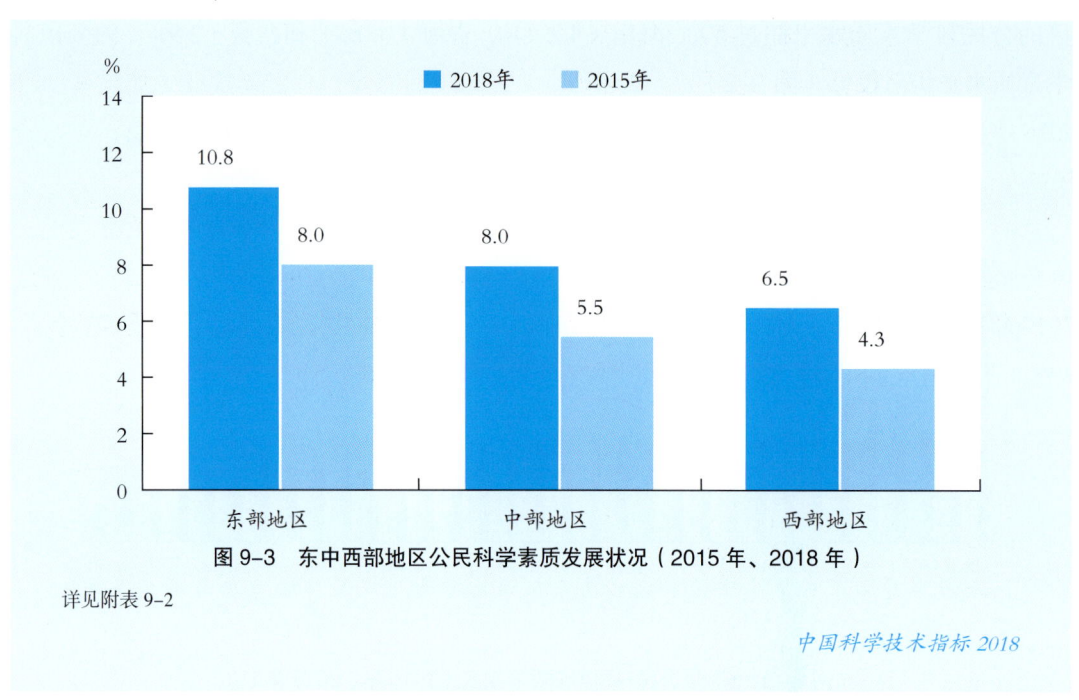

图 9-3　东中西部地区公民科学素质发展状况（2015 年、2018 年）

详见附表 9-2

中国科学技术指标 2018

京津冀、长三角和珠三角三大经济圈的公民科学素质水平处于区域发展的领先地位，三大经济圈公民具备科学素质的比例均超过了 10%，分别从 2015 年的 9% 左右提升到 11% 以上的水平（图 9-4）。

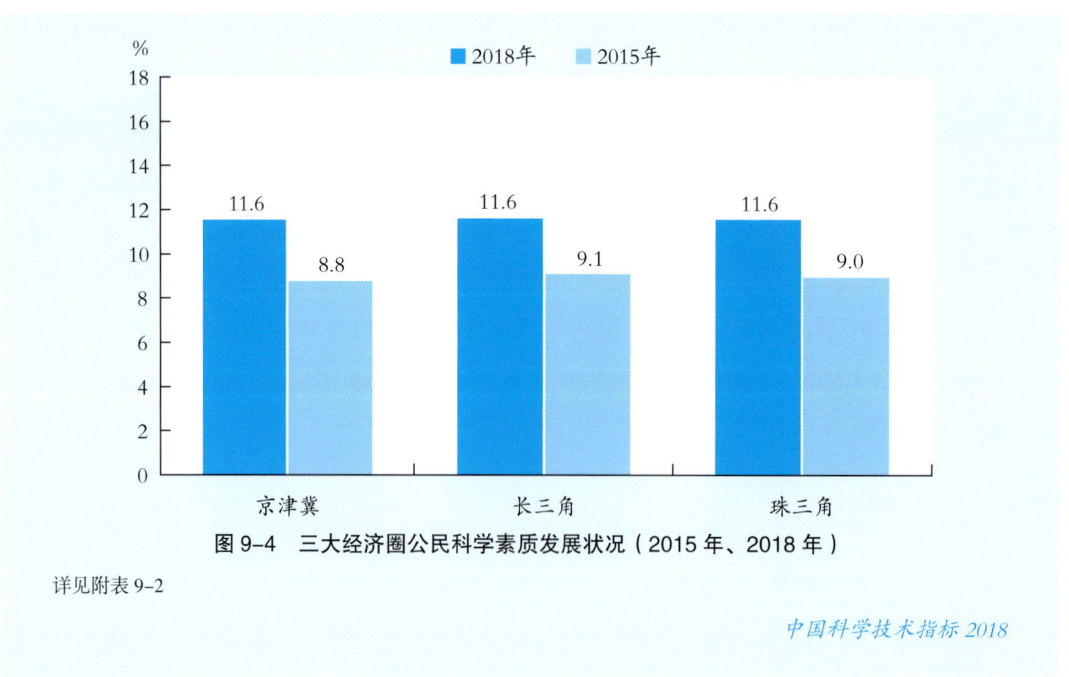

图 9-4　三大经济圈公民科学素质发展状况（2015 年、2018 年）

详见附表 9-2

中国科学技术指标 2018

三、不同分类群体公民的科学素质水平

不同群体公民科学素质水平呈现出又快又好的发展态势，各群体发展更加均衡。与2015年相比，在不同分类群体公民的科学素质水平大幅提升的同时，农村居民、女性公民的科学素质水平提升速度较快，各群体的科学素质水平发展质量向好。

城乡居民的科学素质水平均有明显提升，且农村居民的科学素质水平增速明显高于城镇居民，城乡差距进一步缩小。2018年，城镇居民具备科学素质的比例达到了11.5%，比2015年的9.7%提高了1.8个百分点，增长率为18.8%；农村居民具备科学素质的比例为4.9%，比2015年提高了2.5个百分点，增幅超过了一倍（图9-5）。

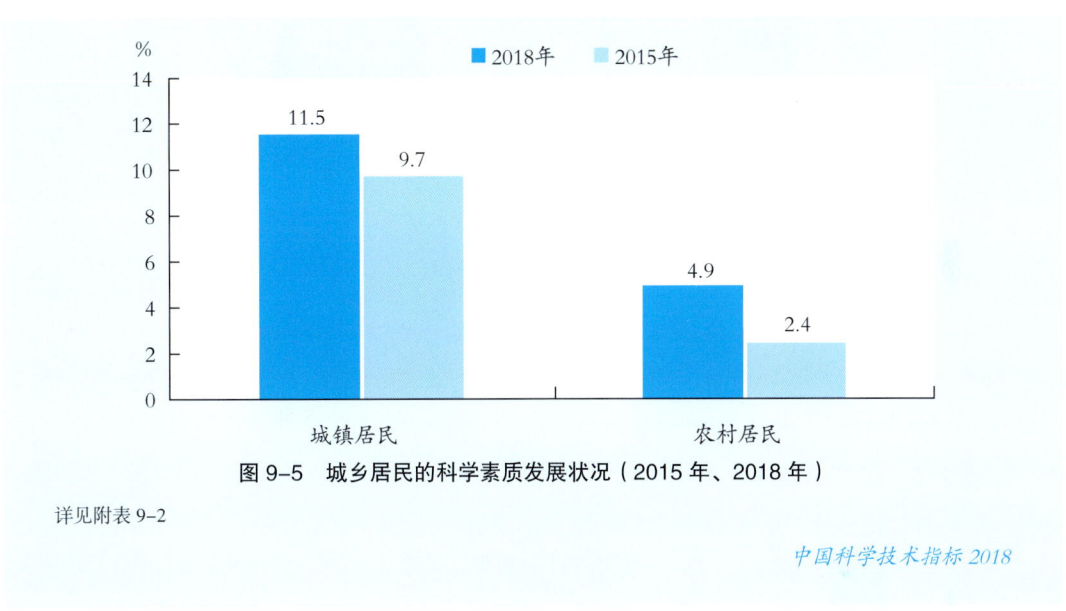

图9-5 城乡居民的科学素质发展状况（2015年、2018年）

详见附表9-2

不同性别公民的科学素质水平均有明显提升，且女性公民的科学素质水平增速明显高于男性公民，性别差距进一步缩小。2018年，男性公民具备科学素质的比例达到了11.1%，比2015年提高了2.1个百分点，增长率为23.1%；女性公民具备科学素质的比例为6.2%，比2015年提高了2.8个百分点，增长率达到了84.0%（图9-6）。

各年龄段公民的科学素质水平均有不同程度的提升。18～39岁公民提升的幅度较大，50～59岁公民提升的速度最快。2018年，18～29岁和30～39岁公民具备科学素质的比例均超过10%，分别达到了16.9%和12.4%，比2015年增幅均超过5个百分点，为中国进入创新型国家奠定了优质的年轻科技人力基础。40～49岁、50～59岁和60～69岁公民具备科学素质的比例依次为7.0%、3.1%和1.6%，均比2015年有不同程度的提升，其中50～59岁公民增速最快、增幅超过一倍，60～69岁公民增长较慢、增幅仅有0.4个

百分点,这表明随着老龄化社会的到来,提升老年群体的科学素质工作将更加任重道远(图9-7)。

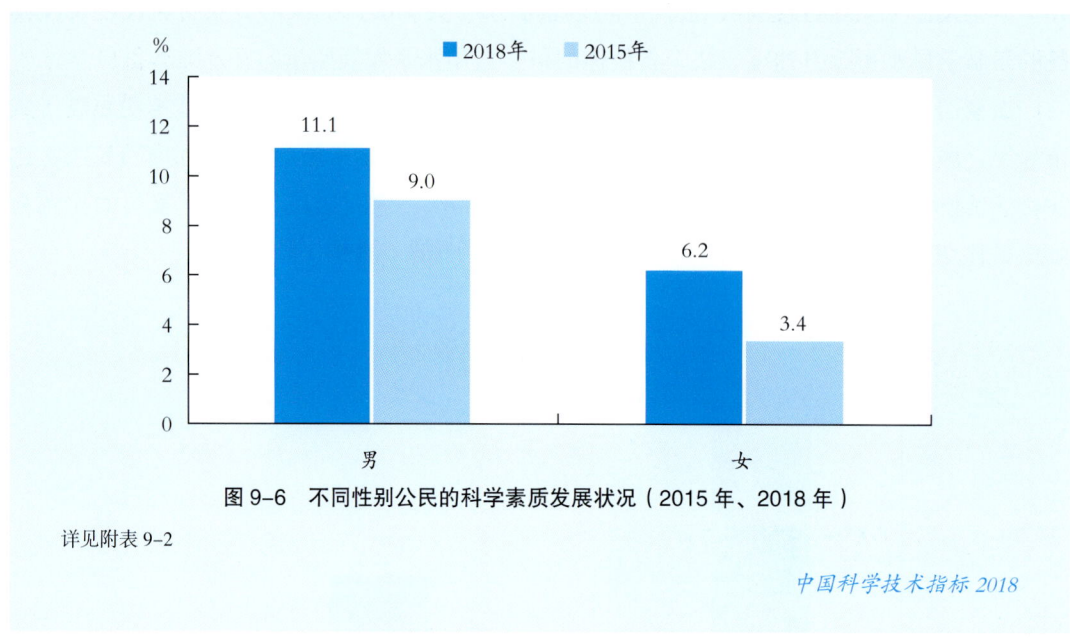

图 9-6　不同性别公民的科学素质发展状况(2015 年、2018 年)

详见附表 9-2

中国科学技术指标 2018

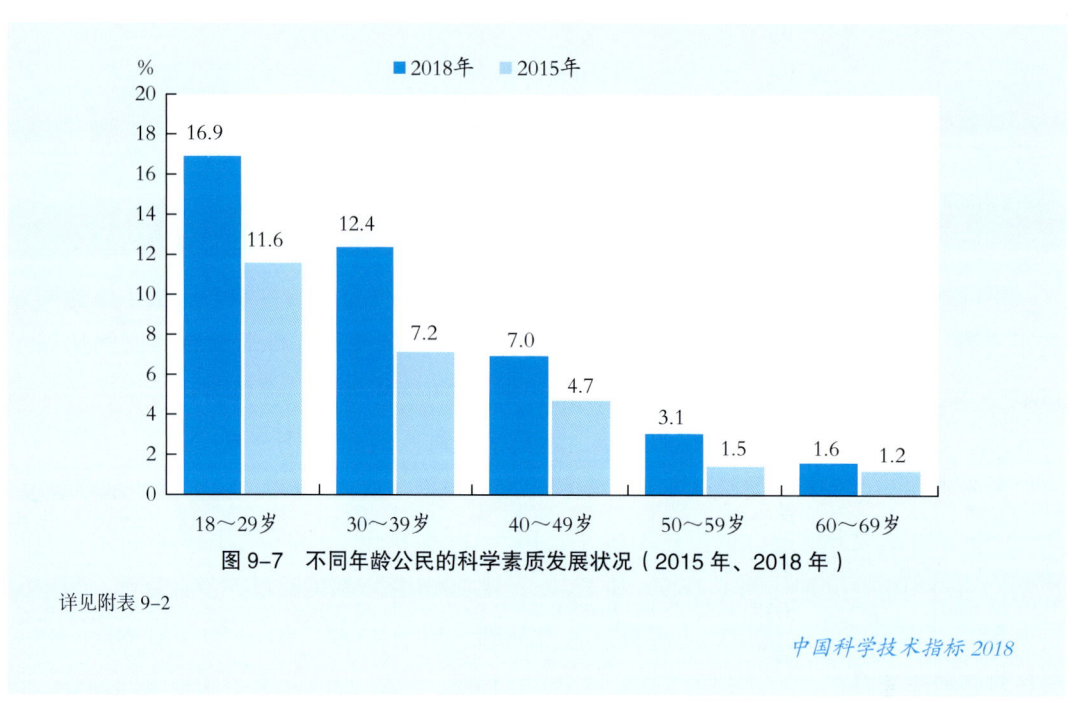

图 9-7　不同年龄公民的科学素质发展状况(2015 年、2018 年)

详见附表 9-2

中国科学技术指标 2018

受教育程度是公民科学素质水平的决定性因素，高中及以上文化程度是具备科学素质公民产生的基础，随着受教育程度的提升，具备科学素质公民的比例明显提升。2018年，大学本科及以上文化程度公民具备科学素质的比例达到37.1%，大学专科文化程度公民具备科学素质的比例为17.8%，高中/中专/技校、初中和小学及以下的公民具备科学素质的比例依次为9.7%、2.3%和0.4%。与2015年相比，高中、大学专科、大学本科及以上文化程度公民具备科学素质的比例均有所下降，在历次调查中首次出现文化程度较高人群具备科学素质的比例下降的状况（图9-8）。

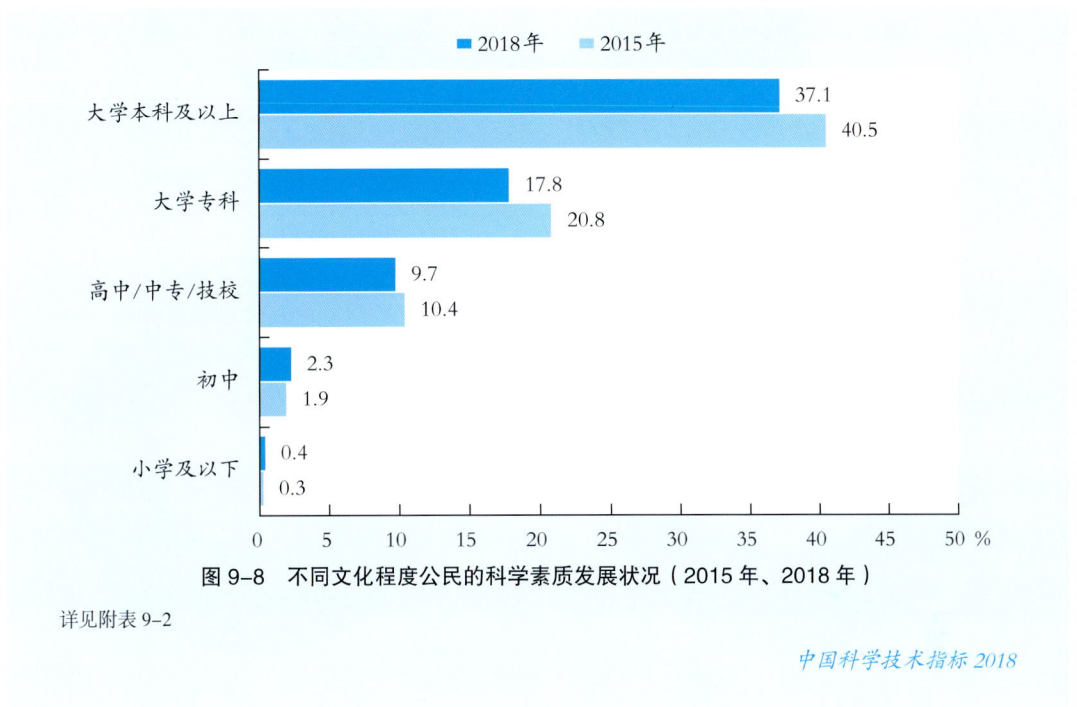

图9-8 不同文化程度公民的科学素质发展状况（2015年、2018年）

详见附表9-2

中国科学技术指标2018

四、具备科学素质公民的群体特征

中青年人、高中及以上文化程度者、城镇居民和男性公民是具备科学素质公民中的主体。2018年，在8.5%具备科学素质的公民中：50岁以下公民占90.4%；高中及以上文化程度公民占90.4%；城镇居民占75.9%；男性公民占65.0%（图9-9）。

与2015年相比，2018年具备科学素质的公民中，不仅30岁以上公民和文化程度较高群体的占比均有不同程度的提升，而且城乡差异和性别差异也有了明显缓解。30岁以上公民占比提高了8.4个百分点；高中及以上文化程度公民占比提高了5.4个百分点；农村居民占比提高了5.6个百分点；女性公民占比提高了8.3个百分点。

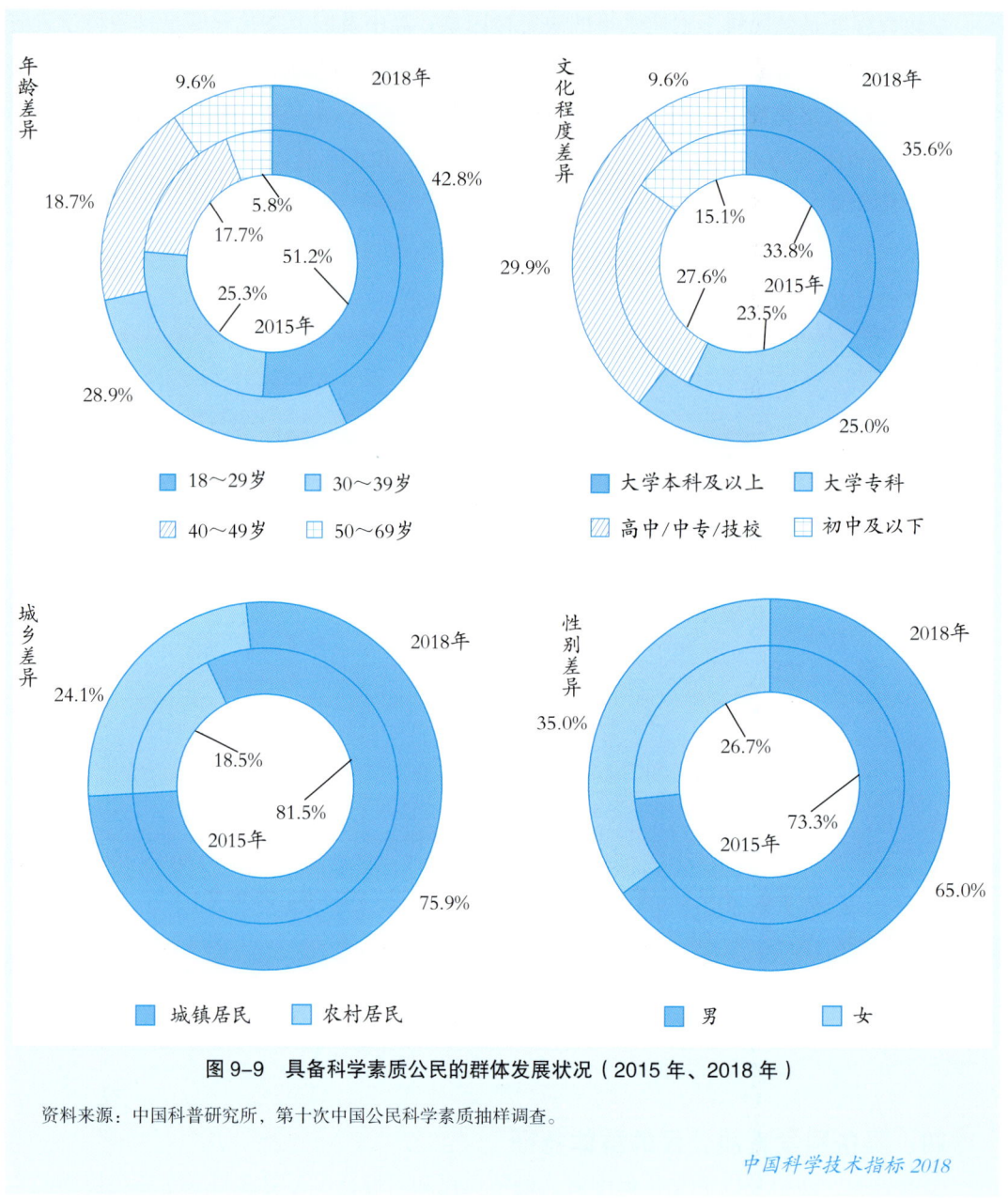

图9-9 具备科学素质公民的群体发展状况（2015年、2018年）

资料来源：中国科普研究所，第十次中国公民科学素质抽样调查。

第二节 公民的科技信息来源

影响公民对科学技术的理解及科学素质水平的因素很多，其中教育是公民科学素质养成的最关键的因素。现代社会中,人们主要通过科学技术教育、科学传播和科学普及的途径获取科技发展信息,进而不断提高自身的科学素质。本调查在学校正规教育之外,将成年公民获取科技信息的渠道和手段、利用科技场馆和参与科普活动的状况等作为公民科学素质的重要影响因素进行考察。

一、公民获取科技信息的主要渠道

随着互联网信息技术的发展,互联网已成为中国公民沟通和交流信息的重要渠道。2018年调查显示,互联网是与电视同等重要的公民获取科技信息的主要渠道。2018年,中国公民每天通过电视和互联网及移动互联网获取科技信息的比例分别为68.5%和64.6%,远超广播、报纸等其他大众传媒。每天通过听广播获取科技信息公民的比例为24.2%,每天通过读报纸获取科技信息公民的比例为10.3%;每天通过图书和期刊获取科技信息公民的比例均不足10%,分别为8.1%和5.9%(图9–10)。

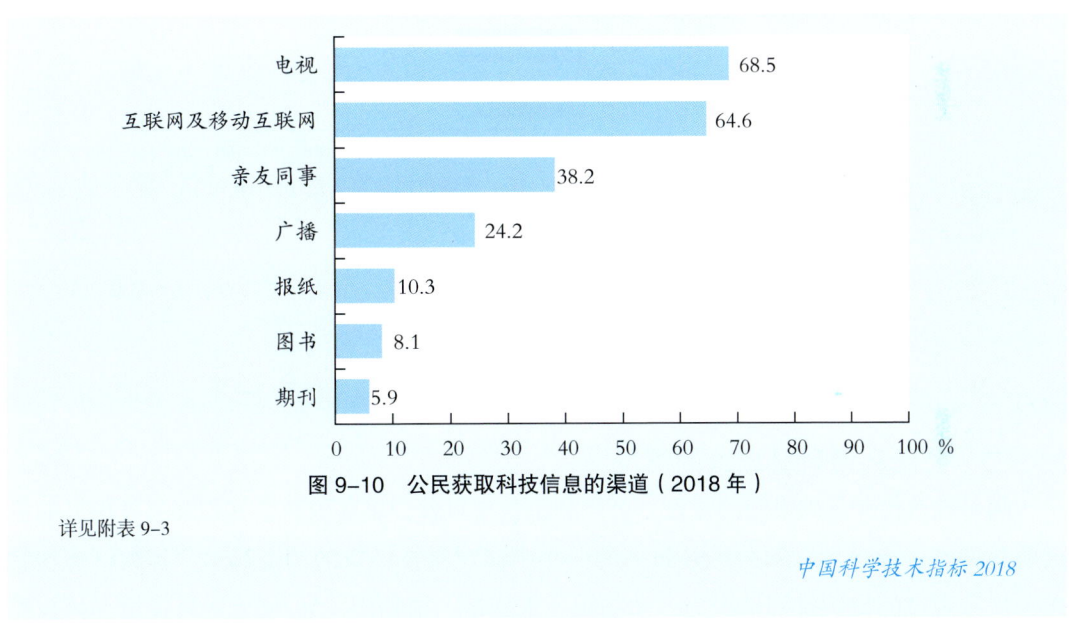

图9–10 公民获取科技信息的渠道(2018年)

详见附表9–3

主流互联网渠道占据了互联网使用者获取科技信息的空间。2018年,对通过"互联网和移动互联网"获取科技信息公民的进一步调查显示,他们更愿意、更频繁地通过微信,腾讯网、新浪网、新华网等门户网站,百度、搜狐等搜索引擎,果壳网、科学网、百度百科等专门网站这4种主流互联网渠道获取科技信息,使用的比例分别为95.8%、82.6%、79.6%和67.6%。通过电子书、微博、电子报纸、电子期刊等获取科技信息的比例在50%左右,通过科普类APP、数字科技馆和科学博客获取科技信息的比例相对较低,分别为30.4%、

28.9%和24.7%（图9-11）。

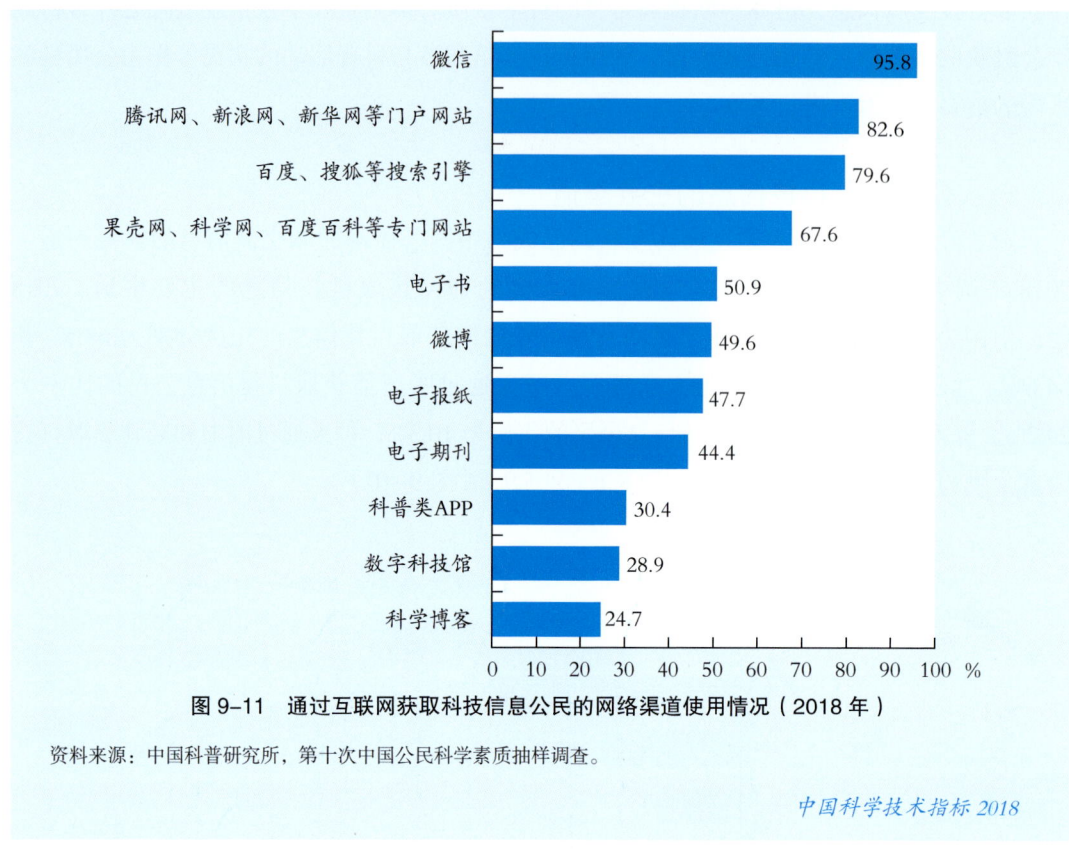

图9-11　通过互联网获取科技信息公民的网络渠道使用情况（2018年）

资料来源：中国科普研究所，第十次中国公民科学素质抽样调查。

二、公民利用科普场馆的情况

随着各地科普基础设施的建设，公民利用各类科普设施获取科学知识和科技信息的机会明显增多。2018年，对公民在过去的一年中参观科技场馆的调查显示，各类科普场馆按公民参观过的比例排列依次为：动物园、水族馆、植物园（58.1%），科技馆等科技类场馆（31.9%），自然博物馆（29.5%）等，与2015年相比分别增加了4.4个百分点、9.2个百分点和7.4个百分点。

公民对其他各类科普设施的利用率亦均有不同程度的提升，按公民参观过的比例排列依次为：公共图书馆（46.7%），图书阅览室（42.7%），工农业生产园区（32.2%），科普画廊或宣传栏（28.3%），美术馆或展览馆（27.5%），科普宣传车（18.5%），科技示范点或科普活动站（18.2%）和高校、科研院所的实验室（12%）等（图9-12）。另外，2018年全国有10.5%的公民参观了流动科技馆。

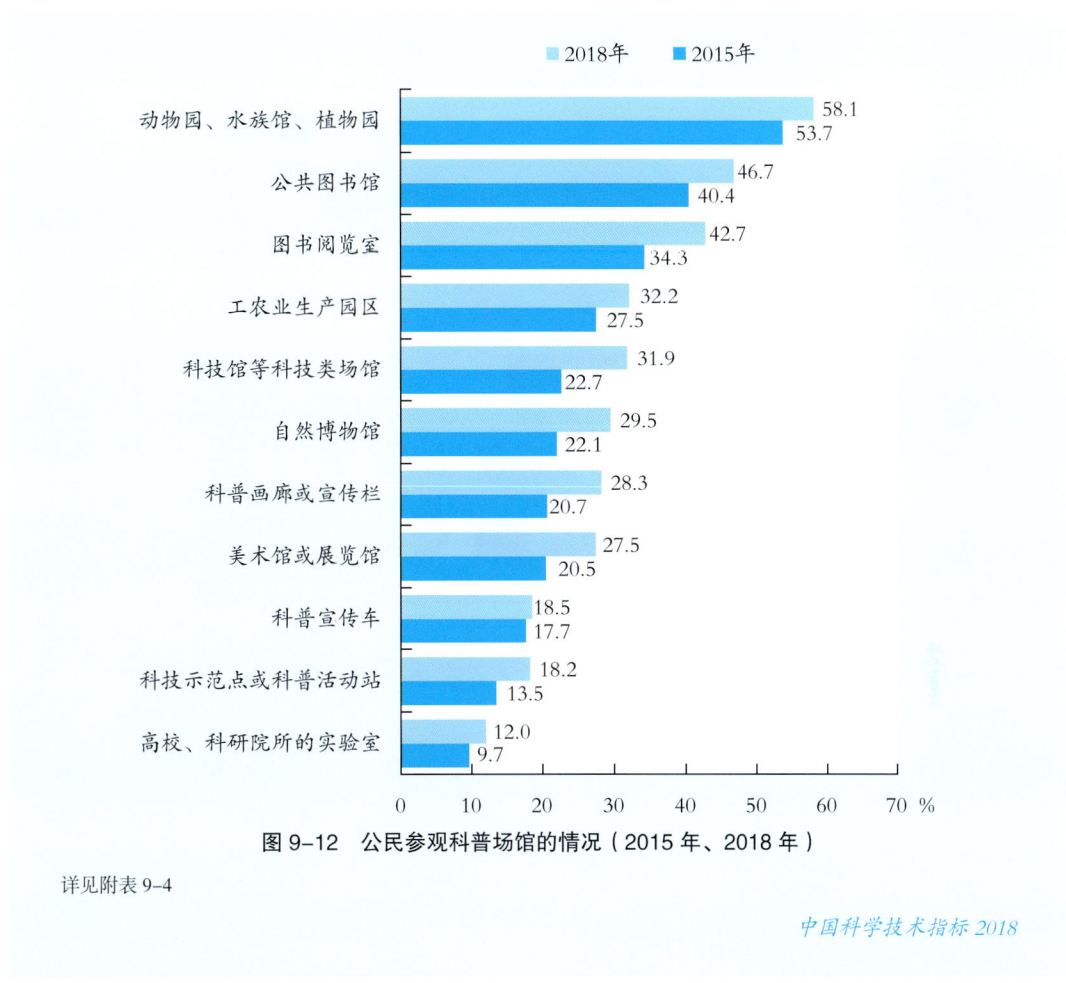

图 9-12 公民参观科普场馆的情况（2015年、2018年）

详见附表 9-4

据《美国科学与工程指标（2018）》非正规科学教育场所参观率的统计，美国公民 2016 年参观科技馆等科技类场馆的比例为 26%，参观动物园、水族馆、植物园的比例为 48%，参观自然博物馆的比例为 30%。同期对比显示，2018 年中国公民对动物园、水族馆、植物园和科技馆等科技类场馆的参观比例高于美国，参观自然博物馆的比例略低于美国，参观各类场馆的增幅均高于美国（图 9-13）。

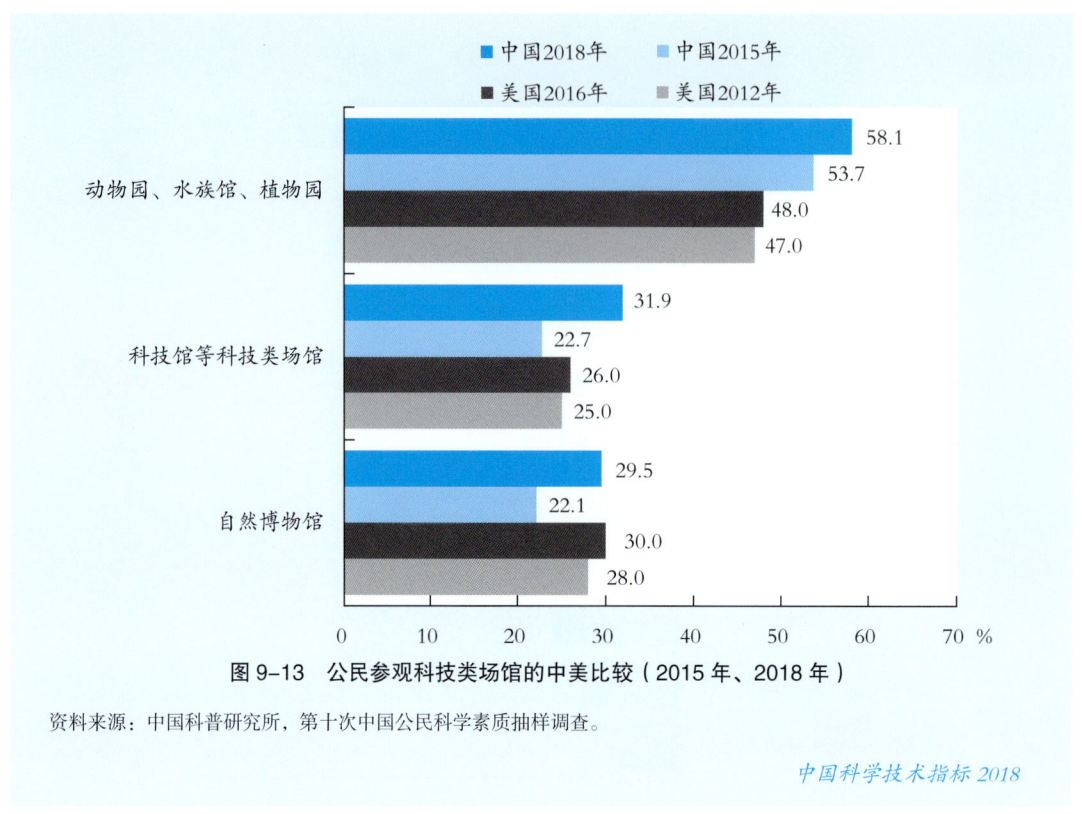

图 9-13　公民参观科技类场馆的中美比较（2015 年、2018 年）

资料来源：中国科普研究所，第十次中国公民科学素质抽样调查。

三、公民参加科普活动的情况

公民通过参加各类科普活动获取科技信息和了解科学知识。2018 年对公民在过去的一年中参加科普活动的调查显示，参加过科技展览和科普讲座公民的比例分别为 21.5% 和 18.7%，参加过科技培训和科技咨询公民的比例分别为 16.7% 和 14.3%；参加过科技周、科技节、科普日活动的比例为 15.3%。与 2015 年调查相比，各项科普活动的公民参加比例均有大幅提升。其中，科技周、科技节、科普日的公民参加比例提升幅度最大（图 9-14）。

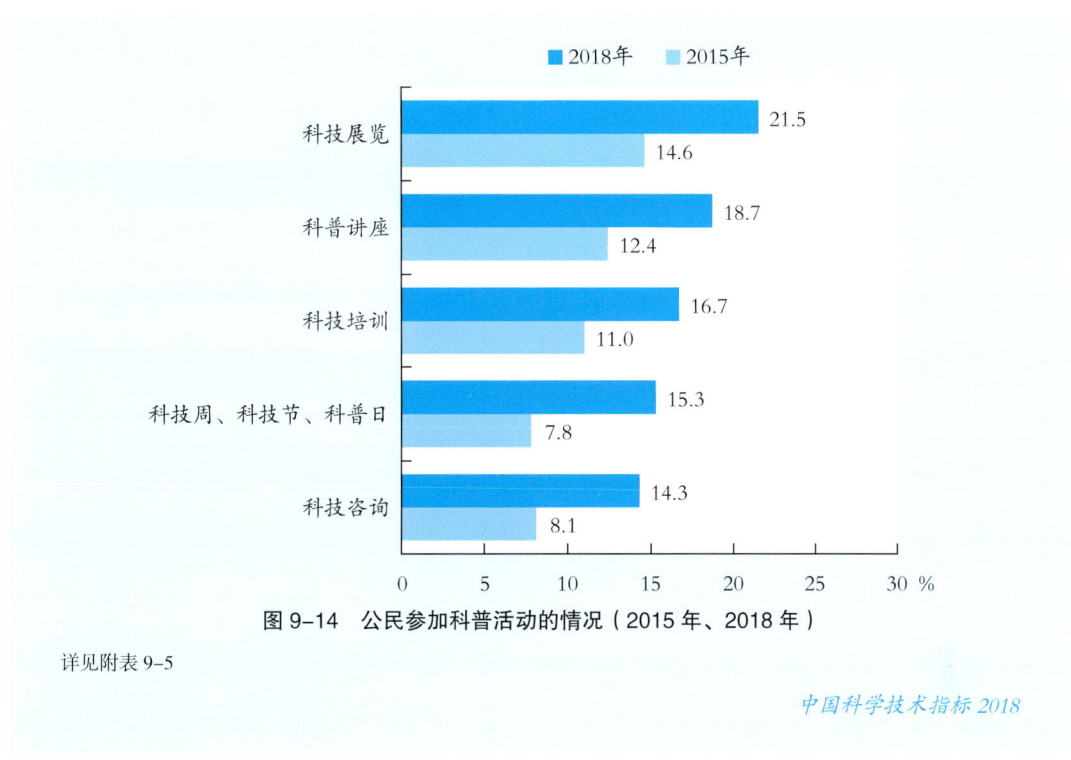

图 9-14 公民参加科普活动的情况（2015 年、2018 年）

详见附表 9-5

四、公民参与公共科技事务的程度

提高公民参与公共科技事务的程度和能力是《全民科学素质行动计划纲要》对公民科学素质的较高要求。2018 年对公民参与公共科技事务行为的程度和频度进行了调查，参与行为包括"阅读报刊、图书或互联网上的关于科学的文章""和亲戚、朋友、同事谈论有关科学技术的话题""参加与科学技术有关的公共问题的讨论或听证会""参与关于原子能、生物技术或环境等方面的建议和宣传活动"等。

总体上，中国有超过 1/3 的公民关注公共科技事务，但对于公共科技事务的参与程度还不够高。有 36.6% 的公民经常或有时"阅读报刊、图书或互联网上的关于科学的文章"（"个人关注"），而有 58.5% 的公民则很少阅读或没有阅读过；有 38.5% 的公民经常或有时"和亲戚、朋友、同事谈论有关科学技术的话题"（"和亲友谈论"），而有 58.4% 的公民则很少谈论或没有谈论过。对于"参加与科学技术有关的公共问题的讨论或听证会"这种"热心参加"的行为，仅有 13.3% 的公民经常或有时参与过，有 81.6% 的公民很少参与或没有参与过，另有 5.1% 的公民选择"不知道"；对于"参与关于原子能、生物技术或环境等方面的建议和宣传活动"这种"主动参与"的行为，公民的参与程度更低，仅有 9.9% 的公民经常或有时参与，而有 82.4% 的公民很少参与或没有参与过，另有 7.7% 的公民选择"不知道"（图 9-15）。

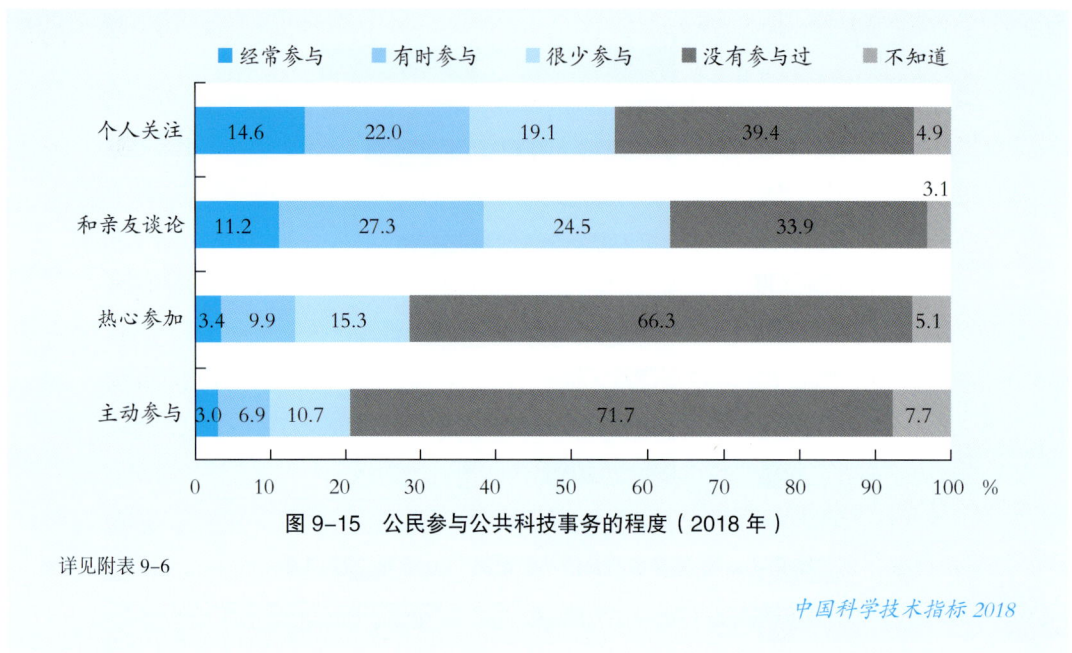

图 9-15　公民参与公共科技事务的程度（2018 年）

详见附表 9-6

第三节　公民对科学技术的态度

公民对科学技术的理解和支持是国家科学技术事业发展的重要基础。与以往调查相同，2018 年的调查仍然将公民对科学技术的兴趣、看法、态度等作为重要的调查内容，并新增了对人工智能等科技发展议题的理解与态度指标加以研究和分析。

一、公民对科技信息的感兴趣程度

中国公民对科技信息的感兴趣程度较高。在各类新闻话题中，中国公民对科技类新闻话题的感兴趣程度较高，公民对科学新发现、新发明和新技术、医学新进展感兴趣的比例分别为 77.3%、76.4% 和 72.6%。公民感兴趣程度较高的新闻话题是生活与健康、学校与教育，感兴趣的公民分别高达 92.9% 和 87.6%；其他公民感兴趣程度较高的新闻话题依次为：国家经济发展（81.2%）、体育和娱乐（81.1%）、文化与艺术（79.3%）、农业发展（78.7%）、军事与国防（73.1%）、国际与外交政策（63.5%）等（图 9-16）。

在各类科技发展信息中，中国公民最感兴趣的是环境污染与治理，感兴趣比例达到 85.1%；公民感兴趣的科技发展信息依次为：计算机与网络技术（68.9%）、新能源开发及利用(66.9%)、宇宙与空间探索(56.2%)、遗传学与转基因技术(56.0%)和纳米技术与新材料(49.5%)等(图9-17)。

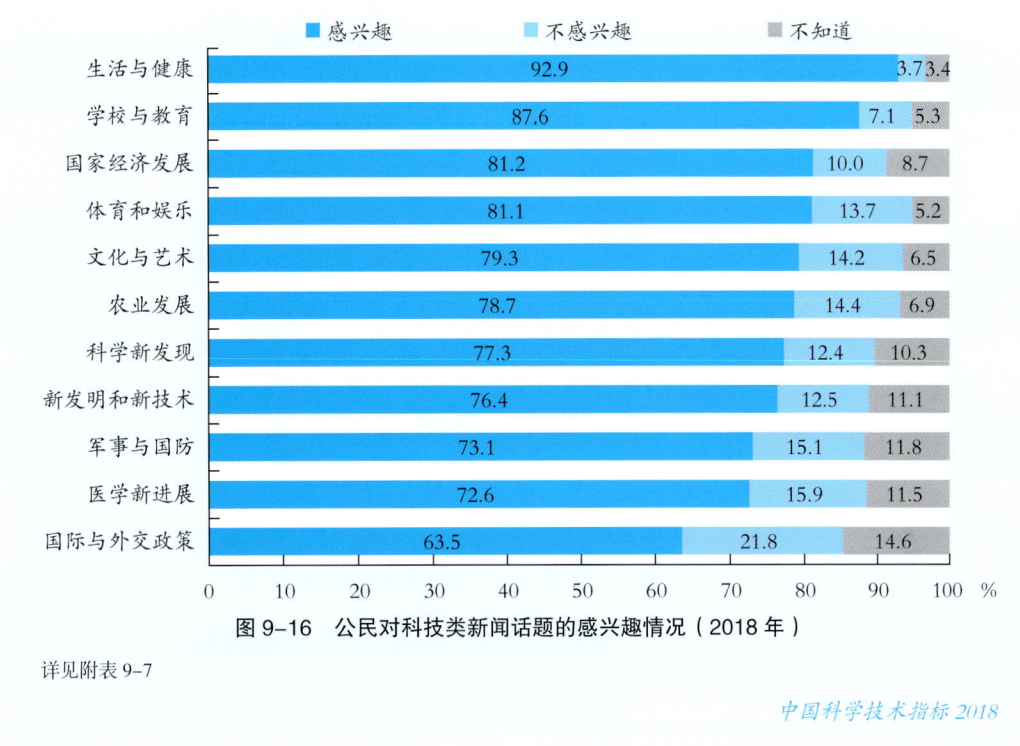

图9-16 公民对科技类新闻话题的感兴趣情况(2018年)

详见附表9-7

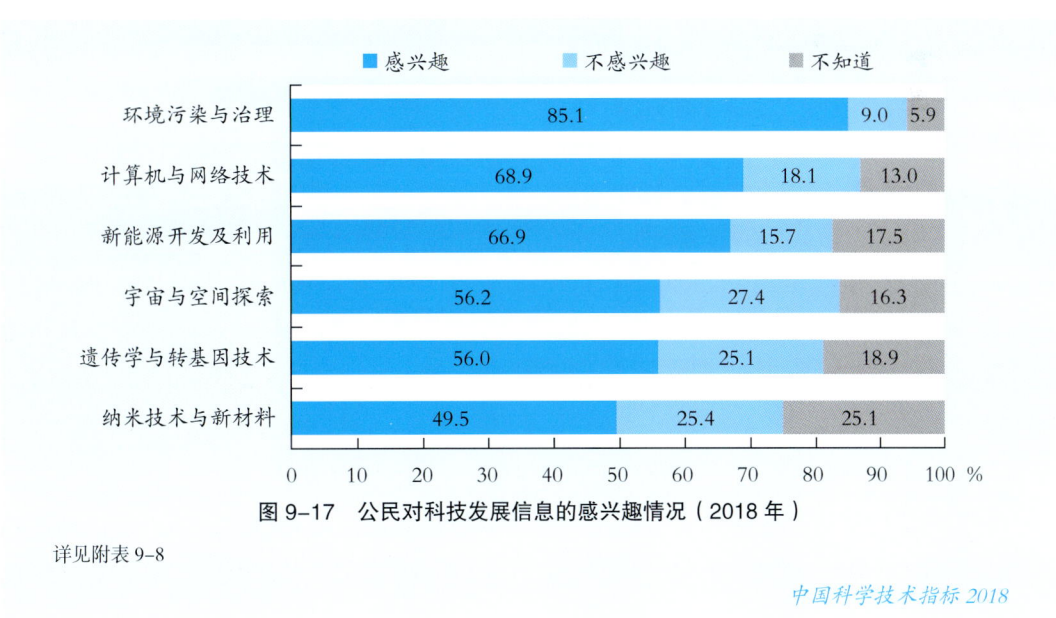

图9-17 公民对科技发展信息的感兴趣情况(2018年)

详见附表9-8

二、公民对科学技术和科技创新的态度

中国公民十分赞成科学普及和科技创新的重要性，非常认可科技创新对于创新型国家建设的作用，非常愿意支持基础科学研究工作。调查显示，有81.1%的公民赞成"科技创新与科学普及同等重要"的论断；有77.4%的公民赞成"公众对科技创新的理解和支持，是加快中国创新型国家建设的基础"；有81.6%的公民赞成"尽管不能马上产生效益，但是基础科学的研究是必要的，政府应该支持"的说法。同时，中国公民也表达了参与科技决策的强烈愿望，有77.1%的公民支持"政府应该通过举办听证会等多种途径，让公众更有效地参与科技决策"的观点（图9-18）。

中国公民对国家重大科技成果高度认可，对天宫、北斗导航系统、歼20、复兴号、大飞机等国家重大科技成果给予了很高评价，并积极支持大项目的投入和付出。有78.4%的公民赞成"重大科技成果是中国综合国力提升的重要体现"的观点；有70.2%的公民认可"大项目尽管需要巨大投入，但长远来看综合效益是显著的"这一观点；高达84.4%的公民赞成"重大科技成果来之不易，需要一代又一代人的不懈努力"（图9-18）。

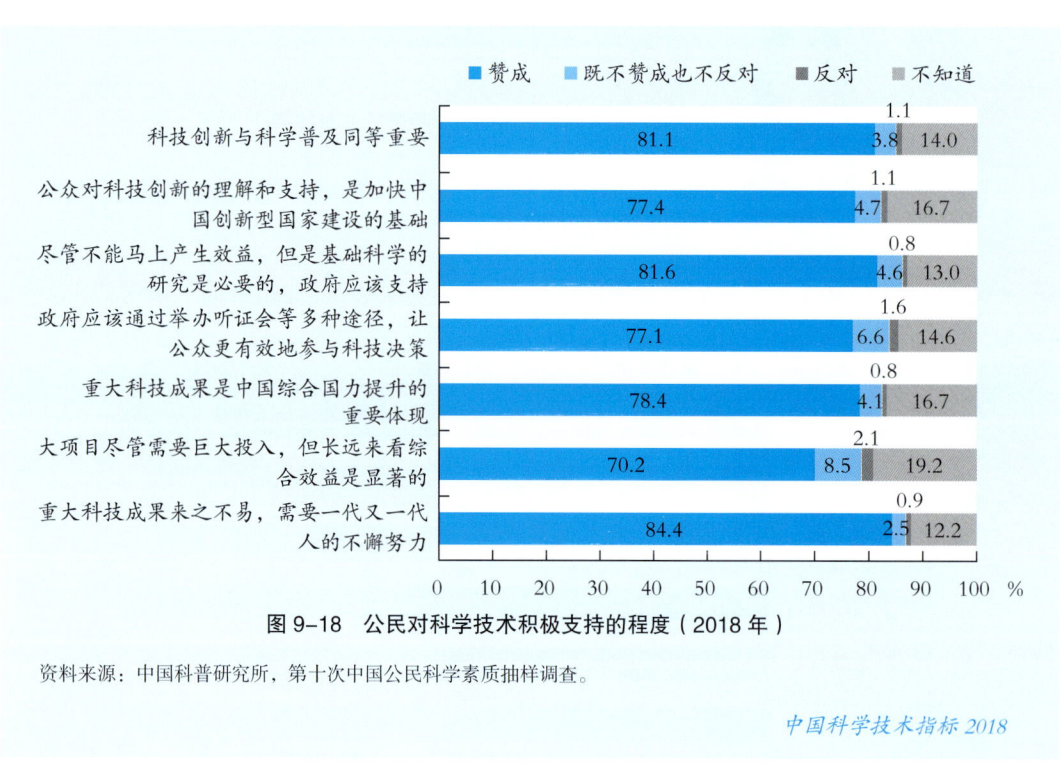

图9-18 公民对科学技术积极支持的程度（2018年）

资料来源：中国科普研究所，第十次中国公民科学素质抽样调查。

三、公民对科学技术职业声望的看法

科学技术职业在中国公民心目中的声望较高。在调查所列的11类职业中，科学家、教师、医生和工程师等科学技术类职业，在中国公民心目中的职业声望和职业期望均排在前五位。公民心目中声望最高的职业由高至低依次为：教师（55.5%）、医生（52.4%）、科学家（48.6%）、公务员（24.8%）、工程师（24.8%）、法官（20.1%）、企业家（17.7%）、律师（14.5%）、运动员（10.3%）、艺术家（9.5%）和记者（5.2%）。公民最期望后代从事的职业由高至低依次为：医生（52.1%）、教师（51.1%）、公务员（35.3%）、科学家（32.7%）、工程师（25.0%）、企业家（22.3%）、律师（19.4%）、法官（16.2%）、艺术家（12.2%）、运动员（7.8%）和记者（4.9%）（图9-19）。

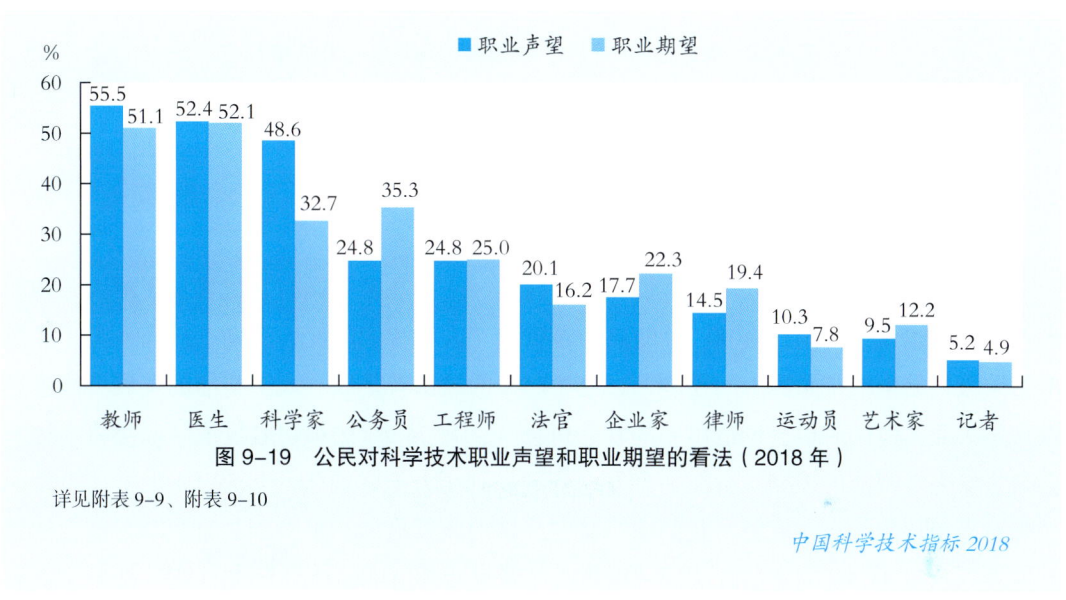

图9-19 公民对科学技术职业声望和职业期望的看法（2018年）

详见附表9-9、附表9-10

中国科学技术指标2018

四、公民对前沿科技议题的看法

中国公民高度关注前沿科技的发展，2018年调查中，有36.8%的被访者表示对前沿科技信息感兴趣，并接受了相关议题的进一步调查。

被访者对前沿科技信息有较强的兴趣，最相信科学家的言论。其中，被访者非常感兴趣和一般感兴趣的前沿科技信息依次为：新一代信息技术（90.5%）、新能源技术（89.8%）、智能制造（84.3%）、生命科学技术（83.8%）和新材料技术（78.7%）（图9-20）。同时，有高达92.8%的被访者最相信科学家关于前沿科技信息的言论。

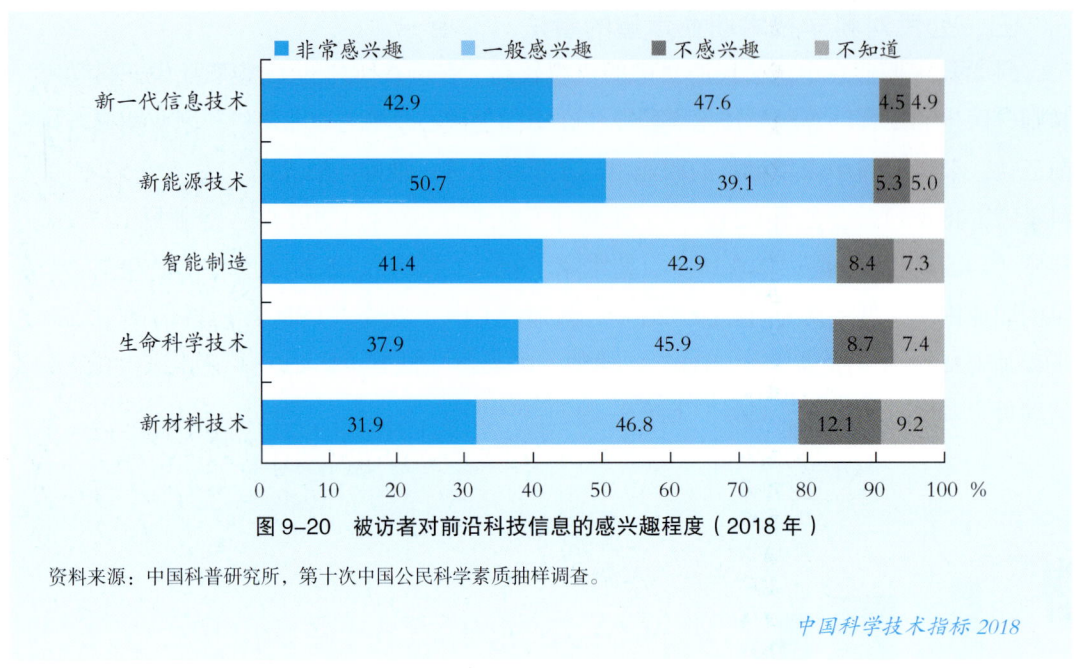

图 9-20 被访者对前沿科技信息的感兴趣程度（2018 年）

资料来源：中国科普研究所，第十次中国公民科学素质抽样调查。

调查显示，被访者对人工智能的发展持肯定、支持态度的同时，也表达了对人工智能潜在风险的担忧。其中，有 90.7% 的被访者赞成"人工智能的发展有助于提高人类工作效率，给人们的生活带来巨大的便利"；有 78.5% 的被访者赞成"人工智能的发展可能会导致大量失业，但同时也会创造出新的就业机会"；有 74.9% 的被访者赞成"人类将永远不会失去对人工智能的控制，有能力开发、管理和利用人工智能"；有 59.1% 的被访者赞成"面对人工智能的潜在威胁，我们应当制定严格的监管措施，来限制其自我学习能力的过度发展"；有 31.5% 的被访者认同"围棋人工智能程序 Alpha Go（阿尔法狗）战胜了世界冠军柯洁，预示着人工智能终将超出人类智慧，并最终替代人类"（图 9-21）。

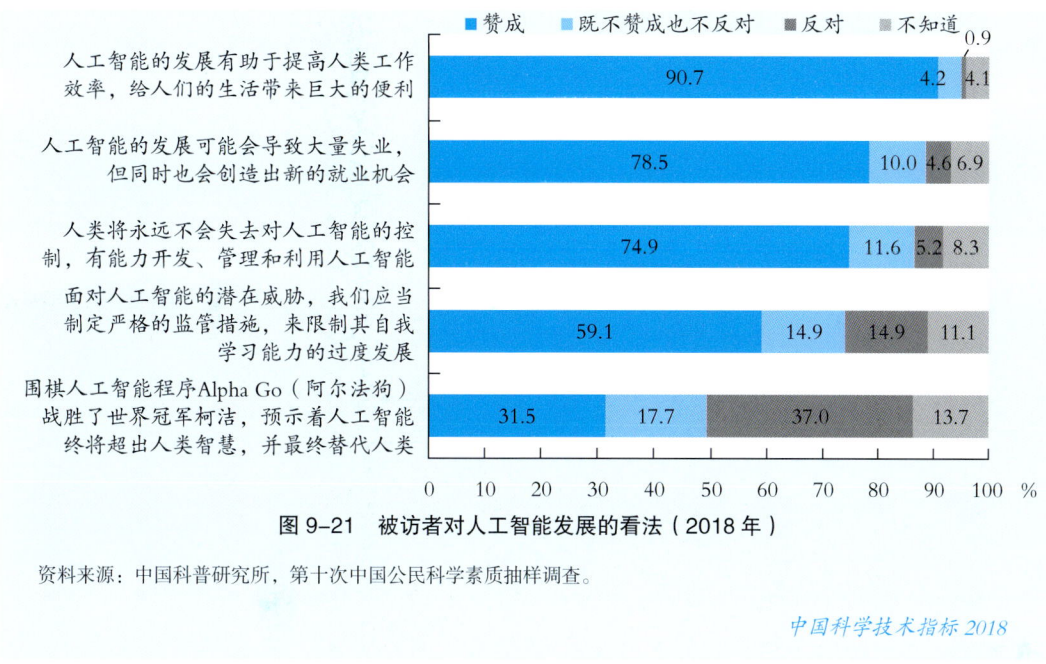

图 9-21 被访者对人工智能发展的看法（2018 年）

资料来源：中国科普研究所，第十次中国公民科学素质抽样调查。

附 表

附表目录

附表 1-1　科技人力资源概况（2006—2017 年） ………………………………………… 225
附表 1-2　国有企事业单位专业技术人员数（2000—2016 年） ………………………… 226
附表 1-3　部分国家（地区）的 R&D 人员（2017 年） ………………………………… 227
附表 1-4　部分国家（地区）R&D 人员按执行部门分布（2017 年） ………………… 228
附表 1-5　普通高等学校大学本科生和全国研究生（2005—2017 年） ………………… 229
附表 1-6　出国留学人员与学成回国人员（1990—2017 年） …………………………… 230

附表 2-1　R&D 经费投入情况（2000—2017 年） ……………………………………… 231
附表 2-2　R&D 经费按活动类型和执行部门分布（2000—2017 年） ………………… 231
附表 2-3　各执行部门的 R&D 经费结构（2017 年） …………………………………… 232
附表 2-4　中央和地方财政科学技术支出及其占财政总支出的比重（2000—2017 年） …… 233
附表 2-5　部分国家（地区）的 R&D 经费（2005—2017 年） ………………………… 234
附表 2-6　部分国家（地区）的国内（地区）生产总值（2005—2017 年） …………… 235
附表 2-7　部分国家（地区）R&D 经费投入强度（2005—2017 年） ………………… 236
附表 2-8　部分国家（地区）R&D 经费来源和执行部门分布（2017 年） …………… 237
附表 2-9　部分国家（地区）的 R&D 经费按活动类型分布 …………………………… 238
附表 2-10　部分国家 R&D 经费按支出类别分布 ………………………………………… 239
附表 2-11　国家自然科学基金资助项目经费按项目类型分布（2005—2017 年） …… 239
附表 2-12　国家自然科学基金资助项目经费按部门分布（2017 年） ………………… 240

附表 3-1　国内科技论文按学科及机构类型的分布（2005—2017 年） ………………… 241
附表 3-2　国内科技论文按学科分布（2005—2017 年） ………………………………… 242
附表 3-3　国内科技论文按地区分布（2005—2017 年） ………………………………… 243
附表 3-4　SCI 收录的中国科技论文（2005—2017 年） ………………………………… 244
附表 3-5　SCI 收录的中国科技论文按学科及机构类型的分布（2005—2017 年） …… 244
附表 3-6　SCI 收录的中国科技论文按学科分布（2005—2017 年） …………………… 245

附表 3-7	SCI 收录的中国科技论文按地区分布（2005—2017 年）	246
附表 3-8	中国科学研究经费与人员的科技论文产出效率（2000—2015 年）	248
附表 3-9	国内外 3 种专利申请受理量和申请授权量（2005—2017 年）	249
附表 3-10	国外来华发明专利申请受理量按国家分布（2005—2017 年）	250
附表 3-11	国外来华发明专利申请授权量按国家分布（2005—2017 年）	251
附表 3-12	发明专利申请受理量和申请授权量按 IPC 分类分布（2017 年）	252
附表 3-13	国内职务与非职务发明专利申请受理量（2005—2017 年）	253
附表 3-14	国内职务与非职务发明专利申请授权量（2005—2017 年）	253
附表 3-15	国内外 3 种专利有效量（2005—2017 年）	254
附表 3-16	主要国家 PCT 国际申请量（2005—2017 年）	255
附表 3-17	主要国家三方专利申请量（2005—2016 年）	256
附表 3-18	全国技术市场成交合同金额（2007—2017 年）	257
附表 3-19	技术市场技术输出地域的合同成交金额（2007—2017 年）	258
附表 3-20	全国技术合同交易情况（2017 年）	259
附表 4-1	企业 R&D 人员和 R&D 经费投入（2000—2017 年）	260
附表 4-2	企业 R&D 经费来源及构成（2010—2017 年）	260
附表 4-3	企业 R&D 经费内部支出（2004—2017 年）	261
附表 4-4	工业企业 R&D 经费投入强度（2004—2017 年）	261
附表 4-5	工业企业试验发展经费支出及占 R&D 经费支出比重（2004—2017 年）	262
附表 4-6	工业企业 R&D 经费内部支出按行业分布（2017 年）	263
附表 4-7	工业企业 R&D 经费外部支出行业分布（2017 年）	264
附表 4-8	工业企业 R&D 项目合作形式（2017 年）	266
附表 4-9	工业企业技术获取情况（2000—2017 年）	267
附表 5-1	普通高等学校 R&D 活动概况（2005—2017 年）	268
附表 5-2	部分国家高等学校 R&D 经费状况（2017 年）	269
附表 5-3	部分国家高等学校 R&D 经费与 GDP 的比值（2005—2017 年）	269
附表 5-4	高等学校论文、专利和技术市场交易（2005—2017 年）	270
附表 6-1	研究机构数量情况（2005—2017 年）	270
附表 6-2	研究机构人员情况（2005—2017 年）	271
附表 6-3	研究机构的 R&D 人员投入情况（2005—2017 年）	271

附表6-4 主要国家研究机构R&D人员占全国比重（2005—2017年） ………………… 271
附表6-5 研究机构的R&D人员学位结构（2009—2017年） ……………………………… 272
附表6-6 研究机构的R&D经费情况（2005—2017年） …………………………………… 272
附表6-7 主要国家研究机构R&D经费占全国比重（2005—2017年） ………………… 273
附表6-8 主要国家研究机构R&D经费中劳动力成本所占比重（2005—2016年） ……… 273
附表6-9 主要国家研究机构R&D经费中资本性支出所占比重（2005—2016年） ……… 274
附表6-10 主要国家研究机构基础研究经费占R&D经费的比重（2005—2017年） …… 274
附表6-11 研究机构科技论文产出情况（2005—2017年） ……………………………… 274
附表6-12 研究机构专利申请与专利授权情况（2005—2017年） ……………………… 275
附表6-13 研究机构技术市场成交合同数情况（2006—2017年） ……………………… 275
附表6-14 研究机构技术市场成交合同金额情况（2006—2017年） …………………… 275

附表7-1 高技术产业基本情况（2009—2017年） ………………………………………… 276
附表7-2 高技术产业主要科技指标（2009—2017年） …………………………………… 277
附表7-3 高技术产品进出口贸易（2005—2017年） ……………………………………… 279
附表7-4 高技术产品进出口额按技术领域分布（2013—2017年） ……………………… 280
附表7-5 高技术产品进出口额按贸易方式分布（2013—2017年） ……………………… 280
附表7-6 国家高新技术产业开发区主要经济指标（2003—2017年） …………………… 281
附表7-7 国家高新技术产业开发区主要经济指标（2017年） …………………………… 282
附表7-8 中国创业风险投资项目数按成长阶段分布（2006—2017年） ………………… 287
附表7-9 中国创业风险投资投资金额按成长阶段分布（2006—2017年） ……………… 287
附表7-10 中国创业风险投资业投资项目的投资金额按行业分布（2008—2017年） …… 287

附表8-1 科技资源的地区分布（2017年） ………………………………………………… 289
附表8-2 R&D人员分执行部门的地区分布（2017年） …………………………………… 290
附表8-3 R&D经费分执行部门的地区分布（2017年） …………………………………… 291
附表8-4 国内科技论文数的地区分布（2017年） ………………………………………… 292
附表8-5 SCI论文数的地区分布（2017年） ……………………………………………… 293
附表8-6 专利申请量的地区分布（2017年） ……………………………………………… 294
附表8-7 专利授权量的地区分布（2017年） ……………………………………………… 295
附表8-8 高技术产业主营业务收入分行业的地区分布（2016年） ……………………… 296
附表8-9 高技术产品出口额分技术领域的地区分布（2017年） ………………………… 297
附表8-10 主要科技指标的区域分布（2017年） …………………………………………… 298

附表 8-11　主要科技指标的地区分布（2017 年） ……………………………………… 298

附表 9-1　各地区公民科学素质水平发展状况（2015 年、2018 年） ………………… 300
附表 9-2　不同群体公民科学素质水平发展状况（2015 年、2018 年） ……………… 301
附表 9-3　各地区公民获取科技信息的主要渠道（2018 年） ………………………… 303
附表 9-4　各地区公民参观科普场馆的情况（2018 年） ……………………………… 304
附表 9-5　各地区公民参加科普活动的情况（2018 年） ……………………………… 305
附表 9-6　各地区公民参与科技公共事务的情况（2018 年） ………………………… 307
附表 9-7　各地区公民对各类新闻话题的感兴趣情况（2018 年） …………………… 308
附表 9-8　各地区公民对科技发展信息的感兴趣情况（2018 年） …………………… 309
附表 9-9　各地区公民对科学技术职业声望的看法（2018 年） ……………………… 310
附表 9-10　各地区公民对科学技术职业期望的看法（2018 年） ……………………… 311

附表 1-1　科技人力资源概况（2006—2017 年）

类别	2006	2007	2008	2009	2010	2011	2012	2013	2014	2015	2016	2017
年末总人口（万人）	131448	132129	132802	133450	134091	134735	135404	136072	136782	137462	138271	139008
就业人员（万人）	74978	75321	75564	75828	76105	76420	76704	79300	77253	77451	77603	77640
大专及以上毕业生存量（万人）[a]	6000	6780	7650	8570	9510	10510	11540	12610	13730	14900		
科技人力资源总量（万人）[a]	3840	4240	4700	5190	5700	6300	6743	7105	7512	7915	8301	8705
#本科及以上学历人数（万人）	1620	1810	2020	2161	2353	2556	2745	2943	3180	3421	3671	3934
R&D 人员（万人年）	150.25	173.62	196.54	229.13	255.38	288.29	324.68	353.28	371.06	375.88	387.81	403.36
#基础研究	13.13	13.81	15.40	16.46	17.37	19.32	21.22	22.32	23.54	25.32	27.47	29.01
#研究机构	3.20	3.59	3.82	4.08	4.20	5.03	5.66	6.09	6.56	7.12	8.38	8.44
高等学校	8.97	9.45	10.9	11.27	12.00	12.93	14.01	14.66	15.47	16.42	16.71	18.06
企业	0.68	0.50	0.36	0.17	0.16	0.22	0.23	0.29	0.23	0.40	0.68	0.68
其他	0.29	0.27	0.31	0.94	1.00	1.14	1.32	1.28	1.27	1.39	1.71	1.83
应用研究	29.97	28.60	28.94	31.53	33.56	35.28	38.38	39.56	40.70	43.04	43.89	48.96
#研究机构	8.98	9.33	9.74	10.29	10.91	11.33	12.14	12.97	12.84	13.14	12.71	14.29
高等学校	11.35	11.98	13.68	14.12	14.83	15.03	15.43	15.91	16.08	17.21	17.25	18.27
企业	8.12	5.81	3.99	2.50	2.72	4.00	5.80	5.56	6.58	7.33	8.26	10.27
其他	1.53	1.47	1.53	4.62	5.10	4.91	5.01	5.12	5.20	5.37	5.66	6.13
试验发展	107.14	131.21	152.20	181.14	204.46	233.73	265.09	291.40	306.82	307.53	316.44	325.39
#研究机构	11.02	12.63	12.45	13.35	14.24	15.20	16.55	17.32	17.98	18.11	17.92	17.84
高等学校	3.94	3.95	2.10	2.12	2.14	1.96	1.92	1.92	1.93	1.86	2.05	1.88
企业	89.98	112.37	135.24	162.08	184.51	212.75	242.61	268.21	282.82	283.36	292.26	301.04
其他	2.20	2.26	2.40	3.59	3.57	3.81	4.02	3.96	4.09	4.21	4.21	4.63
#研究机构	23.19	25.55	26.01	27.72	29.35	31.57	34.35	36.37	37.38	38.36	39.01	40.57
高等学校	24.25	25.39	26.68	27.52	28.97	29.93	31.35	32.49	33.48	35.49	36.00	38.22
企业	98.78	118.68	139.59	164.75	187.39	216.93	248.64	274.06	289.64	291.08	301.21	311.98
其他[b]	4.02	4.00	4.25	9.14	9.68	9.86	10.34	10.36	10.56	10.96	11.58	12.59
#R&D 研究人员	—	—	—	115.23	121.08	131.81	140.41	148.41	152.43	161.90	169.22	174.04
#研究机构	—	—	—	17.25	18.21	19.99	21.78	23.59	24.27	25.07	27.40	28.73
高等学校	—	—	—	22.50	23.92	24.90	26.21	27.27	28.23	29.87	30.79	32.79
企业	—	—	—	70.78	73.99	81.88	87.24	92.27	94.61	101.46	104.81	105.57
其他	—	—	—	4.70	4.96	5.04	5.18	5.28	5.32	5.50	6.21	6.95

a：根据教育统计数据估算所得。

b：其他是指政府部门所属的从事科技活动但难以归入研究机构的事业单位。

c："—"表示数据缺失。

资料来源：国家统计局、科学技术部《中国科技统计年鉴》2007—2018 年；国家统计局《中国统计年鉴》2007—2018 年；教育部发展规划司《中国教育统计年鉴》2006—2017 年。

附表1-2　国有企事业单位专业技术人员数（2000—2016年）　　　　单位：人

年份	合计	小计	工程技术	农业技术	科学研究	卫生技术	教学人员
2000	28874159	21650807	5551098	670105	274506	3371966	11783132
2001	28477431	21698037	5316327	674644	265554	3390233	12051279
2002	28344158	21860024	5289166	666998	262692	3402326	12238842
2003	27745585	21739699	4992867	683437	275496	3441109	12346790
2004	27504073	21783019	4807869	704576	282002	3532282	12456290
2005	27567260	21978684	4791227	705720	311166	3581181	12589390
2006	27739287	22298171	4893672	701930	326728	3612091	12763750
2007	28014657	22545110	5017747	701481	349208	3640554	12836120
2008	28635696	23098880	5176798	715774	368655	3888273	12949380
2009	28879635	23211769	5310622	714720	388150	3929037	12869240
2010	28157323	22697107	5415126	688651	339676	3840124	12413530
2011	29186650	23569312	5715561	714489	403853	4107373	12628036
2012	29774237	23874234	5950025	711841	416231	4144889	12651248
2013	30259517	24389488	6140240	733474	432018	4276401	12807355
2014	30611006	24675742	6341035	729434	438853	4294558	12871862
2015	30878358	24887415	6448210	722205	451096	4369822	12896082
2016	30940421	24926488	6494484	720627	462200	4372053	12877124

资料来源：国家统计局、科学技术部《中国科技统计年鉴》2001—2018年。

附表 1-3　部分国家（地区）的 R&D 人员（2017 年）

国家（地区）	R&D 人员（万人年）	万名就业人员 R&D 人员（人年/万人）	R&D 研究人员（万人年）	万名就业人员 R&D 研究人员（人年/万人）
美国*	—	—	137.1	89.3
中国大陆	403.4	52.0	174.0	22.4
日本	89.1	131.9	67.6	100.1
俄罗斯	77.8	107.9	41.1	56.9
德国	68.2	154.0	41.4	93.4
韩国	47.1	177.5	38.3	144.3
法国	43.5	155.8	28.9	103.4
英国	42.5	132.4	29.0	90.4
意大利	29.2	116.2	13.6	54.3
中国台湾	25.6	225.5	15.0	132.5
加拿大*	22.3	120.9	15.5	84.1
西班牙	21.6	110.7	13.3	68.4
土耳其	15.4	55.1	11.2	40.1
荷兰	13.8	152.1	8.5	93.8
波兰	12.1	74.6	9.6	59.3
瑞典	8.9	178.5	7.5	150.4
比利时	8.4	178.0	5.6	119.6
阿根廷*	7.9	44.1	5.4	30.0
奥地利*	7.5	172.7	4.5	103.6
捷克	7.0	130.8	3.9	73.5
丹麦	6.3	215.1	4.5	154.8
葡萄牙	5.4	112.6	4.4	92.3
芬兰	4.9	192.4	3.7	145.5
希腊	4.8	115.6	3.5	84.4
挪威	4.7	168.2	3.4	123.0
匈牙利	4.0	89.6	2.8	63.0
罗马尼亚	3.3	37.6	1.8	20.2
爱尔兰	2.9	139.6	2.0	92.8
斯洛伐克	1.9	80.1	1.5	64.2
斯洛文尼亚	1.5	146.3	0.9	92.4
立陶宛	1.1	84.9	0.9	64.2
爱沙尼亚	0.6	95.8	0.5	74.0
拉脱维亚	0.5	60.7	0.3	39.3
卢森堡	0.5	123.0	0.3	63.1
冰岛*	0.3	170.4	0.2	115.7

注：标*的国家为 2016 年数据，"—"表示数据缺失。

资料来源：国家统计局社会科技和文化产业统计司、科学技术部战略规划司《中国科技统计年鉴 2018》；OECD，Main Science and Technology Indicators，2018-2。

附表1-4 部分国家（地区）R&D人员按执行部门分布（2017年）　　单位：万人年

国家（地区）	合计	企业	高校	研究机构	其他
奥地利	7.8	5.4	1.8	0.5	0.1
比利时	8.4	4.9	2.6	0.8	0.1
中国大陆	403.4	312.0	38.2	40.6	12.6
中国台湾	25.6	19.7	3.2	2.6	0.1
捷克	7.0	4.0	1.6	1.4	0.0
丹麦	6.3	3.9	2.2	0.2	0.0
爱沙尼亚	0.6	0.2	0.3	0.1	0.0
芬兰	4.9	2.8	1.6	0.4	0.1
法国	43.5	25.9	11.9	4.9	0.8
德国	68.2	43.2	14.5	10.4	0.0
希腊	4.8	1.5	2.2	1.1	0.0
匈牙利	4.0	2.5	0.8	0.7	0.0
爱尔兰	2.9	1.8	1.1	0.1	0.0
意大利	29.2	16.6	8.1	3.8	0.6
日本	89.1	60.3	21.2	6.2	1.3
韩国	47.1	35.6	7.0	3.8	0.8
拉脱维亚	0.5	0.1	0.3	0.1	0.0
立陶宛	1.1	0.4	0.5	0.2	0.0
卢森堡	0.5	0.3	0.1	0.1	0.0
荷兰	13.8	9.0	3.3	1.5	0.0
挪威	4.7	2.4	1.6	0.7	0.0
波兰	12.1	6.7	5.1	0.3	0.0
葡萄牙	5.4	2.1	3.0	0.2	0.1
罗马尼亚	3.3	1.2	0.8	1.3	0.0
俄罗斯	77.8	38.9	10.2	28.4	0.4
斯洛伐克	1.9	0.6	0.9	0.4	0.0
斯洛文尼亚	1.5	1.0	0.2	0.2	0.0
西班牙	21.6	9.6	7.9	4.0	0.1
瑞典	8.9	6.1	2.3	0.5	0.0
土耳其	15.4	8.8	5.4	1.1	0.0
英国	42.5	21.6	18.8	1.4	0.7

资料来源：国家统计局社会科技和文化产业统计司、科学技术部战略规划司《中国科技统计年鉴2018》；OECD, Main Science and Technology Indicators，2018-2。

附表1-5 普通高等学校大学本科生和全国研究生（2005—2017年）　　　　单位：人

类别	年份												
	2005	2006	2007	2008	2009	2010	2011	2012	2013	2014	2015	2016	2017
本科生													
毕业总数	1465786	1726674	1995944	2256783	2455359	2587737	2796229	3038473	3199716	3413787	3585940	3743680	3841839
#理学	163076	194807	228090	251610	264494	268658	279101	294060	248790	255304	255632	257436	257768
工学	517225	575634	633744	704604	763635	813012	884542	964583	1058768	1132226	1180508	1226730	1247808
农学	35419	36740	43270	45649	46847	48442	51148	53789	58752	59796	60908	64499	66641
医学	96011	107210	122815	139105	152392	162401	168582	178085	192344	209748	223917	234751	261636
小计	811731	914391	1027919	1140968	1227368	1292513	1383373	1490517	1558654	1657074	1720965	1783416	1833853
招生总数	2363647	2530854	2820971	2970601	3261081	3512563	3566411	3740574	3814331	3834152	3894184	4054007	4107534
#理学	268061	279708	1462	312069	332874	344921	341487	344671	277254	273910	273744	281861	287868
工学	739668	798106	1194782	943738	1023678	1108832	1134270	1195234	1274915	1299865	1324652	1378558	1402970
农学	45674	47312	49802	53332	58940	62322	60835	63974	68658	70675	70091	72529	73352
医学	147726	155242	192273	175221	202892	219549	217290	228294	238919	240758	247158	270173	274537
小计	1201129	1280368	1438319	1484360	1618384	1735624	1753882	1832173	1859746	1885208	1915645	2003121	2038727
在校总数	8488188	9433395	10243030	11042207	11798511	12656132	13496577	14270888	14944353	15410653	15766848	16129535	16486320
#理学	959757	1041387	1100855	1152206	1201046	1251280	1287275	1314644	1076027	1073015	1077234	1085235	1103623
工学	2699776	2958802	3205516	3475740	3718959	3995779	4275808	4522917	4953334	5119977	5247875	5375655	5511445
农学	174783	188067	197269	204809	213986	226030	235342	244261	259837	269252	275293	279373	283963
医学	627249	688777	736800	778706	830050	883847	942912	1006410	1064363	1111699	1152058	1207311	1243628
小计	4461565	4877033	5240440	5611461	5964041	6356936	6741337	7088232	7353561	7573943	7752460	7947574	8142659
研究生													
毕业总数	189728	255902	311839	344825	371273	383600	429994	486455	513626	535863	551522	563938	578045
#理学	22028	29137	35266	39444	41822	43654	47731	50266	49992	49002	48856	51437	53133
工学	72941	94516	114621	123226	130514	128678	145303	168434	176436	184647	194859	196827	198548
农学	6038	8853	11297	12879	13425	14079	12845	16313	17464	19443	20288	21795	20770
医学	19405	26415	32453	37402	34629	35582	49039	56001	58550	61192	62602	65798	66869
小计	120412	158921	193637	212951	220390	221993	254918	291014	302442	314284	326605	335857	339320
招生总数	364831	397925	418612	446422	510953	538177	560168	589673	611381	621323	645055	667064	806103
#理学	45193	47749	51389	55526	59279	58388	57695	58124	60202	62014	63571	66199	70081
工学	131345	144841	146318	155484	158703	153704	195082	209244	217338	217500	227167	232624	282095
农学	13864	14841	15733	13259	14800	14874	20063	21080	23388	23383	24147	26957	34317
医学	38340	42200	44161	47412	44713	40067	60831	64868	66525	70466	75325	79341	86539
小计	228742	249631	257601	271681	277495	267033	333664	353316	367453	373363	390210	405121	473032
在学总数	978610	1104653	1195047	1283046	1404942	1538416	1645845	1719818	1793953	1847689	1911406	1981051	2639561
理学	120510	134729	146146	157404	168908	177570	181072	180330	183997	189830	196859	203901	216224
工学	369738	412273	436352	461951	474170	490374	587587	616173	648218	669703	689597	712357	1056897
农学	36061	41442	45285	44914	45325	45273	56119	58893	63778	66068	68212	71423	120119
医学	100343	115901	128471	140030	128205	128916	181129	188666	196621	204148	215232	227162	253719
小计	626652	704345	756254	804299	816608	842133	1005907	1044062	1092614	1129749	1169900	1214843	1646959

资料来源：教育部发展规划司《中国教育统计年鉴》2005—2017年。

附表1-6 出国留学人员与学成回国人员（1990—2017年）　　　　单位：万人

年份	出国留学人员	学成回国人员
1990	0.3	0.16
1991	0.29	0.21
1992	0.65	0.36
1993	1.07	0.51
1994	1.91	0.42
1995	2.04	0.58
1996	2.09	0.66
1997	2.24	0.71
1998	1.76	0.74
1999	2.37	0.77
2000	3.9	0.91
2001	8.4	1.22
2002	12.52	1.79
2003	11.73	2.02
2004	11.47	2.47
2005	11.85	3.5
2006	13.4	4.2
2007	14.4	4.4
2008	17.98	6.93
2009	22.93	10.83
2010	28.47	13.48
2011	33.97	18.62
2012	39.96	27.29
2013	41.39	35.35
2014	45.98	36.48
2015	52.37	40.91
2016	54.45	43.25
2017	60.84	48.09

资料来源：国家统计局《中国统计年鉴》1991—2018年。

附表 2-1　R&D 经费投入情况（2000—2017 年）

年份	R&D 经费（亿元）	GDP（亿元）	R&D 经费与 GDP 的比值（%）	R&D 经费（可比价，亿元）	R&D 经费增长率（%）
2000	895.7	100280.1	0.89	895.7	—
2001	1042.5	110863.1	0.94	1021.2	14.02
2002	1287.6	121717.4	1.06	1253.5	22.74
2003	1539.6	137422.0	1.12	1460.2	16.50
2004	1966.3	161840.2	1.21	1743.5	19.40
2005	2450.0	187318.9	1.31	2090.8	19.92
2006	3003.1	219438.5	1.37	2465.5	17.92
2007	3710.2	270092.3	1.37	2826.3	14.63
2008	4616.0	319244.6	1.45	3263.4	15.47
2009	5802.1	348517.7	1.66	4110.6	25.96
2010	7062.6	412119.3	1.71	4680.0	13.85
2011	8687.0	487940.2	1.78	5328.6	13.86
2012	10298.4	538580.0	1.91	6175.2	15.89
2013	11846.6	592963.2	2.00	6955.3	12.63
2014	13015.6	643563.1	2.02	7561.9	8.72
2015	14169.9	688858.2	2.06	8229.6	8.83
2016	15676.7	746395.1	2.10	8974.3	9.05
2017	17606.1	832035.9	2.12	9665.2	7.70

注：R&D 经费增长率按可比价计算，以 2000 年为基年。

资料来源：国家统计局数据库；国家统计局社会科技和文化产业统计司、科学技术部战略规划司《中国科技统计年鉴 2018》。

附表 2-2　R&D 经费按活动类型和执行部门分布（2000—2017 年）　　　　　单位：亿元

年份	R&D 经费	按活动类型分布			按执行部门分布			
		基础研究	应用研究	试验发展	研究机构	企业	高等学校	其他
2000	895.7	46.7	151.9	697.0	258.0	537.0	76.7	24.0
2001	1042.5	55.6	184.9	802.0	288.5	630.0	102.4	21.6
2002	1287.6	73.8	246.7	967.2	351.3	787.8	130.5	18.0
2003	1539.6	87.7	311.4	1140.5	399.0	960.2	162.3	18.1
2004	1966.3	117.2	400.5	1448.7	431.7	1314.0	200.9	19.7
2005	2450.0	131.2	433.5	1885.2	513.1	1673.8	242.3	20.8
2006	3003.1	155.8	489.0	2358.4	567.3	2134.5	276.8	24.5
2007	3710.2	174.5	492.9	3042.8	687.9	2681.9	314.7	25.7
2008	4616.0	220.8	575.2	3820.0	811.3	3381.7	390.2	32.9
2009	5802.1	270.3	730.8	4801.0	995.9	4248.6	468.2	89.4

续表

年份	R&D 经费	按活动类型分布			按执行部门分布			
		基础研究	应用研究	试验发展	研究机构	企业	高等学校	其他
2010	7062.6	324.5	893.8	5844.3	1186.4	5185.5	597.3	93.4
2011	8687.0	411.8	1028.4	7246.8	1306.7	6579.3	688.9	112.1
2012	10298.4	498.8	1162.0	8637.6	1548.9	7842.2	780.6	126.7
2013	11846.6	555.0	1269.1	10022.5	1781.4	9075.8	856.7	132.6
2014	13015.6	613.5	1398.5	11003.6	1926.2	10060.6	898.1	130.7
2015	14169.9	716.1	1528.6	11925.1	2136.5	10881.3	998.6	153.5
2016	15676.7	822.9	1610.5	13243.4	2260.2	12144.0	1072.2	200.4
2017	17606.1	975.5	1849.2	14781.4	2435.7	13660.2	1266.0	244.2

资料来源：国家统计局社会科技和文化产业统计司、科学技术部战略规划司《中国科技统计年鉴2018》。

附表 2-3 各执行部门的 R&D 经费结构（2017 年） 单位：亿元

R&D 经费内部支出		合计	企业	研究机构	高等学校	其他
		17606.1	13660.2	2435.7	1266.0	244.2
按活动类型分	基础研究	975.5	28.9	384.4	531.1	31.0
	应用研究	1849.2	438.3	699.4	623.1	88.5
	试验发展	14781.4	13193.0	1351.9	111.8	124.7
按费用类别分	人员劳务费	5262.7	4374.7	563.6	234.0	90.5
	其他日常性支出	10223.2	7958.6	1407.1	774.8	82.7
	仪器和设备费	1840.1	1302.0	288.6	191.7	57.8
	其他资产性支出	280.2	24.9	176.4	65.5	13.3
按资金来源分	政府资金	3487.4	469.7	2025.9	804.5	187.3
	企业资金	13464.9	12982.4	91.9	360.4	30.3
	国外资金	113.3	102.6	4.4	5.9	0.4
	其他资金	540.5	105.5	313.6	95.1	26.3

资料来源：国家统计局社会科技和文化产业统计司、科学技术部战略规划司《中国科技统计年鉴2018》。

附表 2-4　中央和地方财政科学技术支出及其占财政总支出的比重（2000—2017 年）

年份	A. 国家财政支出（亿元）			B. 国家财政科学技术支出（亿元）			B/A（%）		
	全国	中央	地方	全国	中央	地方	全国	中央	地方
2000	15886.5	5519.9	10366.7	575.6	349.6	226.0	3.62	6.33	2.18
2001	18902.6	5768.0	13134.6	703.3	444.3	258.9	3.72	7.70	1.97
2002	22053.2	6771.7	15281.5	816.2	511.2	305.0	3.70	7.55	2.00
2003	24650.0	7420.1	17229.9	944.6	609.9	335.6	3.83	8.22	1.95
2004	28486.9	7894.1	20592.8	1095.3	692.4	402.9	3.84	8.77	1.96
2005	33930.3	8776.0	25154.3	1334.9	807.8	527.1	3.93	9.20	2.10
2006	40422.7	9991.4	30431.3	1688.5	1009.7	678.8	4.18	10.11	2.23
2007	49781.4	11442.1	38339.3	2135.7	1044.1	1091.6	4.29	9.13	2.85
2008	62592.7	13344.2	49248.5	2611.0	1287.2	1323.8	4.17	9.65	2.69
2009	76299.9	15255.8	61044.1	3276.8	1653.3	1623.5	4.29	10.84	2.66
2010	89874.2	15989.7	73884.4	4196.7	2052.5	2144.2	4.67	12.84	2.90
2011	109247.8	16514.1	92733.7	4797.0	2343.3	2453.7	4.39	14.19	2.65
2012	125953.0	18764.6	107188.3	5600.1	2613.6	2986.5	4.45	13.93	2.79
2013	140212.1	20471.8	119740.3	6184.9	2728.5	3456.4	4.41	13.33	2.89
2014	151785.6	22570.1	129215.5	6454.5	2899.2	3555.4	4.25	12.85	2.75
2015	175877.8	25542.2	150335.6	7005.8	3012.1	3993.7	3.98	11.79	2.66
2016	187755.2	27403.9	160351.4	7760.7	3269.3	4491.4	4.13	11.93	2.80
2017	203085.5	29857.2	173228.3	8383.6	3421.4	4962.1	4.13	11.46	2.86

资料来源：国家统计局社会科技和文化产业统计司、科学技术部战略规划司《中国科技统计年鉴2018》；国家统计局《中国统计年鉴2018》。

附表 2-5　部分国家（地区）的 R&D 经费（2005—2017 年）　　　　　单位：亿美元

国家（地区）	2005	2006	2007	2008	2009	2010	2011	2012	2013	2014	2015	2016	2017
中国大陆	299.0	376.6	487.7	664.3	849.3	1043.2	1344.4	1631.5	1912.0	2118.6	2275.4	2359.4	2604.9
澳大利亚	—	164.0	—	237.4	—	283.6	327.0	—	323.1	—	234.2	—	—
奥地利	75.0	79.3	94.0	110.6	103.9	106.8	115.1	119.3	127.1	136.3	116.4	123.2	131.6
比利时	69.0	74.3	87.0	99.8	96.2	99.2	113.6	113.2	121.6	126.7	112.2	119.6	128.4
加拿大	231.3	256.3	279.6	288.2	263.6	295.2	320.4	324.1	315.0	309.2	263.5	259.2	262.1
智利	—	—	5.4	6.7	6.1	7.2	8.9	9.7	10.8	9.8	9.3	9.1	—
捷克	15.9	19.1	24.6	29.2	26.7	27.7	35.5	37.0	39.8	41.0	36.0	32.8	38.7
丹麦	63.3	68.0	80.3	98.0	98.1	93.9	101.3	97.5	102.1	102.9	92.5	97.3	100.8
爱沙尼亚	1.3	1.9	2.4	3.0	2.7	3.1	5.3	4.9	4.3	3.8	3.4	3.0	3.4
芬兰	68.1	72.3	85.4	100.6	94.3	92.3	99.6	87.8	88.7	86.4	67.3	65.6	69.6
法国	450.5	475.5	537.9	601.6	595.1	575.7	627.1	597.7	628.8	649.1	552.7	554.2	565.2
德国	693.2	737.4	841.5	974.6	931.8	927.3	1050.5	1016.5	1058.6	1117.7	984.6	1019.6	1116.2
希腊	14.3	15.3	18.4	23.5	20.6	17.9	19.3	17.2	19.5	19.8	18.9	19.4	22.9
匈牙利	10.4	11.3	13.4	15.5	14.8	14.9	16.7	16.2	18.8	19.0	16.8	15.2	18.8
冰岛	4.5	5.0	5.5	4.5	3.4	—	3.7	—	2.7	3.5	3.7	4.2	5.2
爱尔兰	25.2	27.8	33.3	38.2	38.0	35.4	37.1	35.1	37.4	38.8	34.7	35.1	34.8
以色列	57.7	63.8	79.1	93.8	85.7	92.1	105.0	107.0	119.4	129.5	127.9	140.3	160.6
意大利	194.0	211.1	249.5	278.2	266.8	259.9	275.4	263.4	278.6	289.0	245.2	256.3	263.2
日本	1512.7	1485.3	1507.9	1681.2	1690.5	1788.2	1998.0	1990.7	1709.1	1649.2	1440.5	1554.5	1561.3
韩国	235.9	286.4	336.8	313.0	297.0	379.3	450.2	492.2	541.6	605.3	583.1	598.1	697.0
拉脱维亚	0.9	1.4	1.7	2.1	1.2	1.5	2.0	1.9	1.9	2.2	1.7	1.2	1.6
立陶宛	2.0	2.4	3.2	3.8	3.1	2.9	3.9	3.8	4.4	5.0	4.3	3.6	4.2
卢森堡	5.9	7.1	8.1	9.1	8.6	8.0	8.8	7.2	8.0	8.4	7.3	7.6	7.8
墨西哥	35.0	36.0	44.9	52.3	46.5	56.4	60.4	58.5	63.5	69.7	61.3	52.4	—
荷兰	121.5	127.6	141.5	153.8	144.6	144.3	170.1	160.8	169.2	176.0	151.9	156.5	165.4
新西兰	12.9	—	15.9	—	15.2	—	20.7	—	22.0	—	21.8	—	—
挪威	45.8	50.3	62.7	71.9	66.6	70.7	81.1	82.6	86.4	85.5	74.7	75.4	84.3
波兰	17.2	19.0	24.1	32.0	29.1	34.5	39.4	44.1	45.6	51.3	47.9	45.5	54.5
葡萄牙	14.9	19.9	27.0	37.9	38.5	36.5	35.7	29.8	30.0	29.6	24.8	26.4	28.9
斯洛伐克	2.4	2.7	3.4	4.5	4.2	5.5	6.5	7.5	8.1	8.9	10.3	7.1	8.4
斯洛文尼亚	5.1	6.1	6.9	9.0	9.1	9.9	12.4	11.9	12.4	11.8	9.5	9.0	9.0
西班牙	126.8	148.2	182.6	215.3	202.6	193.2	197.2	172.1	172.8	170.1	146.1	146.7	158.4
瑞典	131.8	147.0	158.9	179.6	148.2	157.1	183.0	178.5	191.3	180.5	162.6	167.5	178.2
瑞士	—	—	—	150.5	—	—	—	212.9	—	—	229.2	—	—
土耳其	28.5	30.8	46.7	53.0	52.2	61.7	66.6	72.7	77.8	80.4	75.8	81.6	81.8
英国	394.2	426.9	500.2	471.4	402.9	407.3	438.7	426.6	451.4	503.5	483.2	447.3	438.9
美国	3281.3	3533.3	3803.2	4072.4	4064.1	4100.9	4297.9	4343.5	4548.2	4764.5	4951.0	5162.5	5432.5
阿根廷	8.4	10.6	13.3	17.2	19.7	24.1	30.2	37.1	38.2	33.6	39.9	29.6	—
罗马尼亚	4.1	5.6	8.9	11.8	7.7	7.6	9.1	8.3	7.4	7.6	8.7	9.1	10.7
俄罗斯	81.6	106.2	145.1	173.5	153.1	172.3	207.8	226.9	235.5	220.8	150.1	140.8	174.7
新加坡	27.5	31.5	42.1	50.4	41.5	47.6	59.2	58.0	60.5	67.3	—	—	—
南非	22.2	24.4	26.4	25.5	24.7	27.7	30.6	29.1	26.6	27.0	25.3	24.3	—
中国台湾	87.4	94.4	101.0	111.6	111.4	125.4	141.3	146.9	154.4	159.9	160.9	168.2	189.5

注："—"表示数据缺失。

资料来源：OECD, Main Science and Technology Indicators 2018-2; South Africa, National Survey of Research and Experimental Development Statistical Report 2016/2017。

附表2-6 部分国家（地区）的国内（地区）生产总值（2005—2017年）　　　　　　单位：亿美元

国家（地区）	2005	2006	2007	2008	2009	2010	2011	2012	2013	2014	2015	2016	2017
中国大陆	22860	27521	35503	45943	51017	60872	75515	85322	95705	104756	110616	112333	123105
澳大利亚	7609	8182	9851	10570	10148	12995	15467	15907	15432	14643	12489	13117	14161
奥地利	3160	3360	3887	4303	4001	3919	4311	4094	4301	4420	3818	3941	4168
比利时	3874	4098	4718	5186	4845	4835	5270	4979	5209	5308	4558	4697	4948
加拿大	11694	13155	14650	15491	13712	16135	17886	18243	18426	17993	15525	15270	16471
智利	1230	1548	1736	1796	1724	2185	2523	2671	2784	2606	2440	2500	2771
捷克	1363	1555	1892	2357	2062	2075	2279	2074	2094	2078	1868	1951	2159
丹麦	2645	2829	3194	3534	3212	3220	3440	3271	3436	3530	3027	3120	3299
爱沙尼亚	140	170	222	242	197	195	232	230	251	266	229	240	266
芬兰	2044	2165	2554	2838	2515	2478	2737	2567	2700	2726	2329	2390	2523
法国	21961	23185	26571	29185	26901	26426	28614	26838	28111	28522	24382	24651	25825
德国	28613	30023	34398	37525	34178	34171	37577	35440	37525	38987	33814	34952	36932
希腊	2478	2733	3185	3545	3300	2994	2878	2457	2399	2370	1966	1952	2031
匈牙利	1130	1153	1399	1580	1306	1309	1408	1279	1352	1401	1231	1260	1398
冰岛	168	172	215	179	132	137	152	147	160	178	173	207	245
爱尔兰	2116	2321	2699	2750	2363	2221	2379	2251	2389	2591	2911	3022	3314
以色列	1424	1540	1787	2160	2074	2337	2617	2574	2929	3100	3005	3194	3533
意大利	18526	19425	22029	23908	21850	21251	22763	20728	21305	21517	18323	18691	19438
日本	47554	45304	45153	50379	52314	57001	61575	62032	51557	48504	43950	49493	48724
韩国	8981	10118	11227	10022	9019	10945	12025	12228	13056	14113	13828	14148	15308
拉脱维亚	169	214	309	356	262	238	285	281	303	313	270	277	305
立陶宛	261	302	397	479	374	371	435	429	464	486	415	430	475
卢森堡	373	424	509	559	514	532	600	567	617	661	572	590	623
墨西哥	8775	9754	10527	11100	9000	10578	11805	12011	12744	13146	11706	10778	11582
荷兰	6851	7333	8474	9480	8680	8466	9041	8390	8769	8910	7653	7835	8306
新西兰	1147	1116	1373	1333	1213	1466	1685	1762	1908	2010	1776	1893	2041
挪威	3087	3454	4011	4626	3866	4291	4988	5102	5235	4993	3867	3713	3995
波兰	3061	3448	4291	5338	4398	4793	5288	5004	5242	5454	4776	4720	5262
葡萄牙	1973	2086	2402	2620	2437	2383	2449	2164	2261	2296	1994	2063	2193
斯洛伐克	490	571	769	966	889	895	982	934	985	1009	878	898	956
斯洛文尼亚	363	396	481	556	502	480	513	464	481	499	431	447	488
西班牙	11572	12645	14793	16351	14990	14316	14881	13360	13619	13769	11991	12375	13143
瑞典	3895	4205	4884	5146	4301	4889	5638	5445	5794	5744	4981	5122	5356
瑞士	4087	4309	4799	5544	5415	5838	6996	6680	6885	7092	6798	6702	6790
土耳其	5014	5525	6758	7643	6447	7719	8325	8740	9506	9342	8598	8637	8515
英国	25250	26972	30843	29042	23947	24529	26349	26766	27536	30347	28964	26592	26379
美国	130366	138146	144519	147128	144489	149921	155426	161970	167849	175217	182193	187072	194854
阿根廷	2006	2344	2898	3656	3364	4265	5302	5814	6133	5671	6449	5549	6375
罗马尼亚	997	1235	1759	2136	1726	1662	1834	1712	1909	1996	1779	1885	2114
俄罗斯	8229	10663	13999	17889	13169	16425	20517	22103	22971	20637	13659	12832	15756
新加坡	1274	1478	1800	1922	1924	2364	2760	2907	3045	3116	3041	3098	3239
南非	2578	2716	2994	2868	2959	3753	4164	3963	3666	3506	3175	2957	3489
中国台湾	3759	3886	4082	4173	3922	4462	4858	4959	5116	5306	5258	5307	5727

资料来源：国家统计局数据库；OECD，Main Science and Technology Indicators 2018-2。

附表 2-7　部分国家（地区）R&D 经费投入强度（2005—2017 年）　　　　　　单位：%

国家（地区）	2005	2006	2007	2008	2009	2010	2011	2012	2013	2014	2015	2016	2017
中国大陆	1.31	1.37	1.37	1.45	1.66	1.71	1.78	1.91	2.00	2.02	2.06	2.10	2.12
澳大利亚	—	2.00	—	2.25	—	2.18	2.11	—	2.09	—	1.88	—	—
奥地利	2.37	2.36	2.42	2.57	2.60	2.73	2.67	2.91	2.95	3.08	3.05	3.13	3.16
比利时	1.78	1.81	1.84	1.92	1.99	2.05	2.16	2.27	2.33	2.39	2.46	2.55	2.60
加拿大	1.98	1.95	1.91	1.86	1.92	1.83	1.79	1.78	1.71	1.72	1.70	1.70	1.59
智利	—	—	0.31	0.37	0.35	0.33	0.35	0.36	0.39	0.37	0.38	0.36	—
捷克	1.17	1.23	1.30	1.24	1.29	1.34	1.56	1.78	1.90	1.97	1.93	1.68	1.79
丹麦	2.39	2.40	2.52	2.77	3.06	2.92	2.94	2.98	2.97	2.91	3.05	3.12	3.06
爱沙尼亚	0.92	1.12	1.07	1.26	1.40	1.58	2.31	2.12	1.72	1.43	1.47	1.25	1.29
芬兰	3.33	3.34	3.35	3.55	3.75	3.73	3.64	3.42	3.29	3.17	2.89	2.74	2.76
法国	2.05	2.05	2.02	2.06	2.21	2.18	2.19	2.23	2.24	2.28	2.27	2.25	2.19
德国	2.42	2.46	2.45	2.60	2.73	2.71	2.80	2.87	2.82	2.87	2.91	2.92	3.02
希腊	0.58	0.56	0.58	0.66	0.63	0.60	0.67	0.70	0.81	0.83	0.96	0.99	1.13
匈牙利	0.92	0.98	0.96	0.98	1.13	1.14	1.19	1.26	1.39	1.35	1.36	1.20	1.35
冰岛	2.69	2.89	2.55	2.49	2.60	—	2.41	—	1.70	1.95	2.12	2.03	2.13
爱尔兰	1.19	1.20	1.23	1.39	1.61	1.59	1.56	1.56	1.56	1.50	1.19	1.16	1.05
以色列	4.05	4.14	4.43	4.35	4.13	3.94	4.01	4.16	4.07	4.18	4.26	4.39	4.54
意大利	1.05	1.09	1.13	1.16	1.22	1.22	1.21	1.27	1.31	1.34	1.34	1.37	1.35
日本	3.18	3.28	3.34	3.34	3.23	3.14	3.24	3.21	3.31	3.40	3.28	3.14	3.20
韩国	2.63	2.83	3.00	3.12	3.29	3.47	3.74	4.03	4.15	4.29	4.22	4.23	4.55
拉脱维亚	0.53	0.65	0.55	0.58	0.45	0.61	0.70	0.66	0.61	0.69	0.63	0.44	0.51
立陶宛	0.75	0.79	0.80	0.79	0.83	0.78	0.90	0.89	0.95	1.03	1.04	0.84	0.88
卢森堡	1.57	1.67	1.59	1.62	1.68	1.50	1.46	1.27	1.30	1.26	1.28	1.30	1.26
墨西哥	0.40	0.37	0.43	0.47	0.52	0.53	0.51	0.49	0.50	0.53	0.52	0.49	—
荷兰	1.77	1.74	1.67	1.62	1.67	1.70	1.88	1.92	1.93	1.98	1.98	2.00	1.99
新西兰	1.12	—	1.16	—	1.25	—	1.23	—	1.15	—	1.23	—	—
挪威	1.48	1.46	1.56	1.55	1.72	1.65	1.63	1.62	1.65	1.71	1.93	2.03	2.11
波兰	0.56	0.55	0.56	0.60	0.66	0.72	0.75	0.88	0.87	0.94	1.00	0.96	1.03
葡萄牙	0.76	0.95	1.12	1.45	1.58	1.53	1.46	1.38	1.33	1.29	1.24	1.28	1.32
斯洛伐克	0.49	0.48	0.45	0.46	0.47	0.62	0.66	0.80	0.82	0.88	1.17	0.79	0.88
斯洛文尼亚	1.41	1.53	1.42	1.63	1.82	2.06	2.42	2.57	2.58	2.37	2.20	2.01	1.85
西班牙	1.10	1.17	1.23	1.32	1.35	1.35	1.33	1.29	1.27	1.24	1.22	1.19	1.20
瑞典	3.38	3.50	3.25	3.49	3.45	3.21	3.25	3.28	3.30	3.14	3.26	3.27	3.33
瑞士	—	—	—	2.71	—	—	—	3.19	—	—	3.37	—	—
土耳其	0.57	0.56	0.69	0.69	0.81	0.80	0.80	0.83	0.82	0.86	0.88	0.94	0.96
英国	1.56	1.58	1.62	1.62	1.68	1.66	1.66	1.59	1.64	1.66	1.67	1.68	1.66
美国	2.52	2.56	2.63	2.77	2.81	2.74	2.77	2.68	2.71	2.72	2.72	2.76	2.79
阿根廷	0.42	0.45	0.46	0.47	0.59	0.56	0.57	0.64	0.62	0.59	0.62	0.53	—
罗马尼亚	0.41	0.45	0.51	0.55	0.45	0.46	0.50	0.48	0.39	0.38	0.49	0.48	0.50
俄罗斯	0.99	1.00	1.04	0.97	1.16	1.05	1.01	1.03	1.03	1.07	1.10	1.10	1.11
新加坡	2.16	2.13	2.34	2.62	2.16	2.01	2.15	1.99	1.99	2.16	—	—	—
南非	0.86	0.90	0.88	0.89	0.84	0.74	0.73	0.73	0.72	0.77	0.80	0.82	—
中国台湾	2.32	2.43	2.47	2.68	2.84	2.81	2.91	2.96	3.02	3.01	3.06	3.17	3.31

注："—"表示数据缺失。

资料来源：国家统计局数据库；OECD，Main Science and Technology Indicators 2018-2；South Africa，National Survey of Research and Experimental Development Statistical Report 2016/2017。

附表 2-8　部分国家（地区）R&D 经费来源和执行部门分布（2017 年）

国家（地区）	R&D 经费（亿美元）	经费来源（%）				执行部门（%）			
		企业	政府	其他	国外	企业	高等学校	研究机构	其他
中国大陆	2604.9	76.5	19.8	3.1	0.6	77.6	7.2	15.2	0.00
奥地利	131.6	54.0	29.5	0.6	16.0	70.2	22.2	7.1	0.49
比利时	128.4	—	—	—	—	67.7	20.8	11.0	0.51
加拿大	262.1	40.9	31.9	16.3	10.9	51.8	41.1	6.8	0.40
捷克	38.7	39.3	34.6	1.1	25.0	62.9	19.6	17.2	0.28
丹麦	100.8	58.3	28.6	4.8	8.3	64.4	33.0	2.2	0.35
爱沙尼亚	3.4	—	—	—	—	47.2	39.6	11.8	1.41
芬兰	69.6					65.3	25.4	8.5	0.82
法国	565.2					65.0	20.7	12.7	1.65
德国	1116.2	—	—	—	—	69.3	17.3	13.4	0.00
希腊	22.9	44.8	38.0	2.6	14.6	48.7	28.4	22.0	0.81
匈牙利	18.8					73.1	13.3	12.6	0.00
冰岛	5.2	40.3	34.0	1.3	24.3	64.7	31.2	4.1	0.00
爱尔兰	34.8					70.7	24.7	4.6	0.00
以色列	160.6					86.1	11.4	1.6	0.95
意大利	263.2	—	—	—	—	61.4	24.2	12.7	1.69
日本	1561.3	78.3	15.0	6.1	0.6	78.8	12.0	7.8	1.38
韩国	697.0	76.2	21.6	0.9	1.3	79.4	8.5	10.7	1.41
拉脱维亚	1.6	—	—	—	—	27.2	46.7	26.1	0.00
立陶宛	4.2					35.6	36.0	28.5	0.00
卢森堡	7.8					54.0	19.7	26.3	0.00
荷兰	165.4					58.8	29.8	11.4	0.00
挪威	84.3					53.1	33.3	13.6	0.00
波兰	54.5					64.5	32.9	2.3	0.35
葡萄牙	28.9					50.5	42.6	5.3	1.57
斯洛伐克	8.4					54.1	24.7	20.8	0.41
斯洛文尼亚	9.0					74.7	11.2	13.8	0.27
西班牙	158.4					54.9	27.1	17.8	0.21
瑞典	178.2					70.6	25.7	3.7	0.00
土耳其	81.8	49.4	33.6	13.5	3.5	56.9	33.5	9.6	0.00
英国	438.9	—	—	—	—	67.6	23.7	6.5	2.19
美国	5432.5	63.6	22.8	7.5	6.2	73.1	13.0	9.7	4.14
罗马尼亚	10.7	—	—	—	—	56.7	10.6	32.4	0.29
俄罗斯	174.7	30.2	66.2	1.0	2.6	60.1	9.0	30.4	0.41
中国台湾	189.5	79.0	20.0	0.9	0.1	78.7	8.9	12.1	0.24

注："—"表示数据缺失。

资料来源：OECD，Main Science and Technology Indicators 2018-2。

附表 2-9　部分国家（地区）的 R&D 经费按活动类型分布　　　　单位：%

国家（地区）	年份	基础研究	应用研究	试验发展
中国大陆	2017	5.5	10.5	84.0
奥地利	2015	17.9	35.1	47.0
比利时	2015	15.6	45.4	39.0
智利	2016	33.0	40.9	26.1
捷克	2017	27.2	39.1	33.8
丹麦	2015	19.1	36.9	43.9
爱沙尼亚	2016	27.6	20.7	51.7
法国	2015	24.5	39.1	36.4
希腊	2015	35.9	39.1	25.0
匈牙利	2016	18.6	28.5	52.9
冰岛	2017	20.9	47.4	31.6
爱尔兰	2015	16.9	37.2	45.9
以色列	2017	11.3	11.0	77.7
意大利	2016	23.2	43.3	33.4
日本	2017	13.7	19.5	66.8
韩国	2017	14.5	22.0	63.6
拉脱维亚	2016	30.3	45.2	24.5
立陶宛	2016	26.2	46.6	27.2
卢森堡	2015	38.0	46.7	15.2
墨西哥	2016	28.2	30.1	41.7
荷兰	2016	26.5	43.7	29.8
新西兰	2015	23.1	42.3	34.6
挪威	2015	18.5	38.1	43.4
波兰	2016	30.1	15.7	54.1
葡萄牙	2016	22.8	37.7	39.5
斯洛伐克	2016	40.4	23.7	35.9
斯洛文尼亚	2016	17.2	55.1	27.7
西班牙	2016	21.6	41.1	37.3
瑞士	2015	38.2	28.5	33.3
英国	2016	18.1	44.0	37.9
美国	2017	17.0	20.4	62.6
阿根廷	2016	28.9	42.3	28.7
罗马尼亚	2016	24.8	54.0	21.1
俄罗斯	2016	15.2	20.7	64.1
新加坡	2014	19.7	32.1	48.3
南非	2015	25.4	47.5	27.1
中国台湾	2017	7.8	22.9	69.2

资料来源：OECD，Research and Development Statistics 2018。

附表 2-10　部分国家 R&D 经费按支出类别分布　　　　　　　　　　单位：%

国家	年份	人员劳务费	其他日常性支出	仪器设备购置费	其他资产性支出
中国	2017	29.89	58.07	10.45	1.59
日本	2016	39.04	50.94	6.83	3.19
韩国	2016	42.12	48.96	6.71	2.20
挪威	2016	60.79	32.82	4.19	2.19
西班牙	2016	63.18	30.23	4.07	2.52
俄罗斯	2016	53.85	38.73	3.97	3.46
奥地利	2015	49.59	43.56	5.54	1.30
比利时	2015	56.50	35.02	5.56	2.91
荷兰	2015	67.87	24.41	3.24	4.48
英国	2015	44.71	45.18	—	—
意大利	2015	67.85	23.29	—	—
法国	2014	61.16	27.80	6.56	4.47

注："—"表示数据缺失。

资料来源：国家统计局社会科技和文化产业统计司、科学技术部战略规划司《中国科技统计年鉴 2018》；OECD，R&D Statistics 2018。

附表 2-11　国家自然科学基金资助项目经费按项目类型分布（2005—2017 年）　　　单位：亿元

年份	2005	2006	2007	2008	2009	2010	2011	2012	2013	2014	2015	2016	2017
总计	35.2	41.1	49.7	63.1	70.5	96.5	182.7	236.6	235.2	250.6	258.4	268.0	298.7
面上项目	22.6	26.9	22.7	28.9	33.1	45.2	89.9	124.8	120.0	119.3	122.0	121.2	127.3
重点项目	5.1	4.4	6.4	7.8	7.2	9.6	14.3	15.7	16.6	20.5	21.2	20.4	23.6
重大项目	0.7			1.7	1.1	1.6	2.3	3.2	3.9	3.9	3.8	4.2	7.8
重大研究计划项目	0.5	0.8	2.3	2.5	3.3	4.9	6.2	7.1	7.3	8.3	8.3	8.4	9.9
联合基金项目		0.9	1.6	1.7	1.8	1.7	3.7	4.8	5.1	7.3	10.0	13.3	14.6
国家杰出青年科学基金项目	1.7	3.3	3.5	3.5	3.5	3.9	3.9	3.9	3.9	7.8	7.8	7.8	7.8
优秀青年科学基金项目								4.0	4.0	4.0	6.0	6.0	6.0
青年科学基金项目			6.2	9.4	12.0	16.5	31.2	33.8	37.0	39.9	38.0	37.1	47.6
地区科学基金项目			1.0	1.7	2.2	3.4	10.0	12.0	12.0	13.1	13.1	13.0	13.1
海外及港澳学者合作研究基金项目	0.3	0.3	0.3	0.2	0.2	0.2	0.6	0.7	0.6	0.6	0.6	0.7
创新研究群体项目	0.8	1.1	2.5	2.6	2.6	3.5	3.8	3.7	4.0	6.8	6.9	6.8	5.0
国家重大科研仪器设备研制项目								10.9	9.1	10.0	9.8	9.4	10.5
应急管理项目										2.7	2.7	3.5	4.0
数学天元基金										0.3	0.3	0.3	0.3
国际（地区）合作研究项目										5.3	7.1	9.4	11.2
外国青年学者研究基金项目										0.2	0.3	0.4	0.5
国际（地区）合作与交流	0.9	1.2	1.3	1.4	1.7	2.9	4.8	5.8	6.4	0.6	0.5	0.8	0.7
基础科学中心项目												5.7	8.2

注：青年科学基金项目和地区科学基金项目自 2007 年开始从原面上项目中分出。

资料来源：国家统计局社会科技和文化产业统计司、科学技术部战略规划司《中国科技统计年鉴 2018》。

附表 2-12　国家自然科学基金资助项目经费按部门分布（2017 年）　　单位：万元

项目	合计	高等学校	#教育部所属院校	研究机构	#中国科学院	其他
总计	2986659	2357693	1292211	591608	404866	37358
面上项目	1272818	1047355	580601	211409	136725	14054
重点项目	236141	183971	127745	50738	40987	1432
重大项目	77678	58646	43312	18787	16397	245
重大研究计划项目	99292	70962	50397	28258	22875	72
国际（地区）合作研究项目	112447	84505	57118	25795	20952	2147
青年科学基金项目	476326	385510	153324	82820	40949	7996
地区科学基金项目	130694	118074		8042		4579
优秀青年科学基金项目	59850	48300	33750	11550	9300	
国家杰出青年科学基金项目	77640	56560	45080	21080	18280	
创新研究群体项目	49920	36720	30480	11400	11400	1800
海外及港澳学者合作研究基金项目	6800	5400	3840	1360	1100	40
国家重大科研仪器研制项目	104531	74804	43605	28831	27224	895
联合基金项目	146034	111388	61606	33920	25641	726
国际（地区）合作交流项目	7246	3358	2503	1030	884	2858
应急管理项目	39510	25617	14688	13427	10808	466
外国青年学者研究基金项目	5313	3851	2256	1414	1083	48
数学天元基金	2500	2412	1647	88	50	
基础科学中心项目	81919	40260	40260	41660	20213	

资料来源：国家统计局社会科技和文化产业统计司、科学技术部战略规划司《中国科技统计年鉴 2018》。

附表 3-1 国内科技论文按学科及机构类型的分布（2005—2017 年） 单位：篇

项目	年份												
	2005	2006	2007	2008	2009	2010	2011	2012	2013	2014	2015	2016	2017
总计	355070	404858	463122	472020	521327	530635	530087	523589	516883	497849	493530	494207	472120
按学科分布													
基础学科	58573	61446	59021	61700	68895	60006	59045	52800	60464	53522	50870	51975	46599
医药卫生	139884	163121	193499	192635	220682	233426	235699	219273	213446	198619	207630	207629	192959
农林牧渔	24304	28053	30668	50135	47070	42254	34609	34777	31817	32541	34727	33126	33154
工业技术	127234	143388	160776	166207	172470	179741	180592	198346	192551	182694	182422	180374	178201
其他	5075	8850	19158	1343	12210	15208	20142	18393	18605	30473	17881	21103	21207
按机构类型分布													
高等学校	234609	243485	305788	317884	340630	343027	335907	337213	330605	320530	319447	319647	311860
研究机构	38101	42354	47189	49906	56099	57022	58160	55656	60149	57600	56705	56447	57065
企业	14034	13269	14785	15895	18186	19925	21164	33389	24968	23489	22058	22715	22848
医疗机构	52331	91283	76328	71353	86539	89372	91793	78655	78387	74269	74878	75413	62720
其他	15995	14467	19032	16982	19873	21289	23063	18676	22774	21961	20442	19985	17627

资料来源：中国科学技术信息研究所《中国科技论文统计与分析》2005—2017 年。

附表 3-2　国内科技论文按学科分布（2005—2017 年）　　　　　　　　　单位：篇

学科	2005	2006	2007	2008	2009	2010	2011	2012	2013	2014	2015	2016	2017
数学	6858	7581	7602	10004	7608	6894	7354	5276	6525	5889	5423	5664	4688
力学	1369	2290	1503	1394	3773	4191	2297	1980	2080	1982	1913	1886	1922
信息、系统科学	7262	4381	896	337	3800	2467	2450	2273	498	436	392	332	355
物理学	6801	6938	7496	8115	11741	7601	6686	6062	7730	5539	5590	5460	4941
化学	12027	13790	13469	13953	12275	11081	12088	10704	11846	11003	10398	9823	8643
天文学	294	331	432	450	470	1099	365	340	384	334	363	525	403
地学	9714	11406	11468	11505	14617	12898	12879	13230	16396	13975	13738	14068	14142
生物学	14248	14729	16155	15942	14611	13775	14926	12935	15005	14364	13053	14217	11505
预防医学与卫生学	11010	11627	15381	15748	17393	16826	20075	17272	18787	17039	16806	16100	14306
基础医学	14398	14820	22106	17568	20195	22753	19018	17391	19353	18414	17008	17311	13027
药学	9683	12863	15871	16683	18576	21671	15848	13377	14651	12633	12944	13361	12773
临床医学	93906	110463	123312	124153	141968	136951	152601	141220	137417	127263	137848	136606	128524
中医学	9372	11570	15122	16256	20053	33103	24620	24942	20232	20300	20617	21727	22159
军事医学与特种医学	1515	1778	1707	2227	2497	2122	3537	5071	3006	2970	2407	2524	2170
农学	17165	20159	21106	39153	37050	30859	22239	21836	19990	20392	22002	21203	21193
林学	2124	2344	2968	3364	3605	3784	3854	4176	4043	4068	4170	3663	3796
畜牧、兽医科学	3979	4395	5357	6140	5150	5779	6693	6812	5903	6184	6528	6391	6356
水产学	1036	1155	1237	1478	1265	1832	1823	1953	1881	1897	2027	1869	1809
测绘科学技术	1514	1720	1675	1848	2260	1778	3028	4190	3568	3026	2953	3077	2993
材料科学	2533	2358	7305	3030	9788	7009	7311	16262	6585	6225	6164	5934	5887
工程与技术基础学科	1878	2220	1271	2907	1259	2658	3971	459	3683	3788	3530	3259	3797
矿山工程技术	3449	2487	2575	2553	5549	5472	4792	4802	5470	6369	6631	6781	6433
能源科学技术	5951	6366	6051	5672	8080	5966	5488	5925	6138	6045	6070	5985	5323
冶金、金属学	11137	12349	9238	13656	7394	12881	11923	11460	13248	13031	13734	13269	12978
机械、仪表	7332	7437	10255	7509	11624	9808	11284	12065	12066	11905	11338	10847	10903
动力与电气	8808	9551	3373	3340	9557	12292	10453	15611	4150	4026	3883	3800	3610
核科学技术	741	752	842	861	619	1511	993	1133	1207	1226	1229	1133	1160
电子、通信与自动控制	21428	23377	31239	33327	23793	20187	18351	27871	29305	25666	25611	25108	26058
计算技术	15737	22415	28078	29053	30593	32618	35309	27025	34666	31836	31511	29799	28325
化工	12185	12663	12717	13248	14751	16350	13481	13820	13215	13187	13394	12528	12426
轻工、纺织	2516	2588	5875	2587	4423	3848	2331	2281	8760	2070	2061	2308	2210
食品	3317	4006	1724	5709	3752	5957	7485	8923	369	8925	9222	9631	9120
土木建筑	10436	11084	12399	12472	11760	14353	13255	14312	14181	12358	11712	11860	12014
水利	2587	2543	2986	3078	3115	2787	3157	3515	3240	3053	3035	3440	3225
交通运输	5864	7228	8139	9222	10261	9638	10011	10567	11931	10880	10379	10153	10617
航空航天	2042	2729	3638	4090	4281	4351	4618	4354	5524	5227	5424	5367	5251
安全科学技术	365	560	803	422	137	38	104	1220	104	181	208	233	228
环境科学	7414	8955	10593	11623	9474	10239	13247	11587	14021	13670	14333	14922	14728
管理学	2003	2915	3083	192	1136	3928	1588	964	1120	1108	1070	940	915
其他	3072	5935	16075	1151	11074	11280	18554	18393	18605	29365	16811	21103	21207

资料来源：中国科学技术信息研究所《中国科技论文统计与分析》2005—2017 年。

附表 3-3　国内科技论文按地区分布（2005—2017 年）　　　　　　　　　　单位：篇

地区	2005	2006	2007	2008	2009	2010	2011	2012	2013	2014	2015	2016	2017
北京	48532	54477	59374	61024	65951	68585	68281	68750	67557	66999	66096	66620	64986
天津	9466	10906	12332	11509	12472	12822	12879	13679	13775	13546	13612	13296	13364
河北	8847	11901	14589	15468	17970	18128	18622	16674	17341	17671	18881	18476	16491
山西	4276	5163	6034	6293	6757	7829	7735	7399	7149	7910	7642	7933	7950
内蒙古	1673	1989	2822	2887	3214	3303	3497	3832	3829	4287	4772	4918	4524
辽宁	14858	16839	19126	19285	20801	20235	20430	20215	19514	19291	20078	19955	18802
吉林	6581	7661	8463	8630	8987	9296	9248	8814	8498	8704	8677	8520	8012
黑龙江	9388	10302	12253	13604	14553	14228	13601	13029	12579	11345	11381	11486	10840
上海	25058	27116	29140	30611	32733	33015	31803	32473	31210	29708	28980	29534	28911
江苏	28486	34043	38986	41216	47441	48531	49769	49445	48616	46555	44718	44201	42452
浙江	17331	19233	24526	23554	25638	26869	26237	24412	24494	23063	21565	19445	18302
安徽	8167	9740	11691	12119	13699	13566	14154	13962	13493	12863	12933	12447	11751
福建	6246	7368	8214	8093	9075	9274	9622	9578	9000	8949	8740	8745	8452
江西	3811	5074	5778	6058	6811	6985	6836	7043	6648	6621	6730	6817	6614
山东	19847	21846	25037	24520	26941	25691	24663	24432	23360	22367	22176	22045	21209
河南	13303	15209	18098	19884	21188	20436	21119	19568	18843	18148	17604	17945	18008
湖北	22034	24457	26768	23958	25268	25141	25139	25102	24623	23855	25236	25956	25188
湖南	13489	15908	19442	19263	21042	20591	18678	16991	15536	14447	14164	14036	13080
广东	28296	31150	31049	31010	35773	37795	36271	36044	33787	31481	29751	28382	27216
广西	4163	5115	6755	8013	9982	10576	10380	10494	10232	9296	8853	8416	8069
海南	589	1107	1722	2121	2726	2816	2946	2871	2951	3037	3282	3426	3147
重庆	9085	10385	11867	12603	13737	13818	13860	13852	13537	12640	12463	12081	11257
四川	14798	16557	19311	20288	22568	22031	21537	22102	23214	22897	22772	23388	22160
贵州	2614	3008	3849	4442	4946	5044	5501	5849	5479	5355	5893	6377	6169
云南	4038	4715	5617	6171	7101	7515	7828	8233	7860	7559	7840	8015	8024
西藏	111	138	126	183	190	225	246	219	263	230	258	303	321
陕西	19382	21704	24783	25108	26403	26670	27165	27822	28257	26452	27247	29390	27662
甘肃	5054	5475	6468	6735	7856	8631	8669	8689	8792	8738	8399	8120	7695
青海	635	874	1132	1085	1240	1198	1283	1299	1259	1249	1304	1463	1551
宁夏	560	827	1068	1154	1365	1862	2065	1985	1998	2041	2052	2124	1979
新疆	2742	3121	4368	4783	5688	6632	7038	7491	7424	8077	8178	8698	7878
地区不详	1610	1450	2334	348	1211	1297	2985	1241	5765	2468	1253	1649	56

资料来源：中国科学技术信息研究所《中国科技论文统计与分析》2005—2017 年。

附表 3-4　SCI 收录的中国科技论文（2005—2017 年）

年份	论文数（篇）	占 SCI 总收录的比重（%）	位次
2005	68226	5.25	5
2006	71184	5.87	5
2007	89147	7.03	5
2008	116677	8.12	4
2009	127532	8.84	2
2010	143769	10.12	2
2011	165818	11.08	2
2012	192761	12.08	2
2013	232070	13.47	2
2014	264522	14.98	2
2015	296847	16.34	2
2016	324189	17.09	2
2017	361257	18.64	2

注：SCI 为美国《科学引文索引》的缩写。2002—2007 年为中国内地作者，即不包括港澳作者发表的论文，其他年份包括港澳作者发表的论文数。

资料来源：中国科学技术信息研究所《中国科技论文统计与分析》2005—2017 年。

附表 3-5　SCI 收录的中国科技论文按学科及机构类型的分布（2005—2017 年）　　单位：篇

项目	2005	2006	2007	2008	2009	2010	2011	2012	2013	2014	2015	2016	2017
总计	63150	71351	79669	95506	108806	121530	136445	158615	192697	235139	265469	290647	323878
按学科分布													
基础学科	39022	44198	50829	57325	66760	74111	71061	85084	101516	114672	125530	133970	143797
医药卫生	5515	5641	8472	13055	13960	15501	22102	27987	34823	52042	60449	64761	69990
农林牧渔	1109	1408	1396	2221	2175	3040	4111	4047	4612	4780	6282	7135	7972
工业技术	17425	19675	18743	22533	25541	28600	38699	41450	51525	62674	72249	84597	101773
其他	79	429	229	372	370	278	472	47	221	971	959	184	346
按机构类型分布													
高等学校	49438	57286	64381	78079	89780	100772	113481	131356	161344	195093	219957	241406	273337
研究机构	12632	13406	14284	15924	17169	18941	20685	23739	23734	29620	29749	30959	32370
企业	203	134	208	359	359	342	433	633	692	665	744	889	1149
医疗机构	458	406	702	1046	1373	1340	1687	2707	3588	8020	8973	8535	11208
其他	419	119	94	98	125	135	159	180	3339	1741	6046	8858	5814

注：SCI 收录的中国内地论文的学科和机构分布，只统计中国作者为第一作者发表的论文数。

资料来源：中国科学技术信息研究所《中国科技论文统计与分析》2005—2017 年。

附表 3-6　SCI 收录的中国科技论文按学科分布（2005—2017 年）　　　　单位：篇

学科	2005	2006	2007	2008	2009	2010	2011	2012	2013	2014	2015	2016	2017
数学	3063	3670	4565	5281	5620	6211	6583	7190	8934	9410	8693	8746	9275
力学	369	224	270	473	514	444	1170	1650	1819	2154	2394	2743	3135
信息、系统科学	292	6	355	312	447	642	1039	1228	701	906	634	770	853
物理学	9351	10239	10966	13426	13927	14707	16677	18822	24453	26520	27490	29470	31417
化学	18656	20317	23356	23734	28799	30898	26628	33384	36201	41378	44723	45503	47224
天文学	339	622	611	667	822	836	1003	1092	1201	1324	1447	1544	1595
地学	1989	2044	3039	3351	3509	4084	3641	4987	6689	8095	9633	10537	12547
生物学	4963	7076	7667	10081	13122	16289	14320	16731	21518	24885	30516	34657	37751
预防医学与卫生学	300	156	361	454	573	718	925	1094	1444	2441	2608	3236	3188
基础医学	1698	1692	2077	4220	4880	5269	5947	7478	9411	11589	18283	19260	21297
药学	864	505	1102	1788	1312	1134	4167	3739	4149	5949	7509	8839	9782
临床医学	2393	3196	4831	6068	7015	7767	10591	14757	18632	31014	30696	32109	34226
中医学	7	0	63	57	155	281	355	813	1014	930	1108	1040	1031
军事医学与特种医学	253	92	38	468	25	332	117	106	173	119	245	277	466
农学	678	1166	993	1707	1273	1996	2819	2280	2561	2732	3316	3775	4263
林学	46	33	64	92	93	126	188	279	368	435	617	688	841
畜牧、兽医科学	193	38	63	104	544	573	384	989	895	848	1305	1387	1390
水产学	192	171	276	318	265	345	720	499	788	765	1044	1285	1478
测绘科学技术	2	0	1	0	2	0	3	13	9	0	2	0	1
材料科学	6657	5929	7501	7516	6860	8653	12512	13242	16272	17879	20060	21993	24328
工程与技术基础学科	160	651	65	411	1478	1311	2141	541	725	1854	1959	1488	1623
矿山工程技术	14	12	22	28	72	77	99	85	131	408	539	377	392
能源科学技术	119	333	398	778	759	941	2079	2275	3013	4486	5094	6476	7370
冶金、金属学	1132	1218	1137	1143	1226	1516	3665	1698	1840	1966	1949	1676	1646
机械、仪表	968	763	1210	1472	1504	1652	1668	1656	2761	3038	3443	4253	4542
动力与电气	1502	11	38	25	13	8	343	809	728	260	382	754	997
核科学技术	58	87	188	198	372	172	238	333	450	710	1220	1246	1422
电子、通信与自动控制	444	2468	2847	3302	4324	5070	3383	5447	6584	9781	10460	13012	16663

续表

学科	2005	2006	2007	2008	2009	2010	2011	2012	2013	2014	2015	2016	2017
计算技术	3844	5157	1770	2040	2736	2241	3236	5051	6665	7490	9782	11401	12049
化工	1006	936	951	1617	1426	1413	2292	2366	2637	3329	4081	4500	7975
轻工、纺织	1	0	1	6	3	0	2	20	4	0	4	7	1096
食品	89	122	203	649	391	611	1306	1556	1857	2427	1738	1965	4020
土木建筑	352	351	428	484	727	791	500	793	1060	1462	1831	2460	3102
水利	3	11	53	40	65	73	588	841	864	1092	1205	1803	1367
交通运输	4	2	7	13	9	20	206	65	376	512	537	690	736
航空航天	65	101	108	371	283	318	226	299	451	654	731	898	1027
安全科学技术	24	7	18	1	3	4	34	361	22	91	89	101	126
环境科学	981	1516	1797	2439	3288	3729	4178	3842	4820	5235	7143	8667	10475
管理学	64	155	190	243	191	185	431	157	256	697	727	830	816
其他	15	274	39	129	179	93	41	47	221	274	232	184	346

资料来源：中国科学技术信息研究所《中国科技论文统计与分析》2005—2017年。

附表 3-7　SCI 收录的中国科技论文按地区分布（2005—2017 年）　　单位：篇

地区	2005	2006	2007	2008	2009	2010	2011	2012	2013	2014	2015	2016	2017
北京	14738	15546	16665	18945	20868	23307	25630	29455	35284	42777	46179	48578	52401
天津	2195	2506	2497	2880	3006	3428	3634	4520	5646	6745	8107	8510	9707
河北	626	757	841	1046	1207	1387	1541	1850	2122	2993	3374	3723	4158
山西	624	645	627	795	978	983	1146	1297	1699	2086	2596	2906	3399
内蒙古	80	107	131	188	207	274	295	410	539	766	870	929	1068
辽宁	2662	3010	3554	4145	4612	5034	5320	6207	7626	9011	9987	10572	11839
吉林	2165	2290	2562	2952	3180	3443	4026	4454	5209	6180	6852	7054	7777
黑龙江	1372	1460	1842	2330	2844	3203	3648	4292	5320	6361	7184	7719	8599
上海	7662	8361	9023	10782	12322	13300	14350	16105	18967	22210	24818	26306	28119
江苏	4680	5485	6377	8019	9891	11243	12913	15177	19471	24329	27483	30948	34736
浙江	3879	4459	4835	5733	6146	6854	7713	9092	10576	12599	13674	14741	16733
安徽	2387	2606	2697	2888	3077	3242	3731	4313	5254	6693	7155	7749	8452
福建	1274	1332	1570	1911	2174	2330	2682	3156	3816	4686	5383	5792	6625
江西	263	401	572	668	851	929	1058	1355	1772	2219	2624	3020	3457
山东	2797	3283	3750	4523	5062	5793	6493	7435	9045	10308	13250	15114	16840
河南	641	896	1078	1498	1807	2106	2567	2707	3909	4791	5903	6717	7524

续表

地区	2005	2006	2007	2008	2009	2010	2011	2012	2013	2014	2015	2016	2017
湖北	3306	3982	4583	5306	5684	6034	6779	7936	9455	12267	13335	15444	17697
湖南	1702	2370	2618	3147	3534	3818	4405	5340	6548	7769	8813	9551	10685
广东	2510	3133	3694	4575	5611	6631	7743	9223	10667	13566	16127	18145	21156
广西	248	319	420	566	681	735	870	1052	1399	1745	1973	2190	2625
海南	27	44	64	68	107	139	199	249	334	475	543	642	700
重庆	709	823	865	1353	1842	2408	2688	3566	4076	5136	5913	6721	7411
四川	1848	2251	2836	3629	4252	4843	5517	6495	7887	9793	10846	12231	13861
贵州	130	143	196	287	288	306	405	428	611	684	857	1184	1435
云南	560	618	690	913	1108	1354	1344	1579	1944	2349	2643	2918	3182
西藏	0	0	7	2	4	6	3	3	7	16	25	29	43
陕西	2274	2861	3201	4047	4955	5690	6584	7416	9358	11392	13195	15160	17013
甘肃	1281	1365	1589	1942	2076	2192	2440	2619	3006	3695	3836	3945	4205
青海	54	50	61	67	71	90	77	114	114	147	186	250	341
宁夏	16	30	28	42	44	55	81	109	152	189	276	311	352
新疆	138	145	196	252	317	373	509	647	869	1162	1462	1548	1738
地区不详	302	73	0	7	0	0	54	14	15	0	0	0	0

资料来源：中国科学技术信息研究所《中国科技论文统计与分析》2005—2017年。

附表 3-8　中国科学研究经费与人员的科技论文产出效率（2000—2015 年）

年份	国内科技论文		SCI 论文	
	科学研究人员的产出效率（篇/万人年）	科学研究经费的产出效率（篇/亿元）	科学研究人员的产出效率（篇/万人年）	科学研究经费的产出效率（篇/亿元）
2000	7982.4	1202.4	1362.2	205.2
2001	9009.3	1165.8	1633.5	211.4
2002	9409.5	999.5	1731.9	184.0
2003	10145.7	938.0	1949.5	180.2
2004	10398.2	882.1	1828.3	155.1
2005	11227.2	961.0	2161.1	185.0
2006	10950.6	892.0	2706.9	220.5
2007	12292.5	1026.0	3007.1	251.0
2008	11969.6	943.5	3243.0	255.6
2009	11045.7	747.9	3455.2	233.9
2010	10281.2	649.0	3785.0	238.9
2011	9466.9	585.4	4250.4	262.9
2012	8353.2	500.2	4438.3	265.8
2013	7975.6	461.1	4797.1	277.4
2014	7693.1	421.9	5046.5	276.8
2015	6906.4	361.5	5284.6	276.6

资料来源：国家统计局、科学技术部《中国科技统计年鉴》2001—2016 年；中国科学技术信息研究所《中国科技论文统计与分析》2002—2017 年。

附表 3-9　国内外 3 种专利申请受理量和申请授权量（2005—2017 年）　　　　　　　　　单位：件

年份		申请量				授权量			
		总计	发明	实用新型	外观设计	总计	发明	实用新型	外观设计
合计	2005	476264	173327	139566	163371	214003	53305	79349	81349
	2006	573178	210490	161366	201322	268002	57786	107655	102561
	2007	693917	245161	181324	267432	351782	67948	150036	133798
	2008	828328	289838	225586	312904	411982	93706	176675	141601
	2009	976686	314573	310771	351342	581992	128489	203802	249701
	2010	1222286	391177	409836	421273	814825	135110	344472	335243
	2011	1633347	526412	585467	521468	960513	172113	408110	380290
	2012	2050649	652777	740290	657582	1255138	217105	571175	466858
	2013	2377061	825136	892362	659563	1313000	207688	692845	412467
	2014	2361243	928177	868511	564555	1302687	233228	707883	361576
	2015	2798500	1101864	1127577	569059	1718192	359316	876217	482659
	2016	3464824	1338503	1475977	650344	1753763	404208	903420	446135
	2017	3697845	1381594	1687593	628658	1836434	420144	973294	442996
国内	2005	383157	93485	138085	151587	171619	20705	78137	72777
	2006	470342	122318	159997	188027	223860	25077	106312	92471
	2007	586498	153060	179999	253439	301632	31945	148391	121296
	2008	717144	194579	223945	298620	352406	46590	175169	130647
	2009	877611	229096	308861	339654	501786	65391	202113	234282
	2010	1109428	293066	407238	409124	740620	79767	342256	318597
	2011	1504670	415829	581303	507538	883861	112347	405086	366428
	2012	1912151	535313	734437	642401	1163226	143847	566750	452629
	2013	2234560	704936	885226	644398	1228413	143535	686208	398670
	2014	2210616	801135	861053	548428	1209402	162680	699971	346751
	2015	2639446	968251	1119714	551481	1596977	263436	868734	464807
	2016	3305225	1204981	1468295	631949	1628881	302136	897035	429710
	2017	3536333	1245709	1679807	610817	1720828	326970	967416	426442

续表

年份		申请量				授权量			
		总计	发明	实用新型	外观设计	总计	发明	实用新型	外观设计
国外来华	2005	93107	79842	1481	11784	42384	32600	1212	8572
	2006	102836	88172	1369	13295	44142	32709	1343	10090
	2007	107419	92101	1325	13993	50150	36003	1645	12502
	2008	111184	95259	1641	14284	59576	47116	1506	10954
	2009	99075	85477	1910	11688	80206	63098	1689	15419
	2010	112858	98111	2598	12149	74205	55343	2216	16646
	2011	128677	110583	4164	13930	76652	59766	3024	13862
	2012	138498	117464	5853	15181	91912	73258	4425	14229
	2013	142501	120200	7136	15165	84587	64153	6637	13797
	2014	150627	127042	7458	16127	93285	70548	7912	14825
	2015	159054	133613	7863	17578	121215	95880	7483	17852
	2016	161512	135885	7786	17841	115606	93174	5878	16554
	2017	176340	148187	8451	19702	112049	86188	7303	18558

资料来源：国家知识产权局《专利统计年报》2005—2017年。

附表3-10　国外来华发明专利申请受理量按国家分布（2005—2017年）　　单位：件

国家	年份												
	2005	2006	2007	2008	2009	2010	2011	2012	2013	2014	2015	2016	2017
总计	79842	88172	92101	95259	85477	98111	110583	117464	120200	127042	133613	133522	135885
奥地利	260	263	346	379	357	475	598	664	811	944	982	946	828
澳大利亚	546	562	617	609	525	608	621	657	641	664	635	624	675
比利时	340	413	525	535	486	563	592	595	642	657	638	700	708
巴西	61	69	80	74	73	117	130	107	115	137	134	134	133
加拿大	665	756	817	896	807	940	1033	1111	1037	1009	1025	985	984
瑞士	1776	1932	2366	2337	2362	2644	2665	2924	3212	3338	3432	3453	3431
德国	6411	7502	8066	8686	8264	9867	11422	12659	13712	13597	13851	14158	14342
丹麦	379	438	520	631	584	734	781	732	840	847	845	858	871

续表

国家	年份												
	2005	2006	2007	2008	2009	2010	2011	2012	2013	2014	2015	2016	2017
芬兰	752	898	973	979	902	1089	964	1069	1039	1165	1041	1007	877
法国	2644	2954	2991	3170	3011	3506	3973	4315	4143	4575	4702	4631	4926
英国	1331	1478	1628	1795	1624	1737	1876	1874	1849	2050	2221	2372	2296
以色列	220	307	379	440	330	450	532	532	530	656	700	800	884
印度	198	172	146	184	122	168	202	248	279	267	235	288	277
意大利	1046	1163	1228	1194	998	1184	1245	1288	1318	1361	1430	1610	1695
日本	30976	32801	32870	33264	30293	33882	39231	42278	41193	40460	40078	39207	40908
韩国	8131	9187	8467	8022	5907	7178	8129	8985	10866	11528	12907	13764	13180
荷兰	3735	3503	3481	3261	3089	2998	2999	2629	2546	2924	3032	3155	3267
挪威	142	163	218	187	192	235	234	234	237	223	224	194	211
俄罗斯	46	72	66	85	91	111	120	139	152	130	148	135	154
瑞典	1015	1318	1527	1766	1653	1780	1730	1663	1795	2020	1948	1919	1842
美国	18000	20536	22887	24527	21799	25380	28457	29510	29992	33963	37216	35895	36980
其他	1168	1685	1903	2238	2008	2465	3049	3251	3251	4527	6189	6687	6416

资料来源：国家知识产权局《专利统计年报》2005—2017年。

附表3-11　国外来华发明专利申请授权量按国家分布（2005—2017年）　　　单位：件

国家	年份												
	2005	2006	2007	2008	2009	2010	2011	2012	2013	2014	2015	2016	2017
总计	32600	32709	36003	47116	63098	55343	59766	73258	64153	70548	95880	102072	93174
奥地利	145	122	125	155	215	205	239	308	302	431	690	769	832
澳大利亚	266	210	264	272	322	314	280	353	366	311	458	479	383
比利时	116	126	142	184	229	249	328	461	410	388	499	556	493
巴西	21	25	28	31	37	37	34	55	54	60	88	84	73
加拿大	225	194	253	350	461	440	490	605	570	576	731	798	667
瑞士	867	820	871	941	1245	1317	1471	1898	1745	1950	2580	2847	2453
德国	2894	2628	2913	3598	5054	4609	5442	7058	6589	7250	10533	12593	11240
丹麦	194	160	190	206	280	257	334	449	431	512	636	654	570

续表

国家	年份												
	2005	2006	2007	2008	2009	2010	2011	2012	2013	2014	2015	2016	2017
芬兰	402	317	338	472	674	539	545	783	606	645	852	892	814
法国	1328	1181	1171	1388	2200	1926	2006	2632	2602	2678	3503	3889	3382
英国	638	600	599	698	825	734	857	1226	1047	1018	1414	1566	1449
以色列	68	60	105	143	161	125	151	197	243	244	365	430	423
印度	38	49	62	82	81	51	58	95	99	128	198	196	134
意大利	388	389	458	512	757	719	793	898	830	879	1156	1265	1123
日本	13883	15099	16174	21999	27897	23890	25387	28847	22609	26501	36418	34967	31090
韩国	2509	2752	3127	4675	6476	5168	4882	5320	4271	4627	6262	7410	7857
荷兰	1179	1129	1214	1449	2128	1712	1817	2091	1862	1919	2284	2551	2278
挪威	62	67	77	80	139	97	109	151	153	142	202	196	172
俄罗斯	37	31	24	35	49	46	49	59	41	23	89	102	96
瑞典	690	454	498	582	895	902	1020	1397	1158	1155	1495	1516	1376
美国	6160	5870	6891	8661	12158	10985	12334	16776	16674	17401	23157	25637	23673
其他	490	426	479	603	815	1021	1140	1599	1491	1710	2270	2675	2596

资料来源：国家知识产权局《专利统计年报》2005—2017年。

附表3-12　发明专利申请受理量和申请授权量按IPC分类分布（2017年）　　单位：件

国际专利分类	发明专利申请量		发明专利授权量	
	国内	国外	国内	国外
人类生活必需	208945	54419	28756	9246
作业、运输	213262	16730	66122	17857
化学、冶金	180624	11227	49352	10076
纺织、造纸	19382	1036	5627	1235
固定建筑物	47796	1365	17277	1845
机械工程、照明、加热、武器、爆破	78922	9776	25636	10431
物理	233914	21186	73913	18321
电学	155704	24071	60287	24163

资料来源：国家知识产权局《专利统计年报2017》。

附表 3-13　国内职务与非职务发明专利申请受理量（2005—2017 年）　　　　单位：件

年份	职务发明	大专院校	科研单位	企业	机关团体	非职务发明
2005	62270	14643	6726	40196	705	31215
2006	81485	17312	6845	56455	873	40833
2007	107664	23001	9748	73893	1022	45395
2008	140452	30808	12435	95619	1590	54127
2009	172181	37965	14332	118257	1627	56915
2010	223754	48294	18254	154581	2625	69312
2011	324224	63028	25222	231551	4423	91605
2012	428427	75688	29518	316414	6807	106886
2013	571073	98509	36582	426544	9438	133863
2014	648023	111993	39625	484747	11658	153112
2015	776117	133645	44545	582512	15415	192134
2016	982971	173049	55076	735533	19313	222010
2017	1043770	179879	53308	788194	22389	201939

资料来源：国家知识产权局《专利统计年报》2005—2017 年。

附表 3-14　国内职务与非职务发明专利申请授权量（2005—2017 年）　　　　单位：件

年份	职务发明	大专院校	科研单位	企业	机关团体	非职务发明
2005	14761	4453	2423	7712	173	5944
2006	18400	6198	2553	9433	216	6677
2007	24488	8214	3173	12851	250	7457
2008	36956	10266	3945	22493	252	9634
2009	52265	14391	5299	32160	415	13126
2010	66149	19036	6557	40049	507	13618
2011	95069	26616	9238	58364	851	17278
2012	125954	33821	11248	78651	2234	17893
2013	126860	33309	12284	79439	1828	16675
2014	146172	38317	13573	91874	2408	16508
2015	238818	57196	19243	158620	3759	24618
2016	276007	62311	20109	189564	4023	26129
2017	303577	75693	22369	200804	4711	23393

资料来源：国家知识产权局《专利统计年报》2005—2017 年。

附表 3-15　国内外 3 种专利有效量（2005—2017 年）　　　　　单位：件

年份		总计	发明	实用新型	外观设计
合计	2006	727225	218922	292323	215980
	2007	850043	271917	299242	278884
	2008	1195196	337215	469729	388252
	2009	1520023	438036	565804	516183
	2010	2216082	564760	857968	793354
	2011	2739906	696939	1120596	922371
	2012	3508561	875385	1501044	1132132
	2013	4195139	1033908	1936789	1224442
	2014	4642506	1196497	2291326	1154683
	2015	5477625	1472374	2732554	1272697
	2016	6285238	1772203	3154485	1358550
	2017	7147608	2085367	3603187	1459054
国内	2006	548758	72941	288032	187785
	2007	622409	95678	294463	232268
	2008	923797	127596	463342	332859
	2009	1193110	180042	558791	454277
	2010	1825403	257893	849454	718056
	2011	2303015	351288	1109958	841769
	2012	3005023	473187	1486839	1044997
	2013	3635929	586493	1917122	1132314
	2014	4032362	708690	2265224	1058448
	2015	4792356	921757	2700833	1169766
	2016	5527183	1158203	3118410	1250570
	2017	6324215	1413911	3563389	1346915
国外来华	2006	178467	145981	4291	28195
	2007	227634	176239	4779	46616
	2008	271399	209619	6387	55393

续表

年份		总计	发明	实用新型	外观设计
国外来华	2009	326913	257994	7013	61906
	2010	390679	306867	8514	75298
	2011	436891	345651	10638	80602
	2012	503538	402198	14205	87135
	2013	559210	447415	19667	92128
	2014	610144	487807	26102	96235
	2015	685269	550617	31721	102931
	2016	758055	614000	36075	107980
	2017	823393	671456	39798	112139

资料来源：国家知识产权局《专利统计年报》2006—2017年。

附表3-16　主要国家PCT国际申请量（2005—2017年）　　　　单位：件

国家	年份												
	2005	2006	2007	2008	2009	2010	2011	2012	2013	2014	2015	2016	2017
全球总计	136751	149647	159934	163242	155408	164354	182442	195345	205305	214330	217230	232907	243518
美国	46879	51301	54057	51667	45655	45090	49206	51858	57453	61484	57131	56591	56682
中国	2503	3930	5454	6119	7900	12301	16397	18616	21508	25544	29838	43091	48903
日本	24870	27024	27743	28763	29810	32216	38864	43523	43772	42381	44053	45209	48206
德国	15986	16734	17825	18856	16793	17560	18846	18749	17922	17983	18004	18307	18951
韩国	4689	5946	7064	7902	8040	9604	10357	11787	12381	13119	14564	15555	15751
法国	5747	6262	6566	7076	7217	7231	7406	7801	7905	8261	8421	8210	8014
英国	5093	5094	5540	5479	5039	4892	4873	4918	4849	5263	5290	5504	5568
瑞士	3290	3614	3816	3778	3677	3762	4046	4225	4377	4099	4257	4369	4485
荷兰	4499	4545	4421	4361	4420	4010	3511	4079	4190	4206	4334	4675	4430
瑞典	2884	3333	3654	4135	3567	3303	3476	3600	3947	3913	3843	3719	3975
意大利	2349	2701	2949	2884	2653	2657	2685	2845	2869	3059	3072	3362	3225
加拿大	2318	2573	2844	2907	2509	2689	2914	2738	2847	3071	2822	2336	2400
澳大利亚	2004	2000	2051	1938	1736	1770	1748	1710	1604	1722	1741	1835	1852

续表

国家	年份												
	2005	2006	2007	2008	2009	2010	2011	2012	2013	2014	2015	2016	2017
以色列	1454	1593	1742	1902	1555	1476	1449	1374	1607	1581	1685	1838	1816
芬兰	1893	1845	1994	2212	2123	2136	2075	2312	2095	1811	1584	1525	1602
印度	679	832	904	1073	960	1276	1324	1310	1321	1429	1412	1528	1583
丹麦	1122	1158	1153	1357	1339	1156	1288	1409	1264	1299	1327	1356	1430
西班牙	1124	1202	1295	1391	1563	1770	1732	1705	1705	1703	1530	1507	1418
奥地利	851	913	1008	951	1029	1144	1343	1319	1262	1387	1399	1422	1397
比利时	1075	1030	1123	1135	1005	1066	1188	1212	1103	1196	1179	1219	1354

资料来源：WIPO Statistics Database，December 2018。

附表3-17　主要国家三方专利申请量（2005—2016年）　　　　　　　　　单位：件

国家	年份											
	2005	2006	2007	2008	2009	2010	2011	2012	2013	2014	2015	2016
日本	18931	19003	18593	16818	17426	19294	19001	18651	17645	17363	17277	17391
美国	17370	15461	13880	13823	13509	12745	13209	13736	14788	14308	14392	14221
德国	7142	6537	5808	5479	5557	5060	4824	4591	4909	4620	4544	4520
中国	523	563	690	828	1300	1424	1505	1951	2189	2794	3254	3890
韩国	2746	2348	1978	1829	2107	2460	2366	2495	2549	2428	2543	2599
法国	3048	2884	2784	2883	2727	2461	2596	2438	2421	2417	2464	2450
英国	2165	2093	1802	1695	1723	1657	1727	1702	1822	1674	1686	1694
荷兰	1762	1476	1062	1127	1047	825	969	1040	1137	1248	1329	1364
瑞士	1084	1150	1010	992	973	1064	1059	1141	1116	1145	1176	1211
意大利	965	821	729	761	736	682	720	725	770	794	822	846
瑞典	969	884	961	835	790	642	615	662	587	659	680	679
加拿大	720	668	683	685	672	554	580	527	620	581	553	536
以色列	502	419	352	369	376	351	366	402	437	439	465	478
奥地利	410	355	377	340	369	389	361	378	379	392	415	425
比利时	543	478	430	459	480	465	461	429	431	414	418	416
澳大利亚	479	362	347	317	351	308	321	337	309	315	320	318

续表

国家	年份											
	2005	2006	2007	2008	2009	2010	2011	2012	2013	2014	2015	2016
芬兰	391	295	259	253	222	227	228	290	271	308	305	309
丹麦	389	318	316	343	257	301	260	283	263	296	298	298
西班牙	293	267	258	267	255	239	222	231	230	248	251	253
新加坡	170	146	117	115	104	109	121	108	130	144	146	147

资料来源：OECD，Main Science and Technology Indicators 2018-2。

附表 3-18　全国技术市场成交合同金额（2007—2017 年）　　单位：亿元

项目	年份										
	2007	2008	2009	2010	2011	2012	2013	2014	2015	2016	2017
合计	2226.5	2665.2	3039.0	3906.6	4763.6	6437.1	7469.1	8577.2	9835.8	11407.0	13424.2
按合同类型分											
技术开发	875.5	1075.5	1264.2	1634.2	2169.8	2635.9	2773.4	2949.0	3047.2	3479.6	4748.5
技术转让	420.4	532.6	538.5	610.1	523.4	1020.8	1083.8	1137.2	1466.5	1607.9	1400.3
技术咨询	90.2	101.6	94.1	116.6	166.2	150.2	195.1	244.3	263.1	468.3	449.2
技术服务	840.4	955.6	1142.2	1545.6	1904.1	2630.1	3416.9	4246.7	5059.0	5851.1	6826.2
按卖方类型分											
机关法人	19.4	20.4	17.4	35.4	40.2	76.0	74.5	110.9	114.1	171.1	71.7
事业法人	260.0	285.4	347.4	420.6	532.6	730.9	900.7	879.0	958.2	1149.6	1339.1
社团法人	4.5	3.6	10.3	13.7	7.9	7.6	4.9	4.5	13.1	59.8	49.4
企业法人	1919.8	2332.1	2626.2	3341.7	4119.3	5570.6	6436.2	7516.3	8476.9	9881.4	11875.3
自然人	9.4	6.7	7.2	5.0	15.5	31.7	11.4	13.9	8.7	13.5	21.7
其他组织	13.4	17.1	30.4	90.1	48.0	20.3	41.3	52.6	264.8	131.6	67.1
按企业卖方类型分											
内资企业	1425.0	1678.4	1910.8	2522.7	3230.5	4199.1	5170.9	6117.0	6853.1	8384.0	10226.0
港澳台商投资企业	32.4	41.7	91.9	95.2	71.2	113.9	138.0	179.5	146.3	190.6	268.3
外商投资企业	360.6	444.7	486.6	512.1	568.5	835.1	818.0	793.3	1011.3	838.3	921.0
个体经营	4.3	3.2	6.7	5.4	4.1	9.7	10.2	17.8	19.3	24.8	53.9
境外企业	97.6	164.1	130.2	206.3	245.0	412.7	299.1	408.6	446.9	443.7	406.1

资料来源：国家统计局、科学技术部《中国科技统计年鉴》2008—2018 年。

附表 3-19　技术市场技术输出地域的合同成交金额（2007—2017 年）　单位：亿元

地区	年份										
	2007	2008	2009	2010	2011	2012	2013	2014	2015	2016	2017
全国	2226.5	2665.2	3039.0	3906.6	4763.6	6437.1	7469.1	8577.2	9835.8	11407.0	13424.2
北京	882.6	1027.2	1236.2	1579.5	1890.3	2458.5	2851.7	3137.2	3453.9	3941.0	4486.9
天津	72.3	86.6	105.5	119.3	169.4	232.3	276.2	388.6	503.4	552.6	551.4
河北	16.4	16.6	17.2	19.3	26.2	37.8	31.6	29.2	39.5	59.0	88.9
山西	8.3	12.8	16.2	18.5	22.5	30.6	52.8	48.5	51.2	42.6	94.1
内蒙古	11.0	9.4	14.8	27.1	22.7	106.1	38.7	13.9	15.4	12.0	19.6
辽宁	92.9	99.7	119.7	130.7	159.7	230.7	173.4	217.5	267.5	323.2	385.8
吉林	17.5	19.6	19.8	18.8	26.3	25.1	34.7	28.6	26.5	116.4	219.9
黑龙江	35.0	41.3	48.9	52.9	62.1	100.4	101.8	120.3	127.3	125.8	146.7
上海	354.9	386.2	435.4	431.4	480.7	518.7	531.7	592.4	663.8	781.0	810.6
江苏	78.4	94.0	108.2	249.3	333.4	400.9	527.5	543.2	572.9	635.6	778.4
浙江	45.3	58.9	56.5	60.3	71.9	81.3	81.5	87.3	98.1	198.4	324.7
安徽	26.5	32.5	35.6	46.1	65.0	86.2	130.8	169.8	190.5	217.4	249.6
福建	14.6	18.0	23.3	35.7	34.6	50.1	44.7	39.2	52.1	43.2	75.5
江西	10.0	7.8	9.8	23.0	34.2	39.8	43.1	50.8	64.8	79.0	96.2
山东	45.0	66.0	71.9	100.7	126.4	140.0	179.4	249.3	307.6	395.9	511.6
河南	26.2	25.4	26.3	27.2	38.8	39.9	40.2	40.8	45.0	58.7	76.9
湖北	52.2	62.9	77.0	90.7	125.7	196.4	397.6	580.7	789.3	903.8	1033.1
湖南	46.1	47.7	44.0	40.1	35.4	42.2	77.2	97.9	105.1	105.6	203.2
广东	132.8	201.6	171.0	235.9	275.1	364.9	529.4	413.2	662.6	758.2	937.1
广西	1.0	2.7	1.8	4.1	5.6	2.5	7.3	11.6	7.3	34.0	39.4
海南	0.7	3.6	0.6	3.3	3.5	0.6	3.9	0.7	2.2	3.4	4.1
重庆	39.6	62.2	38.3	79.4	68.1	54.0	90.3	156.2	57.2	147.2	51.4
四川	30.4	43.5	54.6	54.7	67.8	111.2	148.6	199.1	282.3	299.3	405.8
贵州	0.7	2.0	1.8	7.7	13.6	9.7	18.4	20.0	26.0	20.4	80.7
云南	9.7	5.1	10.2	10.9	11.7	45.5	42.0	47.9	51.8	58.3	84.8
西藏	—	—	—	—	—	—	—	—	—	—	0.0
陕西	30.2	43.8	69.8	102.4	215.4	334.8	533.3	640.0	721.8	802.8	920.9
甘肃	26.2	29.8	35.6	43.1	52.6	73.1	100.0	114.5	129.7	150.7	163.0
青海	5.3	7.7	8.5	11.4	16.8	19.3	26.9	29.1	46.9	56.9	67.7
宁夏	0.7	0.9	0.9	1.0	3.9	2.9	1.4	3.2	3.5	4.1	6.7
新疆	7.2	7.4	1.2	4.5	4.4	5.4	3.0	2.8	3.0	4.3	5.8

资料来源：国家统计局、科学技术部《中国科技统计年鉴》2008—2018 年。

附表3-20 全国技术合同交易情况（2017年）　　　　　　　单位：项，亿元

地区	输出技术		吸纳技术	
	合同数	成交额	合同数	成交额
合计	367586	13424.2	367586	13424.2
北京	81311	4486.9	55944	1887.5
天津	12168	551.4	10208	421.2
河北	4397	88.9	8109	303.2
山西	870	94.1	3495	249.3
内蒙古	678	19.6	3579	157.5
辽宁	14799	385.8	12685	291.0
吉林	7337	219.9	6817	199.4
黑龙江	2836	146.7	4188	115.0
上海	21223	810.6	22661	712.1
江苏	37258	774.0	38911	919.6
浙江	13704	324.7	18444	469.9
安徽	18211	249.6	17953	270.7
福建	5893	75.5	7826	179.1
江西	2405	96.2	3613	199.1
山东	25720	511.6	27003	676.0
河南	5878	76.9	7473	201.9
湖北	24444	1033.1	15736	677.7
湖南	5725	203.2	5816	177.8
广东	17178	937.1	27507	1451.4
广西	2039	39.4	3914	78.3
海南	321	4.1	1512	81.2
重庆	2070	51.4	3564	234.1
四川	12826	405.8	12147	536.6
贵州	2950	80.7	5615	193.3
云南	3500	84.8	5514	177.1
西藏	3	0.0	506	22.0
陕西	31357	920.9	19498	521.9
甘肃	5852	163.0	5973	147.3
青海	1016	67.7	2335	77.5
宁夏	980	6.7	2026	77.0
新疆	468	5.8	2569	98.6
港澳台	122	60.5	967	203.9
国外	2047	447.6	3478	1416.0

资料来源：国家统计局社会科技和文化产业统计司、科学技术部战略规划司《中国科技统计年鉴2018》。

附表 4-1　企业 R&D 人员和 R&D 经费投入（2000—2017 年）

年份	R&D 人员（万人年）	R&D 人员占全国比重（%）	R&D 经费（亿元）	R&D 经费占全国比重（%）
2000	48.1	52.1	537.0	60.0
2001	53.2	55.6	630.0	60.4
2002	60.1	58.1	787.8	61.2
2003	65.6	59.9	960.2	62.4
2004	69.7	60.5	1314.0	66.8
2005	88.3	64.7	1673.8	68.3
2006	98.8	65.7	2134.5	71.1
2007	118.7	68.4	2681.9	72.3
2008	139.6	71.0	3381.7	73.3
2009	164.8	71.9	4248.6	73.2
2010	187.4	73.4	5185.5	73.4
2011	216.9	75.2	6579.3	75.7
2012	248.6	76.6	7842.2	76.2
2013	274.1	77.6	9075.9	76.7
2014	289.6	78.1	10060.6	77.3
2015	291.1	77.4	10081.4	76.8
2016	301.2	77.7	12144.0	77.5
2017	312.0	77.4	13660.2	77.6

资料来源：国家统计局、科学技术部《中国科技统计年鉴》2001—2018 年。

附表 4-2　企业 R&D 经费来源及构成（2010—2017 年）

类别	经费来源	年份							
		2010	2011	2012	2013	2014	2015	2016	2017
经费投入（亿元）	政府资金	236.8	288.5	363.1	409.0	422.3	463.4	449.7	469.7
	企业资金	4809.0	6118.0	7295.2	8461.0	9429.2	10197.8	11497.6	12982.4
	国外资金	82.8	104.7	88.7	94.3	92.6	94.6	92.8	102.6
	其他资金	56.9	68.1	95.2	111.5	116.6	125.6	103.9	105.5

续表

类别	经费来源	年份							
		2010	2011	2012	2013	2014	2015	2016	2017
经费构成（%）	政府资金	4.6	4.4	4.6	4.5	4.2	4.3	3.7	3.4
	企业资金	92.7	93.0	93.0	93.2	93.7	93.7	94.6	95.0
	国外资金	1.6	1.6	1.1	1.0	0.9	0.9	0.8	0.8
	其他资金	1.1	1.0	1.2	1.2	1.2	1.2	0.9	0.8

资料来源：国家统计局、科学技术部《中国科技统计年鉴》2001—2018年。

附表 4-3　企业 R&D 经费内部支出（2004—2017 年）　　　　单位：亿元

年份	工业企业	大中型工业企业
2004	1104.5	954.5
2008	3073.1	2681.3
2009	3775.7	3210.2
2011	5993.8	5030.7
2012	7200.6	5992.3
2013	8318.4	6744.1
2014	9254.3	7319.7
2015	10013.9	7792.4
2016	10944.7	8289.5
2017	12013.0	8976.2

资料来源：国家统计局《中国经济普查年鉴2004》；国家统计局《中国经济普查年鉴2008》；国家统计局《2009第二次全国 R&D 资源清查资料汇编》；国家统计局、科学技术部《中国科技统计年鉴》2012—2018年。

附表 4-4　工业企业 R&D 经费投入强度（2004—2017 年）　　　　单位：%

年份	工业企业	大中型工业企业
2004	0.56	0.71
2008	0.61	0.84
2009	0.69	0.96
2011	0.71	0.93

续表

年份	工业企业	大中型工业企业
2012	0.77	0.99
2013	0.80	1.02
2014	0.84	1.04
2015	0.90	1.08
2016	0.94	1.15
2017	1.06	1.24

资料来源：国家统计局《中国经济普查年鉴 2004》；国家统计局《中国经济普查年鉴 2008》；国家统计局《2009 第二次全国 R&D 资源清查资料汇编》；国家统计局、科学技术部《中国科技统计年鉴》2012—2018 年。

附表 4-5 工业企业试验发展经费支出及占 R&D 经费支出比重（2004—2017 年）

年份	试验发展经费支出（亿元）	占 R&D 经费支出比重（%）
2004	1000.2	90.6
2009	3720.4	98.5
2011	5843.4	97.5
2012	7007.7	97.3
2013	8118.0	97.6
2014	8997.4	97.2
2015	9754.8	97.4
2016	10648.1	97.3
2017	11678.1	97.2

资料来源：国家统计局《中国经济普查年鉴 2004》；国家统计局《中国经济普查年鉴 2008》；国家统计局《2009 第二次全国 R&D 资源清查资料汇编》；国家统计局、科学技术部《中国科技统计年鉴》2012—2018 年。

附表 4-6　工业企业 R&D 经费内部支出按行业分布（2017 年）

行业	R&D 经费内部支出（亿元）	R&D 经费内部支出占规模以上工业企业 R&D 经费内部支出比重（%）
计算机、通信和其他电子设备制造业	2002.8	16.7
电气机械和器材制造业	1242.4	10.3
汽车制造业	1164.6	9.7
化学原料和化学制品制造业	912.5	7.6
通用设备制造业	696.8	5.8
黑色金属冶炼和压延加工业	638.7	5.3
专用设备制造业	636.9	5.3
医药制造业	534.2	4.4
有色金属冶炼和压延加工业	461.6	3.8
铁路、船舶、航空航天和其他运输设备制造业	428.8	3.6
非金属矿物制品业	362.8	3.0
金属制品业	343.2	2.9
橡胶和塑料制品业	307.2	2.6
农副食品加工业	274.6	2.3
纺织业	233.2	1.9
仪器仪表制造业	210.2	1.8
煤炭开采和洗选业	148.9	1.2
食品制造业	148.1	1.2
石油加工、炼焦和核燃料加工业	146.6	1.2
造纸和纸制品业	144.6	1.2
纺织服装、服饰业	110.5	0.9
化学纤维制造业	106.1	0.9
文教、工美、体育和娱乐用品制造业	100.5	0.8
酒、饮料和精制茶制造业	99.8	0.8
电力、热力生产和供应业	85.8	0.7
皮革、毛皮、羽毛及其制品和制鞋业	65.1	0.5

续表

行业	R&D 经费内部支出（亿元）	R&D 经费内部支出占规模以上工业企业 R&D 经费内部支出比重（%）
木材加工和木、竹、藤、棕、草制品业	60.3	0.5
石油和天然气开采业	57.3	0.5
家具制造业	55.4	0.5
印刷和记录媒介复制业	53.9	0.4
其他制造业	32.6	0.3
有色金属矿采选业	31.2	0.3
烟草制品业	19.8	0.2
金属制品、机械和设备修理业	14.7	0.1
非金属矿采选业	11.9	0.1
燃气生产和供应业	11.1	0.1
水的生产和供应业	9.6	0.1
黑色金属矿采选业	7.3	0.1

资料来源：国家统计局社会科技和文化产业统计司、科学技术部战略规划司《中国科技统计年鉴2018》。

附表4-7　工业企业R&D经费外部支出行业分布（2017年）

行业	R&D 经费外部支出 总量（亿元）	R&D 经费外部支出 比重（%）	对研究机构支出占外部支出比重（%）	对高等学校支出占外部支出比重（%）	对其他机构支出占外部支出比重（%）
计算机、通信和其他电子设备制造业	172.9	24.8	66.5	1.4	32.1
汽车制造业	128.9	18.5	23.2	2.2	74.6
铁路、船舶、航空航天和其他运输设备制造业	72.2	10.3	35.4	7.6	57.1
医药制造业	68.9	9.9	47.4	8.7	43.9
电气机械和器材制造业	41.4	5.9	29.6	10.9	59.5
通用设备制造业	27.2	3.9	15.2	13.3	71.5
化学原料和化学制品制造业	21.9	3.1	41.4	29.1	29.5

续表

行业	R&D经费外部支出		对研究机构支出占外部支出比重（%）	对高等学校支出占外部支出比重（%）	对其他机构支出占外部支出比重（%）
	总量（亿元）	比重（%）			
电力、热力生产和供应业	19.6	2.8	31.3	18.9	49.8
专用设备制造业	16.0	2.3	21.1	21.2	57.7
石油和天然气开采业	13.4	1.9	14.7	22.3	62.9
黑色金属冶炼和压延加工业	13.0	1.9	33.7	25.8	40.5
农副食品加工业	9.9	1.4	25.5	39.3	35.2
仪器仪表制造业	9.4	1.3	11.1	11.3	77.6
食品制造业	9.3	1.3	16.8	20.6	62.7
煤炭开采和洗选业	9.1	1.3	30.3	31.6	38.0
橡胶和塑料制品业	7.2	1.0	28.5	17.2	54.3
石油加工、炼焦和核燃料加工业	7.2	1.0	32.1	15.0	52.9
金属制品业	6.9	1.0	26.4	27.5	46.1
非金属矿物制品业	6.5	0.9	36.2	28.9	34.9
有色金属冶炼和压延加工业	6.2	0.9	36.3	34.8	28.9
纺织业	4.4	0.6	34.5	24.0	41.5
烟草制品业	3.9	0.6	23.0	16.4	60.6
酒、饮料和精制茶制造业	3.6	0.5	33.6	33.5	32.9
纺织服装、服饰业	2.9	0.4	17.1	13.4	69.4
其他制造业	2.1	0.3	16.3	21.1	62.6
文教、工美、体育和娱乐用品制造业	2.1	0.3	34.8	27.0	38.2
化学纤维制造业	1.6	0.2	16.4	27.0	56.6
有色金属矿采选业	1.5	0.2	54.8	28.6	16.6
家具制造业	1.5	0.2	52.6	6.1	41.3
造纸和纸制品业	1.5	0.2	41.2	28.0	30.9
印刷和记录媒介复制业	0.9	0.1	14.4	26.9	58.7

续表

行业	R&D经费外部支出		对研究机构支出占外部支出比重（%）	对高等学校支出占外部支出比重（%）	对其他机构支出占外部支出比重（%）
	总量（亿元）	比重（%）			
皮革、毛皮、羽毛及其制品和制鞋业	0.9	0.1	20.1	32.1	47.8
木材加工和木、竹、藤、棕、草制品业	0.8	0.1	49.3	35.5	15.2
金属制品、机械和设备修理业	0.6	0.1	72.4	3.4	24.2
非金属矿采选业	0.5	0.1	11.6	63.4	25.0
黑色金属矿采选业	0.5	0.1	62.9	26.1	11.0
水的生产和供应业	0.4	0.1	18.6	9.7	71.6
燃气生产和供应业	0.2	0.0	3.0	9.9	87.0

资料来源：国家统计局社会科技和文化产业统计司、科学技术部战略规划司《中国科技统计年鉴2018》。

附表4-8 工业企业R&D项目合作形式（2017年）

按项目合作形式分组	项目数（项）	项目数占比（%）	项目经费内部支出（亿元）	项目经费内部占比（%）
与境外机构合作	2489	0.6	210.9	1.8
与境内高等学校合作	21588	4.9	674.3	5.6
与境内独立研究机构合作	12300	2.8	449.1	3.7
与境内注册外商独资企业合作	1216	0.3	36.0	0.3
与境内注册其他企业合作	15283	3.4	496.4	4.1
独立完成	385414	86.6	9956.4	83.0
其他	6739	1.5	167.1	1.4

资料来源：国家统计局。

附表 4-9 工业企业技术获取情况（2000—2017 年）

年份	引进技术经费支出（亿元）	消化吸收经费支出（亿元）	购买国内技术经费支出（亿元）	引进技术经费支出占R&D经费内部支出比重（%）	消化吸收经费支出占引进技术经费支出比重（%）	购买国内技术经费支出占引进技术经费支出比重（%）
2000	304.9	22.8	34.5	62.3	7.5	11.3
2004	397.4	61.2	82.5	36.0	15.4	20.8
2008	466.9	122.7	184.2	15.2	26.3	39.5
2009	422.2	182.0	203.4	11.2	43.1	48.2
2011	449.0	202.2	220.5	7.5	45.0	49.1
2012	393.9	156.8	201.7	5.5	39.8	51.2
2013	393.9	150.6	214.4	4.7	38.2	54.4
2014	387.5	143.2	213.5	4.2	36.9	55.1
2015	414.1	108.4	229.9	4.1	26.2	55.5
2016	475.4	109.2	208.0	4.3	23.0	43.8
2017	399.3	118.5	200.9	3.3	29.7	50.3

资料来源：全国全社会 R&D 资源清查办公室《全国 R&D 资源清查工业资料汇编 2000》；国家统计局《中国经济普查年鉴 2004》；国家统计局《中国经济普查年鉴 2008》；国家统计局《2009 第二次全国 R&D 资源清查资料汇编》；国家统计局、科学技术部《中国科技统计年鉴》2012—2018 年。

附表 5-1 普通高等学校 R&D 活动概况（2005—2017 年）

指标	年份												
	2005	2006	2007	2008	2009	2010	2011	2012	2013	2014	2015	2016	2017
学校数（所）	1792	1867	1908	2263	2305	2358	2409	2442	2491	2529	2560	2596	2631
R&D 机构数（个）	3936	4154	4502	5159	6082	7833	8630	9225	9842	10632	11732	13062	14971
专任教师（万人）	96.6	107.6	116.8	123.7	129.5	134.3	139.3	144.0	149.7	153.5	157.3	160.2	163.3
R&D 人员（万人）	—	—	—	—	50.9	59.4	63.2	67.8	71.5	76.3	83.9	85.2	91.4
R&D 人员占全国的比重（%）	—	—	—	—	16.0	16.8	15.7	14.7	14.2	14.3	15.3	14.6	14.7
R&D 人员全时当量（万人年）	22.7	24.2	25.4	26.6	27.5	29.0	29.9	31.4	32.5	33.5	35.5	36.0	38.2
R&D 人员全时当量占全国的比重（%）	16.6	16.1	14.6	13.5	12.0	11.3	10.4	9.7	9.2	9.0	9.4	9.3	9.5
R&D 经费（亿元）	242.3	276.8	314.7	390.2	468.2	597.3	688.8	780.6	856.7	898.1	998.6	1072.2	1266.0
#基础研究	56.7	71.4	86.8	114.8	145.5	179.9	226.7	275.7	307.6	328.6	391.0	432.5	531.1
应用研究	125.0	137.3	161.8	208.9	250.0	337.0	372.4	402.7	441.3	476.4	516.3	528.4	623.1
试验发展	60.6	68.2	66.1	66.5	72.6	80.3	89.8	102.2	107.8	93.1	91.3	111.4	111.8
#政府资金	133.1	151.5	177.7	225.5	262.2	358.8	405.1	474.1	516.9	536.5	637.3	687.8	804.5
企业资金	88.9	101.2	110.3	134.9	171.7	198.5	242.9	260.5	289.3	302.7	301.5	310.5	360.4
国外资金	4.0	3.8	4.8	4.8	4.8	5.4	6.0	6.0	5.5	5.5	5.2	6.1	5.9
其他资金	16.3	20.3	21.9	24.9	29.5	34.5	34.8	40.0	45.1	53.5	54.6	67.9	95.1

注："—"表示数据缺失。

资料来源：教育部发展规划司《中国教育统计年鉴》2005—2017 年；国家统计局、科学技术部《中国科技统计年鉴》2006—2018 年。

附表 5-2 部分国家高等学校 R&D 经费状况（2017 年）

国家	全国 R&D 经费（亿美元）	高等学校 R&D 经费（亿美元）	高校 R&D 经费占比（%）
美国	5432.5	708.3	13.0
中国	2604.9	187.3	7.2
日本	1561.3	187.6	12.0
德国	1116.2	195.0	17.4
韩国	697.0	59.1	8.5
法国	565.2	117.2	20.7
英国	438.9	104.2	23.8
意大利	263.2	63.7	23.9
加拿大	262.1	107.6	41.2
瑞典	178.2	45.4	25.0
荷兰	165.4	49.3	29.9
俄罗斯	174.7	15.8	9.0
丹麦	100.8	32.4	32.3

资料来源：OECD，Main Science and Technology Indicators 2018-2。

附表 5-3 部分国家高等学校 R&D 经费与 GDP 的比值（2005—2017 年） 单位：%

国家	年份												
	2005	2006	2007	2008	2009	2010	2011	2012	2013	2014	2015	2016	2017
芬兰	0.63	0.63	0.62	0.61	0.71	0.76	0.73	0.74	0.71	0.73	0.71	0.69	0.70
荷兰	0.63	0.60	0.59	0.63	0.68	0.70	0.62	0.62	0.63	0.64	0.65	0.61	0.59
德国	0.40	0.40	0.39	0.43	0.48	0.49	0.50	0.51	0.51	0.51	0.50	0.53	0.52
法国	0.38	0.39	0.39	0.41	0.46	0.47	0.46	0.47	0.46	0.47	0.45	0.49	0.45
英国	0.42	0.43	0.44	0.45	0.49	0.46	0.44	0.44	0.43	0.44	0.44	0.41	0.39
韩国	0.26	0.28	0.32	0.35	0.37	0.38	0.38	0.38	0.38	0.39	0.38	0.39	0.39
日本	0.44	0.43	0.44	0.40	0.45	0.42	0.45	0.45	0.47	0.45	0.43	0.39	0.38
美国	0.36	0.35	0.35	0.37	0.40	0.40	0.40	0.39	0.39	0.37	0.37	0.36	0.36
中国	0.13	0.12	0.12	0.12	0.13	0.15	0.15	0.15	0.15	0.14	0.15	0.14	0.15
俄罗斯	0.06	0.07	0.07	0.07	0.09	0.09	0.10	0.10	0.10	0.12	0.11	0.10	0.10
阿根廷	0.10	0.11	0.12	0.12	0.15	0.15	0.16	0.18	0.18	0.18	0.16	0.14	—

资料来源：OECD，Main Science and Technology Indicators 2018-2。

附表 5-4　高等学校论文、专利和技术市场交易（2005—2017 年）

指标	年份												
	2005	2006	2007	2008	2009	2010	2011	2012	2013	2014	2015	2016	2017
SCI 论文（篇）	49438	57286	64381	78079	89780	100772	113481	131356	161344	195093	219957	241406	273337
国内论文（篇）	234609	243485	305787	317884	340630	343027	335907	337216	330605	320530	319447	319647	311860
#基础学科	44916	47227	45410	47403	52398	45141	43732	38157	42033	36460	35802	36735	32523
医药卫生	74066	58657	101680	106382	116361	123660	123988	121808	118826	114381	115467	115710	113822
农林牧渔	14218	17244	17692	33407	30232	26561	20352	20248	18927	19332	20804	19996	19610
工业技术	97351	113177	126283	129525	131832	135132	132250	141893	136353	131580	132531	130982	129260
其他	4058	7180	14722	1167	9807	12533	15585	15110	14466	18777	14843	16224	16645
专利申请（件）	19921	22950	32680	45145	61579	79332	110136	132648	167656	184000	235000	314514	336185
#发明专利	14643	17312	23001	30808	37965	48294	63028	75688	98509	112056	133480	173049	179879
专利授权（件）	7399	10457	14773	19159	27947	43153	56484	77283	85038	92000	136000	149760	170421
#发明专利	4453	6198	8214	10265	14391	19036	26616	33821	33309	38088	57120	62311	75693
技术市场成交合同数（万项）	—	2.2	2.8	3.0	3.3	4.2	5.0	5.8	6.4	5.4	5.7	6.0	7.0
技术市场成交合同金额（亿元）	—	76.0	103.0	118.3	135.1	196.7	248.8	294.0	329.5	315.1	314.3	360.0	355.8

资料来源：中国科学技术信息研究所《中国科技论文统计与分析》2005—2017 年；国家统计局、科学技术部《中国科技统计年鉴》2006—2018 年。

附表 6-1　研究机构数量情况（2005—2017 年）　　　　　　　　　　　　单位：个

指标	年份												
	2005	2006	2007	2008	2009	2010	2011	2012	2013	2014	2015	2016	2017
研究机构数量	3901	3803	3775	3727	3707	3696	3673	3674	3651	3677	3650	3611	3547
#中央属研究机构	679	673	674	678	691	686	686	710	711	720	715	734	728
地方属研究机构	3222	3130	3101	3049	3016	3010	2987	2964	2940	2957	2935	2877	2819

资料来源：国家统计局、科学技术部《中国科技统计年鉴》2006—2018 年。

附表 6-2 研究机构人员情况（2005—2017 年）

指标	年份												
	2005	2006	2007	2008	2009	2010	2011	2012	2013	2014	2015	2016	2017
科技活动人员（万人）	45.6	46.2	47.8	48.8	50.7	49.6	51.9	54.7	56.8	58.0	58.8	60.5	60.5
R&D 人员（万人）	24.1	25.7	29.0	30.4	32.3	34.2	36.2	38.8	40.9	42.3	43.6	45.0	46.2
R&D 人员占科技活动人员比重（%）	52.9	55.6	60.7	62.3	63.7	69.0	69.7	70.9	72.0	72.9	74.1	74.4	76.4

资料来源：国家统计局、科学技术部《中国科技统计年鉴》2006—2018 年。

附表 6-3 研究机构的 R&D 人员投入情况（2005—2017 年）

指标	年份												
	2005	2006	2007	2008	2009	2010	2011	2012	2013	2014	2015	2016	2017
全国 R&D 人员（万人年）	136.5	150.3	173.6	196.5	229.1	255.4	288.3	324.7	353.3	371.1	375.9	387.8	403.4
研究机构 R&D 人员（万人年）	21.5	23.1	25.5	26.0	27.7	29.3	31.6	34.4	36.4	37.4	38.4	39.0	40.6
#基础研究	2.8	3.2	3.6	3.8	4.1	4.2	5.0	5.7	6.1	6.6	7.1	8.4	8.4
应用研究	8.3	8.9	9.3	9.7	10.3	10.9	11.3	12.1	13.0	12.8	13.1	12.7	14.3
试验发展	10.4	11.0	12.6	12.5	13.4	14.2	15.2	16.5	17.3	18.0	18.1	17.9	17.8
R&D 人员占全国 R&D 人员比重（%）	15.8	15.4	14.7	13.2	12.1	11.5	11.0	10.6	10.3	10.2	10.2	10.1	10.1

资料来源：国家统计局、科学技术部《中国科技统计年鉴》2006—2018 年。

附表 6-4 主要国家研究机构 R&D 人员占全国比重（2005—2017 年） 单位：%

国家	年份												
	2005	2006	2007	2008	2009	2010	2011	2012	2013	2014	2015	2016	2017
法国	14.2	13.9	13.6	13.6	13.6	12.6	12.3	12.1	12.0	11.6	11.5		11.2
德国	16.0	16.1	15.9	15.9	16.2	16.5	16.3	16.2	16.7	16.7	15.9	15.7	15.2

续表

国家	年份												
	2005	2006	2007	2008	2009	2010	2011	2012	2013	2014	2015	2016	2017
日本	7.0	6.9	6.9	7.0	7.2	7.0	7.2	7.4	7.1	6.9	6.9	7.1	7.0
韩国	7.8	8.0	7.8	7.4	8.3	8.0	7.8	8.3	8.6	8.3	8.6	8.5	8.0
英国	6.3	6.1	5.3	5.4	5.4	5.0	4.7	4.7	4.4	4.1	3.5	3.5	3.3
中国	18.6	18.1	17.0	15.4	16.1	15.3	14.4	13.8	13.2	12.9	13.1	13.0	13.2
俄罗斯	32.2	32.5	32.4	32.5	33.4	33.4	32.9	35.4	34.1	34.1	34.1	35.8	36.4

资料来源：OECD，R&D Statistics 2018。

附表 6-5 研究机构的 R&D 人员学位结构（2009—2017 年）

指标	年份								
	2009	2010	2011	2012	2013	2014	2015	2016	2017
R&D 人员（万人）	32.3	34.2	36.2	38.8	40.9	42.3	43.6	45.0	46.2
#博士毕业	3.5	4.2	4.9	5.7	6.3	6.8	7.3	7.9	8.2
硕士毕业	8.1	9.1	10.0	11.4	12.7	13.8	14.6	15.6	16.5
博士与硕士毕业人员占比（%）	35.9	38.9	41.4	44.1	46.5	48.1	50.5	52.2	53.4

资料来源：国家统计局、科学技术部《中国科技统计年鉴》2010—2018 年。

附表 6-6 研究机构的 R&D 经费情况（2005—2017 年） 单位：亿元

指标	年份												
	2005	2006	2007	2008	2009	2010	2011	2012	2013	2014	2015	2016	2017
全国 R&D 经费	2450.0	3003.1	3710.2	4616.0	5802.1	7062.6	8687.0	10298.4	11846.6	13015.6	14169.9	15676.8	17606.1
研究机构 R&D 经费	513.1	567.3	687.9	811.3	996.0	1186.4	1306.7	1548.9	1781.4	1926.2	2136.5	2260.2	2435.7
#基础研究	58.0	67.9	74.7	92.7	110.6	129.9	160.2	197.9	221.6	258.9	295.3	337.4	384.4
应用研究	176.3	196.2	227.1	271.3	350.9	387.6	417.2	469.3	525.8	552.9	618.4	642.1	699.4
试验发展	278.7	303.2	386.1	447.2	534.4	668.9	729.3	881.7	1034.0	1114.4	1222.8	1280.7	1351.9
#政府资金	424.7	481.2	592.9	699.7	849.5	1036.5	1106.1	1292.7	1481.2	1581.0	1802.7	1851.6	2025.9
企业资金	17.6	17.3	26.2	28.2	29.8	34.2	39.9	47.4	60.9	62.9	65.4	90.4	91.9

续表

指标	年份												
	2005	2006	2007	2008	2009	2010	2011	2012	2013	2014	2015	2016	2017
国外资金	1.8	2.6	3.4	4.0	4.2	3.4	4.9	5.1	5.7	9.1	5.0	3.9	4.4
其他资金	68.1	66.1	65.3	79.3	112.4	112.2	155.8	203.8	233.5	273.8	263.4	314.2	313.6

资料来源：国家统计局、科学技术部《中国科技统计年鉴》2006—2018 年。

附表 6-7　主要国家研究机构 R&D 经费占全国比重（2005—2017 年）　　单位：%

国家	年份												
	2005	2006	2007	2008	2009	2010	2011	2012	2013	2014	2015	2016	2017
法国	17.8	16.5	16.4	16.0	16.3	14.0	13.9	13.2	13.1	12.7	12.8	12.9	12.7
德国	14.1	13.9	13.9	14.0	14.8	14.8	14.5	14.3	14.9	14.6	14.1	13.8	13.4
日本	8.3	8.3	7.8	8.3	9.2	9.0	8.4	8.6	9.2	8.3	7.9	7.5	7.8
韩国	11.9	11.6	11.7	12.1	13.0	12.7	11.7	11.3	10.9	11.2	11.7	11.5	10.7
英国	10.6	10.0	9.2	9.2	9.2	9.5	8.6	8.0	7.9	7.3	6.6	6.6	6.5
美国	12.3	12.0	11.8	11.3	12.0	12.7	12.8	12.3	11.5	11.4	11.0	10.2	9.7
中国	21.8	19.7	19.2	18.3	18.7	18.1	16.3	16.3	16.2	15.8	16.2	15.7	15.2
俄罗斯	26.1	27.0	29.1	30.1	30.3	31.0	29.8	32.2	30.3	30.5	31.1	32.0	30.4

资料来源：OECD，R&D Statistics 2018。

附表 6-8　主要国家研究机构 R&D 经费中劳动力成本所占比重（2005—2016 年）　　单位：%

国家	年份											
	2005	2006	2007	2008	2009	2010	2011	2012	2013	2014	2015	2016
法国	42.4	45.0	46.2	47.3	47.1	53.5	52.3	54.4	55.0	55.3	—	—
德国	51.0	50.4	49.3	48.1	48.3	49.0	48.2	49.4	49.8	50.5	51.6	52.5
日本	33.2	31.9	33.8	30.7	30.1	30.4	32.4	30.4	26.5	29.5	31.5	33.7
韩国	30.3	31.1	32.4	29.3	26.8	25.9	27.6	26.7	27.1	26.4	26.7	27.9
中国	19.1	19.6	20.2	19.7	20.3	19.2	20.7	21.1	20.9	20.8	21.4	22.3
俄罗斯	52.6	54.8	55.8	60.3	—	60.1	—	60.1	62.5	61.6	60.0	58.6

注："—"表示数据缺失。

资料来源：OECD，R&D Statistics 2018。

附表 6-9　主要国家研究机构 R&D 经费中资本性支出所占比重（2005—2016 年）　　　单位：%

国家	年份											
	2005	2006	2007	2008	2009	2010	2011	2012	2013	2014	2015	2016
法国	11.5	11.7	13.0	11.3	12.0	13.5	14.7	12.0	11.9	10.8	—	—
德国	16.9	16.0	17.2	16.6	18.8	18.4	19.7	17.2	16.8	16.7	15.2	14.0
日本	16.3	17.4	14.7	14.7	18.4	17.6	16.9	18.8	23.2	16.9	11.6	14.7
韩国	17.3	18.7	23.5	25.4	24.5	27.6	25.6	29.2	28.6	30.6	28.2	24.3
英国	12.2	12.2	18.3	18.1	17.8	18.3	21.2	10.7	16.3	14.4	15.0	—
美国	2.0	1.5	1.3	1.2	2.2	3.2	1.4	1.0	1.3	1.5	2.3	1.7
中国	22.3	25.1	23.7	25.8	29.3	29.1	25.5	24.6	24.2	24.2	20.7	20.6
俄罗斯	6.3	5.1	5.3	5.6	5.9	6.3	6.2	6.4	5.8	5.2	6.6	7.5

注："—"表示数据缺失。

资料来源：OECD，R&D Statistics 2018。

附表 6-10　主要国家研究机构基础研究经费占 R&D 经费的比重（2005—2017 年）　　　单位：%

国家	年份												
	2005	2006	2007	2008	2009	2010	2011	2012	2013	2014	2015	2016	2017
法国	21.9	23.5	24.7	25.7	25.8	21.4	21.9	22.2	23.4	23.0	23.9	—	—
德国	—	51.1	—	—	—	54.6	—	—	54.6	58.0	58.0	58.0	—
日本	23.6	20.4	22.6	21.0	21.4	20.1	22.2	22.4	21.0	22.3	20.6	23.2	21.9
韩国	23.0	21.6	26.5	24.0	27.8	30.5	33.5	36.6	35.5	33.8	35.5	29.3	26.1
英国	31.9	31.9	31.9	31.9	31.9	50.5	49.3	47.5	46.8	45.5	41.9	42.0	—
美国	24.5	23.6	22.2	22.6	19.5	18.4	21.2	21.1	18.3	18.4	18.5	19.9	19.9
中国	11.2	12.0	10.8	11.4	11.1	11.0	12.5	12.9	12.5	13.4	13.7	14.8	15.5

注："—"表示数据缺失。

资料来源：OECD，R&D Statistics 2018。

附表 6-11　研究机构科技论文产出情况（2005—2017 年）　　　单位：篇

指标	年份												
	2005	2006	2007	2008	2009	2010	2011	2012	2013	2014	2015	2016	2017
国内论文	38101	42354	47189	49906	56099	57022	58160	55656	60149	57600	56705	56447	57065
SCI 论文	12632	13406	14284	15924	17169	18941	20685	23739	23734	29620	29749	30959	32370

资料来源：中国科学技术信息研究院《中国科技论文统计与分析》2005—2017 年。

附表 6-12　研究机构专利申请与专利授权情况（2005—2017 年）　　　　　　　　单位：件

指标	年份												
	2005	2006	2007	2008	2009	2010	2011	2012	2013	2014	2015	2016	2017
专利申请量	9746	9878	14119	18612	21271	26962	37910	45119	53032	55861	64476	78274	76580
#发明	6726	6845	9748	12435	14332	18254	25222	29518	36582	39625	44545	55076	53308
实用新型	2661	2691	3598	4724	6022	7474	10512	12786	14360	15044	18830	21535	22089
外观设计	359	342	773	1453	917	1234	2176	2815	2090	1192	1101	1663	1183
专利授权量	4192	5313	6558	8344	10269	14268	17777	19852	24878	26580	33651	34920	37805
#发明	2423	2553	3173	3945	5299	6557	9238	11248	12284	13573	19243	20109	22369
实用新型	1599	2484	3101	4161	4503	7074	8016	7754	11319	12238	13680	13908	14617
外观设计	170	276	284	238	467	637	523	850	1275	769	728	903	819

资料来源：国家知识产权局《专利统计年报》2005—2017 年。

附表 6-13　研究机构技术市场成交合同数情况（2006—2017 年）

指标	年份											
	2006	2007	2008	2009	2010	2011	2012	2013	2014	2015	2016	2017
全国总成交合同数（项）	205845	220868	226343	213752	229601	256428	282242	294929	297037	307132	320437	367586
研究机构作为卖方成交合同数（项）	39249	42695	44477	30858	29673	31833	36140	33118	29328	40663	30804	35054
占全国总成交合同数的比重（%）	19.07	19.33	19.65	14.44	12.92	12.41	12.80	11.23	9.87	13.24	9.61	9.54

资料来源：国家统计局、科学技术部《中国科技统计年鉴》2007—2018 年。

附表 6-14　研究机构技术市场成交合同金额情况（2006—2017 年）

指标	年份											
	2006	2007	2008	2009	2010	2011	2012	2013	2014	2015	2016	2017
全国技术市场合同成交金额（亿元）	1818.2	2226.5	2665.2	3039.0	3906.6	4763.6	6437.1	7469.1	8577.2	9835.8	11407.0	13424.2
研究机构作为卖方成交合同金额（亿元）	127.7	131.3	147.2	191.4	199.0	261.4	403.0	501.0	458.8	560.4	705.2	866.8
占全国总成交合同金额的比重（%）	7.0	5.9	5.5	6.3	5.1	5.5	6.3	6.7	5.3	5.7	6.2	6.5

资料来源：国家统计局、科学技术部《中国科技统计年鉴》2007—2018 年。

附表 7-1 高技术产业基本情况（2009—2017 年）

产业	年份								
	2009	2010	2011	2012	2013	2014	2015	2016	2017
全部制造业									
企业数（个）	405183	422532	301489	318772	343584	352365	358665	355518	350430
主营业务收入（亿元）	471870	606300	729264	805662	909453	978230	992674	1047711	1019598
高技术产业									
企业数（个）	27218	28189	21682	24636	26894	27939	29631	30798	32027
主营业务收入（亿元）	59567	74483	87527	102284	116049	127368	139969	153796	159376
航空、航天器及设备制造业									
企业数（个）	220	237	224	304	318	338	382	425	—
主营业务收入（亿元）	1323	1592	1934	2330	2853	3028	3413	3802	—
计算机及办公设备制造业									
企业数（个）	1676	1642	1313	1387	1565	1629	1695	1725	1861
主营业务收入（亿元）	16432	19958	21164	22045	23214	23499	19408	19760	20617
电子及通信设备制造业									
企业数（个）	12831	13425	10220	12215	13465	13973	14634	15383	16290
主营业务收入（亿元）	28466	35984	43206	52799	60634	67584	78310	87305	93452
医疗仪器设备及仪器仪表制造业									
企业数（个）	5684	5846	3999	4343	4707	4891	5062	5269	5499
主营业务收入（亿元）	4259	5531	6739	7772	8863	9907	10472	11652	12067
医药制造业									
企业数（个）	6807	7039	5926	6387	6839	7108	7392	7541	7532
主营业务收入（亿元）	9087	11417	14484	17338	20484	23350	25730	28206	27117
信息化学品制造业									
企业数（个）							466	455	391
主营业务收入（亿元）							2637	3072	2571

注：本表数据口径为规模以上工业企业。

资料来源：国家统计局《中国统计年鉴》2010—2018 年；国家统计局、科学技术部《中国科技统计年鉴》2010—2018 年。

附表 7-2 高技术产业主要科技指标（2009—2017 年）

指标	年份								
	2009	2010	2011	2012	2013	2014	2015	2016	2017
全部制造业									
R&D 人员全时当量（万人年）	120.76	127.54	182.38	212.66	236.31	251.25	252.3	258.6	262.56
R&D 经费（亿元）	3014.24	3771.33	5692.38	6840.84	7942.44	8870.69	9628.44	10551.42	11593.7
技术引进经费（亿元）	383.69	377.25	397.04	370.05	365.92	356.55	364.47		
新产品销售收入（亿元）	57177.59	72305.16	99031.9	108576.38	126451.55	141237.37	149305.05	172847.77	189182.46
有效发明专利数（件）	78905	109721	196521	270841	327725	436570	558163	747536	907289
高技术产业									
R&D 人员全时当量（万人年）	38.92	39.91	51.12	62.32	67.02	70.14	72.70	73.07	74.73
R&D 经费（亿元）	892.12	967.83	1440.91	1733.81	2034.34	2274.27	2626.66	2915.75	3182.57
技术引进经费（亿元）	68.47	68.78	69.65	76.22	58.23	63.10	75.69	103.21	64.62
新产品销售收入（亿元）	13736.72	16364.76	22473.35	25571.04	31229.61	35494.17	41413.49	47924.24	53547.11
有效发明专利数（件）	41170	50166	82240	115799	138785	180601	241404	316694	379615
航空航天器及设备制造业									
R&D 人员全时当量（万人年）	2.33	2.82	3.23	4.31	4.79	4.1	4.58	3.74	
R&D 经费（亿元）	66.26	92.84	149.59	170.14	174.71	194.05	180.59	180.32	
技术引进经费（亿元）	2.78	6.49	2.11	0.97	1.63	2.9	1.38	2.97	
新产品销售收入（亿元）	276.09	472.16	527.01	639.13	756.61	1118.51	1380.13	1533.66	
有效发明专利数（件）	622	700	1494	2153	3133	3805	6234	6852	
计算机及办公设备制造业									
R&D 人员全时当量（万人年）	3.95	6.85	4.92	6.28	5.99	6.02	5.71	4.9	5.78
R&D 经费（亿元）	104.81	117.57	158.06	169.4	148.48	155.56	173.82	178.65	199.51
技术引进经费（亿元）	5.83	3.66	1	2.63	2.09	0.62	0.46	0.3	1.06
新产品销售收入（亿元）	2300.94	4421.47	6808.54	6717.33	5737.42	5715.92	5494.05	5464.12	6734.25
有效发明专利数（件）	5016	7552	11153	16216	14349	13720	9832	14506	20696
电子及通信设备制造业									
R&D 人员全时当量（万人年）	20.97	21.15	27.21	34.07	35.69	38.07	40.25	41.68	43.63

续表

指标	年份								
	2009	2010	2011	2012	2013	2014	2015	2016	2017
R&D 经费（亿元）	501.15	572.41	790.49	954.09	1170.33	1323.95	1545.46	1767.03	1966.97
技术引进经费（亿元）	49.84	47.47	54.03	58.09	39.17	45.44	61.44	88.57	52.29
新产品销售收入（亿元）	8698.17	9071.49	11518.13	13695.44	19390.72	22322.12	26700.26	31820.65	35983.68
有效发明专利数（件）	24562	33677	51234	71584	88636	119115	167800	224917	267016
医疗仪器设备及仪器仪表制造业									
R&D 人员全时当量（万人年）	4.67	3.56	6.41	7	8.23	8.56	8.35	8.63	8.58
R&D 经费（亿元）	85.36	62.39	131.53	156.87	193.16	210.41	240	249.9	274.94
技术引进经费（亿元）	4.38	6.32	6.35	8.92	9.52	9.78	5.96	6.68	4.31
新产品销售收入（亿元）	869.04	724.12	1302.62	1590.53	1738.69	2035.8	2179.26	2501.43	2750.82
有效发明专利数（件）	4953	2565	7853	10788	13109	19162	24140	30104	37388
医药制造业									
R&D 人员全时当量（万人年）	7.01	5.52	9.35	10.67	12.32	13.39	12.86	13.06	12.15
R&D 经费（亿元）	134.54	122.63	211.25	283.31	347.66	390.32	441.46	488.47	534.18
技术引进经费（亿元）	5.64	4.84	6.16	5.6	5.81	4.36	5.92	4.66	4.41
新产品销售收入（亿元）	1592.46	1675.53	2317.04	2928.6	3606.17	4301.83	4736.27	5422.75	5713.25
有效发明专利数（件）	6017	5672	10506	15058	19558	24799	31259	37463	41673
信息化学品制造业									
R&D 人员全时当量（万人年）							0.95	1.06	0.9
R&D 经费（亿元）							45.33	51.37	47.83
技术引进经费（亿元）							0.53	0.03	0.3
新产品销售收入（亿元）							923.52	1181.63	830.21
有效发明专利数（件）							2139	2852	3145

注：2010 年数据与制造业 2009 年数据口径为大中型工业企业，其余数据口径为规模以上工业企业。

资料来源：国家统计局《中国统计年鉴》2010—2018 年；国家统计局、国家发展和改革委员会、科学技术部《中国高技术产业统计年鉴》2010—2017 年。

附表 7-3 高技术产品进出口贸易（2005—2017 年）

类别	年份												
	2005	2006	2007	2008	2009	2010	2011	2012	2013	2014	2015	2016	2017
商品出口总额（亿美元）	7620	9689	12180	14307	12016	15779	18986	20490	22100	23427	22749	20974	22635
#工业制成品（亿美元）	7130	9160	11565	13527	11385	14962	17980	19484	21027	22300	21710	19925	21458
占商品出口总额的比重（%）	93.6	94.5	95.0	94.6	94.7	94.8	94.7	95.1	95.1	95.2	95.4	95.0	94.8
#高技术产品（亿美元）	2182	2815	3478	4156	3769	4924	5488	6012	6603	6605	6553	6042	6708
占商品出口总额的比重（%）	28.6	29.0	28.6	29.0	31.4	31.2	28.9	29.3	29.9	28.2	28.8	28.8	29.6
占工业制成品出口额的比重（%）	30.6	30.7	30.1	30.7	33.1	32.9	30.5	30.9	31.4	29.6	30.2	30.3	31.3
商品进口总额（亿美元）	6601	7915	9558	11326	10059	13948	17433	18178	19503	19603	16820	15875	18410
#工业制成品（亿美元）	5124	6043	7128	7702	7161	9623	11391	11832	12927	13129	12089	11475	12639
占商品进口总额的比重（%）	77.6	76.4	74.6	68.0	71.2	69.0	65.3	65.1	66.3	67.0	71.9	72.3	68.7
#高技术产品（亿美元）	1977	2473	2870	3418	3099	4127	4632	5069	5582	5514	5493	5237	5867
占商品进口总额的比重（%）	30.0	31.2	30.0	30.2	30.8	29.6	26.6	27.9	28.6	28.1	32.7	33.0	31.9
占工业制成品进口额的比重（%）	38.6	40.9	40.3	44.3	43.3	42.9	40.7	42.8	43.2	42.0	45.4	45.6	46.4
贸易差额（亿美元）	1019	1775	2622	2981	1957	1831	1553	2312	2597	3824	5930	5100	4225
#工业制成品（亿美元）	2006	3117	4437	5826	4224	5339	6590	7652	8100	9171	9620	8450	8819
#高技术产品（亿美元）	205	342	608	738	671	797	856	943	1021	1091	1060	805	841

资料来源：国家统计局、科学技术部《中国科技统计年鉴》2006—2018 年。

附表 7-4　高技术产品进出口额按技术领域分布（2013—2017 年）　　　单位：亿美元

技术领域	2013年		2014年		2015年		2016年		2017年	
	出口额	进口额	出口额	进口额	出口额	进口额	出口额	进口额	出口额	进口额
合计	6603.3	5581.9	6605.4	5513.8	6553.0	5492.9	6042	5237	6708	5867
计算机与通信技术	4390.9	1274.2	4587.4	1212.2	4418.9	1169.2	4091.3	1073.8	4607	1140
生命科学技术	225.8	219	239.4	250.8	245.9	267.1	247.4	283.2	280.4	330.8
电子技术	1367.9	2799.6	1145.7	2693.2	1255.4	2786.6	1115.3	2723.8	1200.1	3093.3
计算机集成制造技术	109.6	334.6	129.4	386.1	125.1	358.5	132.6	362.8	145.5	458
航空航天技术	51.1	301.9	65.5	357.6	73.3	349.7	71.6	311.4	72.6	351.4
光电技术	393.3	581.3	363.0	542.5	357.3	493.7	306.2	419.8	314.6	422.7
生物技术	6.1	7.8	6.5	10.4	6.9	11.3	6.5	12.8	7.0	17.7
材料技术	51.6	53.5	61.0	54.8	62.3	48.1	63.0	40.4	73.0	42.3
其他技术	7.1	10.1	7.6	6.2	8.0	8.8	8.1	9.0	7.8	10.8

资料来源：国家统计局、科学技术部《中国科技统计年鉴》2014—2018 年。

附表 7-5　高技术产品进出口额按贸易方式分布（2013—2017 年）　　　单位：百万美元

贸易方式	2013年		2014年		2015年		2016年		2017年	
	出口额	进口额	出口额	进口额	出口额	进口额	出口额	进口额	出口额	进口额
合计	660330	558193	660543	551384	655296	549291	604173	523724	670815	586732
一般贸易	110728	135145	131153	150312	149441	151871	157712	164410	172278	190653
国家间、国际组织无偿援助和赠送的物资	171	10	176	26	209	6	170	6	110	1
其他捐赠物资	1	1	1	2	2	41	1	1	1	3
来料加工装配贸易	28361	33878	26347	36086	26002	38824	22260	37416	28938	37333
进料加工贸易	403055	208922	412760	210984	387224	202484	346844	181585	385776	212163
边境小额贸易	1237	1	1806	1	874	1	897	1	862	1
加工贸易进口设备		736		484		501		320		573
对外承包工程出口货物	1068		1238		1137		790		1303	
租赁贸易	13	8077	15	10081	8	9818	17	2797	58	1683
外商投资企业作为投资进口的设备、物品		4704		5042		3739		2132		2501

续表

贸易方式	2013年		2014年		2015年		2016年		2017年	
	出口额	进口额	出口额	进口额	出口额	进口额	出口额	进口额	出口额	进口额
出料加工贸易	67	80	90	118	85	116	75	101	59	93
保税监管场所进出境货物	9099	10063	13610	24066	12894	23402	8617	32379	8051	33310
特殊监管区域物流货物	106260	142730	72355	109171	75716	112385	63695	97828	70432	102294
特殊监管区域进口设备		3053		3921		5139		3405		4826
其他	269	865	990	1090	1705	963	3095	1343	2947	1298

资料来源：国家统计局、科学技术部《中国科技统计年鉴》2014—2018。

附表7-6 国家高新技术产业开发区主要经济指标（2003—2017年）

年份	企业数（个）	年末从业人员（万人）	总收入（亿元）	工业总产值（亿元）	净利润（亿元）	实际上缴税额（亿元）	出口创汇（亿美元）
2003	32857	395.4	20938.7	17257.4	1129.4	990.0	510.2
2004	38565	448.4	27466.3	22638.9	1422.8	1239.6	823.8
2005	41990	521.2	34415.6	28957.6	1603.2	1615.8	1116.5
2006	45828	573.7	43320.0	35899.0	2128.5	1977.1	1361.0
2007	48472	650.2	54925.2	44376.9	3159.3	2614.1	1728.1
2008	52632	716.5	65985.7	52684.7	3304.2	3198.7	2015.2
2009	53692	810.5	78706.9	61151.4	4465.4	3994.6	1007.2
2010	55243	960.3	105917.3	84318.2	6855.4	5446.8	1648.0
2011	57033	1073.6	133425.1	105679.6	8484.2	6816.7	3180.6
2012	63926	1269.5	165689.9	128603.9	10243.2	9580.5	3760.4
2013	71180	1460.2	199648.9	151367.6	12443.6	11043.1	4133.3
2014	74275	1527.2	226754.5	169936.9	15052.5	13202.1	4351.4
2015	82712	1719.0	253662.8	186018.3	16094.8	14240.0	4732.7
2016	91093	1805.9	276559.4	196838.7	18535.1	15609.3	4389.5
2017	103631	1940.7	307057.5	202826.6	21420.4	17251.2	4780.7

资料来源：科学技术部火炬高技术产业开发中心《中国火炬统计年鉴2018》。

附表 7-7 国家高新技术产业开发区主要经济指标（2017年）

地区	企业数（个）	年末从业人员（万人）	总收入（亿元）	工业总产值（亿元）	净利润（亿元）	实际上缴税额（亿元）	出口创汇（亿美元）
总计	103631	1940.7	307057.5	202826.6	21420.4	17251.2	32292.0
北京中关村	22013	262.0	53025.8	10796.0	3691.1	2598.4	2084.4
天津滨海	4073	35.3	4472.5	2359.3	234.5	207.8	367.3
石家庄	822	12.4	1754.8	1056.2	126.8	100.8	69.1
唐山	212	1.7	116.7	111.7	7.7	7.5	7.9
保定	414	13.1	2038.5	1308.3	88.7	101.4	46.7
承德	46	1.5	153.2	136.0	5.9	8.4	1.5
燕郊	221	3.6	580.4	468.6	4.1	32.1	5.8
太原	1143	12.2	2034.3	1674.2	36.7	42.6	9.3
长治	68	4.3	305.1	279.5	20.6	34.2	0.4
呼和浩特	26	5.7	702.6	109.6	56.6	54.2	0.0
包头	558	9.6	1091.4	949.5	44.0	38.0	21.7
鄂尔多斯	23	1.1	122.4	140.3	16.2	12.0	10.1
沈阳	755	10.4	1256.9	528.9	82.9	61.0	82.1
大连	1220	19.4	2252.3	1139.0	99.0	93.8	308.4
鞍山	289	3.8	685.2	643.4	76.5	51.7	28.6
本溪	56	0.7	31.9	32.1	1.1	4.7	2.0
锦州	82	2.2	283.2	257.7	14.6	11.5	23.9
营口	110	2.3	344.7	336.8	13.2	9.1	63.9
阜新	101	1.7	99.0	100.1	4.0	4.0	7.7
辽阳	49	4.5	1194.4	564.7	47.6	83.4	10.4
长春	877	17.8	5053.5	4700.0	557.8	720.9	135.3
长春净月	677	11.9	916.5	622.1	115.5	45.8	61.2
吉林	438	7.0	877.3	815.1	37.8	138.6	8.1
通化	63	1.2	128.5	142.4	19.0	11.8	1.1
延吉	205	1.2	191.1	187.7	8.9	72.6	0.3
哈尔滨	365	8.6	1695.2	794.2	35.1	105.5	139.9
齐齐哈尔	63	2.1	159.4	166.8	-4.1	18.0	4.9
大庆	533	11.7	2592.8	2151.7	190.9	178.2	30.2
上海张江	5345	106.3	19258.0	11084.4	1883.3	1147.5	2631.1
上海紫竹	138	2.7	511.9	164.3	81.6	41.0	37.5

续表

地区	企业数（个）	年末从业人员（万人）	总收入（亿元）	工业总产值（亿元）	净利润（亿元）	实际上缴税额（亿元）	出口创汇（亿美元）
南京	1319	30.6	5739.5	4742.1	383.4	354.9	556.7
无锡	1099	26.3	3813.8	3533.9	264.9	186.4	1409.0
江阴	244	8.3	1648.7	1261.3	57.6	55.4	245.7
徐州	180	6.1	984.3	839.6	72.3	50.9	38.3
常州	1182	17.3	2283.3	2080.7	159.2	111.7	420.7
武进	420	11.9	1407.8	1014.0	143.3	99.3	164.0
苏州	1195	23.3	3207.8	2823.4	153.5	109.2	1565.8
昆山	775	18.8	1664.8	1559.0	94.2	78.2	553.9
常熟	465	7.6	995.4	959.7	51.5	45.1	247.8
南通	436	9.8	2527.6	1485.7	289.1	103.0	338.9
连云港	127	4.7	495.2	566.3	99.0	67.8	28.3
淮安	192	2.4	190.0	194.3	5.9	8.8	8.5
盐城	239	6.0	675.4	644.9	69.4	33.5	58.1
扬州	154	4.1	508.5	521.0	37.9	30.9	31.0
镇江	447	6.3	755.4	590.9	26.0	26.6	76.3
泰州	374	6.0	1114.1	1107.5	60.2	62.8	14.7
宿迁	152	3.2	270.5	259.2	8.2	9.1	23.8
杭州	2015	32.5	5480.0	3312.2	535.9	354.4	440.9
萧山临江	426	7.5	1265.8	1183.1	65.8	70.1	57.6
宁波	623	19.9	3638.0	1955.3	195.7	228.8	405.9
温州	455	8.4	447.0	462.8	28.3	26.7	56.8
嘉兴	136	5.7	634.0	521.2	79.9	34.6	152.7
莫干山	249	4.4	475.3	459.1	33.1	21.3	107.1
绍兴	294	12.7	579.9	314.2	18.0	23.1	67.4
衢州	234	6.0	782.0	763.8	56.4	36.6	78.8
合肥	1294	24.2	4596.7	3680.6	422.1	422.2	719.8
芜湖	291	9.8	1342.0	1391.9	78.3	60.1	102.4
蚌埠	354	6.4	1168.6	1166.3	65.2	64.1	28.3
马鞍山慈湖	182	3.8	979.5	743.7	36.0	26.5	44.0
铜陵狮子山	80	1.2	92.7	74.6	2.4	3.6	2.7
福州	225	7.1	889.5	842.5	54.9	27.2	247.4
厦门	1088	21.3	2844.7	2475.9	150.2	145.0	1010.4

续表

地区	企业数（个）	年末从业人员（万人）	总收入（亿元）	工业总产值（亿元）	净利润（亿元）	实际上缴税额（亿元）	出口创汇（亿美元）
莆田	178	5.2	621.8	617.3	53.5	11.7	34.8
三明	130	2.2	392.1	444.2	6.6	6.1	12.4
泉州	263	8.1	733.1	849.5	46.9	33.1	56.9
漳州	415	9.9	951.2	930.1	91.7	58.7	138.9
龙岩	180	3.4	329.0	341.3	18.5	15.3	10.9
南昌	466	13.5	2852.3	2422.2	127.3	199.9	213.9
景德镇	222	7.0	1000.3	920.5	26.8	31.7	70.9
新余	237	6.3	1247.5	1234.3	63.5	31.5	71.6
鹰潭	120	2.7	608.9	606.3	30.7	18.0	15.0
赣州	131	1.8	339.1	334.5	20.5	8.0	27.0
吉安	137	4.0	402.8	391.5	26.1	16.7	69.0
抚州	197	4.0	560.6	514.6	35.0	32.8	20.6
济南	933	28.4	4037.7	2611.2	262.2	242.5	421.5
青岛	415	13.9	2690.8	2108.6	213.9	154.6	375.7
淄博	458	11.4	2124.3	2057.3	122.8	212.0	151.0
枣庄	145	3.2	291.4	268.8	14.9	6.6	10.8
黄河三角洲	28	0.5	373.7	206.5	6.6	5.7	0.1
烟台	306	6.1	685.1	490.4	44.0	34.6	64.0
潍坊	584	16.0	3504.4	2449.5	212.3	142.0	257.4
济宁	577	17.7	2466.8	2275.5	120.3	87.1	161.3
泰安	319	5.2	490.9	500.6	39.7	23.2	26.7
威海	297	12.3	1532.0	1410.8	143.0	82.1	325.0
莱芜	142	1.4	188.2	204.4	6.2	3.7	10.5
临沂	369	5.1	653.1	657.4	31.3	14.6	22.3
德州	166	2.4	306.1	311.4	12.8	8.6	21.8
郑州	1445	23.1	2661.0	1588.3	171.5	106.9	196.9
洛阳	812	17.6	1760.0	1405.9	46.0	73.7	91.7
平顶山	88	1.6	309.0	239.5	12.8	12.9	2.7
安阳	319	6.6	734.6	577.9	39.0	68.3	10.9
新乡	237	6.5	819.5	796.0	109.4	25.4	44.7
焦作	112	4.2	433.8	395.2	18.7	6.5	2.0
南阳	178	4.6	315.1	259.7	20.6	14.2	20.5

续表

地区	企业数（个）	年末从业人员（万人）	总收入（亿元）	工业总产值（亿元）	净利润（亿元）	实际上缴税额（亿元）	出口创汇（亿美元）
武汉	3052	55.5	12012.5	5581.3	845.2	573.8	1091.1
宜昌	277	11.2	1317.2	853.3	81.2	44.8	100.5
襄阳	826	17.6	3152.7	2996.8	268.8	140.5	68.4
荆门	493	11.3	1444.5	1527.0	127.6	56.4	51.2
孝感	464	8.3	1119.6	1126.7	50.0	54.8	17.8
黄冈	199	3.4	290.5	357.3	16.1	8.7	25.5
咸宁	411	6.6	868.9	1070.5	48.7	32.1	31.2
随州	282	5.3	601.9	631.3	37.9	16.7	39.8
仙桃	326	8.4	645.8	650.5	27.0	14.1	31.4
长沙	1340	36.4	5519.2	4549.8	415.7	281.9	494.3
株洲	327	15.7	2164.9	1866.5	126.8	103.2	85.4
湘潭	359	8.4	1525.8	1280.7	77.9	39.3	279.1
衡阳	164	5.5	698.9	622.0	26.9	23.2	82.4
常德	259	3.5	350.9	361.3	19.2	10.4	10.9
益阳	336	4.5	722.8	688.1	26.1	23.5	29.4
郴州	58	1.8	214.3	188.1	5.3	3.6	57.9
广州	3827	54.2	7131.8	4167.4	474.6	337.9	783.8
深圳	2091	48.7	7271.2	4333.1	956.8	477.4	1425.1
珠海	904	23.5	2395.6	1826.7	314.0	165.9	633.6
汕头	409	7.1	466.8	322.5	28.7	21.0	39.5
佛山	1325	29.6	4198.4	3927.7	326.0	191.0	537.6
江门	402	8.7	823.4	807.7	48.4	36.4	198.5
肇庆	201	5.5	596.8	598.8	27.0	18.0	53.8
惠州	465	20.2	2672.6	2645.6	134.4	95.3	1445.0
源城	121	4.9	478.0	469.0	15.9	13.8	102.9
清远	175	6.8	524.8	455.9	30.1	21.4	62.2
东莞	572	9.0	3280.0	3088.1	192.4	116.3	792.1
中山	575	14.5	1560.5	1504.3	63.6	65.8	661.4
南宁	801	21.4	2542.1	1629.6	163.0	79.9	237.5
柳州	330	10.8	2315.7	2091.7	79.8	124.2	46.4
桂林	517	13.3	875.1	843.5	53.1	53.5	52.8
北海	75	3.2	740.3	721.1	92.7	12.9	115.0

续表

地区	企业数（个）	年末从业人员（万人）	总收入（亿元）	工业总产值（亿元）	净利润（亿元）	实际上缴税额（亿元）	出口创汇（亿美元）
海口	226	4.3	451.6	371.4	19.6	50.8	21.4
重庆	1209	22.2	3465.1	2917.2	286.8	254.5	317.2
璧山	214	6.3	507.2	518.7	28.5	17.7	52.4
成都	1914	38.5	5927.6	4234.8	514.8	286.8	1711.7
自贡	192	3.4	427.8	438.7	16.8	22.9	20.2
攀枝花	93	1.5	284.2	392.0	17.9	8.8	10.5
泸州	343	5.0	661.0	521.9	30.4	25.9	2.0
德阳	195	3.1	525.6	527.6	25.3	14.7	5.9
绵阳	196	11.8	1316.6	1612.4	25.4	49.2	141.6
内江	67	1.2	170.0	186.4	7.0	4.7	1.4
乐山	179	4.9	473.4	479.9	24.6	19.8	41.6
贵阳	802	26.0	3116.9	2035.0	158.7	325.5	68.8
安顺	109	2.3	202.4	199.6	10.8	7.6	12.6
昆明	317	7.2	2078.7	1224.8	23.0	104.6	10.9
玉溪	79	2.2	813.7	830.2	64.6	428.8	5.9
西安	3973	45.1	11229.7	8124.3	712.0	802.5	1498.2
宝鸡	642	15.8	2047.0	2124.2	88.7	125.7	79.6
杨凌	224	2.9	237.1	157.5	15.4	8.7	4.2
咸阳	86	2.2	438.3	380.6	34.9	107.3	12.5
渭南	88	2.4	402.6	422.8	34.7	21.2	26.4
榆林	84	2.1	399.2	301.6	79.7	56.9	12.2
安康	220	2.4	277.8	267.3	48.4	15.4	1.6
兰州	575	14.9	1946.2	971.7	95.2	185.8	37.4
白银	192	6.0	840.5	598.1	5.0	30.2	4.0
青海	97	1.4	104.6	150.6	3.7	3.4	0.8
银川	65	1.0	108.6	124.8	-2.1	0.9	14.4
石嘴山	54	1.3	98.4	94.6	0.0	3.5	8.6
乌鲁木齐	489	18.1	3463.8	462.5	200.3	174.9	11.7
昌吉	176	1.3	303.9	292.7	22.9	8.8	7.9
新疆兵团	31	1.8	370.4	305.6	35.8	22.8	1.1

资料来源：科学技术部火炬高技术产业开发中心《中国火炬统计年鉴2018》。

附表 7-8　中国创业风险投资项目数按成长阶段分布（2006—2017 年）　　　　　　　　单位：%

产业	年份											
	2006	2007	2008	2009	2010	2011	2012	2013	2014	2015	2016	2017
种子期	37.4	26.6	19.3	32.2	19.9	9.7	12.3	18.4	20.8	18.2	19.6	17.8
起步期	21.3	18.9	30.2	20.3	27.1	22.7	28.7	32.4	36.5	35.6	38.9	39.5
成长（扩张）期	30.0	36.6	34.0	35.2	40.9	48.3	45.0	38.2	35.9	40.1	35.0	36.2
成熟（过渡）期	7.7	12.4	12.1	9.0	10.0	16.7	13.2	10.0	6.5	5.4	5.7	5.9
重建期	3.6	4.4	4.4	3.4	2.2	2.6	0.8	1.0	0.3	0.7	0.8	0.6

资料来源：中国科学技术发展战略研究院《中国创业风险投资发展报告》2007—2018 年。

附表 7-9　中国创业风险投资投资金额按成长阶段分布（2006—2017 年）　　　　　　单位：%

产业	年份											
	2006	2007	2008	2009	2010	2011	2012	2013	2015	2016	2017	
种子期	30.2	12.7	9.4	19.9	10.2	4.3	6.6	12.2	8.1	4.33	4.5	
起步期	11.5	8.9	19.0	12.8	17.4	14.8	19.3	22.4	21.5	30.3	20.8	
成长（扩张）期	39.4	38.2	38.5	45.1	49.2	55.0	52.0	41.4	54.4	38.5	44.7	
成熟（过渡）期	14.6	35.2	26.5	18.5	20.2	22.3	21.6	22.8	15.2	26.3	29.9	
重建期	4.3	5.0	6.6	3.7	3.0	3.6	0.6	1.2	0.7	0.6	0.2	

资料来源：国家统计局社会科技和文化产业统计司、科学技术部战略规划司《中国科技统计年鉴 2018》；《中国创业风险投资发展报告》2007—2018 年。

附表 7-10　中国创业风险投资业投资项目的投资金额按行业分布（2008—2017 年）　　单位：%

行业	年份									
	2008	2009	2010	2011	2012	2013	2014	2015	2016	2017
软件产业	6.20	10.90	2.90	2.10	2.41	2.02	7.37	7.54	9.58	2.16
计算机硬件产业	3.40	0.10	1.10	0.70	1.10	0.68	4.15	1.65	1.27	0.84
网络产业	2.70	1.80	2.80	2.50	2.05	1.90	4.02	5.07	34.03	1.95
通信设备	1.80	1.90	1.00	2.80	3.63	3.11	13.76	18.59	0.95	0.67
IT 服务业	4.60	1.50	3.20	2.80	3.14	3.58	3.00	3.03	3.30	2.68
半导体	2.90	2.30	1.20	1.30	1.44	1.40	1.35	0.65	0.96	0.84

续表

行业	年份									
	2008	2009	2010	2011	2012	2013	2014	2015	2016	2017
其他IT产业	2.30	2.20	1.20	1.50	1.68	0.36	1.02	0.48	0.64	0.32
环保工程	1.30	1.80	3.30	2.60	2.81	2.89	2.83	2.31	1.47	1.78
生物科技	5.70	2.50	3.90	3.90	2.80	2.27	3.68	2.13	1.89	8.04
新材料工业	4.40	6.40	9.30	8.70	7.81	7.13	3.72	5.66	3.36	1.91
采掘业	3.60	1.50	2.50	0.60	1.30	0.51	0.00	0.06	0.01	20.19
光电子与光机电一体化	4.00	4.10	4.20	3.30	3.49	4.62	1.89	0.85	0.85	0.80
科技服务	2.10	2.00	2.30	1.60	1.64	1.02	2.18	1.76	1.61	1.33
新能源、高效节能技术	7.70	8.50	8.30	6.20	7.19	8.69	2.94	2.95	1.97	2.02
医药保健	2.50	4.90	5.30	3.80	4.85	10.04	7.35	5.37	3.65	8.96
消费产品和服务	3.90	4.30	7.10	9.40	6.27	5.00	1.57	2.14	1.43	2.86
传播与文化娱乐	1.80	2.50	2.10	2.20	6.35	6.16	5.44	5.50	3.02	1.85
传统制造业	15.60	11.90	10.10	7.70	10.10	7.19	7.64	3.77	1.99	3.99
农林牧副渔	2.60	3.50	4.10	4.10	6.07	6.33	2.00	1.94	0.96	2.37
金融保险业	8.20	15.20	7.80	2.40	5.42	10.12	2.86	5.71	6.97	5.12
批发与零售业	0.00	0.30	0.70	1.20	0.85	0.50	3.82	1.24	0.43	0.47
其他行业	12.70	10.00	15.70	11.20	7.62	2.65	8.45	10.41	12.90	7.52
核应用技术	0.00	0.10	0.00	0.40	0.24	0.17	0.06	0.08	0.04	0.01
建筑业	—	—	—	1.60	1.94	1.32	0.62	0.76	1.98	14.37
其他制造业	—	—	—	8.20	4.83	5.30	3.31	3.67	1.65	2.97
社会服务	—	—	—	0.70	1.09	1.86	2.36	3.42	0.90	2.70
交通运输仓储和邮政业	—	—	—	1.40	0.35	2.57	0.18	1.86	1.60	0.89
水电煤气	—	—	—	0.10	0.29	0.25	0.44	0.46	0.24	0.26
房地产业	—	—	—	4.90	1.24	0.21	1.99	9.94	0.37	0.14

注："—"表示数据缺失。

资料来源：中国科学技术发展战略研究院《中国创业风险投资发展报告2018》。

附表 8-1 科技资源的地区分布（2017 年）

地区	人口（万人）	大专及以上学历人员（万人）	R&D 人员全时当量（万人年）	R&D 经费（亿元）
北京	2170.7	966.9	27.0	1579.7
天津	1557.0	425.1	10.3	458.7
河北	7519.5	696.1	11.3	452.0
山西	3702.0	518.4	4.8	148.2
内蒙古	2529.0	430.9	3.3	132.3
辽宁	4369.0	726.7	8.9	429.9
吉林	2717.0	384.0	4.6	128.0
黑龙江	3788.7	491.4	4.7	146.6
上海	2418.0	778.9	18.3	1205.2
江苏	8029.3	1303.3	56.0	2260.1
浙江	5657.0	831.3	39.8	1266.3
安徽	6255.0	547.9	14.0	564.9
福建	3911.0	536.2	14.0	543.1
江西	4622.0	358.5	6.2	255.8
山东	10005.8	1223.8	30.5	1753.0
河南	9559.1	763.3	16.3	582.1
湖北	5902.0	891.5	14.0	700.6
湖南	6860.2	751.0	13.1	568.5
广东	11169.0	1443.2	56.5	2343.6
广西	4885.0	340.5	3.7	142.2
海南	926.0	111.5	0.8	23.1
重庆	3075.2	392.6	7.9	364.6
四川	8302.0	835.7	14.5	637.8
贵州	3580.0	313.6	2.8	95.9
云南	4800.5	377.3	4.7	157.8
西藏	337.0	25.5	0.1	2.9
陕西	3835.0	546.4	9.8	460.9
甘肃	2626.0	339.9	2.4	88.4
青海	598.0	63.8	0.6	17.9
宁夏	682.0	99.4	1.0	38.9
新疆	2445.0	396.8	1.5	57.0

资料来源：国家统计局社会科技和文化产业统计司、科学技术部战略规划司《中国科技统计年鉴2018》，国家统计局《中国统计年鉴2018》。

附表 8-2　R&D 人员分执行部门的地区分布（2017 年）　　　　　　　单位：万人年

地区	合计	研究机构	高等学校	企业及其他
北京	27.0	10.3	3.5	13.2
天津	10.3	1.2	1.1	8.0
河北	11.3	1.0	1.2	9.2
山西	4.8	0.5	0.7	3.6
内蒙古	3.3	0.3	0.3	2.7
辽宁	8.9	1.4	1.8	5.7
吉林	4.6	0.7	1.4	2.4
黑龙江	4.7	0.7	1.4	2.7
上海	18.3	2.9	2.5	13.0
江苏	56.0	2.7	2.7	50.6
浙江	39.8	0.8	2.0	37.0
安徽	14.0	1.1	1.3	11.7
福建	14.0	0.5	1.2	12.4
江西	6.2	0.6	0.7	5.0
山东	30.5	1.3	2.2	26.9
河南	16.3	1.1	0.9	14.3
湖北	14.0	1.4	1.6	11.0
湖南	13.1	0.7	1.7	10.7
广东	56.5	1.4	2.6	52.5
广西	3.7	0.5	1.1	2.2
海南	0.8	0.2	0.1	0.5
重庆	7.9	0.5	1.0	6.5
四川	14.5	3.6	2.0	8.9
贵州	2.8	0.4	0.4	2.0
云南	4.7	0.8	0.7	3.2
西藏	0.12	0.05	0.03	0.04
陕西	9.8	3.0	1.2	5.6
甘肃	2.4	0.6	0.4	1.3
青海	0.6	0.1	0.1	0.4
宁夏	1.0	0.1	0.2	0.7
新疆	1.5	0.4	0.3	0.8

资料来源：国家统计局社会科技和文化产业统计司、科学技术部战略规划司《中国科技统计年鉴 2018》。

附表 8-3　R&D 经费分执行部门的地区分布（2017 年）　　　　单位：亿元

地区	合计	研究机构	高等学校	企业及其他
北京	1579.7	741.2	182.8	655.6
天津	458.7	51.5	64.1	343.1
河北	452.0	48.8	21.0	382.2
山西	148.2	13.1	10.1	125.0
内蒙古	132.3	12.6	4.5	115.3
辽宁	429.9	79.2	52.0	298.7
吉林	128.0	29.4	19.5	79.1
黑龙江	146.6	22.7	36.7	87.1
上海	1205.2	320.5	109.2	775.5
江苏	2260.1	164.6	109.6	1985.9
浙江	1266.3	36.2	62.2	1167.9
安徽	564.9	58.4	32.6	474.0
福建	543.1	23.2	36.7	483.2
江西	255.8	15.2	13.5	227.0
山东	1753.0	50.5	53.2	1649.3
河南	582.1	35.4	25.8	520.8
湖北	700.6	81.9	67.8	550.8
湖南	568.5	31.8	30.1	506.6
广东	2343.6	83.8	137.5	2122.3
广西	142.2	17.1	21.9	103.1
海南	23.1	11.3	1.8	10.0
重庆	364.6	18.8	34.1	311.7
四川	637.8	221.1	55.8	360.9
贵州	95.9	9.7	12.7	73.5
云南	157.8	29.9	11.2	116.7
西藏	2.9	1.5	0.8	0.6
陕西	460.9	183.3	37.6	240.1
甘肃	88.4	27.7	9.0	51.7
青海	17.9	2.9	2.5	12.5
宁夏	38.9	2.3	5.3	31.3
新疆	57.0	9.7	4.4	42.9

资料来源：国家统计局社会科技和文化产业统计司、科学技术部战略规划司《中国科技统计年鉴 2018》。

附表 8-4　国内科技论文数的地区分布（2017 年）　　　　单位：篇

地区	国内科技论文	基础学科	医药卫生	农林牧渔	工业技术
北京	64986	7038	25560	3180	24788
天津	13364	1384	4921	263	6220
河北	16491	1170	9391	821	4726
山西	7950	984	1970	972	3708
内蒙古	4524	561	1591	689	1530
辽宁	18802	1501	7062	1027	8422
吉林	8012	1206	2786	868	2848
黑龙江	10840	1026	3648	1307	4397
上海	28911	2283	13842	841	10632
江苏	42452	3744	16112	2510	18227
浙江	18302	1620	9182	1122	5642
安徽	11751	1370	5191	449	4238
福建	8452	1042	3330	969	2693
江西	6614	735	2170	537	2826
山东	21209	2427	8578	1919	7498
河南	18008	1424	6991	1691	7332
湖北	25188	2278	11165	1143	9426
湖南	13080	1137	4397	1043	5902
广东	27216	2189	14516	1407	7804
广西	8069	788	3827	933	2310
海南	3147	338	1557	686	441
重庆	11257	878	4497	547	4632
四川	22160	2223	9736	1215	8279
贵州	6169	844	2500	905	1696
云南	8024	1052	2695	1336	2666
西藏	321	41	84	127	61
陕西	27662	2613	8110	1675	14039
甘肃	7695	1272	2466	1059	2638
青海	1551	277	781	143	325
宁夏	1979	211	877	324	511
新疆	7878	933	3416	1443	1728

资料来源：中国科学技术信息研究所《中国科技论文统计与分析 2017》。

附表 8-5 SCI 论文数的地区分布（2017 年）　　　　　　　　　　单位：篇

地区	SCI 论文	基础学科	医药卫生	农林牧渔	工业技术
北京	52401	23059	10195	1465	17613
天津	9707	4431	1748	58	3458
河北	4158	1560	1123	75	1399
山西	3399	1711	435	75	1176
内蒙古	1068	535	168	53	311
辽宁	11839	4645	2349	241	4592
吉林	7777	4339	1473	142	1820
黑龙江	8599	3595	1226	362	3412
上海	28119	11997	8097	226	7715
江苏	34736	15394	6696	1008	11617
浙江	16733	6929	4737	464	4590
安徽	8452	4493	1151	124	2677
福建	6625	3390	1200	214	1819
江西	3457	1669	763	73	948
山东	16840	7616	4373	571	4267
河南	7524	3566	1878	245	1833
湖北	17697	8307	3301	510	5564
湖南	10685	4496	1933	166	4079
广东	21156	8382	6777	539	5439
广西	2625	1155	763	78	628
海南	700	358	165	84	93
重庆	7411	3044	1891	90	2378
四川	13861	5806	3021	315	4694
贵州	1435	818	344	22	251
云南	3182	1749	630	103	697
西藏	43	22	10	5	6
陕西	17013	7173	2386	393	7047
甘肃	4205	2399	478	153	1175
青海	341	157	72	27	85
宁夏	352	161	119	9	62
新疆	1738	841	488	82	327

资料来源：中国科学技术信息研究所《中国科技论文统计与分析 2017》。

附表 8-6 专利申请量的地区分布（2017 年）　　　　单位：件

地区	专利申请量	发明	实用新型	外观设计
北京	185928	99167	68400	18361
天津	86996	25652	56675	4669
河北	61288	13982	36134	11172
山西	20697	7379	11719	1599
内蒙古	11701	2845	7468	1388
辽宁	49871	20500	25456	3915
吉林	20450	7780	10964	1706
黑龙江	30958	10607	17963	2388
上海	131740	54630	60925	16185
江苏	514402	187005	219503	107894
浙江	377115	98975	191372	86768
安徽	175872	93527	72333	10012
福建	128079	26456	76724	24899
江西	70591	11507	39496	19588
山东	204859	67772	118252	18835
河南	119240	35625	66803	16812
湖北	110234	51569	49744	8921
湖南	77934	31365	33073	13496
广东	627834	182639	283564	161631
广西	56988	37976	14595	4417
海南	4564	1627	2242	695
重庆	64648	19297	37525	7826
四川	167484	64642	73789	29053
贵州	34610	13885	16898	3827
云南	28695	7801	17867	3027
西藏	1097	273	652	172
陕西	98935	46607	31595	20733
甘肃	24448	5785	13691	4972
青海	3181	949	1946	286
宁夏	8575	2561	5633	381
新疆	14260	3207	8927	2126

资料来源：国家统计局社会科技和文化产业统计司、科学技术部战略规划司《中国科技统计年鉴 2018》。

附表 8-7 专利授权量的地区分布（2017 年） 单位：件

地区	专利授权量	发明	实用新型	外观设计
北京	106948	46091	46011	14846
天津	41675	5844	32353	3478
河北	35348	4927	21841	8580
山西	11311	2382	7730	1199
内蒙古	6271	848	4453	970
辽宁	26495	7708	15821	2966
吉林	11090	3057	6673	1360
黑龙江	18221	4947	11395	1879
上海	72806	20681	39942	12183
江苏	227187	41518	126482	59187
浙江	213805	28742	114311	70752
安徽	58213	12440	38304	7469
福建	68304	8718	39608	19978
江西	33029	2238	17613	13178
山东	100522	19090	67005	14427
河南	55407	7914	35822	11671
湖北	46369	10880	28867	6622
湖南	37916	7909	20337	9670
广东	332652	45740	169017	117895
广西	15270	4553	7755	2962
海南	2133	373	1285	475
重庆	34780	6138	23261	5381
四川	64006	11367	33613	19026
贵州	12559	1875	7986	2698
云南	14230	2259	10085	1886
西藏	420	42	257	121
陕西	34554	8774	17003	8777
甘肃	9672	1340	6637	1695
青海	1580	240	1079	261
宁夏	4244	657	3345	242
新疆	8094	950	5630	1514

资料来源：国家统计局社会科技和文化产业统计司、科学技术部战略规划司《中国科技统计年鉴 2018》。

附表 8-8 高技术产业主营业务收入分行业的地区分布（2016 年）　　　　单位：亿元

地区	合计	医药制造业	航空、航天器及设备制造业	电子及通信设备制造业	计算机及办公设备制造业	医疗仪器设备及仪器仪表制造业	信息化学品制造业
北京	4308.5	809.0	284.2	2063.7	710.1	430.6	10.9
天津	3762.5	567.4	904.0	1744.4	395.2	125.4	26.0
河北	1836.1	945.8	24.4	621.8	14.7	133.8	95.6
山西	997.4	179.0	0.3	786.7	3.9	21.8	5.8
内蒙古	406.9	276.3	0.0	42.9	1.6	13.2	72.9
辽宁	1459.2	397.0	309.0	519.7	47.2	167.4	18.9
吉林	2067.8	1850.9	0.0	95.0	16.5	105.1	0.3
黑龙江	487.7	385.2	11.9	56.5	5.3	28.0	0.8
上海	7010.2	716.4	190.8	3528.8	2059.3	489.6	25.3
江苏	30707.9	3870.3	334.2	16751.7	4042.1	4442.9	1266.8
浙江	5885.2	1248.6	5.8	3442.8	217.1	811.0	159.9
安徽	3587.6	823.8	16.4	1796.0	615.3	306.5	29.5
福建	4466.0	289.4	135.9	2881.2	954.2	155.3	50.0
江西	3913.6	1254.6	13.5	1958.1	152.2	270.2	265.1
山东	12263.5	4546.8	31.3	4926.7	1391.8	1237.6	129.2
河南	7401.6	2265.5	100.2	4087.0	118.2	665.5	165.3
湖北	4211.9	1196.9	83.9	2351.3	215.0	221.2	143.6
湖南	3661.3	1077.5	68.0	2072.5	105.5	324.7	13.1
广东	37765.2	1553.0	193.5	30802.3	4098.6	1008.2	109.6
广西	2077.6	408.7	22.0	651.5	881.9	78.8	34.7
海南	162.6	147.3	0.0	12.5	0.0	2.8	0.0
重庆	4896.0	602.7	1.4	1988.9	2055.9	197.4	49.7
四川	5994.4	1300.1	287.3	2597.0	1601.5	151.0	57.5
贵州	1007.8	381.9	135.2	431.5	36.1	23.0	0.0
云南	462.1	291.6	0.3	96.4	18.2	45.1	10.5
西藏	9.7	9.7	0.0	0.0	0.0	0.0	0.0
陕西	2394.5	577.0	638.8	857.8	2.7	169.5	148.7
甘肃	196.1	105.3	9.4	76.8	0.0	4.6	0.0
青海	129.0	37.2	0.0	37.9	0.0	0.8	53.1
宁夏	176.4	50.3	0.0	22.5	0.0	19.1	84.5
新疆	90.1	40.8	0.0	2.8	0.0	1.9	44.6

资料来源：国家统计局社会科技和文化产业统计司《中国高技术产业统计年鉴 2017》。

附表 8-9 高技术产品出口额分技术领域的地区分布（2017 年）　　　　单位：百万美元

地区	合计	计算机和通信技术	生命科学技术	电子技术	计算机集成制造技术	航空航天技术	光电技术	生物技术	材料技术
北京	11319.2	4254.9	1393.9	2825.5	687.9	941.2	730.1	47.9	149.2
天津	16301.9	9956.5	448.8	3969.6	446.4	454.9	550.5	32.4	442.2
河北	2190.3	414.2	760.5	754.0	84.1	29.5	74.4	1.0	72.7
山西	5953.4	5859.8	43.2	11.5	7.3	0.8	2.4	0.1	28.3
内蒙古	560.6	40.8	339.0	90.9	3.6	0.1	6.8	0.9	78.5
辽宁	5558.4	1689.4	598.9	2300.1	515.8	289.6	86.9	20.3	57.3
吉林	294.2	41.0	46.4	94.3	68.0	4.5	10.6	12.1	17.3
黑龙江	168.9	13.0	30.6	24.8	15.6	77.8	3.6	0.8	2.5
上海	84533.9	54629.8	3233.4	21112.7	2010.8	380.8	2650.0	75.0	414.8
江苏	138650.4	86198.4	7627.3	30345.5	3468.3	1103.6	7528.8	98.0	2195.5
浙江	18650.3	6984.2	4803.1	3303.5	1671.6	107.7	1036.5	158.2	520.8
安徽	7739.8	4732.5	596.4	1010.4	220.7	47.4	1089.2	1.3	14.5
福建	14833.0	8445.8	949.8	728.3	379.5	915.7	3207.4	1.1	195.7
江西	4177.3	1712.3	282.5	1490.4	62.6	11.0	147.8	12.4	457.0
山东	14643.9	9806.4	1691.1	1202.2	865.2	88.4	598.2	63.7	326.2
河南	30904.6	30011.1	232.9	214.5	179.4	5.1	80.3	9.3	168.1
湖北	11528.4	8716.2	715.0	1103.6	132.5	31.4	301.7	44.4	462.8
湖南	3373.0	2431.5	193.0	508.9	77.2	61.1	42.0	30.1	11.0
广东	217042.3	166557.8	2649.0	28949.3	3162.7	1924.9	12562.5	24.9	1079.6
广西	4668.6	3842.0	137.8	477.2	97.3	9.7	41.4	0.1	62.1
海南	78.8	2.0	25.6	18.2	3.3	4.6	0.5	2.6	21.9
重庆	28353.5	25760.4	230.6	1810.6	121.7	5.1	397.0	0.3	8.1
四川	25149.1	16181.2	581.5	7522.2	119.7	467.1	193.6	34.0	46.2
贵州	2556.6	2366.8	8.9	98.1	8.1	40.2	33.0	0.0	1.0
云南	1640.6	1438.6	49.2	38.1	17.6	0.2	38.7	2.0	9.1
西藏	3.5	1.1	0.1	0.1	2.2	0.0	0.0	0.0	0.0
陕西	19065.0	8367.8	160.2	9701.8	76.4	233.9	30.7	21.8	452.2
甘肃	306.9	12.6	11.2	272.4	1.7	0.1	3.0	5.4	0.3
青海	1.8	1.2	0.4	0.1	0.1	0.0	0.0	0.0	0.0
宁夏	167.2	45.7	95.1	3.4	10.9	6.4	3.1	0.0	2.5
新疆	399.7	188.3	102.0	37.0	35.1	15.9	8.7	6.2	3.0

资料来源：海关总署。

附表 8-10　主要科技指标的区域分布（2017 年）

类别	全国	东北	东部	中部	西部
每万就业人员中 R&D 人员全时当量（人年/万人）	52.0	34.4	89.3	32.2	24.3
R&D 经费与地区生产总值的比值（%）	2.13	1.30	2.65	1.60	1.30
地方财政科技支出占地方财政支出的比重（%）	2.6	1.1	3.8	2.4	1.2
每万人口中发明专利拥有量（件/万人）	44.6	20.2	83.3	22.7	18.6
每十万人 SCI 论文数（篇）	23.3	25.9	35.8	13.9	14.1
高技术产业主营业务收入占规模以上工业主营业务收入的比重（%）	13.6	7.6	16.5	9.3	10.5
高技术产品出口额占商品出口额的比重（%）	29.6	10.0	27.5	38.5	54.0
技术市场成交合同金额与地区生产总值的比值（%）	1.6	1.4	1.9	1.0	1.1

资料来源：国家统计局社会科技和文化产业统计司、科学技术部战略规划司《中国科技统计年鉴2018》；国家统计局《中国统计年鉴2018》；国家统计局社会科技和文化产业统计司《中国高技术产业统计年鉴2017》；海关总署。

附表 8-11　主要科技指标的地区分布（2017 年）

地区	每万就业人员中 R&D 人员全时当量（人年/万人）	R&D 经费与地区生产总值的比值（%）	地方财政科技支出占地方财政支出的比重（%）	每万人口中发明专利拥有量（件/万人）	每十万人 SCI 论文数（篇）	高技术产业主营业务收入占规模以上工业主营业务收入的比重（%）	高技术产品出口额占商品出口额的比重（%）	技术市场成交合同金额与地区生产总值的比值（%）
北京	202.7	5.64	5.3	228.0	241.4	20.8	42.7	16.0
天津	195.9	2.47	3.5	92.9	62.3	23.3	38.2	3.0
河北	29.6	1.26	1.0	17.1	5.5	4.4	5.0	0.3
山西	28.3	0.99	1.3	12.1	9.2	5.6	43.0	0.6
内蒙古	27.6	0.82	0.7	9.4	4.2	2.9	9.7	0.1
辽宁	39.3	1.80	1.2	26.0	27.1	6.2	11.2	1.6
吉林	36.1	0.84	1.3	14.7	28.6	10.1	5.6	1.5
黑龙江	26.9	0.90	1.0	17.4	22.7	5.6	3.2	0.9
上海	196.3	4.00	5.2	136.2	116.3	18.5	48.5	2.6
江苏	117.1	2.63	4.0	100.8	43.3	20.6	37.0	0.9
浙江	98.8	2.45	4.0	138.8	29.6	8.9	6.4	0.6
安徽	36.1	2.05	4.2	34.0	13.5	8.3	25.8	0.9

续表

地区	每万就业人员中R&D人员全时当量（人年/万人）	R&D经费与地区生产总值的比值（%）	地方财政科技支出占地方财政支出的比重（%）	每万人口中发明专利拥有量（件/万人）	每十万人SCI论文数（篇）	高技术产业主营业务收入占规模以上工业主营业务收入的比重（%）	高技术产品出口额占商品出口额的比重（%）	技术市场成交合同金额与地区生产总值的比值（%）
福建	63.7	1.68	2.1	57.9	16.9	9.8	16.1	0.2
江西	26.6	1.23	2.3	20.5	7.5	11.6	16.8	0.5
山东	53.3	2.41	2.1	35.1	16.8	8.7	9.3	0.7
河南	26.6	1.29	1.7	18.3	7.9	9.3	61.7	0.2
湖北	44.5	1.92	3.4	28.7	30.0	9.7	39.7	2.9
湖南	32.3	1.64	1.3	20.7	15.6	9.4	19.1	0.6
广东	96.8	2.61	5.5	104.4	18.9	28.2	32.1	1.0
广西	12.4	0.70	1.2	11.2	5.4	8.7	32.4	0.2
海南	17.1	0.52	0.9	9.1	7.6	9.0	1.8	0.1
重庆	41.0	1.87	1.4	39.5	24.1	23.6	75.0	0.3
四川	28.7	1.72	1.2	26.0	16.7	14.4	71.5	1.1
贵州	11.7	0.71	1.9	12.0	4.0	9.5	46.5	0.6
云南	16.4	0.95	0.9	10.5	6.6	4.0	17.0	0.5
西藏	7.1	0.22	0.5	4.4	1.3	4.5	1.0	0.0
陕西	49.8	2.10	1.6	31.3	44.4	10.4	80.1	4.2
甘肃	16.4	1.15	0.8	10.7	16.0	2.3	18.1	2.2
青海	19.0	0.68	0.8	8.5	5.7	6.2	0.7	2.6
宁夏	29.9	1.13	1.9	15.1	5.2	4.3	6.3	0.2
新疆	17.7	0.52	0.9	11.5	7.1	0.9	2.5	0.1

资料来源：国家统计局社会科技和文化产业统计司、科学技术部战略规划司《中国科技统计年鉴2018》；国家统计局《中国统计年鉴2018》；国家统计局社会科技和文化产业统计司《中国高技术产业统计年鉴2017》；海关总署。

附表 9-1 各地区公民科学素质水平发展状况（2015 年、2018 年）　　　　单位：%

地区	2018 年公民具备科学素质的比例	2015 年公民具备科学素质的比例
全国	8.47	6.20
北京	21.48	17.56
天津	14.13	12.00
河北	8.10	5.28
山西	8.03	5.27
内蒙古	7.63	5.14
辽宁	8.47	5.71
吉林	8.08	5.97
黑龙江	7.08	5.07
上海	21.88	18.71
江苏	11.51	8.25
浙江	11.12	8.21
安徽	8.24	5.94
福建	9.05	6.10
江西	7.58	5.10
山东	9.18	6.76
河南	8.04	5.59
湖北	8.48	5.47
湖南	7.78	5.14
广东	10.35	6.91
广西	6.08	4.25
海南	4.17	3.27
重庆	8.01	4.74
四川	7.46	4.68
贵州	5.01	3.62
云南	5.15	3.29
西藏	2.94	1.93
陕西	7.87	5.51
甘肃	5.16	3.95
青海	3.98	3.24
宁夏	6.42	4.01
新疆	6.19	3.97
新疆兵团	6.29	4.42

资料来源：中国科普研究所，第十次中国公民科学素质抽样调查。

附表 9-2　不同群体公民科学素质水平发展状况（2015 年、2018 年）　　　单位：%

	2018 年公民具备科学素质的比例	2015 年公民具备科学素质的比例
总体	8.47	6.20
按性别分		
男性	11.13	9.04
女性	6.22	3.38
按民族分		
汉族	8.90	6.37
其他民族	6.56	4.38
按户籍分		
本省户籍	8.54	6.04
非本省户籍	11.00	9.11
按年龄分		
18～29 岁	16.91	11.59
30～39 岁	12.39	7.16
40～49 岁	6.95	4.71
50～59 岁	3.08	1.45
60～69 岁	1.62	1.22
按文化程度分		
小学及以下	0.41	0.28
初中	2.28	1.93
高中 / 中专 / 技校	9.74	10.40
大学专科	17.83	20.83
大学本科及以上	37.13	40.47
按城乡分		
城镇居民	11.55	9.72
农村居民	4.93	2.43
按就业状况分		
有固定工作	14.51	10.71
有兼职工作	6.79	6.96
工作不固定，打工	3.30	3.04
目前没有工作，待业	3.39	3.41
家庭主妇且没有工作	2.11	0.94
学生及待升学人员	28.20	27.73

续表

	2018年公民具备科学素质的比例	2015年公民具备科学素质的比例
离退休人员	3.20	2.75
无工作能力	1.14	0.76
按职业分		
国家机关、党群组织负责人	17.35	15.53
企事业单位负责人	15.74	14.02
专业技术人员	18.06	17.93
办事人员与有关人员	16.14	14.29
农林牧渔业生产及辅助人员	2.75	1.68
社会生产与生活服务人员	8.41	6.68
生产制造及有关人员	9.25	4.36
按重点人群分		
领导干部和公务员	20.84	21.25
城镇劳动者	10.14	8.24
农民	2.62	1.70
其他	10.50	8.64
按地区分		
东部地区	10.77	8.01
中部地区	7.96	5.45
西部地区	6.49	4.33

资料来源：中国科普研究所，第十次中国公民科学素质抽样调查。

附表 9-3 各地区公民获取科技信息的主要渠道（2018 年）　　　　单位：%

地区	报纸	图书	期刊	电视	广播	互联网及移动互联网	亲友同事
全国	10.3	8.1	5.9	68.5	24.2	64.6	38.2
北京	8.1	9.3	4.4	61.2	27.3	80.1	42.3
天津	8.5	8.1	4.3	63.6	31.7	73.1	40.1
河北	5.1	6.9	3.5	63.6	22.5	60.4	31.2
山西	4.6	5.7	3.8	60.8	18.8	62.4	30.4
内蒙古	6.5	8.5	4.7	65.1	25.7	63.2	36.1
辽宁	7.3	5.8	3.7	69.1	24.4	59.5	34.6
吉林	5.1	4.8	3.0	65.1	17.7	59.8	32.5
黑龙江	4.7	4.8	2.1	64.5	19.0	63.2	27.1
上海	8.8	8.3	4.4	60.6	25.3	76.3	40.2
江苏	11.0	5.5	4.4	59.0	19.4	64.7	33.9
浙江	9.6	7.4	4.4	60.1	23.3	72.4	38.1
安徽	5.0	6.8	3.9	64.4	18.4	67.9	35.6
福建	10.5	5.4	3.8	52.2	14.1	56.9	25.5
江西	4.8	6.7	3.8	63.5	17.9	63.4	32.9
山东	7.2	6.5	3.6	71.8	26.3	63.2	35.2
河南	4.6	6.6	3.7	62.7	17.4	58.9	30.1
湖北	7.0	7.2	4.0	65.6	18.1	70.6	36.5
湖南	4.6	6.1	3.8	61.8	18.1	60.6	30.3
广东	12.7	7.5	5.7	63.6	21.2	73.6	45.4
广西	11.8	8.2	5.8	64.8	19.3	59.8	35.1
海南	19.0	9.9	7.9	66.9	21.1	60.7	40.1
重庆	10.1	6.7	5.6	71.2	22.1	67.1	40.2
四川	7.5	5.9	5.4	78.8	23.0	60.7	35.0
贵州	9.3	9.3	6.7	74.3	23.1	58.0	36.7
云南	7.7	8.3	6.2	78.9	23.9	59.5	41.5
西藏	8.9	19.0	11.6	78.4	45.4	44.2	36.7
陕西	5.9	8.0	4.6	67.6	16.5	64.2	34.7
甘肃	4.3	7.7	3.7	59.1	16.3	61.9	30.7
青海	8.2	8.4	4.3	65.9	18.7	61.0	31.6
宁夏	6.8	10.4	4.2	65.3	28.5	51.9	29.2
新疆	9.2	13.0	4.8	71.6	40.7	41.8	27.6
新疆兵团	4.6	4.6	2.5	61.9	23.4	44.6	22.4

资料来源：中国科普研究所，第十次中国公民科学素质抽样调查。

附表 9-4　各地区公民参观科普场馆的情况（2018 年）　　　　单位：%

地区	动物园、水族馆、植物园	科技馆等科技类场馆	自然博物馆	公共图书馆	美术馆或展览馆	科普画廊或宣传栏	科普宣传车	流动科技馆	图书阅览室	科技示范点或科普活动站	工农业生产园区	高校、科研院所的实验室
全国	58.1	31.9	29.5	46.7	27.5	28.3	18.5	10.5	42.7	18.2	32.2	12.0
北京	69.3	47.7	43.5	46.5	39.2	29.8	14.8	11.0	40.0	18.3	25.9	16.0
天津	66.3	44.9	43.3	44.9	32.2	23.3	12.1	9.1	35.5	14.4	21.8	13.0
河北	59.3	26.8	24.6	39.0	22.2	16.7	11.0	6.0	34.6	10.7	25.3	11.2
山西	49.8	21.4	17.6	40.8	21.9	16.8	10.5	5.4	35.0	10.3	24.4	8.1
内蒙古	55.4	27.7	28.7	39.6	25.4	19.1	12.9	6.1	36.7	11.5	28.8	8.9
辽宁	54.8	28.4	27.2	31.8	20.3	20.8	10.7	5.6	27.8	11.5	19.0	8.8
吉林	54.9	27.0	22.7	36.2	15.8	19.3	11.0	4.5	30.1	9.8	23.2	8.3
黑龙江	53.2	26.6	24.2	34.4	17.0	14.1	9.4	4.9	26.4	7.9	17.1	8.2
上海	68.2	44.7	40.4	47.3	36.4	30.6	16.1	10.7	41.4	18.2	28.2	15.3
江苏	64.9	35.7	30.8	49.7	27.8	33.2	19.9	9.6	45.7	17.7	35.1	13.3
浙江	67.1	41.7	37.2	48.1	33.5	31.5	17.3	10.3	42.8	18.0	30.5	14.6
安徽	57.2	30.3	27.5	46.1	22.7	25.0	12.1	6.7	40.9	12.6	30.5	11.0
福建	56.3	30.8	31.3	46.1	30.1	28.3	15.4	7.8	38.6	12.3	22.4	10.9
江西	55.8	28.0	24.5	43.3	21.8	22.5	13.8	6.8	37.9	11.9	28.1	9.9
山东	63.1	31.4	26.0	45.6	24.8	22.3	14.3	7.7	40.2	14.3	30.4	10.0
河南	54.4	25.7	21.5	40.4	20.8	20.0	15.5	6.8	34.9	11.2	25.7	8.7
湖北	59.2	32.0	30.0	44.6	22.5	27.0	15.9	7.4	38.1	12.7	27.4	11.1
湖南	52.1	23.6	19.5	40.6	21.3	18.4	13.0	6.1	34.9	10.7	25.1	8.4
广东	60.2	30.8	30.0	54.0	32.2	27.0	14.6	10.7	46.5	17.1	27.4	16.1
广西	54.2	24.6	23.4	44.3	22.4	20.6	14.7	7.5	36.7	12.1	23.1	9.7
海南	54.0	23.6	25.4	48.3	24.0	21.1	13.8	8.3	38.5	13.0	20.6	10.8
重庆	56.3	29.2	27.9	49.6	28.0	29.7	17.5	10.1	45.0	18.8	32.6	12.6
四川	52.4	27.7	25.8	45.2	23.9	32.5	20.4	9.5	43.6	20.4	37.8	9.1
贵州	45.6	23.4	24.6	42.6	25.5	27.6	17.6	10.4	40.0	20.2	36.6	14.7
云南	47.3	26.4	24.6	45.9	26.2	36.5	24.2	13.7	46.1	27.1	33.4	9.4
西藏	42.0	20.1	29.7	50.3	26.7	19.9	11.3	11.0	40.9	15.3	33.4	16.6
陕西	54.7	27.1	28.3	38.7	24.2	22.0	15.1	7.7	34.7	14.1	31.9	7.8
甘肃	49.2	21.8	23.2	39.7	25.4	20.9	14.8	5.5	35.3	12.6	31.2	8.5

续表

地区	动物园、水族馆、植物园	科技馆等科技类场馆	自然博物馆	公共图书馆	美术馆或展览馆	科普画廊或宣传栏	科普宣传车	流动科技馆	图书阅览室	科技示范点或科普活动站	工农业生产园区	高校、科研院所的实验室
青海	58.0	36.5	25.6	40.3	24.3	24.5	16.9	10.8	32.7	12.3	28.1	11.3
宁夏	47.3	21.1	22.8	44.3	23.1	22.5	17.6	6.1	39.9	16.1	34.1	9.3
新疆	45.3	20.5	22.4	49.0	20.9	24.1	20.5	6.8	44.6	19.5	37.0	10.1
新疆兵团	38.2	16.8	18.9	34.8	14.3	19.0	16.5	5.0	29.9	12.4	29.4	7.6

资料来源：中国科普研究所，第十次中国公民科学素质抽样调查。

附表9-5　各地区公民参加科普活动的情况（2018年）　　　　　　单位：%

地区	科技周、科技节、科普日	科技咨询	科技培训	科普讲座	科技展览
全国	15.3	14.3	16.7	18.7	21.5
北京	18.9	14.8	15.5	21.4	29.1
天津	15.2	12.0	13.1	17.0	23.1
河北	9.5	9.4	10.8	11.3	13.6
山西	10.1	9.9	11.6	13.7	14.9
内蒙古	10.4	9.5	11.6	13.8	17.0
辽宁	12.4	11.7	12.1	13.5	15.8
吉林	11.9	12.4	12.9	13.7	15.1
黑龙江	10.1	9.6	10.2	12.6	13.1
上海	18.0	14.7	15.7	21.1	27.9
江苏	15.5	14.6	16.3	20.4	24.4
浙江	17.2	14.7	15.9	20.9	26.8
安徽	13.6	13.7	13.6	17.3	20.9
福建	10.6	9.0	8.9	12.2	16.1
江西	11.8	11.6	12.0	14.5	17.5
山东	11.1	12.1	13.4	15.4	20.3
河南	10.0	9.5	10.5	11.8	14.1

续表

地区	科技周、科技节、科普日	科技咨询	科技培训	科普讲座	科技展览
湖北	13.4	12.1	12.1	16.3	18.2
湖南	10.0	9.7	11.0	12.7	14.5
广东	15.3	13.3	13.8	16.5	21.2
广西	10.4	10.2	12.6	13.7	15.9
海南	10.9	10.9	14.7	15.6	17.7
重庆	16.4	15.1	17.3	19.1	21.9
四川	17.5	17.0	20.7	21.8	22.5
贵州	14.5	14.3	19.3	19.0	20.0
云南	23.6	20.0	30.3	26.6	25.7
西藏	13.8	11.2	17.3	17.0	17.7
陕西	9.9	10.1	10.6	12.8	16.1
甘肃	13.9	13.7	16.1	16.5	18.7
青海	12.0	11.3	14.0	15.8	20.1
宁夏	17.1	15.4	20.5	21.5	20.8
新疆	20.3	17.0	24.8	26.6	22.9
新疆兵团	17.3	13.4	24.1	22.4	17.1

资料来源：中国科普研究所，第十次中国公民科学素质抽样调查。

附表 9-6 各地区公民参与科技公共事务的情况（2018 年） 单位：%

地区	阅读报刊、图书或互联网上的关于科学的文章	和亲戚、朋友、同事谈论有关科学技术的话题	参加与科学技术有关的公共问题的讨论或听证会	参与关于原子能、生物技术或环境等方面的建议和宣传活动
全国	36.6	38.5	13.3	9.9
北京	46.4	46.4	14.1	10.6
天津	36.8	37.3	11.3	7.8
河北	31.5	32.1	9.4	5.0
山西	31.4	33.1	7.9	5.3
内蒙古	32.6	36.9	7.9	5.1
辽宁	26.3	28.4	7.3	4.8
吉林	26.9	33.3	7.9	4.8
黑龙江	26.3	29.3	6.3	3.7
上海	44.1	44.0	13.4	10.0
江苏	37.2	36.7	11.3	8.3
浙江	41.8	41.6	12.7	9.4
安徽	33.8	35.9	9.3	7.0
福建	32.8	32.2	9.9	8.1
江西	31.3	34.9	9.0	6.6
山东	32.2	37.2	9.6	6.6
河南	28.9	33.9	8.8	6.1
湖北	37.1	38.8	9.7	7.6
湖南	30.2	33.5	8.4	5.7
广东	38.4	36.4	12.6	8.1
广西	30.6	35.2	10.0	7.7
海南	32.2	36.5	11.2	9.3
重庆	37.5	36.9	14.2	10.2
四川	36.6	37.3	15.8	12.2
贵州	32.4	36.8	15.5	12.5
云南	38.0	45.7	19.2	14.0
西藏	28.3	33.3	18.1	15.0
陕西	31.6	31.1	9.4	6.1
甘肃	32.5	34.2	9.3	6.5
青海	27.8	32.1	8.9	8.6
宁夏	32.1	33.4	11.3	8.2
新疆	31.8	32.7	13.3	9.9
新疆兵团	25.2	28.6	9.0	5.2

资料来源：中国科普研究所，第十次中国公民科学素质抽样调查。

附表 9-7 各地区公民对各类新闻话题的感兴趣情况（2018 年）　　　　单位：%

地区	科学新发现	新发明新技术	医学新进展	国际与外交政策	国家经济发展	农业发展	军事与国防	学校与教育	生活与健康	文化与艺术	体育和娱乐
全国	77.3	76.4	72.6	63.5	81.2	78.7	73.1	87.6	92.9	79.3	81.1
北京	84.3	85.1	80.4	74.1	86.8	80.1	82.5	89.0	93.9	93.9	86.7
天津	80.1	80.0	75.7	68.0	81.1	74.8	75.5	84.8	91.7	91.7	84.3
河北	72.7	73.9	68.9	56.4	75.8	73.4	68.1	83.8	90.4	90.4	75.7
山西	76.2	74.1	68.4	58.1	76.9	76.4	67.0	86.9	92.1	92.1	76.4
内蒙古	72.7	72.5	70.8	55.7	77.6	77.3	66.5	84.2	90.7	90.7	77.5
辽宁	68.6	66.5	65.3	52.4	72.8	70.3	66.8	78.0	87.2	87.2	74.8
吉林	75.5	75.9	69.8	58.6	80.1	80.6	70.4	84.8	92.1	92.1	78.7
黑龙江	68.3	67.5	64.1	51.1	71.4	71.7	63.7	79.3	87.1	87.1	71.2
上海	83.2	83.6	79.3	72.1	86.0	79.3	81.3	89.3	94.5	94.5	86.3
江苏	79.8	79.0	76.2	65.9	83.6	77.1	77.7	90.4	96.0	96.0	85.3
浙江	82.1	82.0	78.3	70.0	85.2	78.6	80.1	89.7	95.0	95.0	86.0
安徽	74.5	75.1	69.2	59.3	79.8	74.5	72.0	88.1	92.0	92.0	77.1
福建	71.7	71.0	69.6	58.8	75.7	69.2	67.2	83.2	89.6	89.6	74.8
江西	73.5	74.5	68.6	58.6	77.8	75.5	70.0	87.7	91.7	91.7	77.7
山东	86.7	85.5	79.5	70.8	87.4	84.7	79.6	92.7	95.9	95.9	85.3
河南	72.5	74.0	68.1	57.7	75.7	76.6	68.0	87.2	91.4	91.4	78.3
湖北	79.2	80.9	75.6	62.1	84.4	78.1	74.2	90.1	95.5	95.5	84.5
湖南	74.4	74.1	68.2	58.0	76.3	76.5	67.5	87.1	91.8	91.8	77.3
广东	76.6	75.0	70.7	61.9	80.1	75.0	70.5	86.8	92.6	92.6	83.2
广西	70.4	69.1	65.2	59.2	75.7	74.0	67.6	83.8	88.5	88.5	77.5
海南	68.3	64.1	62.4	60.6	75.8	71.4	67.2	80.4	85.5	85.5	76.7
重庆	73.6	71.9	68.6	60.4	78.9	75.4	68.8	85.3	92.0	92.0	79.9
四川	70.6	68.8	66.5	58.9	77.8	75.8	67.2	83.7	91.5	91.5	76.6
贵州	66.9	66.1	63.2	54.7	75.9	76.1	63.9	83.8	90.6	90.6	73.5
云南	73.0	70.2	69.7	61.2	79.2	80.8	70.2	85.4	90.8	90.8	77.6
西藏	76.7	72.2	70.8	63.8	81.4	84.3	70.3	89.0	89.4	89.4	75.3
陕西	83.7	83.1	77.5	66.7	86.2	84.8	76.6	91.7	95.1	95.1	85.7
甘肃	77.1	75.3	71.5	62.1	79.4	82.3	71.0	89.2	92.7	92.7	78.4
青海	71.4	71.9	65.5	61.0	80.1	80.9	70.3	88.1	93.7	93.7	78.0
宁夏	79.2	77.2	72.7	64.3	83.4	84.8	74.4	89.5	93.1	93.1	79.8
新疆	81.4	79.1	74.0	66.4	87.5	87.4	77.8	89.9	93.6	93.6	81.2
新疆兵团	75.4	72.1	65.8	58.2	83.3	84.1	71.3	83.4	90.3	90.3	75.0

资料来源：中国科普研究所，第十次中国公民科学素质抽样调查。

附表 9-8　各地区公民对科技发展信息的感兴趣情况（2018 年）　　单位：%

地区	宇宙与空间探索	环境污染与治理	计算机与网络技术	遗传学与转基因技术	纳米技术与新材料	新能源开发及利用
全国	56.2	85.1	68.9	56.0	49.5	66.9
北京	68.1	88.9	80.3	68.1	64.9	79.8
天津	63.0	83.8	73.0	61.7	58.3	72.4
河北	51.1	83.0	66.9	50.2	45.0	65.4
山西	49.0	80.3	66.9	52.0	46.2	63.3
内蒙古	48.5	80.2	64.0	49.5	45.3	61.6
辽宁	48.0	75.9	58.8	47.5	40.3	57.7
吉林	51.9	82.7	63.4	52.2	44.0	62.5
黑龙江	43.9	74.2	59.2	44.2	41.2	54.7
上海	66.0	88.7	78.5	66.4	62.4	77.4
江苏	59.6	88.0	73.2	61.2	55.0	70.0
浙江	63.9	88.4	76.7	64.7	59.9	74.9
安徽	53.9	83.9	66.3	50.2	46.5	67.0
福建	52.7	80.8	64.3	51.1	44.8	60.5
江西	53.0	84.1	66.2	50.1	44.1	64.7
山东	63.2	89.9	75.6	66.0	60.5	76.1
河南	52.2	84.2	66.2	50.0	41.8	62.4
湖北	54.4	87.6	70.9	58.4	48.6	68.9
湖南	50.6	82.2	66.5	51.0	44.0	62.9
广东	58.6	82.7	74.6	58.5	50.8	66.9
广西	50.7	81.1	63.6	48.8	40.9	59.3
海南	49.3	78.0	60.9	47.7	39.9	56.1
重庆	54.6	82.5	67.8	53.1	45.6	63.6
四川	50.6	82.4	61.1	47.7	40.5	60.3
贵州	46.9	81.1	60.9	45.9	38.2	59.1
云南	50.6	83.7	65.2	51.8	45.2	63.4
西藏	49.2	80.9	63.7	52.4	50.6	61.1
陕西	58.6	87.3	67.9	56.7	48.6	65.5
甘肃	51.9	85.1	68.1	51.8	46.3	65.4
青海	48.8	85.5	63.4	44.8	40.8	62.0
宁夏	54.3	85.2	64.4	50.5	46.3	65.0
新疆	56.6	85.3	60.7	49.1	46.4	64.5
新疆兵团	52.2	79.7	61.4	47.7	42.5	59.9

资料来源：中国科普研究所，第十次中国公民科学素质抽样调查。

附表9-9　各地区公民对科学技术职业声望的看法（2018年）　　　　　单位：%

地区	法官	教师	企业家	公务员	运动员	科学家	医生	记者	工程师	艺术家	律师	其他
全国	20.1	55.5	17.7	24.8	10.3	48.6	52.4	5.2	24.8	9.5	14.5	6.2
北京	21.6	54.1	15.4	17.7	11.3	54.2	52.6	5.5	28.8	11.0	14.0	5.0
天津	24.5	55.0	16.5	22.6	10.8	46.4	53.7	4.8	24.5	9.9	16.9	5.3
河北	19.3	53.7	18.5	24.8	10.3	44.3	54.4	6.0	23.5	10.6	17.0	5.8
山西	16.5	55.0	16.1	23.5	9.8	45.2	54.3	6.9	24.6	10.7	16.9	5.7
内蒙古	19.6	55.4	16.4	22.4	11.4	43.4	53.0	8.1	22.4	9.3	18.0	6.2
辽宁	22.5	48.8	17.6	25.1	13.0	43.8	49.4	8.1	25.8	10.5	16.8	4.4
吉林	22.2	52.4	15.2	21.4	12.8	42.1	50.2	7.0	25.2	10.2	17.6	5.7
黑龙江	20.6	53.8	15.8	22.2	12.7	43.9	49.6	7.8	25.4	10.2	19.3	5.3
上海	21.9	53.4	16.0	19.9	11.1	53.7	51.7	5.3	28.3	11.1	13.8	5.1
江苏	22.6	51.1	18.0	26.6	10.4	52.3	49.2	4.7	26.5	11.2	13.1	5.5
浙江	22.1	52.6	16.7	22.2	10.8	53.3	50.9	5.1	27.7	11.1	13.6	5.3
安徽	20.3	56.6	16.3	19.9	11.9	48.5	53.9	5.2	25.2	9.3	16.2	6.9
福建	19.2	54.9	18.5	25.1	11.6	51.4	51.2	5.0	23.1	11.1	11.8	7.5
江西	18.9	56.4	15.9	19.3	9.9	48.9	55.2	5.2	24.7	9.8	16.2	7.6
山东	22.5	61.7	16.6	28.7	9.0	46.5	50.9	4.9	24.8	8.9	15.1	3.6
河南	17.5	56.3	15.4	18.7	8.0	49.2	56.5	5.1	24.2	10.3	16.1	8.4
湖北	18.1	51.9	19.0	21.0	9.5	57.2	51.7	5.7	27.0	10.2	15.9	5.4
湖南	17.0	55.7	15.7	21.1	8.8	47.3	55.4	6.0	24.4	10.5	16.5	7.0
广东	19.9	50.5	23.1	29.9	12.6	47.8	48.1	4.6	25.0	9.9	14.4	6.7
广西	15.7	56.0	16.9	23.6	9.3	47.2	52.8	5.2	24.6	10.0	14.3	10.8
海南	13.9	55.7	18.4	28.5	10.7	45.2	49.2	5.3	25.1	9.7	12.4	13.2
重庆	20.5	54.1	19.1	27.2	11.2	47.5	52.1	4.8	24.2	8.7	13.7	6.3
四川	21.1	57.6	15.1	24.5	9.7	47.3	56.1	5.0	23.5	7.6	12.9	6.0
贵州	20.9	61.4	15.5	23.0	9.9	43.5	56.8	4.3	22.0	8.6	13.4	9.9
云南	18.3	61.7	16.1	28.6	8.2	48.0	57.1	2.3	24.2	7.1	10.0	7.9
西藏	23.6	66.3	10.7	24.1	10.1	36.4	67.1	4.2	11.1	7.6	12.1	8.8
陕西	17.0	56.0	17.4	26.4	10.6	48.2	53.2	7.0	25.2	10.3	14.7	4.1
甘肃	18.2	55.4	15.6	19.8	10.3	46.8	55.2	5.0	26.3	10.7	13.8	7.2
青海	19.0	56.8	14.8	21.7	11.4	45.2	55.8	4.8	25.8	8.9	13.2	8.1
宁夏	20.8	56.1	16.1	18.6	9.7	45.0	56.6	5.0	23.7	10.5	16.5	7.5
新疆	23.4	56.7	16.5	17.4	9.1	43.3	58.0	5.0	21.1	10.3	19.2	7.7
新疆兵团	20.8	50.0	18.1	16.7	9.5	47.7	48.9	4.3	24.9	11.5	17.5	12.0

资料来源：中国科普研究所，第十次中国公民科学素质抽样调查。

附表 9-10　各地区公民对科学技术职业期望的看法（2018 年）　　　单位：%

地区	法官	教师	企业家	公务员	运动员	科学家	医生	记者	工程师	艺术家	律师	其他
全国	16.2	51.1	22.3	35.3	7.8	32.7	52.1	4.9	25.0	12.2	19.4	8.6
北京	19.0	47.5	20.8	28.2	7.4	33.2	53.7	5.4	26.8	17.2	20.5	9.3
天津	21.0	50.7	19.4	30.9	8.2	30.4	54.7	5.3	23.4	14.2	21.1	8.7
河北	15.6	49.1	23.3	35.2	7.6	32.4	53.5	5.9	23.4	12.0	20.7	7.7
山西	14.6	49.5	19.8	32.3	6.9	33.3	50.6	6.2	28.8	15.2	20.6	6.9
内蒙古	18.8	51.5	19.6	32.8	8.1	31.2	51.6	5.2	22.4	12.1	22.4	7.3
辽宁	21.3	44.3	22.5	32.1	8.0	29.8	51.8	6.7	26.2	12.4	21.6	6.5
吉林	23.0	49.0	19.4	30.1	7.1	29.5	51.1	5.8	23.3	10.7	21.9	8.1
黑龙江	19.1	51.2	21.5	30.0	7.5	30.0	51.3	7.6	24.0	12.2	24.4	6.9
上海	18.3	48.5	21.3	30.8	7.3	32.5	53.0	5.2	26.8	16.1	20.0	9.1
江苏	16.4	51.3	22.9	38.7	6.8	30.6	50.8	4.3	26.8	12.9	18.6	8.6
浙江	17.7	49.4	21.8	33.4	7.1	31.9	52.2	4.9	26.8	15.1	19.5	8.9
安徽	15.9	52.2	20.0	31.7	9.1	31.8	53.1	6.2	26.3	11.4	22.2	9.4
福建	14.6	49.5	24.8	36.7	7.6	32.5	51.1	4.1	25.0	12.3	18.9	11.4
江西	15.6	49.9	20.0	29.8	7.8	33.4	53.9	5.5	26.3	12.3	20.7	10.3
山东	17.9	57.1	22.4	38.5	7.2	32.3	52.9	4.4	22.7	11.7	20.0	4.8
河南	15.4	47.6	20.0	28.0	6.4	35.0	54.7	4.9	26.2	13.2	19.3	11.2
湖北	13.3	44.9	27.4	34.0	9.0	37.4	48.4	4.6	28.7	13.6	19.0	9.1
湖南	15.0	48.5	19.9	30.1	6.7	34.1	52.6	5.6	27.5	14.2	20.0	9.1
广东	14.0	45.6	29.9	39.1	10.0	30.5	48.7	4.7	25.8	13.3	19.3	9.9
广西	13.1	51.2	22.3	32.1	7.4	33.0	50.9	4.8	25.7	12.0	18.4	13.2
海南	10.9	54.9	24.5	36.3	8.4	31.1	47.1	4.7	25.2	10.7	17.4	15.2
重庆	14.5	48.9	25.3	37.1	8.4	30.4	51.2	4.3	25.1	12.2	19.4	9.8
四川	15.1	52.2	20.6	35.2	6.7	30.2	53.7	3.9	24.5	11.2	19.5	9.7
贵州	15.4	56.2	18.7	34.0	8.4	31.3	52.0	4.7	23.6	11.0	20.1	12.5
云南	15.5	58.3	19.1	43.5	7.4	30.3	57.0	3.0	22.4	10.7	14.5	8.8
西藏	18.7	60.3	14.2	30.5	11.8	27.7	62.9	6.4	10.0	10.5	18.8	10.2
陕西	14.7	51.1	19.6	33.3	10.6	36.1	53.3	5.5	25.4	13.8	16.5	6.1
甘肃	13.9	50.8	19.7	32.0	8.3	33.3	51.1	5.4	25.7	13.3	18.8	9.7
青海	16.2	53.6	16.0	34.9	10.3	29.5	53.9	5.9	22.9	9.2	16.8	12.5
宁夏	16.6	52.3	18.6	28.8	8.4	30.6	54.8	5.4	22.8	11.6	21.2	11.5
新疆	19.3	53.7	17.5	25.6	8.6	28.0	58.5	5.4	19.9	9.9	23.6	13.4
新疆兵团	16.2	44.7	18.6	25.6	8.9	29.1	51.8	4.9	23.8	9.8	23.2	19.2

资料来源：中国科普研究所，第十次中国公民科学素质抽样调查。

主要指标解释

科学技术活动 简称科技活动,是指所有与各科学技术领域(即自然科学、农业科学、医药科学、工程技术、人文与社会科学)中科技知识的产生、发展、传播和应用密切相关的系统的活动。科技活动分为3类:研究与试验发展、研究与试验发展成果应用、科技服务。

研究与试验发展(R&D)活动 简称"研发"活动,指为增加知识存量(也包括有关人类、文化和社会的知识)及设计已有知识的新应用而进行的创造性、系统性工作,包括基础研究、应用研究和试验发展3种类型。基础研究和应用研究统称为科学研究。

基础研究 是一种不预设任何特定应用或使用目的的实验性或理论性工作,其主要目的是为获得(已发生)现象和可观察事实的基本原理、规律和新知识。基础研究的成果通常表现为提出一般原理、理论或规律,并以论文、著作、研究报告等形式为主。基础研究包括纯基础研究和定向基础研究。

应用研究 是为获取新知识,达到某一特定的实际目的或目标而开展的初始性研究。应用研究是为了确定基础研究成果的可能用途,或者确定实现特定和预定目标的新方法。其研究成果以论文、著作、研究报告、原理性模型或发明专利等形式为主。

试验发展 是利用从科学研究、实际经验中获取的知识和研究过程中产生的其他知识,开发新的产品、工艺或改进现有产品、工艺而进行的系统性研究。其研究成果以专利、专有技术,以及具有新颖性的产品原型、原始样机及装置等形式为主。

R&D 人员 指报告期 R&D 活动单位中从事基础研究、应用研究和试验发展活动的人员。包括直接参加上述3类 R&D 活动的人员,以及与上述3类 R&D 活动相关的管理人员和直接服务人员,即直接为 R&D 活动提供资料文献、材料供应、设备维护等服务的人员。不包括为 R&D 活动提供间接服务的人员,如餐饮服务、安保人员等。R&D 人员按工作性质划分为研究人员、技术人员和辅助人员。

R&D 研究人员 指从事新知识、新产品、新工艺、新方法、新系统的构想或创造的专业人员及 R&D 项目(课题)主要负责人员和 R&D 机构的高级管理人员。研究人员一般应具备中级及以上职称或博士学历。从事 R&D 活动的博士研究生应被视作研究人员。

R&D 经费支出 指报告期为实施 R&D 活动而实际发生的全部经费支出。不论经费来源渠道、经费预算所属时期、项目实施周期,也不论经费支出是否构成对应当期收益的成本,只要报告期发生的经费支出均应统计。其中,与 R&D 活动相关的固定资产,仅统计当期为固定资产建造和购置花费的实际支出,不统计已有固定资产在当期的折旧。R&D

经费支出以当年价格进行统计。R&D 经费支出按经费使用主体分为内部支出和外部支出。内部支出是指报告期调查单位内部为实施 R&D 活动而实际发生的全部经费，外部支出是指报告期调查单位委托其他单位或与其他单位合作开展 R&D 活动而转拨给其他单位的全部经费。为避免重复计算，全社会 R&D 经费为调查单位 R&D 经费内部支出的合计。

R&D 经费支出中政府资金 是指 R&D 经费内部支出中来自各级政府财政的各类资金，包括财政科学技术支出和财政其他功能支出的资金用于 R&D 活动的实际支出。

R&D 经费支出中企业资金 是指 R&D 经费内部支出中来自企业的各类资金。对企业而言，企业资金指企业自有资金、接受其他企业委托开展 R&D 活动而获得的资金，以及从金融机构贷款获得的开展 R&D 活动的资金；对科研院所、高校等事业单位而言，企业资金是指因接受从企业委托开展 R&D 活动而获得的各类资金。

财政科学技术支出 指由各级政府部门直接拨入的用于从事科技活动的款项。2007 年前财政科技支出类别包括科技三项费、科学事业费、科研基建费和其他部门事业费中的科技支出等。2007 年起财政科技支出分类包括科学技术支出科目下的科技管理事务、基础研究、应用研究、技术研究与开发、科技条件与服务、社会科学、科学技术普及、科技交流与合作、其他科学技术支出经费等，还包括其他支出科目中用于科学技术的经费。

政府研究机构 指隶属于县以上政府部门的研究机构，包括自然科学与技术领域的研究机构、社会科学与人文科学领域的研究机构和科技信息与文献机构。

R&D 项目（课题）数 指在当年立项并开展研究工作、以前年份立项仍继续进行研究的研发项目（课题）数，包括当年完成和年内研究工作已告失败的研发项目（课题），但不包括委托外单位进行的研发项目（课题）数。

科技论文 指在学术刊物上发表的最初的科学研究成果。科技论文应具备 3 个条件：①首次发表的研究成果；②作者的结论和试验能被同行重复并验证；③发表后科技界能引用。

专利 指专利权的简称，是对发明人的发明创造经审查合格后，由专利局依据专利法授予发明人和设计人对该项发明创造享有的专有权。专利包括发明、实用新型和外观设计 3 种类型。发明是指对产品、方法或其改进所提出的新的技术方案；实用新型是指对产品的形状、构造或其结合所提出的适于实用的新的技术方案；外观设计是指对产品的形状、图案、色彩或其结合所做出的富有美感并适于工业上应用的新设计。

国内专利申请和国外专利申请 指按专利申请者（法人或自然人）的身份区分的专利申请类型。来自中国内地及港澳台地区的专利申请被视为国内申请；其余来华申请被视为国外申请。

三方专利 指在欧洲专利局（EPO)和日本特许厅（JPO)和美国专利商标局（USPTO）

都提出了申请的同一项发明专利。

新产品销售收入 指报告期企业销售新产品实现的销售收入。新产品是指采用新技术原理、新设计构思研制、生产的全新产品，或者在结构、材质、工艺等某一方面比原有产品有明显改进，从而显著提高了产品性能或扩大了使用功能的产品。既包括经政府有关部门认定并在有效期内的新产品，又包括企业自行研制开发，未经政府有关部门认定，从投产之日起一年之内的新产品。

高技术产业 是指国民经济行业中 R&D 投入强度（即 R&D 经费支出占主营业务收入的比重）相对较高的制造业行业，包括医药制造，航空、航天器及设备制造，电子及通信设备制造，计算机及办公设备制造，医疗仪器设备及仪器仪表制造，信息化学品制造等六大类。

高技术产品 根据科学技术部和原外经贸部确定的《中国高新技术产品进出口统计目录》，高技术产品包括计算机与通信技术、生命科学技术、电子技术、计算机集成制造技术、航空航天技术、光电技术、生物技术、材料技术及其他等 9 类产品。